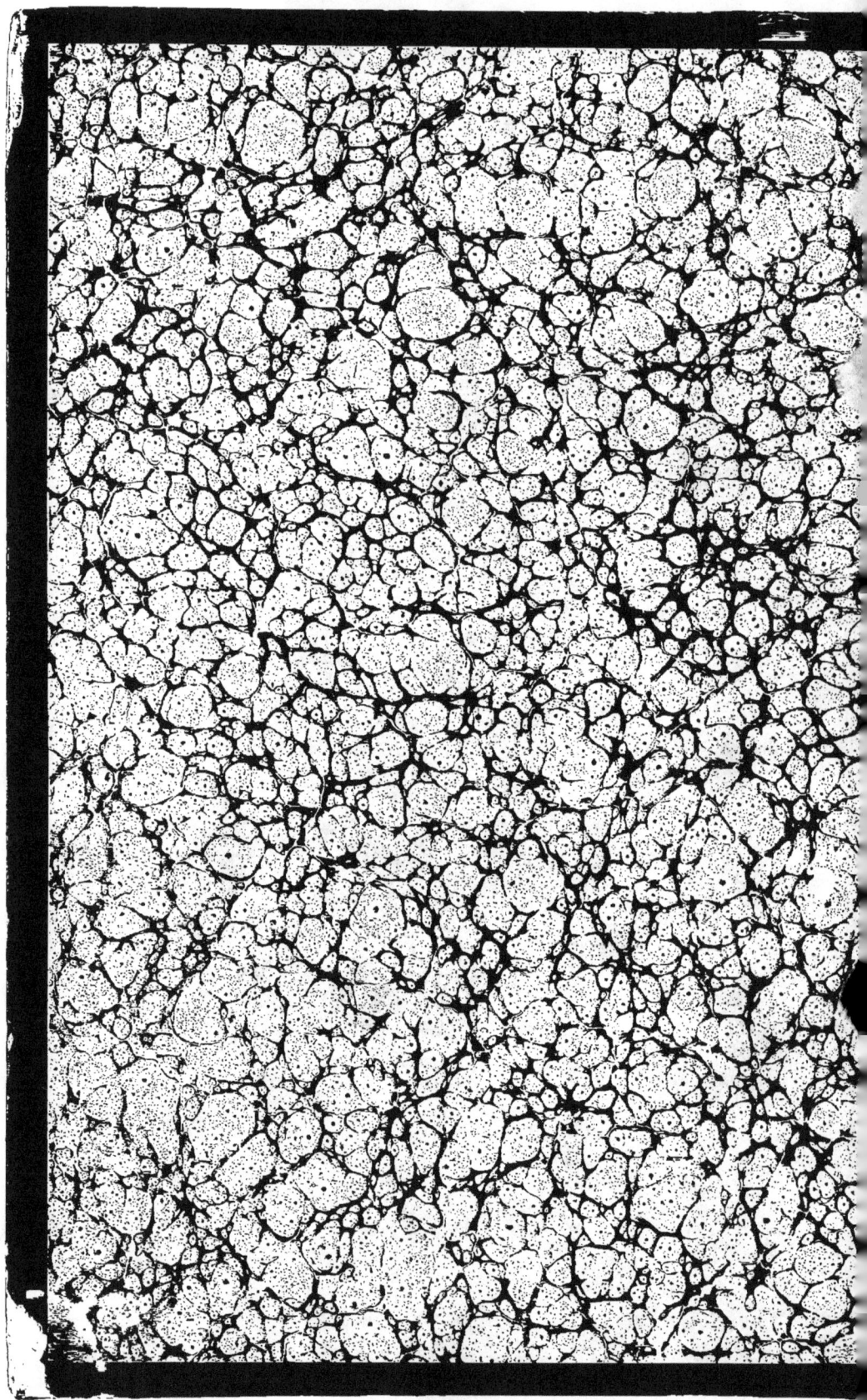

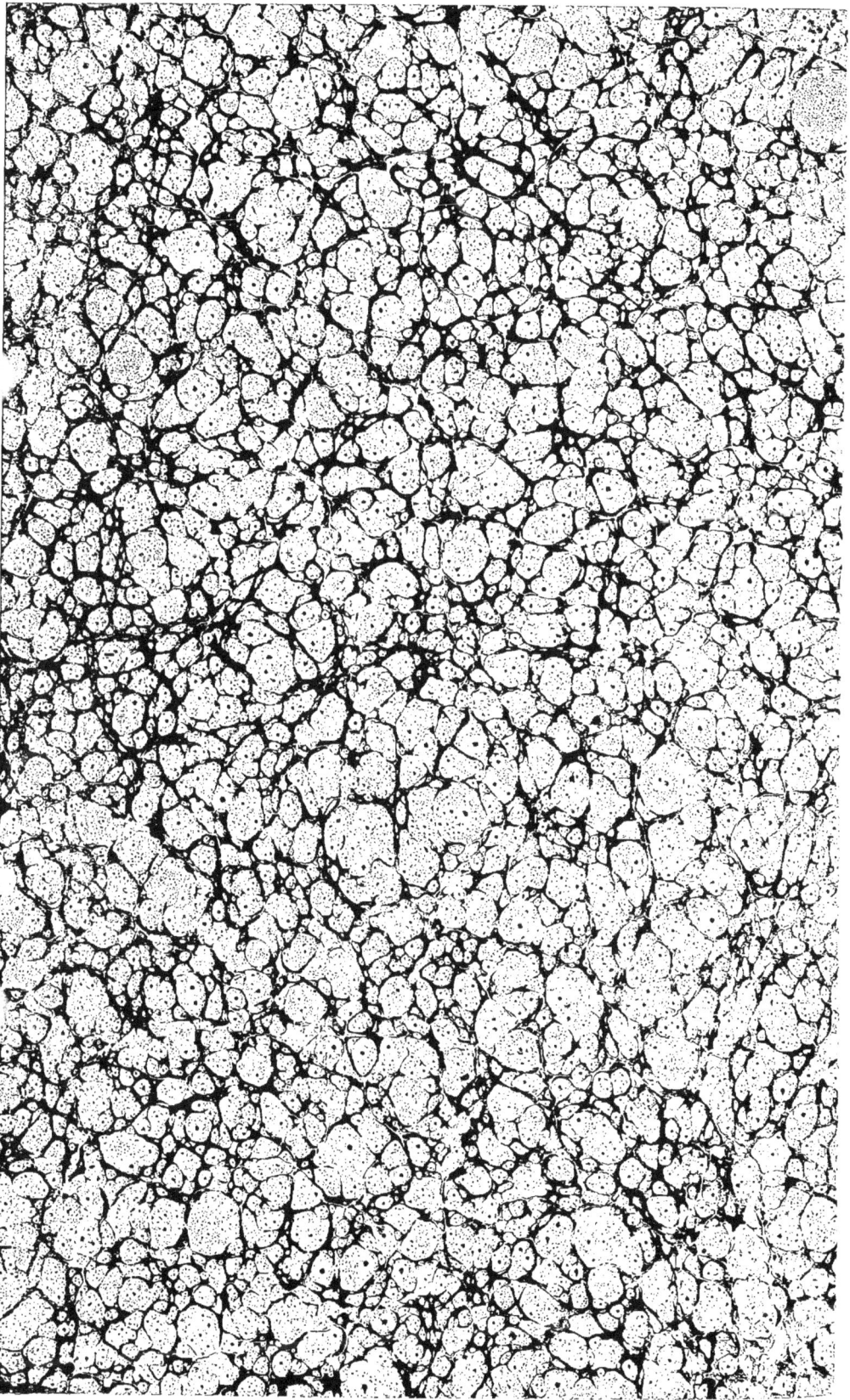

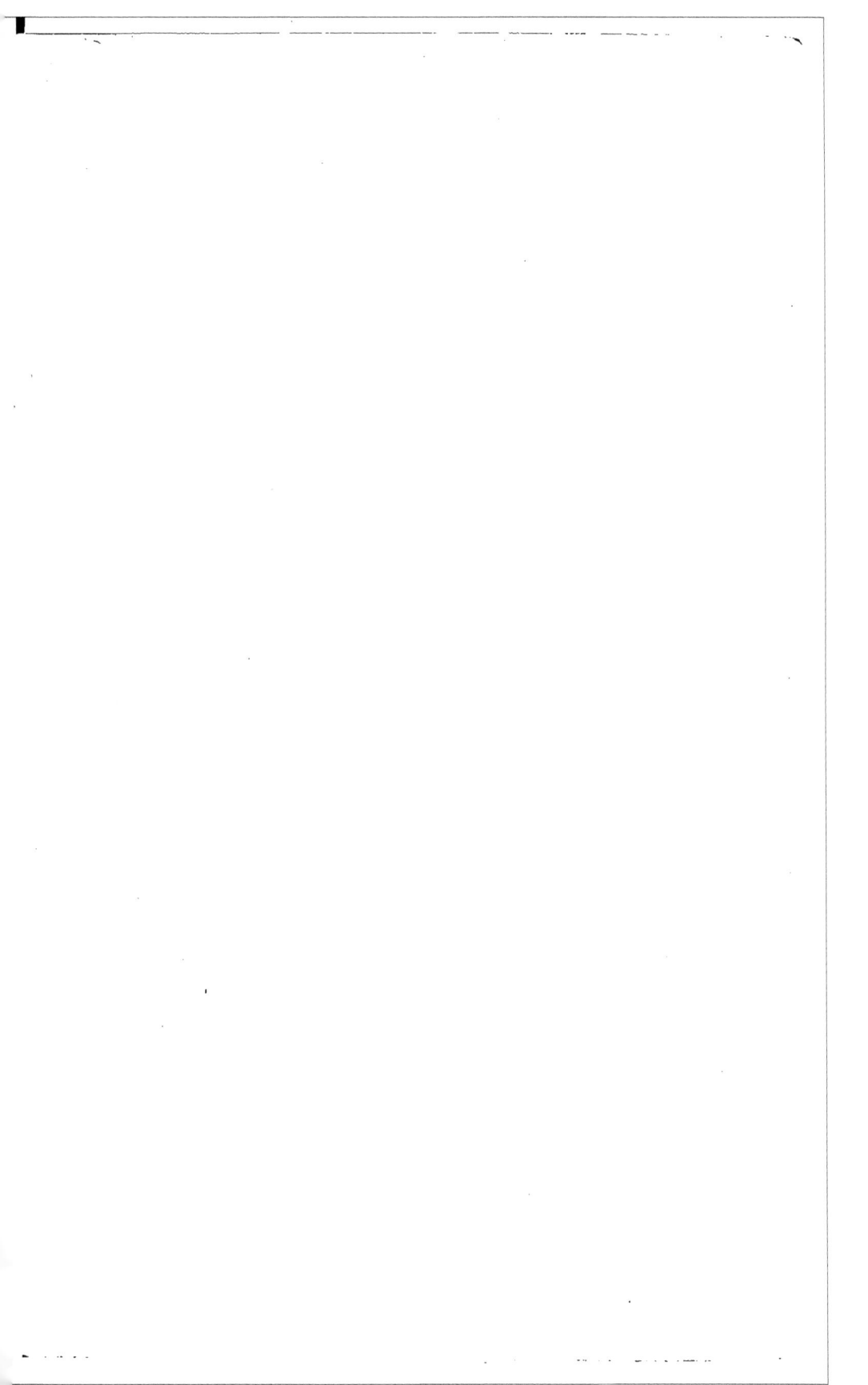

TRAITÉ

DE L'EXPLOITATION

DES MINES DE HOUILLE.

3

LIÉGE. — IMPRIMERIE DE J. DESOER.

TRAITÉ

DE L'EXPLOITATION

DES

MINES DE HOUILLE

OU EXPOSITION COMPARATIVE

DES

MÉTHODES EMPLOYÉES EN BELGIQUE, EN FRANCE, EN ALLEMAGNE
ET EN ANGLETERRE, POUR L'ARRACHEMENT ET L'EXTRACTION
DES MINÉRAUX COMBUSTIBLES;

PAR

A. T. PONSON,

INGÉNIEUR CIVIL DES MINES.

TOME TROISIÈME.

LIÉGE

E. NOBLET, ÉDITEUR, PLACE DERRIÈRE-St.-PAUL.

—

1853

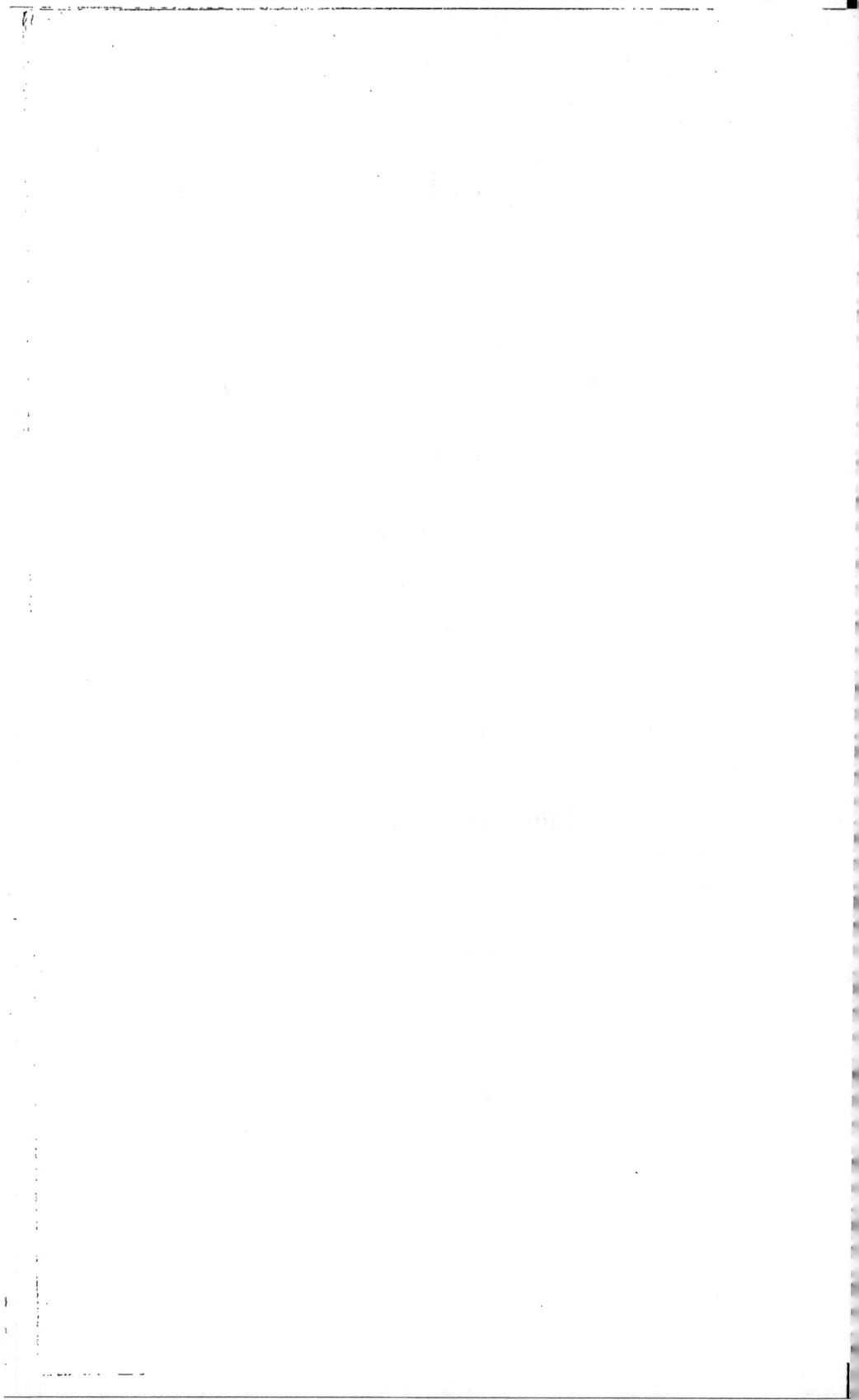

CHAPITRE V.

DU TRANSPORT DANS LES MINES DE HOUILLE.

---

513. *Considérations générales.*

Le transport en matière de mines de houille consiste à prendre le charbon des ateliers d'abattage, à le faire parvenir aux divers dépôts établis à la surface, et accessoirement à effectuer le déplacement des matières stériles que l'on a été contraint d'arracher. Il est facile d'apprécier à première vue la grande importance de ce genre de travail et son influence sur la totalité des dépenses, si l'on considère la nature éminemment encombrante des matériaux à transporter, et dont la valeur est si minime relativement au poids et au volume. Quelle différence avec les mines métalliques, où souvent une seule voiture de minerai contient autant de richesses qu'un grand nombre de wagons pleins de combustible! Ne sont-ce pas, d'ailleurs, les grandes dépenses résultant de cette partie du travail dans les houillères qui ont excité le génie inventif des mineurs et qui, définitivement, ont produit les chemins de fer et les premières applications des machines à vapeur rotatives?

Ce genre de travail est l'objet de trois divisions principales:

1°. Le transport intérieur, qui a pour objet de conduire les produits des tailles au pied des puits ou aux orifices des galeries débouchant au jour.

2°. L'extraction ou le transport de l'accrochage à la margelle du puits.

3°. Le transport extérieur, qui a pour but de faire parcourir aux charbons la distance comprise entre la marge des puits et les magasins situés dans le voisinage des routes, des canaux et des rivières navigables. Le lecteur n'aura à s'occuper de cette dernière division que sous quelques rapports spéciaux, la majeure partie de ce qui sera dit relativement au transport intérieur pouvant s'y appliquer, et cet objet étant d'ailleurs plus particulièrement du ressort des ingénieurs occupés à la surface.

Dans tout mode de transport, soit intérieur, soit extérieur, trois objets distincts sont à considérer :

1°. Les voies ou routes sur lesquelles cheminent les vases. Ces voies sont naturelles ou perfectionnées, c'est-à-dire formées du sol même des galeries ou de pièces de bois, de fonte de fer, de fer laminé ou forgé, dont le but est de diminuer le frottement des roues à la circonférence.

2°. Les vases destinés à recevoir la houille ou les débris des roches stériles. Ils sont munis d'un train roulant sur les voies comme les voitures ordinaires, ou disposés pour glisser à la manière des traîneaux.

3°. Enfin, les moteurs, dont on utilise la force en faveur du transport des matériaux. Ils sont animés : tels sont les hommes et les chevaux, et agissent directement ou par l'intermédiaire d'un appareil disposé dans ce but. Les moteurs inanimés sont ordinairement l'action de la pesanteur ou celle de la vapeur.

Cette subdivision s'applique également à la partie du transport désignée sous le nom d'*extraction*, à l'exception des voies sur lesquelles reposent les vases, dont l'existence se rapporte seulement à quelques systèmes spéciaux.

PREMIÈRE SECTION.

VOIES EMPLOYÉES POUR LE TRANSPORT INTÉRIEUR.

514. *Voies naturelles et voies en bois.*

Les voies naturelles n'exigent pas de frais de construction : c'est leur seul avantage. Néanmoins le sol des galeries doit être aplani et fréquemment nettoyé, afin d'éviter la culbute de l'appareil ou tout au moins un excès inutile dans le développement de la force motrice. Les traîneaux sont ordinairement les seuls vases appliqués aux voies naturelles ; dans ce cas, les schistes sont bien préférables aux grès, dont les aspérités empêchent le glissement. Le terrain doit être solide, poli et sec; humide, il attaquerait le traîneau, qui, réagissant sur la route, la détruirait promptement. Enfin les parties du traîneau ou de la voiture en contact avec la voie doivent être d'autant plus larges que celle-ci est d'une nature à se laisser plus facilement pénétrer. Un fort mauvais sol exige l'emploi de deux lignes parallèles de planches épaisses et peu larges, qui empêchent les vases de s'enfoncer.

Les voies en bois (fig. 1re, pl. XL) sont usitées dans les divers districts de la Ruhr et principalement en Silésie, où les matériaux de cette nature sont assez abondants et n'ont qu'une valeur minime comparativement à celle du fer. Des traverses a, placées perpendiculairement à l'axe de la galerie et dont l'épaisseur est proportionnée au poids du fardeau, servent à l'assemblage et à l'affermissement des solives *b,b* ou madriers de roulage (*Laufbretter*). La largeur de la voie, comprise ordinairement entre 0.45 et 0.50 mètre, est déterminée par des lattes *c , c* (*Latten* ou *Leitungen*) clouées sur les solives , en ayant soin de donner aux roues un jeu de 4 à 5 centimètres. Dans les coudes, ce jeu est augmenté; mais, si l'angle est aigu , il vaut mieux interrompre la voie et recouvrir d'un plancher cette partie du sol de la galerie. Souvent les traverses sont supprimées et les solives ou longrines sont appuyées contre des blocs de schiste ou autres remblais entassés au-dehors de la voie.

D'autres routes artificielles (fig. 2) sont construites avec des traverses et des solives seulement ; les rebords dont les roues sont munies les empêchent de tomber sur le sol. Quelquefois, pour prévenir une trop prompte usure des longrines, leur surface supérieure est recouverte de lames de fer *m , m* fixées au moyen de vis à tête fraisée.

Ces constructions , exigeant de grandes quantités de solives et de planches, ne se déplacent qu'avec de grandes pertes de matériaux , et surtout, se détériorant avec promptitude , ne sont applicables qu'aux localités où les bois, fort abondants, sont à bas prix. L'intensité du frottement des roues force à donner une pente considérable à ces voies. Enfin , sous le rapport de la traction, la différence entre les chemins de bois et de fer est appréciée par les mineurs allemands ; car, payés à tâche pour les transports, ils réclament et obtiennent un salaire plus élevé pour circuler sur les premiers que sur les seconds.

515. *Des chemins de fer.*

Les Anglais ont donné le nom de *rails* aux bandes de fer disposées pour recevoir les roues des voitures ; cette dénomination a été adoptée sur tout le continent. La division des chemins de fer en trois classes, est basée sur la forme des rails ou sur leur disposition :

1°. Les chemins à ornières creuses (*Tramm roads* ou *Tramm way*), dont les rails (*Plate rails*) sont munis d'un rebord extérieur destiné à prévenir les déraillements.

2°. Les chemins à ornières saillantes (*Rails ways*) formés de bandes de fer (*Edge rails*) placées de champ. Les roues, à larges jantes, sont maintenues sur la voie au moyen de leur rebord intérieur.

3°. Les chemins dits à la Palmers, ou chemins suspendus, formés d'un seul rail fixé au faîte des galeries. Sur ce rail unique roule une traverse à laquelle sont suspendus deux vases d'extraction. Des voies de cette espèce ont été employées à Rive-de-Gier, à cause de la mobilité du sol des galeries ; mais le défaut de stabilité et les ballottements des caisses, les réparations fréquentes, et enfin le prix fort élevé de cet appareil, ont engagé les exploitants à l'abandonner. Il en avait été de même antérieurement en Angleterre, où ce mode avait pris naissance. Les rails plats sont en fonte de fer ou en fer laminé ; quant aux rails saillants, on s'est servi pendant longtemps de la première de ces matières ; mais, actuellement, le fer malléable est exclusivement employé dans leur fabrication.

516. *Voies de fer à rails plats.*

Ces voies sont formées de bandes en fonte de fer dont la section transversale est une équerre. La figure 4 offre l'exemple d'un chemin à ornières creuses ; les rails reposent sur des traverses ou billes en bois, auxquelles ils sont fixés solidement à l'aide de clous ou de vis à têtes

fraisées et noyées dans l'épaisseur de la fonte. Dans la
figure 4ᵇⁱˢ, où l'un de ces rails se trouve représenté isolément de profil et par sa face inférieure, on aperçoit le
renfort dont il est muni pour augmenter sa résistance à
la pression verticale. La stabilité de la voie est, en outre,
maintenue par des oreilles latérales, et la disjonction des
diverses pièces est prévenue par la pénétration de la saillie
de l'une des bandes dans l'entaille de la suivante. Le
poids moyen des rails de cette espèce est, en Angleterre,
de 8 kilogrammes par mètre courant. En Belgique, où on
leur donne plus de solidité et une plus grande largeur,
il s'élève de 12 à 15 kilogrammes.

Les figures 9 et 9ᵇⁱˢ expriment un autre procédé usité
pour l'assemblage des rails. Ceux-ci portent, à chacune de
leurs extrémités et sur la moitié de leur hauteur, un
renflement cylindrique percé à son centre d'un trou vertical.
Lorsque deux rails contigus se trouvent dans la position
qu'ils doivent occuper, les deux renflements, en se superposant, ne forment qu'un seul cylindre ; une broche les
traverse, les fixe sur la bille, et prévient en même temps
toute disjonction.

On emploie aussi quelquefois des traverses en fonte
(fig. 10) qui, dans des échancrures ménagées à leurs
extrémités, reçoivent les rails serrés avec des coins en
bois. Le poids de la bille est réduit par un évidement
pratiqué vers le milieu de sa longueur.

Les rails plats en fer laminé (fig. 6) ont également pour
section transversale une équerre dont les deux branches
sont à peu près de même longueur. La surface inférieure,
en contact avec les traverses, est munie d'un talon propre
à augmenter la résistance à la flexion. Leur poids est de
7 à 8 kilogrammes par mètre linéaire. Leur pose est la
même que celle des rails en fonte, à moins que les inégalités

du sol, son état déliteux, ou la prévision d'une forte charge, n'engagent le mineur à placer au-dessous et dans toute leur étendue des madriers d'une assez forte épaisseur.

Quelle que soit la nature du fer dont les voies sont formées, on a le soin, dans l'intérêt de leur stabilité, d'incruster dans la roche du sol une partie de l'épaisseur des traverses ; et de remblayer avec des blocailles ou d'autres menus matériaux tout l'espace compris entre les rails. La distance qui sépare deux traverses consécutives est en raison de l'épaisseur des rails et de la charge qu'ils doivent supporter ; elle varie entre 0.50 et 1 mètre. La largeur de la voie est de 0.25 à 0.60 mètre.

517. *Voies de fer à rails saillants.*

Ces voies sont formées de barres de fer posées de champ et variables dans leur forme et leur mode d'attache sur les traverses. Quant à la forme, ce sont le plus souvent de simples bandes de fer méplat (fig. 3). Quelquefois leur tranche supérieure est surmontée d'un bourrelet (fig. 8) qui empêche les roues d'être coupées par les arêtes d'une surface trop étroite ; souvent, outre le bourrelet, ils portent à leur partie inférieure un talon dont on verra l'usage un peu plus bas. Quelquefois, enfin, un double talon (fig. 7) facilite la pose du rail et permet de le retourner lorsque l'une de ses tranches est usée. Le poids, fort variable, de ces diverses barres, est ordinairement compris entre 3,50 et 9 kilogrammes le mètre courant.

Il existe deux procédés pour fixer les rails sur les billes : le premier consiste à prendre pour intermédiaire des supports (*chairs*) ou coussinets en fonte (fig. 7 et 8), dont la grandeur et la forme dépendent de l'effort auquel ils doivent

résister. Ces objets, coulés d'une seule pièce, offrent
deux parties distinctes : les mâchoires, entre lesquelles se
placent les rails, fixés par des cales en bois ou des clavettes en fer forgé, et les semelles, au moyen desquelles
les coussinets sont attachés aux traverses par des clous ou
des vis (fig. 5). Les rails, coupés à leurs extrémités
d'équerre ou en biseau, se posent bout à bout ; le point
de contact se trouve au milieu d'un coussinet assez large
pour pouvoir embrasser les extrémités de deux bandes
contiguës sur une longueur suffisante. Les talons dont
quelques rails sont munis à leur partie inférieure en préviennent le soulèvement, circonstance fréquente avec les
barres de fer méplat ordinaire.

Ce procédé, le premier en usage dans les mines, est
assez généralement remplacé par le suivant (fig. 3). Le
coussinet est supprimé. Une entaille en forme de pyramide
couchée, dont les sections transversales et longitudinales
sont des trapèzes, est pratiquée sur la traverse ; le rail y
est engagé de champ ; puis l'introduction dans le vide restant d'un coin en bois de même forme que l'entaille, et
dont par conséquent la face inférieure est plus large que
la face supérieure, prévient le soulèvement de bas en haut.
Le coin se place d'ailleurs entre les deux rails, ce qui
permet de diminuer la longueur des traverses et de maintenir la voie suffisamment large dans les galeries étroites.
Dans ces circonstances, les rails sont toujours des barres
de fer méplats ; leurs deux extrémités s'assemblent sur la
même traverse, et les dimensions, ainsi que l'indique le
tableau suivant, sont en rapport avec le poids des voitures
et de leur charge.

POIDS DES VOITURES CHARGÉES.	HAUTEUR DES RAILS.	ÉPAISSEUR.	POIDS PAR MÈTRE COURANT.
de 250 à 400 kil.	0.045 M.	0.012 M.	4.20 kilog.
400 à 600	0.056	0.013	5.57
600 à 800	0.062	0.014	6.76
800 à 1000	0.070	0.016	8.72

Quel que soit le mode employé pour fixer les rails, ceux-ci fléchissent plus facilement dans le sens horizontal que verticalement ; c'est donc de leur épaisseur principalement que dépend la distance à laquelle sont établies les traverses, celle-ci varie entre 0.50 et 0.90 mètre. Il convient aussi d'avoir égard, dans cette détermination, aux courbes et aux inflexions imprimées à la voie.

On emploie indistinctement toute espèce de bois pour former les traverses ; toutefois le hêtre est d'un mauvais usage dans les galeries sèches, où il se déjette et se gauchit ; mais le chêne est préférable à toutes les autres essences. Quelques mineurs anglais font usage de billes en fer forgé (fig. 11) ; chaque extrémité du barreau porte une double saillie remplissant les fonctions de la mâchoire dans les coussinets.

Un sol de fort mauvaise qualité provoque l'enfoncement inégal des billes, dont le résultat est de faire sortir les rails des coussinets ou des entailles ; il suffit, pour prévenir cet effet nuisible, de placer au-dessous de la traverse et au point dangereux un madrier offrant une large surface. Si le sol de la galerie offre de la stabilité, il est avantageux d'employer des rails d'une assez grande lon-

gueur, 5 à 6 mètres par exemple; mais, lorsque le mur
a une tendance à se soulever, les réparations partielles
forcent le mineur à n'employer que de courtes lames de
fer, afin de ne pas s'exposer à démonter la voie sur une
longueur plus grande que cela n'est strictement nécessaire.
Dans ce cas, la longueur des barres excède rarement
2 à 3 mètres. Si le mineur a cru devoir reculer devant
l'excédant de prix exigé pour les barres de fer coupées à
longueur déterminée, il doit, avant la pose, les assortir
deux à deux, afin que les joints correspondants des deux
lignes se trouvent sur les mêmes bois. La saillie des rails
au-dessus des traverses n'est jamais moindre de 0.02 à
0.025 mètre; sans cela, on est exposé à de fréquents
déraillements qui interrompent le transport et diminuent
l'effet utile du moteur.

518. *Emploi exclusif du fer dans la construction des voies.*

M. Guibal, professeur d'exploitation à l'École des Mines
de Mons, vient de prendre un brevet d'invention pour
un nouveau mode de chemin de fer qui semble devoir
être appliqué avantageusement au transport intérieur des
mines de houille.

La figure 12 offre la représentation de ce système en
coupe et en plan. Des longrines en fonte a, a sont maintenues à une distance constante par des entre-toises d'écartement c, c; ces longrines, reposant sur le sol par leur
base concave, sont munies à leur partie supérieure d'une
nervure destinée à être coiffée par les rails bb, réduits,
ainsi que le dit l'auteur du système, à une enveloppe
renouvelable. L'assemblage des longrines est aussi le moyen
d'attacher les rails; ce moyen est double. Dans le pre-

mier (A), les entre-toises, terminées par une clavette traversant le rail et la nervure saillante, sont assujetties par une contre-clavette *c*. Dans le second (B), l'entre toise est un boulon dont les extrémités filetées portent des écrous *i* destinés à serrer le rail sur ses faces intérieures et extérieures. Entre ce dernier et la nervure des longrines est ménagé un espace occupé par une languette en bois dont l'effet est d'amortir les chocs provenant du transport.

Cette nouvelle disposition a pour objet la substitution du métal au bois pour tous les supports, ce qui contribue à la durée de la voie et semble offrir pour l'avenir une grande économie basée sur le prix constamment ascendant des bois. En outre, la grande simplicité des routes de cette espèce, leur montage et leur démontage si facile, présentent des avantages incontestables.

519. *Comparaison entre les divers systèmes de voies.*

Les principaux inconvénients des voies en bois ont été déjà énumérés. Elles sont, il est vrai, moins coûteuses de premier établissement que les chemins de fer ; mais les solives en se déjetant et se fendant, les têtes des vis ou des clous en s'arrachant, entrainent des réparations fort coûteuses ; les matériaux provenant de leur démolition sont presque entièrement perdus, tandis que les rails des voies de fer conservent toujours une certaine valeur intrinsèque, si, d'ailleurs, ils ne peuvent être employés de nouveau sur d'autres points de la mine. En outre, les premiers offrent sur les seconds l'avantage d'un effet dynamique beaucoup plus considérable, l'expérience ayant constaté que, à conditions égales, une voie de bois sur laquelle une voiture est sur le point de descendre spontanément

doit avoir une pente double de celle que réclame un
chemin de fer produisant le même effet.

Les rails plats en fonte présentent de graves inconvénients : non-seulement leur poids est excessif et leur
nature fragile, mais encore ils sont fréquemment rongés
par le contact des eaux de la mine, pour peu que ces
dernières soient acidulées. Aussi le mineur a-t-il généralement accordé la préférence au fer malléable. Enfin, les
rails plats en fer coulé ou laminé, comparés aux rails
saillants, semblent moins avantageux ; car si, d'un côté,
la pose en est plus facile et plus simple ; si la roue a
moins de tendance à sortir de la voie ; s'ils fléchissent
moins sous le fardeau ; s'ils ne sont pas, comme les rails
saillants, exposés aux soulèvements de bas en haut par
la pression des voitures entre les points d'appui extrêmes,
d'un autre côté, les frottements à la circonférence des
roues sont beaucoup plus considérables, puisque, d'après
les expériences et les calculs de M. Oeynhausen, ils seraient entre eux comme 12 est à 7. L'impossibilité de les
maintenir constamment propres et de les préserver des
schistes et des houilles qui, tombant des voitures forment
des obstacles sans cesse renaissants, exige une augmen-
mentation dans l'effort du moteur. Enfin, les roues, par
leur frottement, creusent insensiblement le rail plat et le
mettent promptement hors de service. Il est vrai que,
dans l'emploi des rails saillants, c'est la roue qui souffre ;
mais il est plus facile d'y porter remède.

520. *Pentes à donner aux chemins de fer.*

Les galeries d'allongement ou autres voies dites horizontales ne le sont pas réellement, car la facilité du roulage
exige qu'on leur donne, dans le sens des transports, une

inclinaison coïncidant, d'ailleurs, avec la direction de
l'écoulement des eaux. Si l'arrachement de la houille a
lieu constamment sur des points plus élevés que le niveau
de la chambre d'accrochage, le mineur, ayant la liberté
de fixer la pente des galeries, devra rechercher l'inclinaison la plus avantageuse, en se basant sur cette circonstance que les voitures pleines sont appelées à descendre
sur un même plan incliné qu'elles doivent gravir en reve-
nant à vide. Convient-il alors d'établir la voie de telle
façon que les voitures chargées descendent spontanément,
tandis que, pour regagner les ateliers d'arrachement, elles
soient entraînées par le moteur? Ou bien est-il plus convenable de choisir une pente telle que le moteur exerce
le même effort à la descente des voitures pleines et à la
remonte des vides? Théoriquement, en considérant la voie
seule, abstraction faite de son état de propreté, du diamètre des roues de wagons et de la longueur des relais,
l'effort développé est au minimum dans le second cas;
mais l'influence de ces diverses circonstances étant très-
grande, il importe d'y avoir égard.

Ainsi, les relais sont-ils courts et la pente de la voie suffisante pour que le wagon descende spontanément, l'ouvrier
traineur, arrivé au bas du plan incliné sans fatigue, est
appelé à ne produire qu'un effort de courte durée pour la remorque du vase vide; ces alternatives de travail et de repos
sont très-favorables au développement des forces humaines.
Les pentes peuvent alors être portées à 0.010 ou 0.015
mètre par mètre, c'est-à-dire beaucoup plus que dans
les chemins de fer établis à la surface, généralement plus
propres et mieux entretenus et dont le diamètre des roues
est toujours assez grand relativement à celui des essieux.

Si, au contraire, les distances à parcourir sont longues, comme le moteur remorquant la voiture à vide

doit exercer un effort soutenu pendant un temps considérable, il importe de ménager ses forces pour qu'il puisse atteindre le lieu du chargement. Dans ce cas, qui s'applique plus particulièrement aux chevaux traînant des wagons à grandes roues, il convient de choisir des pentes de 5 à 6 millimètres par mètre, qui, pour les travaux intérieurs, exigent à peu près le même effort à la montée et à la descente. Ces chiffres sont d'ailleurs fréquemment modifiés dans la pratique par des considérations étrangères au transport.

Les diagonales se trouveront dans des conditions d'autant plus favorables que leur inclinaison se rapproche davantage de celle où les voitures descendent d'elles-mêmes, c'est-à-dire de 10 à 15 millimètres par mètre; mais comme le pendage des couches, donné par la nature, est un des éléments principaux de cette détermination; comme cet élément est rarement assez faible pour permettre d'embrasser un champ d'exploitation d'une hauteur suffisante, sans donner à la diagonale une grande longueur, le mineur se tient rarement dans les limites énoncées ci-dessus; il donne aux galeries de cette espèce des pentes beaucoup plus considérables, sans toutefois jamais dépasser 5 à 6 centimètres. Lorsqu'une voie atteint cette inclinaison, le vase est entraîné avec une force telle que le rouleur, ne pouvant le retenir avec les mains, est forcé d'enrayer; la capacité des wagons ne peut alors être que très-faible et seulement de 2 à 2 1/2 hectolitres, car le mouvement de descente est d'autant plus vif et plus rapide que le vase est plus pesant, et la remonte à vide exige beaucoup de force et de temps.

Enfin, quelle que soit la pente jugée convenable à une voie, elle doit être uniforme, et les ondulations qui ont pour résultat d'exiger du moteur des efforts

variables dans des limites écartées doivent être sévère-
ment proscrites.

521. *Entretien des chemins de fer.*

Un certain nombre de cantonniers sont préposés à la
construction et à la réparation des voies de fer d'une
mine; leur travail commence dès que le transport intérieur
est terminé ; ils relèvent les traverses; rajustent les coins ou
les clavettes détachées; les resserrent à coups de marteau;
remplacent les rails en mauvais état ; s'occupent, enfin,
des réparations les plus minimes à ce sujet, le résultat
de la moindre négligence étant d'empirer le mal, d'occasionner, au bout d'un certain temps, l'interruption du
transport et d'entraîner ensuite des travaux considérables
de reconstruction. Les cantonniers doivent avoir le soin
de prolonger régulièrement les chemins de fer jusqu'au
front de taille d'une quantité égale à l'avancement journalier du haveur ; négliger cette opération ferait perdre
de grands avantages, car alors les voitures, devant s'arrêter à une certaine distance des ateliers d'arrachement,
n'en pourraient recevoir directement les produits sans l'intermédiaire d'un transport accessoire.

Des enfants placés à certaines distances les uns des
autres sont appliqués au nettoyage de la route; ils enlèvent avec soin les débris de houille ou de schiste qui
encombrent les voies et produisent des frottements considérables. Cette fonction se rapporte principalement aux
chemins de fer à ornières creuses.

522. *Des gares d'évitement.*

Si le transport intérieur est fort actif, il convient quelquefois d'établir une double voie, afin d'éviter les retards
occasionnés par la rencontre des voitures. Dans les gale-

ries moins fréquentées, on se contente d'une simple voie,
en disposant toutefois les choses de telle manière que la
circulation des vases de transport ne soit pas entravée lors
de la rencontre de deux d'entre eux. Si les dimensions et
le poids de ces derniers sont peu considérables, si surtout
leur solidité le permet, la voiture vide culbutée au moment de la rencontre abandonne les rails et livre passage
à la voiture chargée ; puis la première, étant relevée, continue sa route. Cette opération assez prompte devient
impraticable pour des vases pesants, ou d'une construction délicate. Dans ce cas, les points de rencontre sont
l'objet d'une double voie raccordée avec la voie principale
ou d'un plancher en bois ou en fonte de fer qui, recouvrant
le sol de la galerie, permet aux voitures de s'écarter l'une
de l'autre et de se livrer mutuellement passage. Ces diverses
dispositions sont des *gares d'évitement* ou des *changeages*.

La figure 16 de la planche XL représente l'extrémité d'une
gare d'évitement construite avec rails saillants et coussinets,
dont la longueur dépend de l'espace occupé par le convoi ;
l'autre extrémité est entièrement symétrique à la partie
offerte dans le dessin.

La disposition des rails et la manière de les fixer sur les
traverses étant les mêmes que ci-dessus, les points d'intersection *A*, *B*, *D* seuls doivent attirer l'attention. Les quatre
rails formant les deux voies se réunissent deux à deux (en
A et en *B*) sur la même traverse au moyen de coussinets
à double mâchoire disposée de telle façon que le rebord
de la roue puisse facilement passer entre les deux rails ;
deux aiguilles *c*, *c'*, mobiles sur leur axe, ont une de leurs
extrémités boulonnée en *e* (fig. 21), tandis que l'autre,
taillée en biseau, porte sur deux arcs de cercle en fer
plat. Lorsqu'une voiture, pénétrant dans la gare d'évitement,
doit se porter sur la voie de gauche, par exemple, les

aiguilles prennent la position indiquée dans le dessin ; l'une d'elles c' s'appuie sur le rail de droite, et l'autre c s'écarte du rail de gauche. Le contraire a lieu si la voiture doit parvenir sur la voie parallèle de droite. La manœuvre des aiguilles s'exécute par le traîneur lui-même ou par le conducteur des chevaux.

En D se trouve le point d'intersection des deux rails intérieurs, fixés par un coussinet à triple mâchoire. Dans l'échancrure triangulaire du milieu repose l'extrémité des deux rails f, f', réunis ou, mieux, soudés ensemble, et dans les deux mâchoires extrêmes pénètrent les bouts des deux barres qui se recourbent parallèlement à g g', h h' ; g et h sont des coussinets doubles destinés à recevoir une bande de fer ou contre-rail r, r' qui maintient la voiture sur la voie et prévient toute indécision lorsque la roue de devant passe en D, où le chemin de fer éprouve une solution de continuité.

La portée des traverses doit être assez grande pour recevoir simultanément les quatre rails ; en outre, elles doivent être assez rapprochées pour s'opposer, par la multiplication des points d'attache, à la flexion latérale des rails, si fréquente dans les courbes.

La figure 13 offre l'exemple d'une gare d'évitement construite avec rails saillants et cales en bois. Dans les points d'intersection A et B, le rail extérieur est placé contre la face extérieure de l'entaille ; le rail intérieur (fig. 14), échancré à sa partie supérieure, livre un libre passage au rebord de la roue ; il est séparé du précédent par un coin triangulaire en bois cloué sur la traverse ; le tout est maintenu par une cale pyramidale serrée dans la partie de l'entaille restée vide à l'intérieur de la voie.

Au point C où se fait la rencontre des quatre rails, l'entaille a (fig. 15) est formée de deux pyramides tronquées opposées par leur petite base. Les deux rails, étant soudés et forgés en pointe, sont insérés dans l'échancrure ; un coin est cloué sur la traverse et le tout est serré à l'aide de deux cales. Même ajustement en e, où les extrémités des deux rails sont fendues horizontalement et leur partie supérieure recourbée, tandis qu'ils sont serrés dans l'entaille par leur partie inférieure. Il est presque inutile d'ajouter qu'en ces divers points les traverses doivent être plus larges que partout ailleurs. Les gares d'évitement étant principalement en usage dans le transport à bras d'hommes, il n'y a aucun inconvénient à supprimer les aiguilles et les contre-rails, parce que l'ouvrier, en poussant obliquement la voiture vers l'un des rails extérieurs, l'introduit facilement sur l'une ou l'autre voie. Du reste, les gares établies avec rails saillants et cales en bois sont également compatibles avec l'emploi des aiguilles et les autres dispositions nécessitées par l'emploi des chevaux.

Les divers ajustements décrits ci-dessus se préparent au jour, où chaque pièce est numérotée et quelques-unes d'entre elles assemblées ; on peut ainsi les mettre immédiatement en place lorsqu'elles arrivent à l'intérieur des travaux.

523. *Tracé de la partie courbe des gares d'évitement.*

Les extrémités des gares sont formées de quatre courbes à double courbure, raccordées tengentiellement à la partie rectiligne de la voie, et dont le tracé peut s'effectuer de la manière suivante :

AB (fig. 25, pl. XL) est l'axe de la route ; $e\,d$ en est la largeur et $d'\,f$ la distance comprise entre les deux rails du milieu.

Après avoir divisé AB, longueur attribuée à la partie courbe de la gare, en parties proportionnelles aux écartements ed et $d'f$, et avoir obtenu deux lignes AS et BS, le dessinateur dispose celles-ci parallèlement à l'axe et à partir des points d et d' où elles lui servent de base pour la construction de la double courbure. Il extrait alors la racine carrée de la demi largeur de la voie et prend l'expression numérique qui en résulte $\left(\sqrt{\dfrac{ed}{2}} \right)$ pour diviseur de la ligne AS; le quotient de la division porté sur dc autant de fois qu'il peut y être contenu, donne les points

1. 2. 3. 4 et 5,

sur lesquels sont élevées des perpendiculaires égales aux carrés de ces nombres :

1. 4. 9. 16 et 25.

Ce sont ces dernières lignes qui, par leurs extrémités, déterminent une série de points appartenant à la courbe à construire.

Si, par exemple, le centimètre étant considéré comme unité de mesure, on a

$ed = 0.60$ m., $d'f = 0.40$ et $AB = 10$ m.,

cette dernière ligne, divisée en parties proportionnelles à ed et $d'f$, donnera respectivement 600 et 400 centimètres. La racine de la demi largeur de la voie étant $\sqrt{30} = 5.477$, le quotient de dc, par ce nombre, ou $\dfrac{600}{5.477} = 109.5$ centimètres, est une quantité linéaire qui, portée de o en c, donne les points 1. 2. 3, etc., sur lesquels sont élevées des perpendiculaires respectivement égales à 1. 4. 9, etc. centimètres.

La seconde partie de la courbe résulte également du quotient de $B S$ par la racine de $\dfrac{d' f}{2}$, demi distance des deux voies, qui, porté de o' en c', fixe la position des points

1'. 2'. 3' et 4',

dont les carrés 1. 4. 9 et 16 donnent autant de quantités linéaires disposées ensuite perpendiculairement à l'axe. Les deux courbes se raccordent, d'ailleurs, à leur point de contact S et aux points de tangence d et d'.

Si les points 1. 2. 3, etc., n'étaient pas assez rapprochés pour déterminer le tracé avec quelque précision, le dessinateur prendrait des points intermédiaires, tels que n', q', auxquels il donnerait une valeur de

1.5 ;   2.5 ;   3.5, etc.,

dont les carrés 2.25 ; 6.25 ; 12.25, etc., seraient disposés entre les précédents et perpendiculairement à l'axe.

Les courbes extérieures s'obtiennent par le tracé de normales telles que 9 i et 9 i', ou de perpendiculaires aux lignes 4.16 passant par les points 9 et en prenant sur ces perpendiculaires des longueurs égales à la largeur de la voie.

Les personnes versées dans les applications de l'algèbre à la géométrie reconnaîtront ici le tracé de la *parabole* employée pour les raccordements des routes et des canaux ; elles se rendront immédiatement compte de l'opération lorsqu'elles se rappelleront que, dans ces circonstances, les ordonnées de cette courbe croissent comme les carrés des abcisses.

524. *Gares d'évitement plus simples que les précédentes.*

Les dislocations auxquelles sont exposées les gares ci-dessus décrites, lorsqu'elles reposent sur un sol quelque peu mobile, les réparations fréquentes qui en résultent et les interruptions dans le transport souterrain rendent quelquefois ces constructions impraticables et forcent le mineur à en adopter d'autres plus simples.

La figure 18 représente une gare dans laquelle le croisement des rails est remplacé par un dallage en fonte SS, muni à sa partie extérieure d'un rebord saillant, prolongement des rails de sa voie. Le seul inconvénient de cette disposition provient de la fragilité de la matière et, par conséquent, du remplacement assez fréquent des plaques brisées par les pieds des chevaux.

Des planches en bois sont aussi employées pour faciliter le croisement des voitures dans les galeries. La figure 17, quoique ne se rapportant pas spécialement aux gares d'évitement, suffit pour indiquer ce mode de construction. La voie AB est interrompue, sur une longueur de quelques mètres, par un plancher M composé de forts madriers jointifs cloués sur des solives encastrées dans le sol. Contre ce plancher vient porter immédiatement l'extrémité des rails, dont le prolongement s'effectue au moyen de deux barres de fer méplat; celles-ci sont recourbées et munies d'oreillettes pour les fixer à l'aide de clous ou de vis. Au milieu de la voie et sur le plancher se trouvent également des pièces de fer k, k en forme d'ogive et attachées de la même manière. Ces pièces ont pour objet de faciliter le passage des vases de transport de la gare sur la voie. Enfin, et dans la crainte que le frottement des roues n'use le plancher avec trop de promptitude, on le recouvre souvent de tôles de fer provenant, la plupart du temps, de la destruction des vieilles chaudières des machines à vapeur.

Lorsqu'une voiture vide débouche sur le plancher, le rouleur lui donne une impulsion qui la porte en dehors

de la voie, vers l'une des parois de la galerie ; le wagon
chargé traverse la gare en ligne droite ; alors, imprimant
à la première un mouvement oblique, les roues s'engagent
sur les rails, guidées comme elles le sont par les quatre
arcs en fer installés aux deux extrémités de la gare.

525. *Changements de voies.*

Le lecteur a pu voir, dans le chapitre consacré à l'exploitation proprement dite, combien sont variables les directions des diverses galeries creusées dans une même couche;
aussi le moteur est-il souvent exposé à changer subitement
sa direction primitive, en formant avec elle les angles les plus
variés. Les changements de voie à angles obtus, ou même à
angles droits, sont faciles à exécuter ; mais si les deux
directions forment un angle aigu, les difficultés s'accroissent
à mesure que l'angle se ferme; aussi s'efforce-t-on d'éviter
cette espèce d'embranchement autant qu'il est possible de
le faire.

Les changements de voie dans les chemins de fer à
rails plats (fig. 19) se font au moyen de plusieurs pièces
de fer fondu, dont l'une *A*, placée au centre, est la seule
qui affecte une semblable forme ; les autres, telles que
B,*B'*, *C*,*C'*, *D*,*D'*, etc., sont symétriques deux à deux de
forme et de position. Les plaques sont munies latéralement
de rebords saillants dans toutes les parties où ils peuvent
prévenir les déraillements de la roue ; mais on les interrompt partout où cette dernière doit avoir un libre passage.
Ces diverses pièces de fonte sont, comme d'ordinaire,
vissées ou clouées sur des traverses, et l'espace intérieur,
compris entre deux rails, est remblayé.

Quant à l'exécution des chemins de fer à rails saillants
dans les changements de voie, les détails ayant la plus

grande analogie avec les gares d'évitement ci-dessus décrites, il ne reste que fort peu de choses à en dire.

La figure 23 représente les embranchements d'une voie construite avec des rails saillants et des coussinets en fonte. *A*, *B*, *C* sont les points d'intersection des rails, fixés à l'aide de supports à double mâchoire. *D* et *E* sont les points où trois barres se rencontrent et sont maintenues simultanément par des coussinets pourvus de trois entailles. La figure 24 exprime les détails de l'un de ces ajustements. Les aiguilles mobiles sont fermées lorsque la voiture doit continuer sa route en ligne droite ; l'une d'elles s'ouvre et l'autre reste fermée lorsqu'il s'agit d'engager le vase de transport sur l'une des voies latérales. La figure 20 est un exemple de la rencontre simple de deux voies à rails saillants fixés sur les traverses par des coins en bois. Cette figure ne réclame pas d'explication. Les aiguilles peuvent être supprimées, surtout si le transport se fait à bras d'hommes, le rouleur pouvant pousser la voiture à droite ou à gauche, suivant la route sur laquelle il veut s'engager.

La figure 17, déjà décrite à l'occasion des gares d'évitement, représente un changement de voie exécuté au moyen de madriers en bois.

La figure 22, un embranchement avec plateaux en fonte.

De semblables dispositions rendent la manœuvre facile, car, dès que la voiture a atteint le milieu de la plateforme, il suffit de lui imprimer un mouvement qui lui fasse décrire un quart de cercle, pour l'engager sur l'embranchement latéral. Ce pivotement s'exécute avec facilité lorsque les roues reposent sur des tôles ou des plaques de fonte. Les mêmes procédés sont mis en usage dans les changements de voie des chemins de fer à rails plats.

II°. SECTION.

DES VASES DE TRANSPORT INTÉRIEUR.

526. *Classification des vases de transport.*

La description de ces objets sera facilitée par leur division en quatre catégories basées sur les fonctions qu'ils sont appelés à remplir, soit qu'ils doivent parcourir la totalité ou seulement une partie de l'espace compris entre les ateliers d'arrachement et la chambre d'accrochage, soit que le transport intérieur doive se lier ou non avec l'extraction dans les puits ou avec le transport extérieur. Ainsi on distinguera :

1°. Les vases de faible capacité appliqués exclusivement à de courtes distances. Tels sont les traineaux et les brouettes en usage dans les mines peu développées, et destinés quelquefois au transport de la houille des chantiers aux galeries principales, où ils se déversent dans des vases plus grands.

2°. Les voitures servant également au transport intérieur et à l'extraction et quelquefois au transport extérieur. Leur contenance est ordinairement assez grande ; elles se remplissent directement à la taille, ou, si elles ne peuvent y parvenir, elles reçoivent le contenu de vases plus petits et se dirigent ensuite vers l'accrochage.

3°. Les voitures qui, partant des ateliers d'arrachement, se rendent, soit isolément vers le puits, soit sur une galerie principale, où elles se forment en un convoi trainé

par des chevaux. Quelques-unes de ces voitures sont élevées
à la surface, d'autres sont déversées dans des vases spéciaux d'extraction.

4°. Enfin, les vases qui, venant des tailles, arrivent sur
la galerie principale, où ils se placent sur des trains de
voiture pour atteindre la chambre d'accrochage. Ils sont
assez fréquemment élevés au jour le long des puits
d'extraction.

527. *Première classe. Traîneaux et brouettes.*

Les traineaux se composent d'un caveau évasé, d'une
caisse rectangulaire ou simplement d'un panier en osier
posés sur deux *patins* ou *semelles* ferrées glissant sur le
sol des galeries. Un anneau fixé à chaque extrémité
reçoit un crochet au moyen duquel s'opère la traction.

On voit dans les figures 26 et 26bis, pl. XL, les
vases de cette espèce usités dans quelques mines du Centre
du Hainaut. La cuve *o o*, à base elliptique, est formée de
douves liées entre elles par des cercles de fer ; elle est
indépendante des patins *p, q* et se loge entre quatre entailles pratiquées à la partie supérieure du traineau. Leur
contenance est de 120 à 125 litres.

Les traineaux sont encore actuellement en usage en
différents districts de l'Allemagne. La figure 27 représente
un vase de cette espèce appelé *Schleptrog* dans le bassin
de la Ruhr. Les caisses sont invariablement fixées sur les
patins au moyen de bandes en fer qui embrassent les
deux objets ; leur capacité moyenne et de 190 litres ; elles
sont toujours combles et contiennent 180 kilog. de charbon. Le traineau lui-même pèse 46 à 47 kilog.

En certaines circonstances, c'est-à-dire lorsque l'extraction doit être liée avec le transport intérieur, les traineaux

ont une plus faible contenance, et la même caisse, indépendante des patins, parcourt tout l'espace compris entre
les ateliers et l'orifice du puits. Dans ce cas, on fixe à
la partie supérieure du cadre des patins quatre broches
en fer, entre lesquelles se place une corbeille d'osier ou
tout autre vase circulaire contenant environ 82 litres. Le
traineau vide pèse 28 kilog. et sa charge 79 kilog.

Les traineaux de Blanzy (fig. 28), appelés *bennes à
patins*, se composent d'un cuveau auquel sont attachées
les semelles ferrées; ils sont munis d'anneaux servant à
les lier au câble d'extraction.

Ce mode de transport exige des voies inclinées, dans
lesquelles le vase descend à charge la pente qu'il doit
remonter à vide. Le minimum d'inclinaison est de 8 à
9 p. c. 15 à 25 p. c. est très-favorable au traînage;
mais 40 est un maximum qu'il serait peu convenable de
dépasser, car le transport, dangereux en descendant, serait
pénible en remontant.

Les traineaux sont peu coûteux; leur entretien est
presque nul; ils n'exigent aucune voie perfectionnée et
peuvent être employés dans les galeries d'une petite hauteur. Mais les désavantages inhérents à ces vases sont très-
graves; ils exigent, en effet, une force de traction considérable; la quantité de houille transportée par chacun
d'eux étant fort minime, il faut un grand nombre de
traineurs pour une notable quotité d'extraction. En résumé,
ils ne sont applicables qu'aux champs d'exploitation peu
importants, à des distances courtes, à un sol uni, résis-
tant et d'une pente convenable.

La brouette, dont la contenance est rarement au-delà
de 75 litres, a été mise en usage dans les galeries peu
inclinées de Rive-de-Gier, du Creuzot et de Blanzy. Ce
mode de transport exige l'établissement de voies à peu

près horizontales et des galeries percées sur une assez grande hauteur. Le rouleur, dans cette circonstance, devant porter une partie de la charge, cherche, autant que possible, à rapprocher le centre de gravité de la verticale passant par l'axe de la roue.

528. Deuxième classe. Vases destinés simultanément au transport et à l'extraction sans l'intermédiaire d'autres appareils.

Les voitures si fréquemment usitées dans la province de Liége (fig. 1ʳᵉ., pl. XLI) portent le nom de *berlaines*. Elles sont construites de fers d'angle, de pièces méplates et de tôles de grandes dimensions rivées sur le squelette. La caisse est renflée vers le milieu de sa hauteur, et les roues sont logées en dessous, afin d'éviter toutes les parties saillantes qui pourraient s'accrocher aux parois du puits. Pour lier la voiture et le moteur, il suffit d'insérer le dernier anneau de la chaîne du brancard (fig. 2ᵇⁱˢ), d'ailleurs constamment attaché aux flancs du cheval, dans l'une des mortaises w, et, lorsque les trous forés dans ces dernières correspondent avec le vide de maillon, de les traverser d'une clavette suspendue à une chaînette. Des anneaux t, t, attachés aux quatre angles de la caisse, servent à l'accrocher au câble d'extraction. La contenance de ces vases est de 6 à 8 hectolitres ; celui que représente la figure est un des plus grands de la province de Liége ; il pèse 208 kilog. et renferme, lorsqu'il est comble, 8.5 hectolitres de houille, formant un poids d'environ 750 kilogrammes. Le poids considérable de ces voitures ; la prompte destruction des voies qui en est la conséquence ; le petit diamètre des roues, auquel il est impossible de remédier sans donner à l'appareil une trop grande hauteur ;

la facilité offerte au déraillement par quatre roues fort
rapprochées ; la difficulté de les remettre sur les rails et
les nombreux retards résultant de ces accidents sont de
graves inconvénients, que compensent toutefois l'activité
d'un transport effectué par grands volumes et la faculté
d'amener les produits au jour sans leur faire subir aucun
transbordement.

Quelques exploitants du district de la Wurm (Aix-la-
Chapelle), trouvant les berlaines en fer beaucoup trop
pesantes, ont pensé devoir les construire en bois (fig. 3).
Ils ont formé la caisse de madriers de 0.035 mètre
d'épaisseur, consolidée extérieurement par des armures en
fer, et l'ont placée sur quatre roues en fonte. Ces voitures,
dont la contenance est de 5 hectolitres, ne pèsent que
90 kilog. Aussi peut-on les conduire à bras d'hommes au
moyen des anneaux s, s , dans lesquels le rouleur fait
passer le crochet de sa bricole. Elles sont hissées dans
les puits en les suspendant à quatre chaînes.

Dans le Staffordshire, où le charbon en morceaux est
l'objet presque exclusif de l'extraction, le transport se fait
des ateliers d'arrachement aux magasins situés à la surface à
l'aide d'appareils appelés *Skips* (fig. 16), composés d'une
plate-forme posée sur des roues ou sur des patins ferrés et
de trois ou quatre cercles en tôle de fer. Après avoir accumulé une certaine quantité de houille sur la plate-forme,
le chargeur ajuste le cercle le plus grand , entasse de nouveaux blocs, pose un autre cercle pour lequel il agit de
la même manière, puis un troisième dont le diamètre
décroît , et ainsi de suite. La pyramide ainsi formée est
consolidée par les quatre chaînes, auxquelles se rattache
le câble destiné à soulever le fardeau. Un cheval traîne un
skip sur un chemin de fer à rails plats ; rarement il est
appelé à en conduire deux.

Ces appareils servent également au transport des mine-
rais de fer entassés comme la houille, en ayant soin de
mettre à la circonférence les rognons les plus gros et les
plus petits au centre.

529. *Troisième classe. Voitures qui se rendent aux
accrochages, soit isolément, soit en formant un
convoi traîné par des chevaux.*

Les voitures les plus en usage dans la province de
Hainaut, représentées par les fig. 12, 13, 14 et 15,
sont établies sur les mêmes principes que les anciens
galliots de la province de Liége. Le train, entièrement en
fer, est articulé en *c, c*; la caisse, dont la forme est un
prisme tronqué, est fixée sur l'essieu *a* au moyen de deux
boulons; comme ses autres parties sont complètement
indépendantes du train, elle peut tourner autour de *a*
comme sur un axe. Chacun de ceux-ci porte un anneau
b, b auquel est attachée une chaînette terminée par une
petite tringle; cet ajustement sert à lier un chariot à celui
qui le précède et à former ainsi un convoi traîné par un
seul cheval. La contenance de ces vases est de 2 1/2 à
3 hectolitres.

Les voitures partant des chantiers d'exploitation, où
elles sont chargées par des ouvriers spéciaux (*chargeurs
à la taille*), sont traînées sur les voies secondaires par
les *esclaneurs;* elles parviennent en un point de la voie
principale, où la réunion de dix à quinze d'entre elles
forme une *rame* conduite à l'accrochage par un cheval.
Pendant la marche, elles sont surveillées par un jeune
homme de 14 à 16 ans (*suiveur de rames*) qui les dirige, afin de prévenir les déraillements et autres accidents.
Dès que le train arrive au bas du puits, les *avanceurs*

de chariots s'emparent des voitures et les transmettent aux *chargeurs de charbon*, chargés de déverser leur contenu dans les vases d'extraction ; ils placent leur extrémité antérieure immédiatement au-dessus du *cuffat*, saisissent la manotte *e* et soulèvent la caisse ; les roues de devant tournent, tandis que le train reste sur le sol, et la houille tombe dans le vase qui doit la recevoir.

Dans ces derniers temps, quelques exploitants du Couchant de Mons ont substitué le fer au bois pour la construction des caisses de wagons. Ces nouveaux vases (fig. 4 et 5), dont la forme est la même que ci-dessus, pèsent 125 kilogrammes ; ils contiennent, lorsqu'ils sont entièrement combles, 4 1/2 hectolitres de houille, dont le poids est d'environ 375 à 380 kilog. Les roues sont calées sur les essieux et ceux-ci tournent dans des crapaudines. La caisse est également pourvue d'une poignée *e* pour les culbuter, et d'anneaux *b*, *b* destinés à en opérer la traction et à les relier les unes aux autres.

Les wagons de la mine de Marcinelle, près de Charleroi (fig. 6, 7, 8 et 9), sont formés d'un squelette en fer revêtu extérieurement de tôles de 0.003 mètre d'épaisseur (1). Des boîtes à graisse sont fixées par des boulons à la surface inférieure de deux traverses en bois. Ces boîtes, représentées par les fig. 10 et 11 en coupe transversale et longitudinale, servent de support aux essieux *x*, dont les fusées sont constamment enveloppées de matières oléagineuses. Leur orifice est fermé par de petites portes en tôle mobiles sur leur axe ; les deux extrémités de celui-ci traversent des oreillettes venues à la fonte avec la boîte. Les wagons sont pourvus d'une porte *P*, maintenue

---

(1) Cette construction est due à M. Smits, ingénieur des mines de houille annexées à l'usine de Couillet.

en place par deux crochets c, c', et de deux anneaux a, a propres à recevoir la bricole du rouleur et à former un convoi. Le poids de ces vases est de 170 kilog. et leur contenance de 4 hectolitres de 100 kilog. Mais comme la houille déborde la caisse d'un décimètre au moins, on peut évaluer le poids du combustible transporté à 450 kilog.

Les figures 17, 18, 19 et 20 représentent les voitures employées dans quelques mines du district de la Wurm. La caisse, consolidée par des armures en fer, est munie, à sa partie antérieure, d'une porte P suspendue par deux pentures en fer h, h à un axe, autour duquel elle peut tourner librement. Pour en vider le contenu, il suffit d'enlever les clavettes i, de soulever la partie postérieure du wagon, et la porte, en s'ouvrant, laisse sortir le charbon. Les roues, placées en dessous de la caisse, réduisent à sa plus simple expression l'espace en projection horizontale qu'occupe cet appareil, circonstance favorable à l'extraction, à laquelle il est destiné, et à la circulation sur le sol de galeries étroites percées dans des couches minces et verticales, dont l'arrachement des roches encaissantes est ménagé autant que possible. Les essieux, placés à une petite distance l'un de l'autre (0.36 mètre), sont maintenus par un triangle g, g' en fer méplat, qui en prévient la flexion assez fréquente lorsque la voiture, après avoir acquis un mouvement rapide, arrive à la base d'un plan automoteur. Dans cette disposition, les axes, solidaires l'un de l'autre, devraient se courber simultanément, ce qui tend à en augmenter la résistance. Ces wagons, imitation des appareils en usage dans les mines de Saarbrücken, contiennent 2.75 hectolitres et pèsent de 54 à 60 kilogrammes.

Les voitures des houillères domaniales de Kerkrade (Lim-

bourg hollandais) se composent (fig. 25 et 26) d'un train
portant à l'une de ses extrémités un axe en fer forgé k,
autour duquel tournent librement deux anneaux boulonnés
sur la surface inférieure du fond de la caisse. Celle-ci est
en bois, et lorsqu'il s'agit de transvaser son contenu dans
le vase d'extraction, on la soulève par derrière à l'aide
d'un anneau en appuyant le pied sur le train ; elle tourne
autour de l'axe et se vide complètement. La contenance
de ces chariots, suivant qu'ils sont arasés ou pleins, est
de 4.5 à 5.5 hectolitres ; leur poids à vide est de 148 kilog.

Les vases de transport les plus répandus dans le nord
et le centre de l'Angleterre, où ils sont désignés par le nom
de *Tubs*, consistent en une caisse rectangulaire en bois ou
en tôle de fer portée sur quatre roues. Les figures 23 et 24
représentent les chariots de ce genre employés dans les mines
des environs de Worsley, district de Lancashire. Deux
solives forment une base sur laquelle est installée une
caisse en bois, consolidée par des équerres en fer cloués
sur les angles extérieurs. En dessous de chaque solive sont
boulonnées des plaques en fonte munies de deux saillies
contenant les crapaudines dans lesquelles tournent les
essieux, tandis que les roues elles-mêmes sont mobiles sur
les fusées. Ces wagons, construits avec soin et solidité,
contiennent 4 à 5 hectolitres, selon qu'ils sont arasés
ou non (1).

Dans le nord de l'Angleterre, la caisse C (fig. 1ʳᵉ.,
pl. XLII), construite en tôles de fer rivées sur des pièces
d'angle, est fixée par des vis sur deux semelles m ; les
quatre roues, en fonte, sont logées en dessous du vase.
On leur donne ordinairement 0.90 mètre de longueur,

---

(1) Mémoire sur les canaux souterrains, par MM. H. FOURNEL et
L. DIÈVRE.

0.60 de hauteur et 0.70 de largeur. Ils renferment environ 300 kilog. de houille et pèsent eux-mêmes de 150 à 180 kilog. Les tubs provenant isolément des tailles arrivent sur un point déterminé d'une galerie principale, se réunissent au nombre de six ou huit et s'attachent les uns aux autres avec une chaînette et un crochet disposés à leur partie postérieure ; le convoi, ainsi formé, est conduit par un cheval à la chambre d'accrochage, d'où les voitures s'élèvent dans le puits.

Le chariot en usage dans les mines de Blanzy (fig. 27 et 28, pl. XLI) a une caisse de forme rectangulaire composée de planches solidement ferrées ; sa capacité est de 6 à 8 hectolitres ; les solives sur lesquelles elle repose se prolongent en arrière de manière à former deux bras D que le mineur saisit pour faire basculer le wagon après avoir ouvert une porte G mobile autour de charnières horizontales (1).

530. Quatrième classe. *Vases qui, venant des tailles, se réunissent sur un autre train de voitures.*

Dans ce système, les vases provenant des ateliers d'arrachement arrivent sur des points déterminés des galeries principales, où ils sont réunis au nombre de deux, trois ou quatre sur un train spécial ; de là ils se rendent à l'accrochage et sont hissés au jour le long du puits d'extraction.

Le mode le plus ancien (fig. 30, 31, 32, 33, 34 et 35, pl. XLI) et le plus généralement usité en Angleterre consiste à employer des paniers H ou corbeilles en osier tressé sur un squelette en fer surmontés d'une anse

(1) *Annales des Mines*, 4e. série, tome IV, page 60.

de même métal servant à les attacher à l'extrémité du câble d'extraction. Ce sont les *corves*, dont la capacité moyenne, d'environ 3 hectolitres, renferme, avec le comble, plus de 300 kilogrammes. On les place sur de petites voitures à quatre roues (*Trams*) formées de deux pièces de bois placées de champ et dont l'écartement est déterminé par trois traverses en fer (fig. 34 et 35). Les corves, traînées à bras d'hommes, parviennent ainsi sur la galerie principale, où elles sont enlevées à l'aide d'une grue et déposées, au nombre de deux ou trois, sur un chariot porteur (*Rolley*) K, qui les conduit à la chambre d'accrochage. Ce chariot, dont la longueur dépend du nombre de corbeilles à y superposer, se compose de deux sommiers en chêne l, l', réunis par deux ou trois traverses m, m' et quelques tiges en fer boulonnées sur les sommiers. Un cheval traîne un convoi formé de deux ou trois trains.

Les grues, en bois ou en fonte, sont fort simples et de petites dimensions. En fonte, elles se composent (fig. 32 et 33) de deux montants verticaux S, coulés d'une seule pièce, entre lesquels est attaché le tambour d'enroulement n, d'un bras horizontal t et d'une contre-fiche u. Le mouvement de rotation de la manivelle se communique au tambour par l'intermédiaire d'un pignon r et d'une roue dentée s. Les deux pivots, autour desquels tout le système est mobile, roulent dans des crapaudines en cuivre; celles-ci sont encastrées dans des solives placées au toit et au mur de la couche.

Le transport par corves est organisé de la manière suivante. Un certain nombre de tailles étant attribué à chaque rouleur (*Putter*), celui-ci charge les corbeilles, qu'il amène à l'une des grues installées sur la voie principale. L'ouvrier préposé au service de ces engins (*Craneman*), après avoir appris du rouleur le numéro de la taille d'où provient le charbon et la qualité de celui-ci, attache à l'anse du vase une médaille destinée à indiquer ces circonstances à la surface, et charge la corbeille sur le chariot porteur. Lorsque le convoi est complet, le conducteur (*Driver*) se met en route pour l'accrochage, après avoir placé au-devant de la première voiture une lumière indiquant la présence du train aux conducteurs de chevaux qui marchent en sens contraire ; et si deux d'entre eux se rencontrent, le premier arrivé à la gare d'évitement se place sur la voie parallèle en attendant que l'autre soit passé. Enfin, le convoi arrive à l'accrochage ; le conducteur dételle le cheval, le ramène en arrière et l'attache à l'extrémité opposée d'un autre train de voitures vides.

Le second procédé usité dans le district de Newcastle (fig. 1, 2 et 3, pl. XLII) consiste à substituer des tubs aux corves. Les chariots porteurs, construits comme ci-dessus, sont recouverts de deux fragments de chemin de fer placés transversalement et qui sont le prolongement des voies latérales. Dans ce cas, le sol de ces dernières doit être plus élevé que celui des galeries principales de toute la hauteur des rolleys *K*. On empêche les tubs d'abandonner le chariot porteur ou même de vaciller en les fixant sur le tablier à l'aide de broches en fer.

Les tubs, quoique plus pesants que les corves, semblent plus avantageux, en ce que leur durée est plus grande et les frais de réparations presque nuls. Mais leur emploi, conjointement avec les rolleys, ne peut être justifié que dans les mines où il faudrait changer tout le système des chemins de fer, pour les faire circuler directement des ateliers à la chambre d'accrochage, en formant des convois sur les galeries principales.

Le mode de transport à l'aide de chariots porteurs est évidemment identique avec le système en usage depuis fort long-

temps en Silésie. Dans ces districts, les caisses rectangulaires provenant isolément des tailles sont formées de
planches et armées de nombreuses ferrures. Tantôt elles
sont munies de patins ferrés, au moyen desquels le
traineur les fait glisser sur le sol des galeries; tantôt,
placées sur un petit train à 4 roues, elles atteignent la
galerie principale, où une grue les saisit et les installe
sur un chariot porteur (*Rollgestellwagen*). Lorsque le
transport se fait à bras d'hommes, les deux caisses réunies
sur un train ne contiennent jamais toutes ensemble plus
de quatre hectolitres; si le moteur est un cheval, trois
d'entre elles renferment 7.5 hectolitres. On a essayé de
charger la voiture de 11.25 hectolitres, ce qui, dans des
circonstances favorables, a été suivi d'un succès complet.

Les chars à bennes de St.-Étienne ont d'assez grandes
dimensions; ce sont deux sommiers liés par trois ou quatre
traverses et recouverts d'un tablier sur lequel viennent
s'installer des corbeilles ou des cuveaux à patins semblables à celui que représente la fig. 28, pl. XL. Un
train reçoit ordinairement quatre bennes, et sept trains
forment un convoi. Chaque benne contenant en moyenne
150 kilog. de houille, un cheval traîne ainsi 42 quintaux métriques sur les voies principales. Le char à bennes
ordinaire pèse 195 kilog.

531. *De la forme à donner aux jantes des roues selon la nature des voies à parcourir.*

La forme des jantes doit être appropriée à l'espèce de
routes sur lesquelles elles sont appelées à rouler. Sur le sol
naturel et sur les voies de bois, les jantes plates ont une
assez grande largeur; sur les chemins de fer à rails plats,
la forme lenticulaire des roues (fig. 34, pl. XLI) di-

minue la somme des résistances passives provenant des divers obstacles, tels que les morceaux de houille ou de schiste, qu'elles rencontrent dans leur parcours ; cependant on a le soin de donner aux jantes une largeur assez grande pour éviter le creusement trop rapide des rails par l'effet du frottement, ou la destruction trop prompte des planchers construits dans les gares d'évitement et les changements de voies. Cette largeur, dépendant, d'ailleurs, du poids de la charge, ne doit jamais être au-dessous de 0.03 mètre.

Sur les chemins de fer à rails saillants, les jantes des roues sont munies d'un rebord ou bourrelet destiné à maintenir les voitures sur la voie. La section des bourrelets n'est pas indifférente ; c'est en grande partie d'elle que dépend la facilité du déraillement.

La figure 22 est la forme attribuée aux jantes des roues des grandes voies de fer de la surface. La courbure verticale trop prononcée facilite les soubresauts provoqués par les mouvements latéraux. La figure 21 offre la forme la plus simple et la plus ordinairement employée dans les mines de houille ; elle s'oppose énergiquement aux déraillements ; mais si, par l'effet d'une secousse, la roue monte sur le rail, elle y reste ou retombe hors de la voie. Une section (fig. 22 bis) formée de deux lignes, l'une droite, l'autre courbe, raccordées par un petit arc de cercle, semble la plus convenable, en ce qu'elle présente toute la résistance nécessaire aux secousses latérales, et que la roue se remet d'elle-même à sa place, si le résultat du choc n'a pas été de la porter tout-à-fait hors du rail.

Quelquefois les jantes sont creusées en gorge de poulie. On a cru trouver dans cette disposition un avantage résultant de ce que, dans les inflexions de la voie, la pression latérale des roues, agissant simultanément sur

les deux rails, ceux-ci peuvent céder dans le sens horizontal
sans perdre leur parallélisme ; mais les frottements sont
considérables, surtout dans les courbes d'un petit rayon,
où les rebords touchent simultanément les deux faces latérales de la barre. Les déraillements sont aussi beaucoup
plus fréquents dans l'emploi de ce procédé.

Les planchers des gares d'évitement et des changements
de voie sont promptement attaqués par les bourrelets saillants des roues, ce qui n'a pas lieu avec les jantes plates ou
en gorge de poulie ; mais cette circonstance accessoire ne
peut contrebalancer les avantages résultant de l'emploi des
rails saillants. D'ailleurs, il est toujours possible de porter
remède à cet inconvénient, en donnant une plus grande
largeur aux boudins et en recouvrant le plancher de
vieilles tôles de fer, ou en le construisant avec des plaques
en fonte.

532. *Construction des roues.*

Les roues en fonte de fer ont été, presque partout,
substituées aux roues en bois, à cause de leur longue
durée et du peu de réparations qu'elles exigent ; leur seul
désavantage réside dans leur excès de pesanteur. On a essayé de les fabriquer en partie en fer malléable, en disposant six ou huit raies rivées sur la jante et réunies par un
moyeu en fonte ; mais le prix élevé de cette construction
a porté le choix définitif sur la fonte comme matière de
construction.

La roue et le moyeu sont coulés d'une seule pièce et
assez fréquemment *en coquille* (1). Ce procédé, qui con-

(1) Le moulage en coquille consiste à substituer un moule en fonte
au moule en sable ordinaire ; en sorte que la matière liquide, venant
en contact d'un corps bon conducteur tel que le fer, se refroidit

stitue une espèce de trempe, donne aux jantes une dureté suffisante et prévient, autant que possible, les cannelures engendrées à leur surface extérieure par le frottement des rails. Cette circonstance est fort importante, puisque, d'après les observations de M. Wood, l'usure des roues non trempées est à celles qui le sont comme 63 à 39. Cependant, quelle que soit la dureté des jantes, elles finissent par se creuser, et comme il importe de ne pas les mettre au rebut, ce qui serait une grande perte, elles sont restaurées soigneusement. Pour cela, après les avoir placées sur le tour et avoir diminué l'épaisseur des jantes, elles sont enveloppées d'un cercle en fer malléable préalablement chauffé à blanc ; le retrait du fer en se refroidissant est suffisant pour maintenir le cercle et le fixer sur la roue. Le même procédé est employé pour convertir les roues à jantes plates en roues à rebords destinées à circuler sur les rails saillants.

533. *Dispositions des roues relativement aux essieux.*

Les roues sont l'objet de deux dispositions : elles sont mobiles sur les fusées et l'essieu est invariablement attaché au train de la voiture ; ou les roues sont calées sur les essieux et ces deux objets sont mobiles dans des crapaudines ou cuvettes.

La première disposition exige des fusées aciérées, puis tournées et trempées pour augmenter leur dureté. L'essieu est ensuite fixé à la voiture, soit directement, à l'aide de boulons, soit par l'intermédiaire de bandes de fer qui,

---

promptement, se transforme en fonte blanche et acquiert une grande dureté. La jante seule devant recevoir cette espèce de trempe, le moule n'est formé de fonte que dans les points correspondants à cette partie de la roue.

pliées d'équerre, l'embrassent et s'attachent aux solives avec des clous ou des boulons. Le moyeu conique est alésé et les aspérités en sont soigneusement enlevées. La roue est maintenue en place, d'un côté, par une clavette insérée à l'extrémité de la fusée; de l'autre, par un renflement de l'essieu au-devant duquel est quelquefois ajustée une rondelle en fer qui régularise et diminue les frottements.

Dans la seconde disposition, les fusées des essieux sont des pyramides tronquées à base carrée, qui, introduites dans les moyeux, sont calées avec des coins de bois ou de fer, ou successivement avec tous les deux. Dans les ouvrages plus soignés, le moyeu est alésé, la fusée tournée et les deux objets invariablement liés par une broche conique; celle-ci est implantée dans un trou foré moitié dans l'essieu, moitié dans le moyeu.

Les crapaudines ou cuvettes, dans lesquelles tournent les essieux, se composent tantôt de deux pièces de fonte pourvues d'échancrures cylindriques propres à recevoir la fusée et assez souvent accompagnées d'un coussinet en bronze. Les pièces, maintenues en place à l'aide de deux boulons verticaux, se rattachent au train par d'autres boulons qui traversent simultanément la plaque supérieure et les sommiers de la voiture. Quelquefois un coussinet en cuivre jaune ou en bronze et un autre en bois sont serrés et maintenus en place par deux boulons carrés qui traversent une plaque de fer malléable sur laquelle serrent les écrous. Les boulons sont engagés dans des rainures régnant extérieurement le long des pièces. Enfin, les crapaudines, réduites à leur plus simple expression, consistent en étriers ou brides de fer malléable dans lesquelles est introduit l'essieu surmonté d'un coussinet en fonte ou en bronze.

Ces deux procédés d'ajustement des roues sur leurs essieux offrent quelque différence sous le rapport dynamique. En effet, en ne considérant que le mouvement rectiligne d'une voiture dont les roues sont mobiles sur leurs fusées, il est évident que toute déviation à laquelle elle sera soumise continuera jusqu'au moment où le bourrelet de la roue viendra heurter contre le rail et engendrera une résistance notable à la force de traction ; si, au contraire, les roues sont fixées invariablement sur l'essieu, dès qu'une circonstance accidentelle provoque la déviation de la voiture, les roues, devant glisser sur les rails, produisent un frottement tendant à rétablir aussitôt la direction rectiligne. D'où il s'ensuit que, dans les parcours en ligne droite, la seconde disposition semble préférable à la première, pourvu que la charge soit également répartie sur les quatre roues. En outre, celles-ci restent toujours normales à l'essieu et, par leur fixité, conservent aux vases de transport une voie constante.

Cependant ces considérations dynamiques, fort importantes pour les chemins de fer établis à la surface du sol, doivent nécessairement céder à d'autres, exclusivement pratiques, plus particulièrement applicables au transport intérieur. Ainsi, les roues mobiles sur leur essieu facilitent la marche des voitures dans les courbes et la rendent plus uniforme et moins saccadée ; le choc produit par un obstacle s'amortit en se répercutant sur la roue accouplée ; le train est mieux lié par des essieux fixes auxquels un petit diamètre est suffisant ; l'appareil, moins sujet aux dislocations, exige moins de réparations ; le graissage des coussinets, plus difficile que celui des roues, entraîne souvent de grandes pertes d'huile ; l'exécution imparfaite des crapaudines engendre des frottements fort nuisibles, et enfin, les roues, devant être nécessairement placées au-dedans des sommiers de la voiture, occupent une position fort incommode en beaucoup de circonstances.

C'est ici le lieu de parler d'une disposition des essieux, employée depuis longtemps en Angleterre et sur le continent sous le nom assez impropre d'*essieux patent*, et qui a pour but d'apporter une économie notable sur l'huile destinée à adoucir les frottements. Comme il s'agit simplement de faire tourner la fusée de l'essieu dans une boîte assez étanche pour empêcher le liquide de se répandre au-dehors, on comprend qu'il soit facile d'imaginer plusieurs moyens d'atteindre ce but. Dans la disposition originairement employée en Angleterre (fig. 29, pl. XLI), la cavité intérieure est soigneusement alésée; elle est fermée à l'une de ses extrémités par une rondelle en fer forgé *b* attachée au moyeu par six petites vis. L'autre extrémité l'est également par deux rondelles superposées *c,c*, l'une en fer, l'autre en cuivre jaune; les vis à tête de boulons peuvent s'enlever à volonté. Lorsque l'essieu a été inséré dans le moyeu et les rondelles attachées, le bourrelet cylindrique intérieur s'oppose à la disjonction des pièces, et l'huile, introduite par le trou *o* que ferme une vis, arrive dans les cavités annulaires, d'où elle se répand, au fur et à mesure des besoins, sur toute la surface de la fusée, sans qu'aucune parcelle puisse se répandre au-dehors.

Par l'emploi de ce procédé, l'économie d'huile est considérable, puisque le moyeu une fois rempli, le wagon fonctionne pendant un mois et même six semaines consécutives sans que le graissage soit renouvelé. Au bout d'un certain laps de temps, la boîte s'encrassant par les dépôts d'huile, l'appareil doit être démonté et nettoyé à l'intérieur. Ces dispositions, appliquées en diverses localités aux voitures de transport intérieur, ont eu un plein succès.

534. *Frottement des roues sur les voies rectilignes.*

Parmi les résistances, il en est d'accidentelles provenant
de la mobilité du sol, du mauvais état de la voie et des
saletés qui s'y déposent; d'autres, telles que le frottement
des roues contre la caisse ou le train de la voiture, dépendent de la construction défectueuse des vases. Si des
résistances de cette nature peuvent toujours être anéanties,
il n'en est pas de même lorsqu'elles dérivent de la réaction
inévitable des organes les uns sur les autres; leur intensité peut, il est vrai, diminuer au moyen d'ajustements
précis et en donnant aux diverses pièces de l'appareil des
proportions convenables, mais seulement jusqu'à une certaine limite impossible à franchir. Ce sont : le frottement
du moyeu sur la fusée ou de l'essieu dans la crapaudine,
et les frottements horizontaux et latéraux des jantes sur
la voie.

La première est en raison directe de la charge et du
diamètre de l'essieu, et en raison inverse du diamètre
de la roue (1), en sorte que si P exprime la pression
qui s'exerce sur les essieux, f le coefficient de frottement
qui, d'après les expériences de M. Coulomb, est de 0.27,

---

(1) Cette vérité peut s'établir au moyen d'un raisonnement fort
simple : une roue et un essieu ont l'unité pour expression de
frottement ; si, l'essieu restant le même, le diamètre de la roue est
doublé, l'espace parcouru par la circonférence de cette dernière
sera double de ce qu'il était d'abord, et le frottement, restant le
même, ne sera que la moitié de ce qu'il était primitivement. Si,
au contraire, le diamètre de la roue reste constant et que celui
de l'essieu soit doublé, la résistance aussi sera doublée, puisque ce
dernier offre au frottement une surface également double pour le
même effet obtenu.

D et d les diamètres des roues et des axes ; R, ou la résistance au mouvement de la voiture, sera

$$R = \frac{f \times P \times d}{D}.$$

Celle-ci s'accroît donc avec le diamètre de l'essieu et diminue avec celui de la roue, et, en doublant ou triplant ce dernier, on pourrait théoriquement transporter des charges doubles ou triples sans augmenter les efforts du moteur. Les essieux les plus petits et les roues les plus grandes offriraient la combinaison la plus avantageuse, si le constructeur n'était limité par la hauteur des galeries, par le maximum de résistance du fer, limite dont il s'écarte toujours, préférant donner à ces organes un diamètre assez fort plutôt que de s'exposer aux ruptures. A ce sujet, l'expérience dans les mines enseigne que des essieux de 0.03 à 0.04 mètre de diamètre, soumis à une pression de 600 à 1,200 kilogrammes, se courbent et se cassent même quelquefois, quoique construits en fer de bonne qualité. On donne souvent aux roues des voitures circulant dans les galeries de 1.80 de hauteur un diamètre de 0.30 à 0.40 mètre ; souvent il n'est que de 0.20 à 0.25.

Les résistances au mouvement des voitures dérivant des frottements de la jante sur le sol, sur des solives en bois ou sur des barres de fer, ont été déduites par le calcul d'expériences faites en Silésie sur des chemins de diverses natures établis à la surface. M. Oeynhausen, à qui l'on doit un remarquable travail sur cet objet (1), trouve que les coefficients du frottement à la circonférence des roues est respectivement pour les voies en bois, les rails plats et les rails saillants de 0.51, 0.12 et 0.07,

(1) *Ueber den effect der Wagen auf Schienenwegen bei der grubenförderung*, von OEYNHAUSEN, Karsten archiv, 1re. série, vol. IV.

ce qui confirme de nouveau la supériorité des chemins
de fer de cette dernière espèce sur tous les autres. Ces
termes, déduits d'expériences faites au jour sur des voies
rectilignes, ne peuvent être considérés d'une manière absolue, mais seulement comme l'expression proportionnelle
du frottement des roues sur des pièces de bois et sur
des barres de fer creuses ou saillantes, abstraction faite
des résistances engendrées par les courbes et les contour-
nements si fréquents dans les mines.

On doit ajouter que, si la largeur d'une voie rectiligne
perfectionnée était égale à la distance qui sépare deux roues
conjuguées, le mouvement serait impossible ou ne pourrait avoir lieu sans être accompagné d'énormes résistances ;
aussi convient-il de laisser entre les rails et chacune des
roues un espace libre de 0.01 à 0.015 mètre, destiné
à faciliter le roulage. C'est le *jeu de la roue*, dont
l'existence est indépendante de la forme de la jante.

535. *Résistances dues aux frottements des roues dans les courbes.*

Les chemins de fer doivent suivre les inflexions des
galeries souterraines, quelque petit que soit leur rayon
de courbure. Dans ces circonstances, les roues sans
rebords, circulant sur des rails plats, n'exigent pas un
accroissement sensible de l'effort du moteur, pourvu que
la distance comprise entre les essieux ne soit pas trop
considérable. Il n'en pas de même des roues à bourrelets
sur rails saillants, qui provoquent des déraillements et
des résistances dont il convient d'examiner les causes, afin
d'en atténuer les effets autant que possible.

Soit *A B* (fig. 29, pl. XLII) la partie courbe d'une
voie à rails saillants que doit parcourir une voiture *a*, *b*, *c*, *d*,

Par suite de la force centrifuge, les roues, se portant vers le rail extérieur, montrent une tendance à dérailler, engendrent des frottements latéraux ou tout au moins glissent transversalement de R en R', c'est-à-dire du centre à la circonférence. Pour prévenir cet inconvénient, on a proposé d'exhausser le rail extérieur d'une quantité telle que la force centrifuge fût détruite par l'action de la gravité; mais la vitesse, l'un des principaux éléments de la détermination de l'exhaussement du rail, est ordinairement trop petite à l'intérieur des travaux pour qu'il vaille la peine d'en tenir compte, même lorsque cette surélévation de l'une des deux barres ne serait pas une opération presque impraticable dans la plupart des mines de houille.

Les autres résistances, beaucoup plus importantes, dérivent des causes suivantes. Les côtés ab et cd, projections horizontales des plans suivant lesquels se meuvent les roues, sont parallèles aux cordes des arcs ab et cd; l'angle constant qu'ils forment avec la direction du rail est d'autant plus grand que le rayon de courbure est plus petit et que les essieux sont séparés par une plus grande distance; les lignes ac et bd, parallèles entre elles et au rayon dirigé vers le milieu du vase, ne se confondent jamais avec RR'; enfin, le développement des arcs parcourus par les roues placées sur les rails extérieurs et intérieurs sont entre eux comme les rayons RR' et Rr, d'où dérivent les conséquences suivantes :

1°. Les essieux restant parallèles, aucun mouvement progressif ou rétrograde de la voiture ne peut avoir lieu sans que les roues, s'appuyant sur le rail extérieur, ne se rapprochent du centre de la courbe transversalement à cette dernière. L'énergie de ce glissement est proportionnelle à l'écartement des essieux et inversément proportionnelle au rayon RR'.

2°. Les lignes ac et bd, prises obliquement sur la voie, sont plus grandes que la largeur réelle de cette dernière, mesurée sur le rayon de courbure ; aussi la longueur de la partie du bourrelet en contact avec les rails, sa position comme tangente ou corde des arcs de cercle, créent des frottements et s'opposent au maintien des rebords des roues à l'intérieur de la voie, si celle-ci n'offre pas, dans les courbes, un jeu plus considérable encore que dans les parties rectilignes. Ce jeu s'accroît, d'ailleurs, avec le diamètre des roues et l'écartement des axes.

5°. Les roues extérieures, portant sur l'arc de cercle le plus développé, ont à parcourir dans le même temps un espace plus grand que les roues appliquées sur le rail intérieur ; cette différence augmente avec la largeur de la voie, et comme les roues, dont la position respective est invariablement déterminée, sont astreintes à faire le même nombre de tours les unes que les autres, celles qui portent sur le rail extérieur doivent glisser en avant, pendant que les autres restent stationnaires ou glissent en arrière, et compensent ainsi la différence du parcours. Mais ce frottement longitudinal absorbe également une fraction de la force motrice.

Telles sont les causes de la grande résistance éprouvée par les voitures franchissant les courbes des chemins de fer à rails saillants. Plusieurs ingénieurs ont cherché à les faire disparaître, ou tout au moins se sont efforcés d'en atténuer les effets.

556. *Dispositions propres à réduire les résistances dues aux frottements dans les courbes.*

On obvie en partie aux inconvénients signalés ci-dessus :
1°. En donnant aux roues un jeu suffisant ;

2°. En rapprochant les deux essieux de telle sorte que la ligne droite, qui joint les deux roues placées d'un même côté de la voiture, puisse être considérée comme sensiblement parallèle avec le rail ;

3°. Par l'établissement de voies étroites ;

4°. En choisissant un rayon de courbure suffisamment grand ;

5°. Par la suppression partielle ou totale des courbes trop prononcées, auxquelles sont substitués des planchers en fonte ou en madriers recouverts de tôles ;

6°. Par l'emploi de jantes d'une largeur telle qu'elles puissent se maintenir sur les rails lorsque la voiture est entraînée dans un mouvement latéral quelconque ;

7°. Enfin, par des dispositions particulières applicables aux roues et aux essieux.

Le jeu dans les courbes est de 0.020 à 0.025 mètre, ou à peu près double du jeu reconnu indispensable dans les voies rectilignes ; on l'obtient par la diminution ou l'augmentation de largeur de la voie, suivant la position de la roue en dehors ou en dedans de la route.

La faible hauteur des galeries entraine l'emploi de vases qui, pour une contenance notable, doivent avoir des dimensions en longueur et en largeur assez grandes, comme compensation de leur défaut de hauteur. C'est ce qui limite ordinairement le rapprochement des axes et le minimum de largeur à attribuer aux voies ; car, pour ce qui concerne la stabilité des voitures, la marche de celles-ci est assez lente dans les mines, et leur centre de gravité est généralement assez rapproché du sol pour qu'elles se trouvent, sous ce rapport, dans des conditions assez favorables.

On observe généralement que des chariots dont les essieux sont écartés de 0.40 mètre peuvent franchir des courbes de 3 et même de 2 mètres de rayons, la largeur de la voie étant de 0.60 à 0.75 mètre. Or, les courbes de 3 à 4 mètres peuvent être considérées comme les plus petites à employer pratiquement, puisqu'il est ainsi possible de raccorder deux galeries perpendiculaires en abattant seulement de 1 mètre à 1.50 mètre de charbon dans l'angle du pilier. Cependant, comme on est souvent obligé de placer les essieux à une distance plus grande que 0.40 mètre sans qu'il soit possible d'augmenter le rayon de courbure, on a proposé divers moyens de construction propres à franchir des courbes de petit rayon, en réglant l'écartement des axes d'après la capacité des vases.

Le roulage est facilité, dans les inflexions des routes, par l'emploi (fig. 4 et 5, pl. XLII) de voitures à quatre essieux indépendants. Chacun d'eux porte une roue tournant avec lui; chaque roue chemine pour son propre compte, et celles qui doivent parcourir l'arc de cercle le plus petit ralentissent leur mouvement, tandis que les autres, placées sur le côté opposé du châssis, accélèrent le leur, pour décrire dans le même temps un arc de cercle plus développé. Si, en outre, l'extrémité de l'essieu jouit de quelque liberté dans le sens horizontal, il peut à chaque instant se rapprocher de la position la plus favorable, celle où il coïncide avec le rayon de courbure. Enfin, si l'une des roues rencontre un obstacle quelconque, seule elle en sentira le choc, tandis que, pour deux roues solidaires du même essieu, la résistance se fait également sentir sur la roue accouplée. Des wagons de ce genre sont en usage en Silésie (1) et dans quelques mines de St.-Étienne (2). Elles sont fort convenables dans les parties courbes de la voie, puisque les roues de devant

(1) Héron de Villefosse, *Richesse minérale.*
(2) *Annales des Mines*, 3e. série, tome X, page 407.

et de derrière étant distantes de 0.60 à 0.70 d'axe en
axe, on peut franchir des inflexions de 3 mètres de rayon.
Mais les roues opposées, ne correspondant pas entre elles,
altèrent les conditions de stabilité; et la marche inégale
de la voiture, dans les galeries rectilignes, semble diminuer la somme des avantages de cette disposition.

M. Marsais, de Rive-de-Gier, reproduisant une disposition de M. Beaunier dont le but est d'anéantir les
résistances dues aux glissements longitudinaux sur les rails,
lui a donné le nom de *roues mi-fixes*. Les deux essieux
jouent dans leurs crapaudines, où ils ont un mouvement
de va-et-vient horizontal; ils portent à leurs extrémités
deux roues: l'une fixée invariablement sur la fusée, pendant que l'autre tourne sans trop de liberté. Lorsqu'une
voiture doit franchir une courbe, la roue fixe parcourt
l'espace qui lui est attribué, en entraînant l'essieu dans
son mouvement; dans le même temps, la roue mobile
indépendante fait un certain nombre de tours en avant
ou en arrière, suivant qu'elle se trouve placée sur le
rail extérieur ou sur le rail intérieur.

Le procédé de M. Laignel consiste à faire rouler les
bourrelets des roues extérieures sur un rail plat installé
sur toute l'étendue de la courbe, pendant que les roues
intérieures s'appuient sur l'autre rail à la méthode ordinaire.
Le diamètre des premières étant augmenté de la double
hauteur du bourrelet, les roues conjuguées forment un
tronc de cône dont le sommet correspond au centre de
courbure, et dont le mouvement de rotation est exempt
de glissements latéraux et transversaux. Ce procédé, dont
l'application aux chemins de fer établis à la surface a
donné de bons résultats lorsque la vitesse de traction
n'était pas grande, semble peu praticable pour les voies
intérieures, dont les rayons de courbure sont fort varia-

bles. D'ailleurs cette disposition réclame un certain degré
d'exactitude impossible à obtenir dans les mines.

M. Fournel a proposé de rendre les quatre roues d'une
voiture complètement indépendantes les unes des autres
par un ajustement analogue à celui des roulettes placées
au-dessous des pieds des fauteuils ou des tables. Ce
sont des poulies à gorge ou à double rebord tournant
sur un petit essieu horizontal, porté lui-même par une
chappe mobile autour d'un axe vertical. Cette disposition,
dans laquelle les roues se prêtent à tous les mouvements
prescrits par les courbes les plus variées, offre du reste
peu de solidité par suite de la disjonction des diverses
parties de l'appareil; et comme la chappe et les poulies
sont entièrement placées au-dessous du châssis de la voiture, celle-ci acquiert une grande hauteur lorsque les caisses
ont une certaine capacité.

La figure 6, pl. XLII, représente une disposition très-
remarquable, employée dans les mines métalliques de
l'Allemagne du sud, pour obtenir la coïncidence constante des axes et des rayons de courbure. Deux pièces
de fer E, E' de forme angulaire sont fixées aux essieux
par deux de leurs extrémités; leurs sommets o, forgés en
fourchette, s'engagent dans une broche verticale, qui,
rivée sur une tige horizontale $p\,p'$, coule dans des anneaux
vissés au-dessous du vase. Au milieu des essieux, en r et
en r', se trouvent deux pivots qui s'introduisent dans
des trous pratiqués au fond de la caisse, où ils se
meuvent librement. Ainsi les essieux se disposent à chaque
instant suivant les rayons de courbure, sans se séparer
l'un de l'autre, et les résistances, provenant des glissements
transversaux des roues sur les rails, sont anéanties.

Enfin, M. Serveille a exécuté, pour une carrière des environs de Meudon, des voitures dont les roues en fonte,

formées de deux troncs de cône opposés par leur base et séparés par un bourrelet, portent simultanément sur les deux rails. Ces chariots circulent sur des voies de 0.27 à 0.30 mètre de largeur construites avec des supports en fonte et des rails qui, par leur position inclinée, se présentent perpendiculairement aux génératrices des roues coniques. Quoique la voie soit fort irrégulière, tant sous le rapport de la largeur que sous celui de la différence de niveau des deux rails parallèles et malgré la petitesse des rayons de courbure, les voitures peuvent s'incliner tantôt d'un côté, tantôt de l'autre, suivant la différence de hauteur des rails, la position du centre de gravité et la direction de l'effort de traction, mais jamais elles ne déraillent. Il est impossible, en effet, qu'un vase porté sur d'aussi larges roues sorte de la voie, et lorsque, s'inclinant, il roule sur des sections de cône de rayons inégaux, le frottement ou le glissement causé par l'inégalité même des rayons rappelle nécessairement le milieu du chariot vers l'axe de la voie.

L'application de cet appareil aux mines peut inspirer des craintes relativement aux résistances opposées à la partie renflée des roues par les fragments de schiste et de houille qui encombrent fréquemment le milieu des voies. D'un autre côté, son usage semblerait fort avantageux dans les galeries dont le sol est mobile, ou sur des chemins de fer difficiles à entretenir avec soin. L'expérience seule peut établir le mérite de cette innovation (1).

---

(1) Cette description des voitures de M. Serveille est empruntée au *Traité d'Exploitation* de M. Combes. Tome II, page 36.

537. Considérations générales sur les vases de transport intérieur.

Les vases qui, chargés aux tailles, vont directement se vider dans les magasins établis à la surface, sont avantageux ; on évite ainsi des transbordements coûteux par la main-d'œuvre et par le bris des blocs de houille, auxquels ils enlèvent une partie de leur valeur.

A capacités égales, les voitures sont d'autant plus avantageuses qu'elles sont plus légères, puisque leur poids, absorbant une partie de la force motrice, réduit d'autant la quantité de houille transportée. On doit donc s'efforcer de diminuer le poids mort, en se maintenant toutefois dans les limites relatives à la solidité des diverses parties de l'appareil. A ce sujet, il est à observer que l'inconvénient des chariots porteurs est d'ajouter leur poids à celui des vases ; mais, d'un autre côté, ces derniers, pouvant se transporter sur tous les points des ateliers, se chargent facilement ; ils n'exigent aucun changement dans les galeries secondaires, où le transport peut se faire par trainage sur les voies naturelles, ou par roulage sur les voies perfectionnées. Ce système dispense des transvasements, et la direction d'un convoi formé d'un petit nombre de voitures de grandes dimensions est considérée comme plus facile que celle d'un convoi composé d'un grand nombre de petits chariots. Telles sont au moins les idées qui dominent dans les mines du midi et du centre de la France. En Belgique et en Angleterre, on préfère le dernier mode, comme plus conforme aux exigences d'un service actif dans des galeries de dimensions assez restreintes. Si, dans la dernière de ces localités, les chariots porteurs sont encore quelquefois en usage, c'est qu'on n'a pas voulu changer tout le système des rails établis dans les galeries secondaires.

Les vases de grande capacité semblent fort convenables : les roues, ordinairement d'un grand diamètre, sont construites avec plus d'exactitude ; le frottement n'est pas proportionnel à la charge, et enfin, l'espace que parcourt le moteur ne pouvant outrepasser certaines limites et une partie de sa force étant absorbée par son propre déplacement, il est évident que, toutes choses égales d'ailleurs, la quotité transportée sera en raison de la capacité des vases, si toutefois la charge est au-dessous du maximum attribué au moteur. Ainsi le rouleur ne pouvant, dans des circonstances données, parcourir plus de 30,000 mètres dans une journée, dont 15,000 à charge et autant pour le retour à vide, évidemment, quelque minime que soit l'effort exercé, il ne perdra pas, pour se déplacer, plus de force musculaire en poussant des voitures de 3 que de 6 hectolitres, tandis que, par l'emploi des dernières, les effets obtenus seront doubles. Il est bien entendu que le moteur est censé pouvoir faire circuler facilement des voitures de cette dernière capacité.

D'un autre côté, une trop forte charge détériore le sol naturel des galeries ou les voies perfectionnées, qui, dès lors, exigent de fréquentes réparations. Si le constructeur, dans le but de se soustraire à la nécessité d'arracher les roches encaissantes sur une trop grande épaisseur, donne aux vases de grandes dimensions en longueur et en largeur, les roues, fort écartées les unes des autres, ne se prêtent plus à franchir des courbes de petit rayon. S'il augmente la hauteur du vase, la nécessité d'exhausser le faîte de l'excavation et surtout la difficulté de loger les remblais entraînent de grandes dépenses ; le centre de gravité des voitures porté trop haut diminue leur stabilité ;

le déchargement et le chargement deviennent fort pénibles dans un espace restreint; enfin, les grandes voitures
sont aussi sujettes au déraillement que les petites, si les
roues sont rapprochées les unes des autres; ce n'est alors
qu'à grand'peine et en perdant beaucoup de temps que
l'on parvient à les remettre sur les voies, et le transport
interrompu sème le trouble dans les travaux.

Le système qui semble le mieux concilier toutes les
exigences d'une forte extraction consiste à employer dans
les couches minces des voitures de 3 à 4 hectolitres,
amenées isolément des ateliers d'arrachement sur les galeries principales, où elles se forment en convois traînés
par un cheval; si, en outre, les mêmes vases sont élevés
au jour et conduits dans les divers lieux de dépôt, on
évitera tout transbordement inutile. Quant au transport
intérieur dans les couches puissantes, il peut, en beaucoup
de cas, être assimilé au transport à la surface et s'effectuer sur des chemins de fer solides au moyen de vases de
grande capacité.

SECTION IIIᵉ.

MOTEURS DU TRANSPORT INTÉRIEUR.

538. *Indication sommaire des moteurs employés dans les mines de houille.*

La force que développent les hommes, les femmes et les enfants est appliquée au transport intérieur, soit directement en portant la charge sur les épaules, en tirant ou poussant l'un des vases décrits ci-dessus; soit indirectement, par l'application de l'effort à un appareil fort simple désigné sous le nom de *treuil* ou *tour*, intermédiaire dont on se sert pour amener la houille à la partie supérieure d'une galerie inclinée.

Dans les travaux développés, où le combustible doit parcourir des distances considérables, la force de traction des chevaux sert au transport des produits sur des voies naturelles ou perfectionnées, si toutefois le faîte des galeries est suffisamment élevé. Dans la remorque des vases le long des galeries ascendantes, ils sont appliqués à un grand cabestan tout-à-fait semblable aux baritels ou machines à molettes employées à l'extraction.

Des tentatives ont été faites pour utiliser les bœufs, les ânes et les mulets ; mais les premiers marchent trop lentement et se prêtent difficilement aux changements de direction ; l'indocilité des autres a forcé de renoncer à leur emploi ; cependant de nouvelles expériences faites dernièrement avec des ânes semblent avoir donné des résultats satisfaisants.

La vapeur et la pesanteur servent aussi au transport intérieur. La vapeur, par l'intermédiaire d'une machine installée dans la mine ou à la surface, amène, sur la galerie d'allongement ou directement au pied du puits, les produits arrachés à un niveau inférieur de la mine. La gravité est un moteur peu coûteux dont on utilise l'action pour faire parvenir sur les galeries de niveau le combustible provenant des ateliers situés dans les points les plus élevés des travaux. Cette opération s'effectue au moyen de dispositions particulières, avec ou sans machines spéciales.

559. De l'homme considéré comme moteur.

Autrefois, à St.-Étienne, le transport intérieur et même l'extraction des produits se faisaient par des ouvriers appelés *sorteurs*. Ils devaient, dans leur journée, porter des chantiers à la surface un certain nombre de *faix*, dont le poids variait suivant la profondeur de la mine. Ces malheureux ouvriers, portant sur la tête et les épaules un sac terminé en forme de capuchon, marchaient nu-pieds, tenant à la main un bâton dont ils se servaient pour aider leur marche chancelante et soutenir leur fardeau dans les haltes. Leur condition pénible et dangereuse, parce que les escaliers ou les rampes sur lesquels ils étaient appelés à circuler étaient construits et entretenus avec peu de soins, a enfin engagé les exploitants à supprimer cette méthode aussi coûteuse qu'inhumaine, au moins dans la plupart des localités. Il n'en est pas de même dans les mines d'Écosse, où des femmes et même de jeunes filles, chargées d'un panier contenant de 50 à 150 kilog. retenu sur le devant de la tête par une courroie en cuir, non-seulement parcourent les galeries horizontales, mais encore, affaissées sous cette charge énorme, franchissent sur des échelles une hauteur de plus de 110 mètres avant d'atteindre le fond du puits d'extraction. Ce mode de transport, dégradant pour l'exploitant, dont il dénote l'ignorance, est en même temps celui qui donne le minimum d'effet utile. L'observateur ne sait trop quel sentiment domine dans son esprit lorsqu'il voit un procédé aussi ridicule que barbare subsister jusqu'à nos jours au milieu d'un peuple éminemment industrieux.

La manière la plus naturelle d'appliquer les efforts des êtres humains au transport intérieur consiste à trainer ou à pousser sur une voie perfectionnée un vase quelconque, en proportionnant son poids et sa capacité à l'âge de celui qui doit le mettre en mouvement. Ainsi les chariots de dimensions moyennes seront remis aux hommes faits; les plus petits fonctionneront entre les mains d'un ou deux enfants du sexe masculin. Quant aux femmes et aux jeunes filles, il convient d'en restreindre l'emploi aux travaux du jour. Les moteurs, dans ce cas, sont des *traineurs* ou des *rouleurs*, selon qu'ils s'attèlent à un traineau ou à une voiture. Ils agissent sur le fardeau au moyen d'une large ceinture à laquelle est attachée une chaine ou une corde terminée par un crochet engagé dans l'un des anneaux fixés aux deux extrémités des vases de transport. Ils se servent aussi d'une *bricole* ou bretelle formée d'un large ruban de fils de chanvre dont les deux extrémités, liées ensemble, se terminent par un bout de corde et un crochet. La bricole se porte également sur l'une ou l'autre épaule. Les ouvriers de cette catégorie s'accrochent avec les mains aux boisages des galeries et aux angles saillants, dont ils se font un point d'appui. Ils cherchent autant que possible à maintenir la direction de l'effort dans un plan horizontal, ce qui les force quelquefois à se baisser, afin d'éviter le soulèvement de la partie antérieure du vase, autrement ils anéantissent sans profit une partie de la force motrice. Cette dernière observation s'applique plus particulièrement aux traineaux et aux chars de petite hauteur, les grandes voitures n'offrant pas cet inconvénient.

Lorsque les efforts d'un rouleur sont insuffisants, on ajoute un enfant capable de pousser le vase par derrière. Souvent aussi, si la hauteur de la galerie le permet, l'ouvrier pousse au lieu de tirer; ce procédé est fréquemment mis en usage dans les voies descendantes, où une augmentation accidentelle de pente force à modérer le mouvement au lieu de l'entretenir, et à prévenir les effets de la gravité sur le vase.

Il est encore un moyen d'utiliser la force des hommes, dont les résultats sont fort avantageux. Ce moyen consiste à construire deux chemins de fer parallèles le long de la rampe, à installer au sommet de celle-ci une poulie à gorge de 1 à 1.20 mètre de diamètre à une hauteur égale à celle du point d'attache de la voiture; puis de plier sur la poulie un câble ou une chaine, aux extrémités de laquelle sont liés le vase vide descendant et le vase plein ascendant; le premier étant au sommet de la rampe, le rouleur le tire par devant ou le pousse par derrière, et, descendant suivant la pente, il force le vase plein à remonter sur la voie parallèle en utilisant ainsi le poids du chariot vide en faveur de l'effort de traction. La même manœuvre peut aussi s'exécuter à l'aide de chevaux.

Lorsque l'inclinaison excède 10 à 12 degrés, la force de l'homme ne pouvant plus être appliquée directement d'une manière avantageuse, on substitue à la poulie un treuil mis en mouvement par des hommes ou des femmes dont le nombre est en rapport avec le poids du fardeau à élever, l'état des voies et la longueur du plan incliné.

Le treuil, sur lequel s'enroule une chaine ou un câble,
communique un mouvement ascendant à la voiture chargée, tandis que, sur la voie parallèle, descend le vase
vide, qui, comme ci-dessus, entre en déduction de l'effort
du moteur. Celui-ci n'a plus à vaincre que la résistance
due au poids de la houille à élever et au frottement du
câble sur le sol ; ces frottements sont d'ailleurs adoucis
par l'installation sur l'axe des voies, et à des distances variables, de rouleaux en fonte ou *rouleaux de friction*, dont
le lecteur verra plus loin la forme et les dispositions.

540. *Des chevaux et de leur introduction dans les mines.*

Les chevaux de petite taille doivent être préférés, dans
les mines, à ceux de plus forte encolure. Non-seulement
leur emploi dispense de l'arrachement d'une trop forte
épaisseur de roches encaissantes pour donner aux galeries
une hauteur suffisante, ce qui est d'une extrême importance dans l'exploitation des couches minces, mais encore
la force d'un cheval, quelque petit qu'il soit, étant ordinairement plus grande que ne l'exige le fardeau à déplacer,
suffit, dans la plupart des cas, aux besoins du transport. En outre, avec des charges moindres, leur effet
utile est comparable à celui des chevaux d'une taille
supérieure, parce que leur allure est plus vive ; enfin,
ils sont moins délicats, moins sensibles à la chaleur, aux
effets des miasmes et d'une ventilation insuffisante, que
les chevaux de grande taille. Les mineurs du nord de
l'Angleterre se servent de petits *poneys* originaires des mon-
tagnes d'Écosse ; leur allure est rapide, et leur taille
n'étant que de 0.90 mètre, ils peuvent circuler dans des
galeries d'une hauteur de 1.10 à 1.20 mètre.

Les chevaux occupés dans les travaux bien aérés jouissent d'une excellente santé et sont ordinairement en meilleur état que ceux du jour ; la beauté de leur poil, toujours fort lisse, est remarquable ; s'ils entrent maigres dans la mine, ils ne tardent pas à s'engraisser, circonstance attribuée aux effets d'un travail régulier, d'une nourriture rigoureusement rationnée, d'une atmosphère exempte de tout brusque changement de température. Souvent ils sont affectés de cécité ; mais ils continuent toutefois leur service, sans qu'on soit obligé de les guider à la main. L'intelligence et la docilité de ces animaux sont remarquables : ils reconnaissent l'instant précis où ils doivent se mettre en marche ; observent spontanément les points d'arrêt des gares d'évitement ; ne s'inquiètent pas même des portes d'aérage qu'ils rencontrent sur leur passage : ils les ouvrent en les poussant de la tête, s'ils cheminent dans un sens qui leur permette d'exécuter cette manœuvre, et attendent patiemment que leur conducteur se soit acquitté de ce soin, si, marchant en sens opposé, cet acte leur devient impossible (1).

Les chevaux, une fois entrés dans une mine, n'en

---

(1) Les portes d'aérage sont une cause de perte de temps, et par conséquent d'effet utile, dans le transport de la houille. M. Mills, pour les ouvrir et les fermer spontanément, a disposé dans la mine de Foxhole, près de Swansea, un petit appareil fort ingénieux (fig. 14, pl. L).

MN, galerie de transport pourvue d'un chemin de fer AA^1. — B porte d'aérage, et son encadrement ; aa^1, bb^1, cc^1 leviers mobiles autour des points x, y et z ; $ee^1 d$, levier coudé tournant sur un pivot e^1 ; f, i, h, g, tringles dont les deux dernières sont liées avec la porte à l'aide de charnières. Voici le jeu de l'appareil : le wagon W, marchant de A en A^1, passe librement auprès de a ; mais, en e, il pousse le levier coudé ; la tringle g suit le mouvement, la porte s'ouvre et tous les organes se disposent comme l'indiquent les lignes ponctuées. Le wagon continue sa route, heurte le levier c^1c, qui

sortent plus que dans les cas de cessation de travail ou
de maladies fort graves (1). Les écuries, placées dans le
voisinage des puits d'extraction, sont des cavités pratiquées
dans le roc stérile ou dans la couche; ordinairement revêtues d'un boisage ou d'un muraillement , elles sont quelquefois l'objet d'un véritable luxe de construction.

Pour introduire les chevaux dans une mine où les en
retirer , le mineur agit comme pour l'embarquement de
la cavalerie sur les vaisseaux de transport. Après avoir
couvert les yeux de l'animal et l'avoir enveloppé de cinq
ou six sangles liées entre elles par des cordes transversales formant une espèce de filet, il en réunit les extrémités dans un anneau attaché au câble d'extraction ; fixe
à chacun des pieds du cheval un manchon en cuir muni de
boucles , dans lesquelles il fait passer une corde ; tirant alors
brusquement l'extrémité de cette dernière , le quadrupède
est culbuté sur un lit de paille , où l'ouvrier achève d'en
lier les quatre membres et la tête ; puis , les sangles étant
accrochées au câble de la machine , le cheval , assis sur
sa croupe, descend dans les travaux. Un homme se place

a pris place en c'o ; il le ramène en c, et toutes les pièces, sollicitées
à suivre ce mouvement, déterminent la fermeture de la porte.

Depuis que cet appareil fonctionne il n'a jamais fait défaut; il
remplace avantageusement les enfants préposés à l'ouverture et à
la fermeture des portes et dont la condition est si misérable; son
prix est peu élevé et les réparations insignifiantes; enfin , la
porte ne restant ouverte que pendant le temps strictement nécessaire
au passage de la voiture, il est éminemment applicable aux mines
à grisou. (*Berg und Huttenmænnische Zeitung*, 1852, n°. 34,
page 562.)

(1) Les chevaux employés à la mine de Hagenbeck (district de
la Ruhr) descendent le matin dans les travaux, y travaillent huit
heures, remontent à midi et sont remplacés par d'autres. C'est le
seul exemple de cette espèce qui soit parvenu à la connaissance
de l'auteur.

au-dessus afin de l'empêcher de heurter contre les parois
du puits.

Ce procédé, fort répandu dans les divers bassins houillers, n'est pas sans inconvénient ; car dès que le cheval,
arrivé à la chambre d'accrochage, touche le sol, il s'ef-
force de se remettre sur ses pieds, et les mouvements
violents auxquels il se livre font éprouver de grandes difficultés lorsqu'il s'agit de lui ôter ses liens, si toutefois
ils n'ont pas pour résultat des blessures pour quelques
ouvriers ou leur culbute dans le puisard.

Le mineur belge prévient ces accidents par l'emploi
d'un coffre en bois, ou mieux en tôles de fer rivées sur
un squelette de même métal (fig. 7 et 8, pl. XLII).
Les parois formant les petits côtés s'ouvrent entièrement
et donnent passage au cheval, qui pénètre par l'une des
deux portes et trouve sur la porte opposée une échancrure *k* dans laquelle se loge son poitrail, ce qui permet
de conserver à l'appareil une hauteur suffisante. Celui-ci,
ayant ses quatre faces renflées vers le milieu de leur hauteur ou pourvues d'appendices *s* en tôles courbées, ne peut
s'accrocher aux parois du puits. La caisse, attachée au
câble d'extraction par quatre chaines, parvient à sa destination ; la porte s'ouvre et le cheval sort sans que ses
pieds aient cessé un instant de rester en contact avec
un support solide, et, par conséquent, sans qu'il ait
fait un seul mouvement. Ses yeux sont également couverts, et un ouvrier, placé sur lui, dirige le vase pendant
sa descente.

541. *Service des chevaux à l'intérieur des mines.*

L'emploi des chevaux n'est avantageux qu'autant qu'ils
sont appelés à parcourir des galeries horizontales ou dont

les pentes sont régulières et peu sensibles, car les exposer, au milieu de l'obscurité et des difficultés si fréquentes dans les galeries, sur des pentes rapides ou variables, serait fort dangereux. Les charges doivent être telles que l'on utilise, sinon la totalité, au moins la majeure partie de l'effort dont ils sont capables; c'est pourquoi ils sont attelés, soit à des voitures de grandes dimensions, soit à une série de petits wagons formant convoi. Ils ne peuvent guère être utilisés dans les couches minces, excepté sur les voies principales, où viennent se réunir les produits des divers ateliers amenés à bras d'hommes, car, s'ils devaient se rendre aux tailles en circulant sur les voies secondaires, il faudrait augmenter la hauteur de celles-ci, et l'effet utile des chevaux serait diminué de tout le temps perdu en attendant une charge complète. On ne peut les employer pour des distances au-dessous de 100 mètres, à moins d'une nécessité provenant de circonstances étrangères au transport. A 200 mètres, leur effet utile est égal à celui de deux rouleurs, et généralement ils ne coûtent pas davantage. Enfin, c'est dans le parcours des distances excédant 500 mètres que leur supériorité se fait sentir. Toutefois, les rouleurs, ouvriers généralement insubordonnés, étant en nombre insuffisant dans la plupart des bassins houillers, l'exploitant est souvent forcé d'employer les chevaux dans des conditions défavorables, quant à la distance à parcourir et à la charge à transporter.

Pour remorquer les vases sur une rampe excédant 0.05 à 0.06 mètre par mètre, le cheval agit par l'intermédiaire d'une poulie, ainsi qu'on l'a vu exécuter par les hommes; la force de traction de l'un de ces animaux, agissant par son propre poids, est considérée comme équivalente à celle de trois chevaux qui traîneraient en remontant la pente. Dans les inclinaisons un peu fortes, ils font mouvoir un barites ou une machine à molettes semblable à celles dont on se sert à la surface, mais de dimensions plus faibles. Elles se composent d'un arbre vertical portant un tambour, sur lequel s'enroule le câble, et d'un bras de manége auquel est attelé le cheval. L'appareil s'installe, au sommet du plan incliné, dans une cavité percée un peu en arrière de la partie horizontale de la voie. Le sol reçoit un double chemin de fer ; les voitures vides descendent pendant l'ascension des voitures pleines, auxquelles elles font en partie contre-poids. Si la galerie, trop étroite, ne permet pas l'installation d'une double voie, la remonte et la descente ont lieu alternativement, en faisant tourner l'appareil dans les deux sens opposés. Pendant la descente, la corde se déroule, et l'action d'un frein empêche les bras du manége de blesser le cheval.

M. Marsais, dans le but d'éviter ce double mouvement, a construit à la mine de la Ricamarie, près de St.-Étienne, une machine à molettes (*vargue*) dont les dispositions sont assez remarquables. L'arbre en fonte $a a_1$ (fig. 9, pl. XLII) et le tambour B peuvent tourner indépendamment du bras du manége ; ce bras, lié avec deux mâchoires en fonte $s s'$ et embrassant la partie tournée de l'arbre sans la serrer, repose, par l'intermédiaire d'un tasseau t, sur une couronne $c c'$. Celle-ci et le bras de levier sont attachés à volonté par une chaine c'. Quand le cheval doit élever les vases pleins, la chaine rendant les divers organes de l'appareil solidaires, le système tourne tout entier. Pour la descente des vases vides, il suffit de la décrocher ; alors le tambour, la couronne et l'arbre tournent seuls ; la corde se déroule, et le bras, muni de son tasseau, forme un frein dont le conducteur fait varier l'effet en appuyant dessus.

542. *Emploi de la vapeur pour le transport de la houille sur les rampes ascendantes.*

Lorsque des hommes ou des chevaux appliqués au treuil ou à la machine à molettes deviennent insuffisants ou trop coûteux, on leur substitue l'action de la vapeur. Les machines employées sont à moyenne pression, sans condensation, et leur force s'élève quelquefois à 40 chevaux.

Ce procédé est applicable aux travaux par galeries débouchant au jour et par lesquelles le mineur ne peut recouper l'aval-pendage des couches; aux exploitations qui ont pour objet la partie inférieure de stratifications faiblement inclinées que pourraient seuls atteindre des percements fort étendus dans les roches stériles, et dans quelques autres circonstances accidentelles.

La longueur des plans inclinés ne peut être au-dessous de 400 mètres, si la pente du sol est faible et si l'on veut retirer de la machine un effet utile notable; souvent aussi cette longueur excède 1,200 mètres. Mais, si l'inclinaison est grande, leur installation devient avantageuse, même pour de courtes distances.

Quoi qu'il en soit, une excavation pratiquée à la tête de la rampe est prolongée en arrière de la galerie d'allongement; cette excavation, revêtue d'une voûte en briques ou d'un simple boisage, reçoit la machine à vapeur et le tambour ou les bobines sur lesquelles s'enroulent les câbles. La cavité qui contient les chaudières, étant pratiquée en partie dans la couche, doit toujours être muraillée, de même que la galerie de communication avec le puits de sortie de l'air, par lequel s'échappent ordinairement les produits de la combustion, sous peine de voir se déclarer des incendies souterrains. C'est ainsi que le foyer d'une machine de cette espèce détermina il y a quelques années, dans la mine de Sart-Longchamps (Centre du Hainaut), un embrasement qui, sans de prompts secours, menaçait de devenir fort grave. Les chaudières sont établies comme à la surface; quelquefois ce sont deux cylindres concentriques, dont l'un, celui de l'intérieur, contient le foyer; quelquefois encore, la disposition des lieux permet de les utiliser comme moteurs de la ventilation.

Le lecteur a déjà vu, dans le chapitre consacré à l'exploitation proprement dite, la description du plan incliné de la mine de Langenbrahm (Ruhr), destiné à remorquer les produits des chantiers établis au-dessous du niveau de la galerie d'extraction. Cette rampe, qui a 136 mètres de longueur et une inclinaison de 26 à 28 degrés, porte une double voie sur laquelle sont élevés des vases contenant 3, 3 hectolitres et dont la capacité peut être portée à 4,5 hectolitres en ajustant des planches (*Aufsœtze*) à la partie supérieure des caisses. La machine à vapeur, de la force de 8 chevaux effectifs, pourrait remorquer simultanément plusieurs vases; mais un seul suffit ordinairement pour subvenir aux besoins d'une extraction qui, en huit heures, est d'environ 850 hectolitres. La cage, contenant la machine d'extraction, une autre machine destinée à l'assèchement des travaux inférieurs et les générateurs de la vapeur, est revêtue d'un muraillement. Un petit puits, débouchant au sommet de la colline, forme une cheminée par laquelle s'échappent les produits de la combustion.

543. *Rampes établies dans les couches de faible inclinaison.*

Dans la mine de Hetton, près de Sunderland, en Angleterre, se trouvent plusieurs plans inclinés de grande longueur destinés au transport des produits de la partie des couches situées en aval du puits d'extraction.

La figure 11 de la planche XLII représente l'une de ces rampes, dont la longueur est de 1280 mètres et l'inclinaison de 2 degrés. La voie n'est pas double ; des raisons d'économie et de simplicité ont engagé à la former, d'une gare d'évitement occupant l'espace où les convois en mouvement peuvent se rencontrer , d'une triple ligne de rails installée à la partie supérieure et d'une simple voie située au-dessous de la gare. Tandis que les vases descendants circulent sur deux des rails de la partie supérieure, les vases ascendants franchissent la simple voie; tous deux pénètrent simultanément sur la gare d'évitement , où ils se croisent et continuent leur route sans jamais se faire obstacle mutuellement. Une disposition fort simple (figure 25) force les convois ascendants à se porter sur la voie qui leur est destinée. De grandes aiguilles en bois a,a', garnies de fer .et mobiles sur leur axe vertical $c.c'$, sont rendues solidaires dans leur mouvement de va-et-vient horizontal par une traverse en fer f; deux broches verticales en bois g et g', placées en dehors de la voie, empêchent les aiguilles de trop s'écarter des rails. Des contre-rails maintiennent les voitures sur la voie. Le convoi vide descend , écarte les aiguilles pour passer et se rend au bas du plan incliné ; les voitures chargées qui leur succèdent montent alors et trouvent un libre passage pour s'engager sur la gare; peu après survient le convoi descendant, qui écarte les aiguilles en sens inverse et prépare la nouvelle voie au convoi ascendant.

Les rouleaux de friction se placent à des distances de 5 à 10 mètres les uns des autres ; leur forme varie suivant le mode d'action. Les uns (fig. 16 et 17), appliqués aux parties rectilignes de la voie , se composent d'un cylindre en fonte mobile sur deux supports de même métal; ceux-ci et les plateaux d'attache sont coulés d'une seule pièce. Les rouleaux s'établissent dans l'axe des voies, et leur diamètre doit être tel que les essieux des chariots passent au-dessus sans les heurter. D'autres (fig. 18), employés dans les parties où le cable montre une tendance à osciller et à se porter à droite ou à gauche, sont disposés comme les précédents; leur surface curviligne tend à rappeler la corde au milieu du rouleau. Dans les parties courbes de raccordement, les câbles, montrant une tendance à s'écarter de l'axe de la voie, doivent être supportés par des poulies inclinées (fig. 20); leur chute sur le sol est prévenue par le prolongement *k* de l'un des supports. Outre ces poulies, on établit encore des rouleaux coniques (fig. 19), dont la fonction est non-seulement de forcer la corde à suivre la courbure de la voie, mais encore de la rappeler sans cesse du haut en bas et, par conséquent, de la faire porter sur les poulies.

La machine motrice, de la force de 36 chevaux, est installée dans une excavation *R* pratiquée dans la couche et dans son toit; le balancier et l'arbre du tambour, auquel elle imprime le mouvement de rotation, sont placés parallèlement à l'axe du plan incliné. Les cordes passent dans un conduit creusé au-dessous du sol, viennent se plier à angle droit sur deux poulies horizontales *p* et *p'* et sortent par deux ouvertures *t* (fig. 22) comprises entre les deux rails, puis se recourbent sur des rouleaux horizontaux. Les poulies, placées dans une fosse revêtue d'une maçonnerie, sont recouvertes de poutres *r, r* et d'un plancher sur lequel reposent les traverses du chemin de fer. Leur diamètre est égal à la distance des axes des deux voies.

La pente de l'excavation est insuffisante pour que les convois vides puissent descendre par leur propre poids, puisque, outre la résistance des roues, il faut encore

vaincre la roideur des cordes et leur frottement sur 170
à 180 rouleaux. Pour suppléer à ce défaut de pesanteur,
il suffit d'attacher à la dernière voiture du convoi ascendant
une corde qui, se repliant sur une poulie horizontale *s*
(fig. 11) placée au bas du plan incliné, vient se fixer par
son autre extrémité à la première voiture du train descendant. Lorsque la machine remorque ce dernier, elle entraîne
en même temps le câble et imprime aux voitures vides un
mouvement dirigé vers le bas de la rampe.

C'est ainsi que l'on extrait d'un seul trait huit *rolleys*
portant chacun trois corbeilles, soit 24,375 kilogrammes
de houille (24 tonnes anglaises). Une ascension exige
235 enroulements de la corde sur le tambour et 470 excursions complètes du piston. Comme le nombre de ces
dernières est de 30 à 40 par minute, il faut 12 à 16
minutes pour remorquer le convoi, d'où l'on peut déduire
que la vitesse moyenne de ce dernier varie entre 1.33
et 1.78 mètre par seconde. Ainsi, dans une journée de
16 heures, indépendamment de la perte de temps occasionnée par la mise à feu des chaudières et les autres
manœuvres, il est possible d'extraire 12 à 1,400 tonnes
métriques. Avant l'établissement de la machine à vapeur,
les chevaux appliqués à ce transport faisaient 10 à 15
voyages en traînant trois tonnes; il aurait donc fallu 30 à
40 de ces moteurs pour arriver au même résultat.

544. *Nouvelle disposition adoptée à la mine de Pelton, près de Newcastle* (1).

Les produits des chantiers sont conduits par des chevaux à la galerie principale, où la traction s'opère au

(1) Ces documents sont empruntés en partie à un Mémoire publié
par M. le sous-ingénieur CHAUDRON dans les *Annales des Travaux
publics de Belgique*, tome X, page 54.

moyen d'une machine à vapeur de la force de 25 chevaux. Cette voie, aboutissant au puits d'extraction, est
horizontale pendant une longueur d'environ 400 mètres,
et inclinée de 4 à 5 degrés sur un parcours de 600
mètres. Les figures 6 et 6bis, pl. XLIII, n'en forment
qu'une seule raccordée par les lettres A, A; elles sont un
croquis indiquant la position du moteur, de ses accessoires et de la partie de la voie où se trouvent les convois
ascendants et descendants. Ceux-ci se rattachent à une
corde sans fin qui, guidée par des rouleaux, se prête
à toutes les sinuosités de la galerie et à ses divers changements d'inclinaison. En o et en o', elle se replie sur des
poulies installées au-dessous du sol.

Le moteur B est placé dans une excavation latérale et
la chaudière C auprès du puits de retour de l'air D. Dans
le voisinage de la machine se trouvent divers organes
destinés à régler la tension du câble. Celui-ci abandonne
la voie et dévie de sa direction en passant sur deux poulies
horizontales p, p' établies au-dessous du sol, et vient se
rattacher en c. D'un autre côté, le câble (fig. 7), après
s'être infléchi en q, se replie deux fois sur le tambour t
et passe sur une moufle dont l'une des poulies c tourné
sur un axe fixe, tandis que l'autre c', liée avec une chappe,
avance ou recule sous l'influence du treuil T. Par ce
moyen la corde, non-seulement est tendue suivant l'exi-
gence des circonstances, mais encore peut engendrer sur
les poulies un frottement capable de transmettre l'effort
du moteur.

Comme le convoi doit abandonner le câble en certains
points de son parcours (par exemple auprès du moteur
ou à l'arête d'intersection de deux galeries, l'une horizontale, l'autre ascendante), les choses sont disposées de
manière que cette manœuvre soit toujours possible. Pour

cela, se trouve à la tête du convoi une voiture vide
(fig. 8, 9 et 10) dans laquelle se place le conducteur.
Cette voiture est pourvue d'un crochet a à l'aide duquel
la corde c, c' installée sur la voie, est saisie, soulevée
et logée dans le vide compris entre la traverse ee' et le
coin en bois f. Un levier b est articulé par son extrémité inférieure sur une barre de fer gg mobile dans les
anneaux i, i et liée avec le coin f; ce coin, cédant à
l'impulsion du levier, serre la corde contre la traverse
et la rend solidaire du wagon. Le train étant en marche,
s'agit-il de franchir un espace privé de corde par suite du
passage de celle-ci au-dessous du sol, il suffit de saisir le
levier b et de desserrer le coin pour que le câble, retombant sur la voie, cesse d'entraîner le convoi, qui, cependant, continue sa marche en vertu de la vitesse acquise.
Puis, lorsque la partie de la galerie où la corde fait
défaut est dépassée, le conducteur, faisant agir le crochet
a et le levier b, rattache le wagon, dont le mouvement
n'est pas interrompu. Un double frein commandé par un
levier d sert à modérer la marche d'un convoi abandonné
à lui-même. Une fourchette h fonctionne aussi sous la
main du conducteur, qui, dans le parcours des inflexions
de la voie, presse le câble de haut en bas et le maintient
ainsi dans la gorge des poulies inclinées, qu'il abandon-
nerait sans cette précaution.

545. *Plan incliné remorqueur de la mine de Dukinfield (Lancashire).*

Le plan incliné du puits Victoria (fig. 11, pl. XLIII)
a une longueur de 474 mètres et une inclinaison de 30
degrés. Il est desservi par une chaîne sans fin qui,
se repliant, à l'extrémité supérieure de l'excavation, sur une

grande poulie **K K'**, reçoit le mouvement d'une machine à vapeur par l'intermédiaire de deux roues d'angle **L, L'**. Cette chaine, à l'intersection de la rampe et du terre-plein horizontal (*Loading place*), s'infléchit sur deux larges poulies **R** (*Pulleys*) de pin tendre, dont les fibres sont dirigées du centre à la circonférence ; puis, passant sur des rouleaux de friction **m, m** régulièrement espacés, elle vient se recourber sur une seconde poulie installée à la base du plan remorqueur. Celle-ci est renfermée dans une espèce de caisse **P**, qui, liée avec un train de voiture roulant sur un chemin de fer, permet d'opérer le degré de tension nécessaire à la transmission de l'effort du moteur. Elle est fixée en place par l'introduction de cales entre la caisse et des poutrelles de retenue. La figure ne représente que les deux parties extrêmes de l'excavation ; mais il suffit de savoir que celle-ci, percée dans la couche, donne lieu, dans tout son parcours, à une série de galeries transversales, telles que **S, S**, qui conduisent aux chantiers d'où proviennent les produits à transporter. Au point de jonction de chacune de ces voies et du plan remorqueur (*Hooking places*) sont établis des planchers volants **w**, mobiles sur leurs axes **i** et mis en équilibre par un contre-poids **p** ; celui-ci est suspendu à une poulie **k** fixée au faîte de l'excavation.

Un wagon venant d'une taille doit-il être mis en circulation sur la rampe, un ouvrier abaisse le pont volant, après avoir fait connaître cette circonstance par un signal aux ouvriers préposés au service des autres galeries ; il accroche le vase, relève le pont et l'applique contre le toit de la galerie. Les wagons arrivent au sommet du plan remorqueur ; là, un ouvrier alerte, attentif, et prévenu d'ailleurs de leur arrivée par son aide posté un peu au-dessous de lui, les détache sans que le mouvement de la chaine soit arrêté, en saisissant le crochet

de la chainette et en l'enlevant rapidement du maillon
dans lequel il est engagé. V et V^1 sont respectivement des
wagons, l'un plein, ascendant; l'autre vide, descendant.
Le service de la galerie inférieure dépend naturellement
d'un plancher fixe Q substitué au pont volant.

La remorque d'une voiture de la base au sommet exige
13 minutes et 10 secondes; la longueur du plan incliné
étant de 474 mètres, la vitesse de la chaine est de 0.60
mètre par seconde. L'activité de l'extraction est telle que
dix à douze vases circulent simultanément sur chaque voie
de la galerie.

546. *Application de la force de gravité au transport intérieur.*

L'action de la gravité est fréquemment appliquée au
transport de la houille et des déblais. Ces matériaux sont
contenus dans un vase quelconque ou livrés à eux-mêmes
sans aucun intermédiaire.

Le premier cas se rattache aux travaux dans lesquels
une galerie rectiligne met en communication certaines parties
de la mine situées au-dessus de la voie principale de roulage. Cette galerie inclinée, d'une largeur suffisante pour
recevoir une double voie, porte le nom de *plan automoteur*,
parce que les voitures, livrées à l'action de la pesanteur,
s'y meuvent spontanément et franchissent les distances qui
leur sont assignées. La vitesse toujours croissante des voitures deviendrait excessive si l'on n'avait le soin de la
modérer dès le commencement de la chute au moyen
d'appareils de formes variables, objet de descriptions
ultérieures.

Le second cas est relatif à l'exploitation des couches
droites dont les produits sont appelés à franchir une exca-

vation verticale ou fortement inclinée. Les cheminées ou
puits intérieurs sont ménagés à travers les remblais ou
creusés dans la couche et quelquefois dans les roches
encaissantes.

547. *Disposition et service des plans automoteurs.*

Ces plans inclinés se composent (fig. 12 et 14, pl. XLII)
de deux voies $a\,a$, $a'\,a'$ en bois, ou plus souvent en fer,
disposées parallèlement sur le sol d'une galerie percée
suivant la ligne de plus grande pente ; une chaîne ou un
câble s'enveloppe sur un treuil T installé au sommet de
la galerie et reçoit à ses extrémités une voiture vide et
une autre pleine de houille.

Si les produits proviennent tous des chantiers situés à
un niveau plus élevé que la tête du plan automoteur, et
si la pente de ce dernier n'est pas trop considérable, les
vases qui servent au transport dans les autres galeries de
la mine peuvent parcourir directement la voie. La manœuvre est alors fort simple : le vase plein étant en haut
et le vase vide en bas, il suffit que l'ouvrier chargé du
service du treuil en soulève le frein pour que le premier
vase, par son excès de poids, remorque le second le long
de la rampe. Le wagon plein arrive au bas de la voie
et poursuit sa route jusqu'à la chambre d'accrochage,
tandis que la voiture vide se dirige vers les ateliers pour
y prendre charge.

· Si l'inclinaison n'est pas trop forte et si la houille provient de galeries intermédiaires, telles que b ou d, les
voitures peuvent être accrochées aux câbles au milieu même
du plan incliné. Celui-ci est alors entaillé horizontalement,
ainsi qu'on le voit en a (fig. 13), et les rails c correspon-

dants à l'échancrure sont ajustés de manière à pouvoir
être enlevés et remis en place suivant les besoins.

Si la pente est considérable, le transport ne peut s'effectuer que par l'intermédiaire d'un chariot porteur (fig. 15),
dont le tablier est horizontal, tandis que les essieux sont
disposés parallèlement au sol de la voie ; sur ce tablier est
ajusté transversalement un bout de chemin de fer. Le
sol de la galerie supérieure doit coïncider avec le tablier
lorsque le chariot se trouve au sommet du plan incliné ;
il en est de même de la galerie inférieure, objet d'une
cavité dans laquelle se loge l'appareil parvenu au bas de
sa course. Les chariots porteurs nécessitent l'emploi d'un
petit artifice tendant à racheter la différence de niveau de
la voie inclinée et des voies latérales. Par exemple, si,
devant transporter le charbon provenant des galeries b ou d,
le wagon porteur se trouve sur la voie de gauche $a\,a$,
les voitures viendront directement se placer sur son tablier ; mais si les produits viennent de b' ou de d', il
existera une lacune entre celui-ci et les voies ; cette lacune
sera comblée par un pont volant ou par des bouts de rails
mobiles dont l'extrémité est encastrée dans les coussinets
extrêmes de la voie et dans ceux du chariot porteur.

Si les produits qui doivent s'écouler par le plan incliné
proviennent de la tranche même dans laquelle il a été
percé, c'est-à-dire des tailles auxquelles aboutissent les
galeries latérales b, d, leur enlèvement s'effectuera successivement en plaçant d'abord tout le personnel en b,
par exemple, jusqu'à ce que la taille soit vidée, pour passer
ensuite en d, et ainsi de suite ; mais la corde, dont la longueur est convenable pour une galerie, ne peut satisfaire
aux autres. Ces différences sont compensées au moyen
de bouts de chaines ou de cordes terminés d'un côté
par un anneau et de l'autre par un crochet analogue à

ceux des porte-mousquetons, c'est-à-dire muni d'un ressort qui le maintient constamment fermé. S'agit-il alors de passer de *b* en *d*, l'un des chariots porteurs est placé à la partie inférieure du plan incliné ; l'autre, décroché, est descendu en *d*, et l'allonge est mise en place. Enfin ces allonges sont successivement supprimées pour passer en remontant d'une taille à la suivante.

Dans quelques mines, la construction du treuil dispense d'avoir recours à ces ajustements un peu minutieux ; celui-ci reste fixe dans la moitié de sa longueur, pendant que l'autre moitié, mobile sur un manchon, permet d'enrouler ou de dérouler à volonté la longueur de câble réclamée par les circonstances. Cette disposition sera décrite dans le paragraphe suivant.

Les signaux au moyen desquels les ouvriers placés aux deux extrémités du plan automoteur se préviennent mutuellement des manœuvres à exécuter se font à l'aide de sonnettes et de cordeaux en fils de fer régnant sur toute la longueur de la galerie, ou de tiges en fer sur lesquelles ils frappent à coups de maillet.

548. *Des freins appliqués au service des plans automoteurs.*

La partie essentielle d'un plan automoteur est un appareil destiné à modérer la vitesse des vases sollicités à descendre par l'action de la pesanteur. Cet appareil se compose généralement d'un tambour ou treuil sur lequel s'enroulent, en sens inverse l'une de l'autre, deux chaînes ou deux cordes, et d'un frein destiné à arrêter ou à modérer le mouvement. Ce dernier objet a donné son nom à tout l'ensemble parce qu'il en constitue la partie essentielle.

Les freins sont ordinairement construits comme l'indiquent les figures 24 et 25. Le tambour tt' tourne sur un axe en fer solidement assujetti à deux poteaux encastrés dans les roches encaissantes. La roue de friction f, invariablement fixée sur le treuil, est armée à sa circonférence d'un cercle en fer. Le frein ou levier refrénateur qr est creusé circulairement à sa partie inférieure, afin d'embrasser un arc suffisant de la roue de friction ; cette entaille est pratiquée dans une pièce de bois indépendante du bras de levier, en sorte qu'on peut en substituer une autre lorsque le frottement a enlevé à la première sa forme primitive. L'extrémité postérieure r du bras de levier est fixée à un étai pendant que l'autre extrémité est ordinairement libre ; l'ouvrier attaché au service du frein presse ou soulève le levier suivant qu'il veut enrayer l'appareil ou lui laisser un libre mouvement. Quelquefois (fig. 21 et 24) un levier accessoire i en fer, prenant son point d'appui sur une pièce horizontale k, augmente la pression et facilite la manœuvre. Telle est la disposition des freins (*Bremse*) établis à la mine de Guley, près d'Aix-la-Chapelle.

Lorsqu'une voiture, venant d'un chantier, est arrivée au sommet du plan automoteur, l'ouvrier l'accroche à l'extrémité de la corde et lui donne une impulsion en la dirigeant sur celle des deux voies qui lui est destinée ; il se porte vivement au frein, le serre contre la roue ou le soulève suivant la vivacité du mouvement de descente. Alors le vase plein entraine le vide en sens inverse ; celui-ci parvient au sommet du plan automoteur, où il est pris et conduit aux ateliers d'arrachement.

Les figures 26 et 27 représentent les freins employés dans la mine de la Trappe (district de la Ruhr). La roue de friction f est embrassée, sur la moitié postérieure de sa circonférence, par un sabot en bois d'orme hh, auquel est attachée une pièce de bois g, g' portant à son extrémité une masse de fer d d'un poids suffisant pour serrer le frein et produire l'enrayement. Dans cette situation, l'appareil, abandonné à lui-même, reste dans l'immobilité ; mais un levier tournant autour de son axe l est muni d'un cordon pp qui se prolonge jusque dans les mains d'un ouvrier placé au bas du plan automoteur. Dès que la voiture est accrochée à la corde, l'ouvrier tire le cordon : la branche g, g' se soulève, dégage la roue de l'étreinte du sabot, et d'autant plus il tire, d'autant plus le mouvement est libre, jusqu'à ce que l'action du contre-poids soit entièrement annihilée ; mais on doit se garder de tirer trop fort, parce que le sabot, reculant trop en arrière, ne se remet que difficilement en place. Cet accident est prévenu au moyen d'un arrêt en fer ou en bois qui empêche le levier $g g'$ d'être soulevé au-delà d'une certaine limite, et dont la position est facile à déterminer par l'expérience.

M. Rasquinet, directeur de la mine de Guley, district de la Wurm, pour allonger ou raccourcir les cordes des plans automoteurs, emploie les dispositions suivantes (fig. 5, pl. XLIII) :

Le tambour est composé de deux parties : l'une A, liée avec le disque en bois du frein G, est fixée invariablement sur l'axe ; l'autre B, consistant en un manchon creux, tourne sur un noyau c inhérent au même axe. Ce manchon, rivé sur un disque d en tôle épaisse, est mis en contact avec un plateau $e e'$ portant un grand nombre de trous à quelques centimètres de sa circonférence. La partie A, tournant ainsi folle autour du noyau c, peut lâcher ou reprendre une partie de la corde qui en dépend, sans que l'autre corde participe à ce mouvement. Après avoir régularisé la longueur de celle-ci, il suffit d'engager la vis k simultanément à travers les deux plateaux et d'y ajuster un écrou i pour que toutes les pièces soient rendues solidaires les unes des autres et que l'appareil puisse être immédiatement appliqué au service du plan automoteur.

Les freins en usage dans les mines du Couchant de Mons, devant s'avancer avec le front de taille, sont exposés à de fréquents déplacements. Ce sont de simples poulies à axe vertical sur la surface plane de laquelle frotte un bloc de bois ajusté sous un bras de levier.

Quelques mines de la province de Liége possèdent des appareils établis sur les mêmes principes, c'est-à-dire dont la poulie est horizontale, mais leur construction est beaucoup plus soignée et ils n'admettent d'autres matériaux que le fer. On en voit une représentation générale dans la figure 28, pl. XLII, et une élévation, un plan et une coupe de détail dans les fig. 3, 4 et 5 de la pl. XLIV.

La chaîne c (fig. 28), à laquelle s'attachent les wagons V, embrasse une grande roue de fonte A supportée par un pivot f. Cette roue, dont la circonférence est taillée en gorge de poulie, se place parallèlement au sol du plan automoteur et à une hauteur déterminée par la position du point d'attache des voitures. Au-dessous de cette roue $a a^1$ et sur le même axe (fig. 3, 4 et 5, pl. XLIV) est fixé, au moyen de six boulons, un disque de même métal $c c^1$, à la circonférence duquel agit un frein $b b$ formé de deux branches sémi-circulaires ajustées comme suit : en d, les extrémités, assemblées à charnière, sont liées par un boulon fixé dans le cadre sur lequel repose l'appareil ; les deux autres extrémités s'assemblent de la même manière sur une pièce $i k$ mobile autour du point o. Les lignes ponctuées indiquent la position du levier au moment où il cesse de presser à la circonférence du disque. Dans l'autre position, les branches sémi-circulaires, agissant par frottement, arrêtent subitement tout mouvement de la

roue. L'axe porte sur une crapaudine doublée d'une boîte
en cuivre. La charpente *B B*, composée d'un cadre placé
dans le plan de la galerie et de quelques autres pièces,
n'exige aucune explication. Dans les freins de cette espèce,
la chaîne, n'embrassant qu'une demi circonférence, ne
produit pas toujours un frottement assez intense sur la
poulie et, par conséquent, une résistance suffisante pour
arrêter le mouvement acquis par le vase de transport; et,
quoique la roue reste immobile, la chaîne glisse dans la
gorge et la voiture accélère son mouvement de descente.
Le remède à cet inconvénient fort grave, puisqu'alors le
frein devient inutile, consiste à envelopper la poulie d'un
double tour, ou, mieux encore, à disposer deux rouleaux
à axes verticaux r, r^1 (fig. 5 bis) qui la forcent d'embrasser
une plus grande partie de la circonférence.

549. *Plans automoteurs à simple voie de la mine des Produits (Couchant de Mons).*

Le lecteur a vu, dans la section consacrée à l'exploitation
des mines du Couchant de Mons, que les galeries inclinées,
dites *voies thiernes*, peuvent réclamer l'établissement de
plans automoteurs pour transporter les produits des tailles
aux voies principales. En attribuant à ces galeries temporaires une largeur en rapport avec une double voie, l'espace
réservé aux remblais se resserre et les revêtements entraînent un excédant de dépenses considérables. C'est dans
le but d'obvier à ces inconvénients que M. Guibal a établi,
au puits n°. 19 de la mine des Produits, un système
automotif accompagné d'une voiture contre-poids.

Les rails destinés aux vases de transport sont attachés
aux billes par des coussinets en fonte. Au-dedans et en
contre-bas de cette voie s'en trouve une seconde moins

large dont les rails, en fer plat du commerce, placés de champ, reçoivent la voiture contre-poids. Celle-ci (fig. 13, 15 et 16, pl. XLIII) consiste en un train à 4 roues recouvert d'une platine en fer de fonte dont le poids est calculé pour produire, par sa descente, l'ascension d'un wagon vide. Mais, pour que ce poids soit proportionné à la raideur des pentes, le train offre une cavité *s* dans laquelle peuvent être déposées des plaques de fonte en nombre variable.

Les wagons de transport (fig. 12, 13 et 14) sont en tôle; ils contiennent 7 à 8 hectolitres de houille et pèsent 225 kilog. Les quatre roues, dont le diamètre est de 0.35 mètre, sont simultanément pressées par un frein *r* modérateur de la vitesse dans les voies descendantes. Les deux vases sont liés par une corde qui se recourbe pour passer sur une poulie *M* installée à la tête du plan automoteur. Cette poulie, fixée à une pièce de bois, est disposée de manière à recevoir un frein, si celui du wagon ne permet pas de se dispenser de cet organe. A mesure que la taille s'avance par des excavations successives, la poulie la suit, et la longueur de la corde est augmentée d'une quantité correspondante. Il semble inutile d'ajouter que le contre-poids passe au-dessous du wagon au milieu de la longueur de la galerie, et qu'il doit pouvoir remorquer le vase vide et être entraîné par ce même vase chargé de houille.

Les voitures, parvenues au puits, ont un poids trop considérable pour que leur contenu soit déversé à la main dans les cuffats. Aussi M. Guibal adopte, à cet égard, une disposition mécanique fort simple. Dans une échancrure *M*, (fig. 17) pratiquée en contre-bas de la chambre d'accrochage, se trouve une voie transversale *t*, sur laquelle roule un culbuteur formé d'un train de voiture *f* et d'un tablier *e e*[1] mobile autour d'un axe horizontal. La chambre, pourvue d'un double chemin de fer, offre des voies distinctes aux wagons pleins et aux wagons vides; les premiers arrivent par celle de droite, passent sur le culbuteur, se déversent immédiatement dans le cuffat le plus rapproché ou dans le suivant, et se trouvent, après un petit cheminement de l'appareil, vis-à-vis des rails de gauche, route préparée pour les wagons vides. La voiture est retenue sur le tablier par la courbure g de l'extrémité des rails et par une chaînette h. Quand elle est chargée, le centre de gravité de tout le système passe par k; quand elle est vide, le même centre se déplace et passe par k', circons- tance qui contribue à faciliter la culbute du wagon et à le rappeler dans sa position normale.

550. *Installation des plans automoteurs sur les pentes rapides.*

Le plan automoteur (*Bremsberg*) de la mine de Gewalt (district de la Ruhr) occupe un percement (*Ueberhauen*) de 4 mètres de largeur pratiqué dans Ohlzweig, couche dont la puissance est de 1.55 mètre et l'inclinaison de 65 à 70 degrés. Le chariot porteur (*Schlitter*), roulant sur un chemin perfectionné, se compose (fig. 1, 2 et 3, pl. XLIII) d'un cadre en bois ii, sur lequel sont ajustées diverses pièces de fer k, k, k' propres à recevoir les vases et à les maintenir en place. Le contre-poids (*Gegengewicht*) $m m'$ est un tuyau en fonte portant sur quatre roues; son poids est calculé de manière à soulever le chariot porteur chargé d'un wagon vide et à céder à l'action combinée du même chariot et d'une voiture pleine de houille. Ces objets sont attachés aux extrémités de deux cordes en fil de fer $n n, n' n'$, qui s'enroulent en sens inverse l'une de l'autre, mais ne peuvent se confondre, séparées comme elles le sont par des anses en fer o, o formant saillie sur le tambour. Le frein p, semblable à plusieurs de ceux qui ont été décrits ci-dessus, est muni d'un bras de levier q prolongé jusqu'à la galerie la plus rapprochée de l'appareil, dont la marche est arrêtée par un contre-poids r fixé à l'extrémité d'une tringle; il suffit de soulever celle-ci, en poussant q de x en y, pour provoquer le mouvement de descente ou d'ascension. Un ouvrier spécial (*Bremser*) est préposé à la manœuvre du frein; des marques faites à la corde lui font connaître à chaque instant la position exacte du chariot porteur dans le puits; et des signaux exécutés avec un marteau le mettent en relation avec la personne chargée de retirer les vases sur la voie de niveau. La lettre H indique la ligne des échelles disposées pour la circulation des ouvriers.

A la mine de Gewalt, les travaux d'exploitation n'ont pour objet qu'un seul côté du plan automoteur; mais, dans les mines des environs de Bochum, les houilles provenant des galeries situées du côté du contre-poids sont transportées à l'aide de ponts volants (*Fallthüren*), consistant en un simple plancher tournant autour de charnières fixées sur le sol. Toutefois les mineurs cherchent à se dispenser de l'emploi de ce procédé, qui diminue toujours l'activité du transport.

La figure 4 représente le frein en usage dans cette dernière localité. Le bras de levier est remplacé par une corde $s\,s$ qui, se repliant sur deux poulies, permet de soulever le contre-poids r placé à l'extrémité du levier t. La corde régnant sur toute la hauteur de l'excavation, la manœuvre du frein peut s'effectuer de tous les étages.

Des dispositions de ce genre, appliquées même aux **percements verticaux**, tendent à remplacer les cheminées, auxquelles les mineurs allemands trouvent de graves inconvénients.

551. *Considérations sur les plans inclinés automoteurs.*

La longueur des galeries automotrices varie suivant la hauteur de la tranche à exploiter, et surtout suivant les habitudes locales. Ainsi, les mineurs belges ne se hasardent guère à les établir sur une étendue de plus de 100 mètres, et ils préfèrent en superposer deux ou trois plutôt que d'en installer un seul dont la grande longueur permettrait d'atteindre l'extrémité du champ d'exploitation. Les Silésiens, au contraire, ne craignent pas de leur donner 200 mètres de hauteur, et, en Angleterre, elles atteignent 250 et même 300 mètres.

L'inclinaison d'un plan automoteur, quelque bien construites que soient les voies, ne peut être moindre de 15 à 17 p. c. (ou 8 à 9 degrés) avec les chemins de fer, et de 25 à 28 p. c. (15 à 16 degrés) pour les chemins de bois. Le mineur éprouvait autrefois quelques difficultés à faire circuler les voitures sur des pentes de 60 p. c. (36 à 37 degrés), surtout si les vases de transport étaient d'un poids un peu considérable; actuellement cette limite est fréquemment outrepassée, et quelques couches fortement inclinées du district de la Ruhr sont exploitées par plans automoteurs établis même dans des puits verticaux. Toutefois, l'ouvrier préposé au service du frein doit être très-soigneux et très-attentif pendant la descente du convoi.

Les cordes et les chaines sont également en usage; les dernières, plus coûteuses, sont cependant préférées à cause de leur longue durée. Elles doivent être construites avec

soin et les anneaux soudés vers le milieu de leur longueur
et non aux extrémités, suivant la méthode ordinaire. Cependant elles offrent quelques difficultés avec les plans
automoteurs faiblement inclinés ou d'une grande longueur.
Au commencement de la descente, le vase plein a de la
peine à vaincre le poids du vase vide augmenté de celui de
la chaine ; et comme l'épaisseur de cette même chaîne
s'accroît en raison de la longueur du parcours, il arrive
un moment où la descente des vases devient impossible
et l'emploi des cordes une nécessité. Les Allemands ont
constaté le mauvais usage des câbles en fil de fer pour les
plans automoteurs, où la charge doit être arrêtée brusquement à l'aide du frein ; le choc résultant de cette
manœuvre détériore la texture du fer et lui ôte la majeure partie de sa force de résistance à la traction.

Les procédés connus pour faire parvenir les produits des
tailles dans une partie plus basse de la mine ne pouvant
consister, quant aux couches dites plateures, qu'en galeries
diagonales ou en plans automoteurs, on voit d'un coup
d'œil combien l'emploi de ces derniers est avantageux aux
exploitants. En effet, dirigés suivant la ligne de plus grande
pente, leur longueur est toujours moindre que celle des
diagonales ; l'activité de la marche des voitures est une
large compensation des retards résultant des manœuvres
effectuées à la base et au sommet des plans automoteurs.
Enfin, l'économie de ce mode est notable, puisque les
frais de main-d'œuvre se réduisent à un seul ouvrier
attaché au service du frein, en remplacement des hommes
ou des chevaux, fort nombreux lorsqu'il s'agit de produire
le même effet utile sur des galeries percées diagonalement
dans le gîte. Quoique la largeur assez grande des excavations propres à l'établissement des plans automoteurs nécessite un boisage très-solide et de nombreuses réparations ;

quoique l'entretien des voies soit un objet fort dispendieux, surtout si le mur de la couche offre une tendance au soulèvement; et malgré l'usure assez rapide des câbles, des chaînes et des autres appareils, ce système de transport tend à se généraliser partout où les dépenses de ces constructions sont en rapport avec l'importance des produits à transporter.

552. Cheminées ou puits intérieurs appliqués au transport de la houille.

Les cheminées, comme le lecteur l'a déjà vu sont de petits puits creusés dans un gîte fortement incliné ou ménagés au milieu des remblais pour faire descendre les produits d'une galerie supérieure dans une autre galerie située à un niveau inférieur. La houille dont les cheminées sont constamment remplies s'affaisse lentement et en masse par son propre poids, tandis que, précipitée isolément, elle se brise et se réduit en menu. Elle est retirée au fur et à mesure des besoins, soit par le procédé belge déjà décrit (395), soit par l'une des dispositions suivantes. La partie inférieure de la cheminée est obstruée par des planches placées sur les chapeaux de la galerie; l'une de ces planches, fonctionnant comme un tiroir, s'écarte plus ou moins de sa position primitive et détermine un passage pour la houille, qui tombe directement dans les voitures placées au-dessous. Ou bien on ajuste une trémie ou caisse en bois munie d'une porte latérale, dont l'ouverture est proportionnée à la grosseur des blocs ; au-dessous de la porte se trouve un couloir en planches recevant le combustible pour le déverser dans les vases de transport sans l'exposer aux déchets résultant de sa chute. Une extraction active exige l'emploi de caisses à doubles portes qui permettent le chargement simultané de deux voitures.

Les cheminées pratiquées à travers les remblais sont boisées à la manière des puits d'extraction ; percées dans le gîte, on supprime le boisage, si les parois offrent une résistance suffisante ; enfin, si les roches encaissantes sont déliteuses, ou l'inclinaison de la cheminée peu considérable, les parois de l'excavation sont revêtues de planches qui facilitent la descente de la houille et l'empêchent de se souiller au contact des débris de schiste qu'elle entraîne dans son mouvement. Leur orifice est recouvert de madriers formant un pont sur lequel s'effectue le transport dans la galerie supérieure. L'inclinaison de ces puits intérieurs doit être au moins de 30 degrés ; au-dessous de ce terme, les produits sont retenus par les aspérités des parois ; un engorgement se prononce et la descente ne peut avoir lieu. La hauteur, fort variable, de ces excavations ne doit guère excéder 30 à 40 mètres ; hauteur au-delà de laquelle la houille, parvenue à la base, souffre beaucoup du poids considérable auquel elle est soumise.

L'exploitant qui a recours à ces dispositions doit s'attendre à éprouver des pertes dérivant du brisement des blocs, surtout dans le moment où il est occupé à remplir les cheminées. Mais des soins peuvent diminuer l'intensité de cet effet désavantageux, qui, du reste, dépend en grande partie de la friabilité du combustible ; cet inconvénient est compensé d'ailleurs par la simplicité de la méthode de transport et par l'emploi d'un moteur entièrement gratuit.

IVᵉ. SECTION.

NAVIGATION SOUTERRAINE.

553. *Disposition des canaux souterrains de Worsley.*

La première opération de ce genre a été exécutée à Worsley, près de Manchester, par lord Francis Egerton, duc de Bridgewater, aidé de Gilbert, agent des domaines, et de Brindley, charpentier. Ces hommes de génie venaient d'achever un canal à grande section pour conduire à Manchester les produits des mines de Worsley, lorsqu'ils résolurent de le prolonger dans le sein de la colline carbonifère, de supprimer par là tous les frais de transport des puits au canal, d'éviter les pertes de temps, les transbordements et, par suite, la réduction des blocs de houille en menu, et d'assécher la majeure partie des travaux.

Ce plan primitif si vaste fut mis à exécution dès l'année 1766; il a constamment guidé les exploitants de Worsley et a produit, après un immense développement des travaux, le plus beau monument de ce genre. Les canaux, représentés en coupe et en plan dans les figures 1 et 2 de la planche XLIV, sont divisés en trois étages ou *niveaux*. Le niveau moyen, situé à une profondeur d'environ 70 mètres au-dessous du sol, consiste en une galerie à travers bancs qui s'écarte peu du plan du méridien magnétique; elle rencontre successivement 15 couches, dont la puissance varie de 0.55 à 2.13 mètres et dont cinq sont considérées comme inexploitables. Quelques-unes

d'entre elles se reproduisent plusieurs fois dans le parcours du tunnel par l'effet des failles I, II, III IV, qui
renfoncent les stratifications vers le nord. La galerie navigable, dont les eaux sont en communication avec celles
du grand bassin de Worsley, se rattache au canal de Manchester; elle débouche au jour par deux orifices réunis en *M*,
à l'intérieur des travaux à une distance de 1,200 mètres.
Elle sert à la sortie de la majeure partie des houilles et
à l'introduction de tous les matériaux nécessaires à l'exploitation. Sa longueur est de 5,655 mètres. La section,
formée d'une partie cylindrique assise sur deux pieds-droits,
n'est pas constamment uniforme, mais peut être considérée
comme ayant, en moyenne, les dimensions suivantes:
Hauteur, 2.44 mètres; largeur, 2.74 mètres; hauteur
d'eau, 1.10 mètre. Les gares d'évitement, placées à des
distances de 400 à 500 mètres les unes des autres, ont
une largeur de 3 à 3.25 mètres.

De la galerie à travers bancs partent des embranchements à l'est et à l'ouest, suivant la direction des couches.
La figure 2 indique l'origine de ces galeries canalisées,
mais n'en présente pas tout le développement, qui, pour
ce niveau seulement, est évalué à 18 milles anglais, ou
28,960 mètres.

L'étage supérieur est situé à 34.50 mètres au-dessus
du niveau moyen; son développement est de 16,090 mètres,
ou 10 milles anglais. Cet étage était autrefois desservi
par un plan automoteur gigantesque au moyen duquel les
bateaux pleins, qui, avec leurs chariots porteurs, pesaient
21 tonnes métriques, descendaient sur le niveau moyen,
pendant que les bateaux vides étaient remorqués au niveau
supérieur. Cette construction remarquable a été aban-
donnée en 1826 à cause de la faible quantité de houille
retirée de cette partie des travaux,

L'étage inférieur, composé de plusieurs galeries navigables percées à divers niveaux, est situé à environ 60 mètres au-dessous du niveau moyen. Son développement est de 19,300 mètres, soit 12 milles anglais. La récapitulation de la longueur des divers canaux de chaque étage donne un développement total de 40 milles, ou 16 lieues de France.

Les revêtements de toutes ces excavations sont exécutés conformément aux principes exposés ci-dessus (VI°. section): tantôt les parois et le faîte sont complètement muraillés, ou bien une seule brique posée de champ forme la voûte; tantôt les briques sont placées de pointe; quelquefois, enfin, le rocher, très-solide, se trouve à nu sur toutes les faces de la galerie canalisée.

Parmi les nombreux puits indiqués sur les deux figures, les uns, foncés sur la galerie principale ou à une faible distance de celle-ci, ont servi à déterminer un courant ventilateur lors du percement du tunnel; d'autres, dispersés à l'est et à l'ouest, servent à l'extraction de la tranche supérieure par les méthodes ordinaires; leurs produits sont expédiés, par les chemins de fer de la surface, au canal du duc de Bridgewater ou canal de Manchester.

554. *Vases de transport employés dans les divers canaux.*

Tous les bateaux de Worsley ont la forme indiquée par les figures 6, 7 et 8, élévation latérale, plan et coupe transversale de ces objets. Le bateau à cuves (*Tub boat*) est exclusivement réservé à la navigation dans les galeries canalisées du niveau inférieur; ses dimensions sont 10 mètres de longueur sur 1.20 de largeur. Il est divisé en six cases contenant chacune une cuve c, c (*Tub*) en forme de cône tronqué et renversé ; ces vases, en bois, sont cerclés en fer et munis de trois oreilles pour les accrocher aux câbles d'extraction ; leur poids à vide est de 50 à 51 kilogrammes, et ils renferment 300 kilog. de charbon, ou 3 1/2 à 4 hectolitres ; en sorte que le bateau, dont le tirant d'eau est de 0.60 mètre, est chargé de 1,800 kilogrammes de houille.

Les bateaux employés sur le niveau moyen sont de deux espèces : les bateaux étroits (*Narrow boats*), propres à naviguer dans les galeries d'allongement ; leur longueur est de 13 à 15 mètres et leur largeur de 1.40 mètre. D'autres bateaux, appelés *M. Boats*, les plus grands dont on se serve dans la navigation souterraine de Worsley, ont les dimensions suivantes :

Longueur	15	mètres.
Largeur dans œuvre .	1.90	»
Id. hors d'œuvre .	2.04	»
Profondeur	0.85	»
Tirant d'eau à vide . .	0.23	»
Id. à charge .	0.72	»

Leur contenance est de 9 à 10 tonnes de houille.

Le haleur, pour faire avancer les bateaux, se couche sur le dos la tête en avant ; il lève les pieds en l'air, les appuie alternativement contre le faîte de la galerie et donne ainsi l'impulsion ; il entretient ensuite le mouvement en agissant avec ses pieds, comme s'il marchait sur la voûte.

Le halage, dans les galeries du niveau moyen, est facilité par l'établissement de vannes opposées à l'écoulement trop prompt des eaux provenant des canaux supérieurs et de celles que les pompes élèvent des niveaux inférieurs. La hauteur de ces vannes n'est cependant pas assez considérable pour établir une grande différence de niveau entre les eaux de deux biefs consécutifs ; elle est, au contraire, très-minime et se borne à quelques centimètres, c'est-à-dire à environ un demi-millimètre par mètre, pente de la galerie. Ces appareils (fig. 9) sont manœuvrés à l'aide des manivelles d'un treuil h sur lequel s'enroule une corde ; celle-ci communique le mouvement à un tambour h', à l'arbre duquel est fixée la chaîne qui soulève la vanne v. Les bateaux chargés se mettent en marche à la file les uns des autres ; le premier haleur lève successivement toutes les vannes, d'où résulte une légère marée dans le sens du transport. Lorsqu'ils reviennent à vide, ils trouvent l'eau calme et de niveau, et le haleur de service sur le dernier bateau les baisse toutes, afin de préparer pour le convoi suivant un courant qui facilite sa sortie. C'est ainsi que six ouvriers conduisent en une journée 40 bateaux, ou 60 à 66 tonnes métriques.

555. *Combinaison du transport dans les trois niveaux.*

A l'exception de certains puits dont la houille est élevée directement à la surface, les produits des étages supérieurs et inférieurs se réunissent à ceux de l'étage moyen et sortent par l'un des deux orifices qui débouchent dans le bassin de Worsley. Le transport sur les galeries secondaires du niveau inférieur a lieu par traîneaux (*Baskets*), contenant de 100 à 136 kilogrammes, ou 1 1/4 à 1 2/3 hectolitres. Arrivé au bord du canal, le traîneur vide le contenu de son vase dans les cuves (*Tubs*) ci-dessus décrites ; et lorsque les six compartiments d'un bateau sont pleins, le haleur conduit ce dernier dans l'axe d'un puits dont l'orifice est au jour et l'accrochage à l'étage moyen. Chaque cuve, étant alors successivement élevée par une machine fonctionnant à la surface, arrive un peu au-dessus du niveau de la chambre d'accrochage ; là, des ouvriers les recueillent sur des planchers volants et les font rouler jusqu'au-dessus du canal du niveau moyen, où ils versent leur contenu dans l'un des grands bateaux appelés *M. Boats*. Il faut ordinairement 32 à 33 caisses pour remplir ce dernier. Le transport des produits du niveau supérieur à l'étage moyen se fait au moyen d'un plan automoteur sur lequel circulent des wagons ; il a remplacé celui dont on se servait autrefois pour la descente des bateaux eux-mêmes. Les houilles , réunies ainsi et chargées sur les grands bateaux de 10 tonnes, s'acheminent vers le bassin de Worsley ; elles traversent le canal du duc de Bridgewater et parviennent à Manchester et même sur le littoral de la mer d'Irlande.

Les machines destinées à élever les houilles des canaux inférieurs sont ordinairement des balances hydrauliques : l'eau motrice vient du jour ou de l'étage supérieur et s'écoule par les galeries de l'étage moyen. Dans ce dernier cas , celle qui a déjà servi à la navigation est encore utilisée pour l'extraction des produits.

La galerie principale , débouchant au jour , constitue une véritable galerie d'écoulement ; elle est traversée par les eaux de toute la mine , qui proviennent de l'infiltration naturelle des niveaux supérieurs et des pompes appliquées à l'épuisement de l'étage inférieur. Les nombreuses combinaisons de détail de ce vaste plan sont admirables : toutes sont aussi ingénieuses que favorables à l'économie des travaux (1).

556. *Navigation souterraine en Silésie.*

Vers la fin du siècle passé , des exploitants silésiens ont commencé à imiter les travaux du duc de Bridge-

----

(1) Ces renseignements sont empruntés au Mémoire que MM. Four-NEL et Dyèvre ont publié sur les mines de Worsley.

water en convertissant les galeries d'écoulement de quelques mines favorablement disposées, en voies navigables. Mais ces imitations sont restées bien en arrière de leur modèle, tant sous le rapport du développement des travaux que sous celui de la quotité de houille extraite en un temps donné.

M. Héron de Villefosse donne la description d'un canal commencé en 1792 à la mine de Fuchsgrube, dans la Basse-Silésie. Cette mine ne comprend qu'un seul étage formé d'une galerie à travers bancs de 1,460 mètres de longueur, et de quelques galeries d'allongement dont le sol est recouvert d'eau. Les haleurs prennent leur point d'appui sur un câble suspendu au faîte de l'excavation.

Les canaux souterrains de la mine dite Haupschlüssel-Stollen, du district de Zabrze, débouchent immédiatement dans le canal de Klodnitz : ce qui offre un avantage incontestable. La longueur de la galerie à travers bancs est de 1,851 mètres (900 lachter), la hauteur de 2.61 mètres et la largeur de 1.72 mètre. Les eaux ont une profondeur de 1.50 mètre, dont 0.25 mètre sont considérés comme perdus par les envasements ; ceux-ci donnent lieu à un travail périodique absorbant, ainsi qu'on l'a observé en Silésie, environ huit jours par année, pour chaque longueur de 2,090 mètres (1,000 lachter).

La houille ne subit aucun transbordement dans son transport des ateliers d'arrachement au canal de Klodnitz, où elle est chargée sur des bateaux de plus grandes dimensions et conduite à destination. Des caisses en bois, garnies d'armures en fer, dont la contenance est de 5.7 hectolitres, sont chargées aux tailles ; superposées à des trains de voitures, elles se rendent à la galerie navigable en franchissant les diagonales ou les plans automoteurs ; alors elles sont enlevées au moyen de grues installées sur

les bords du canal, puis déposées dans les cases de bateaux (*Kahn*) semblables à ceux de Worsley. La longueur
de ces derniers est de 9 mètres : ils renferment 10 caisses,
ou 37 hectolitres.

Un haleur (*Bootsknecht*) conduit deux bateaux placés à
la file l'un de l'autre, et leur donne l'impulsion en s'appuyant des mains sur les chevilles de bois dont les parois de la galerie sont munies ; il fait deux voyages par
jour et transporte, par conséquent, 310.4 hectolitres en
douze heures sur une distance de 1,881 mètres. Le
temps employé se distribue comme suit :

Transport de deux bateaux pleins. . . . 200 minutes.
 Id. retour à vide 100   »
Temps perdu dans les gares d'évitement . . 20   »
 Id. aux places de chargement et de décharg'. 10   »

    5 1/2 heures, soit. . . 330 minutes.

Plus tard, la marche des bateaux a été ralentie afin
d'en conduire simultanément cinq et même six ; car l'observation prouve que, si l'onde a été fendue par le premier bateau, les autres suivent le sillon tracé sans éprouver
de frottements trop considérables.

557. *Conditions indispensables pour que la navi-
gation souterraine soit avantageuse.*

Les canaux souterrains offrent évidemment un mode de
transport fort avantageux. Les transbordements peuvent être
entièrement supprimés ; ces voies n'exigent, comparativement aux chemins de fer, que peu de réparations. La
force motrice de l'homme est bien ménagée, puisque,
dans aucun autre système, elle ne peut être appliquée au
déplacement de pareilles masses de houille à des distances

aussi considérables. Si, en outre, le transport intérieur est lié avec des canaux extérieurs destinés à conduire les produits à leur destination, ou si la galerie navigable se trouve déboucher à proximité ou sur le lieu même de la consommation, l'économie des frais de transport par terre dépasse de beaucoup ceux qui peuvent résulter d'une plus grande longueur des voies navigables; enfin, tous les avantages des canaux souterrains subsistent dans leur intégrité, quel que soit, d'ailleurs, leur développement.

La quantité de houille à extraire doit être considérable et assurée pour une longue suite d'années, ou tout au moins proportionnée au capital engagé dans le matériel et dans la construction de ces voies si coûteuses. Un canal souterrain est peu convenable pour les courtes distances à cause des retards provenant des chargements et des déchargements, ou d'autres interruptions défavorables à l'effet utile. D'un autre côté, la distance de parcours est limitée par les frais, qui sont en raison directe de la longueur; celle-ci exerce une influence sensible sur la marche des bateaux et les retards qu'ils éprouvent, retards très-graves, s'ils proviennent d'un bateau coulé à fond ou détérioré par un choc de manière à ne pouvoir continuer sa route; car alors le service est désorganisé, le transport interrompu pour plusieurs jours et tous les avantages de la navigation annihilés.

Dans tous les cas, ce procédé n'est applicable qu'aux mines, fort rares d'ailleurs, dont le gisement domine les plaines et les vallées avoisinantes et qui ne renferment, dans le plan du canal projeté, aucune excavation provenant de travaux antérieurs. Les roches encaissantes d'une nature compacte, ne doivent pas se laisser trop facilement traverser par les eaux; sans cela, ce mode de transport deviendrait incompatible avec l'exploitation des

parties du gîte situées au-dessous du sol de la galerie canalisée. Enfin, la position relative du terrain doit être accompagnée de circonstances entièrement favorables et tout-à-fait exceptionnelles.

SECTION V^e.

DE L'EXTRACTION ; VASES ET VOIES VERTICALES.

558. *Classification des appareils d'extraction.*

L'extraction, ou le transport de la houille du fond d'un puits à son orifice, est tellement liée avec le transport intérieur, que ces deux opérations ne peuvent être considérées isolément ; elles doivent être disposées de manière à concorder ensemble et à ne jamais se causer aucun retard réciproque. Il en est de même, quoiqu'à un moindre degré, du transport à la surface relativement à l'extraction. On doit considérer dans cette dernière :

1°. Les vases servant au transport de l'accrochage à l'orifice du puits.

2°. Les procédés employés pour les recueillir et les vider sur la margelle, procédés variables suivant les circonstances locales.

3°. Les voies verticales destinées à rendre uniforme la marche des vases d'extraction.

4°. Les intermédiaires entre les vases et les moteurs, tels que les charpentes à molettes, les câbles en fer, en chanvre ou en aloës.

5°. Les appareils propres à communiquer les mouvements de la force motrice et les moteurs, c'est-à-dire les hommes, les chevaux, la vapeur d'eau et l'eau elle-même.

A la suite de ces cinq divisions viennent naturellement se placer :

6°. Les signaux propres à transmettre les ordres de l'intérieur de la mine à la surface, et réciproquement.

7°. Enfin, les différentes méthodes usitées pour introduire les ouvriers dans les mines et les en faire sortir.

Les vases d'extraction se divisent en trois catégories :

1°. Ceux qui servent exclusivement au transport dans les puits ; ils sont remplis dans l'accrochage et déchargés sur la margelle.

2°. Les vases qui, servant à l'extraction, sont en outre appliqués au transport intérieur, au transport extérieur, ou à tous les deux simultanément. Les uns, chargés dans les chantiers, parviennent directement à l'orifice des puits ; d'autres, remplis aux accrochages, s'extraient et sont conduits dans les magasins situés à une certaine distance de la margelle ; les derniers, chargés à la taille ou à peu de distance de celle-ci, se rendent sans transbordement dans les lieux de dépôt.

3°. Les vases qui, pour parcourir l'espace compris entre les magasins de la surface et les ateliers d'arrachement, doivent être placés, pendant l'extraction, dans un appareil particulier désigné sous le nom de *cage*.

559. *Première catégorie. Vases servant uniquement à l'extraction.*

Les seaux sont appliqués à l'enlèvement des déblais provenant du fonçage des puits peu profonds ou dont le creusement commence, et à l'extraction de la houille dans les mines peu importantes. On les construit de douves maintenues avec des cercles en fer ; ils sont munis d'une anse pour les suspendre au crochet du câble d'extraction ;

une broche traverse le crochet et empêche le seau de se détacher par suite des chocs auxquels il est exposé pendant l'ascension. La contenance de ces vases dépasse rarement un hectolitre ; elle n'est souvent que du tiers de ce volume.

Les tonnes, désignées, en Belgique et dans le département du Nord, sous le nom de *cuffats*, sont formées de douves en chêne ou en orme de 18 à 22 millimètres d'épaisseur, serrées par quatre ou six cercles en fer. Le fond de la tonne est muni de deux forts madriers disposés en croix : le tout est consolidé par des barres de fer méplat qui, passant par dessous le fond, viennent se replier sur la surface extérieure du vase, où elles sont assujetties avec des clous. Au point de croisement est un anneau destiné à opérer la culbute du cuffat. On a le soin d'éviter, dans l'armure en fer, toute disposition formant une saillie qui permettrait aux tonnes de s'accrocher au revêtement du puits ou à leur point de rencontre, cet accident pouvant entraîner la rupture des chaines de suspension et des conséquences fâcheuses, tant pour les cordes et le puits que par suite des retards apportés à l'extraction. Les branches latérales, en fer méplat, s'appliquent, l'une au dedans du cuffat, l'autre sur sa surface extérieure, et le tout est lié par des boulons traversant simultanément les douves et les deux branches.

Les œillets ou anneaux ajustés sur le contour supérieur du vase sont forgés avec du fer de la meilleure qualité ; ils reçoivent quatre chaines réunies deux à deux par des anneaux qui s'engagent dans le crochet fixé à l'extrémité du câble d'extraction. Il arrive aussi que les quatre bouts de chaine, assemblés dans un anneau attaché à la corde, portent, à chacune de leurs extrémités inférieures, un crochet destiné à s'engager dans les œillets de la tonne ; dans ce cas, la manœuvre usitée pour séparer le cuffat de la corde

ou les réunir l'un à l'autre, consiste à enlever ou à introduire les quatre crochets dans les œillets, tandis que, dans
le premier cas, il suffit de réunir les deux anneaux et de
les introduire dans le crochet du câble d'extraction.

La contenance des cuffats, variable avec l'activité de
l'extraction et la puissance du moteur, est comprise entre
6 et 20 hectolitres ; dans quelques mines du Couchant de
Mons, on en a construit qui renferment 30 hectolitres ou
2,500 kilogrammes de houille, sans qu'il en soit résulté
aucun inconvénient. Un cuffat de 6 1/2 hectolitres, tel
qu'on l'emploie dans les mines d'Anzin, pèse 170 kilog. ;
les bennes de Rive-de-Gier, dont la contenance est de 9 à
10 hectolitres, 205 kilogrammes. Le poids des cuffats du
Hainaut, dont la capacité est de 15 et de 20 hectolitres,
est respectivement de 300 et de 350 kilogrammes. Les
armatures en fer pèsent à peu près le double des bois
employés pour former la tonne.

Le cuffat, étant placé au-dessous de l'accrochage dans
une excavation particulière appelée *pas-de-cuffat* ou *potiat*,
reçoit le contenu des petites voitures venant des ateliers
d'arrachement ; arrivé au jour, il est renversé sur la margelle du puits, d'où la houille, chargée sur des brouettes,
est transportée dans les magasins ou sur des voitures d'une
grande capacité qui la conduisent à destination.

Les puits dans lesquels circulent ces vases ne sont pas
divisés en compartimens, mais leur section doit être assez
grande. En aucun cas, les cuffats ne doivent parcourir plus
d'un mètre par seconde ; en outre, le machiniste doit en
modérer la vitesse au point de rencontre, afin d'éviter les
accidents résultant d'un choc. Ce mode d'extraction, exclusivement employé dans les mines du nord de la France
et dans la plupart des mines de la province de Hainaut,
quoique fort commode sous plusieurs rapports, entre

autres par la facilité qu'il offre d'élever au jour et d'un seul coup de grandes quantités de combustible, et, par conséquent, d'opérer dans un temps donné une extraction considérable, n'en est pas moins désavantageux sous le rapport de la destruction des blocs de houille par suite des transbordements indispensables au fond et à l'orifice des puits.

560. *Méthodes propres à recueillir et à renverser les tonnes sur la margelle des puits.*

Le procédé le plus ordinaire et le plus simple consiste à établir, à l'extrémité supérieure du puits (1) et du côté où le déchargement doit s'effectuer, une paroi en planches inclinée et soigneusement raccordée avec le revêtement; à disposer à l'orifice (fig. 2, pl. XLV) deux barres de fer a,a', clouées de champ, sur lesquelles reposent des pièces de bois b,b' appelées *souliers*; celles-ci sont échancrées transversalement aux deux extrémités de leur surface inférieure, et les barres de fer, pénétrant dans ces entailles, ne permettent aux souliers qu'un mouvement de va-et-vient horizontal limité par la longueur des chaines c,c'. Les choses étant ainsi disposées, le cuffat, arrivant au jour, est repoussé par la paroi inclinée, et, contraint de dévier de la situation verticale; les ouvriers déchargeurs le saisissent lorsqu'il occupe la position A (fig. 1), et, au moment où s'effectue l'une de ses oscillations d'arrière en avant, ils l'attirent sur la margelle, pendant que le machiniste lui imprime un léger mouvement de descente et le dépose sur la semelle dans la position indiquée par la lettre B. Le mouvement

(1) Cet ajustement est indiqué dans les figures 8, 9, 11 et 12 de la planche L.

continuant, le cuffat, dont le centre de gravité se trouve
en dehors de la base, culbute entièrement et se couche
sur la margelle, ainsi qu'on peut le voir en *C*. Comme,
pour achever de le vider, le vase doit être soulevé à bras
d'hommes, cette manœuvre n'est applicable qu'aux tonnes
de moyennes dimensions et devient impraticable lorsque
la contenance dépasse certaines limites; alors on a recours
au moteur lui-même pour produire l'effet désiré. Voici
quatre procédés employés avec succès en diverses localités
de la Belgique.

Dans quelques mines du district de Charleroi, les choses
étant disposées comme ci-dessus, et la même manœuvre
ayant eu pour résultat de coucher le cuffat sur la margelle (en *A*, fig. 3), un ouvrier saisit un bout de chaine *i*
d'un mètre environ de longueur, muni de crochets à
ses deux extrémités; il engage l'un d'eux dans l'anneau
fixé au fond du cuffat et l'autre dans l'un des maillons
supérieurs de la chaine qui termine le câble d'extraction.
Pendant ce temps, un autre ouvrier insère un crochet
attaché à une corde *k* dans l'un des anneaux de suspension; celle-ci est enroulée et serrée avec force autour
d'un piquet *l*, enfoncé à quelque distance en avant de la
margelle. Alors le machiniste change le mouvement du
moteur, soulève le cuffat, qui, prenant la position *B*, se
vide entièrement, pendant qu'il est retenu en dehors de
l'orifice du puits par la corde fixée autour du piquet. Le
vase redescend sur la margelle, la chaine accessoire est
détachée et un mouvement de la bobine le met en position
de redescendre dans le puits.

Le second procédé (fig. 4) est le suivant : En arrière
de l'orifice, et au-dessus du point où doit s'opérer le déchargement, est suspendue une chaine *d* portant un crochet
à sa partie inférieure. Le cuffat, parvenu en *A*, quelques

mètres au-dessus de la margelle, est accroché par l'anneau
fixé à son fond; la machine tourne en sens inverse et
relâche le câble; le vase *B* culbute et se décharge dans
une trémie *D* qui sert à remplir les voitures affectées au
transport extérieur. Afin qu'aucune parcelle de houille ne
retombe dans le puits, on ajuste, à la partie postérieure
de la trémie, une planche *e* mobile autour d'une charnière; cette planche obstrue une partie de l'orifice du
puits, sans empêcher le cuffat de monter et de descendre
librement. A la mine annexée aux hauts-fourneaux
d'Ougrée (Liége), deux chaines de suspension, telles que *d*,
s'attachent de chaque côté du cuffat et la planche mobile
est supprimée.

Quelques exploitations de la province de Liége et du
Centre du Hainaut ont eu recours à d'autres dispositions.
Au milieu de l'espace compris entre les deux bobines *E E*
(fig. 5) et sur les faces intérieures de leurs bras sont fixées
des pièces transversales *g*, *g'*, *g''* en bois ou en fer; ces
barres, placées à égale distance de l'axe, forment un cylindre
participant au mouvement des bobines. Les ouvriers déchargeurs ont à leur disposition une corde ronde *h* (fig. 6),
d'une longueur convenable, munie d'un crochet à chacune
de ses extrémités; elle passe sur une poulie *m*, installée
en avant du puits et quelques mètres au-dessus du sol.
Le vase étant arrivé en *A*, au-dessus de l'orifice, un
déchargeur saisit la corde par l'un de ses bouts, engage
le crochet dans l'anneau fixé au fond du cuffat; pendant
ce temps, un autre ouvrier, tenant l'autre bout de la
corde, se porte vers les bobines et l'accroche à l'une des
barres *g* ou *g''*, c'est-à-dire à la partie supérieure ou inférieure du cylindre, suivant les circonstances, mais toujours
de telle façon que le mouvement de la machine l'enroule
en sens inverse du câble objet de la manœuvre. La ma-

chine tourne en arrière ; le vase, attiré sur la margelle
du puits, décrit un demi-cercle, vient occuper la position *B* et laisse échapper tout son contenu. Le machiniste, dans cette opération, agit avec vivacité, afin que
le mouvement communiqué au cuffat tende à projeter son
contenu sur la margelle et s'oppose à ce qu'aucune partie
de la houille ne retombe dans le puits. Le diamètre du
cylindre d'enroulement de la corde se calcule, relativement
à celui du câble d'extraction, de manière à atteindre
complètement ce dernier but.

Le temps absorbé pour vider les cuffats, quelque petit
qu'il soit, diminue néanmoins la quotité d'extraction obtenue en une période donnée. Les exploitants du Couchant
de Mons, qui, sous ce rapport, s'efforcent d'atteindre le
maximum, se contentent de recueillir les vases en dehors
du temps affecté à l'extraction, se réservant de les vider
pendant l'ascension et la descente des cuffats. Voici le
plus simple des culbuteurs en usage à la mine du Grand-
Hornu pour les puits où l'emploi des tonnes d'extraction
a été conservé: (Fig. 1, 2, pl. XLVII.)

A et *B* sont respectivement l'arbre des bobines et la
crapaudine qui en supporte l'extrémité. *C*, une roue d'engrenage calée sur le même arbre. *C'*, une autre roue de
même diamètre que la précédente et à laquelle il est
possible d'imprimer à volonté un mouvement en avant
ou en arrière au moyen de la disposition suivante: *g*, *g'*
levier coudé articulé en *g'* et embrassant l'axe de la roue
C' et du tambour *D*; ces deux objets se font mutuellement équilibre. *E* est un disque à la surface duquel fonctionne un frein semblable à celui des figures 3, 4 et 5,
pl. XLIV. Au tambour *D* est attachée une corde *s*, passant sur une poulie installée au-dessus de la margelle;
l'extrémité antérieure de cette corde est munie d'un

crochet qui peut s'engager dans un anneau fixé au fond du
cuffat. A un signal donné, un ouvrier soulève le bras de
levier g; les deux roues engrènent; le tambour D tourne,
élève le vase d'extraction et le fait culbuter. Alors ce même
ouvrier abaisse g pour arrêter le mouvement ascendant,
et presse simultanément sur le frein; celui-ci, desserré ensuite peu à peu, provoque la descente du cuffat sur la
margelle avec toute la lenteur désirable. Le treuil culbuteur servant à vider des vases de 20, 25 et même 30
hectolitres est ordinairement manœuvré par le conducteur de la machine à vapeur; il offre l'avantage de fonctionner pendant l'extraction sur laquelle cette opération
n'exerce aucune influence rétardatrice. Il est aussi facile
de comprendre qu'elle peut avoir lieu quel que soit le sens
du mouvement imprimé à l'arbre des bobines.

561. *Méthodes employées pour recueillir les tonnes
et vider leur contenu dans les places de déchargement situées à une certaine distance des puits.*

A Blanzy et dans quelques mines du Centre de la France,
les tonnes ou bennes, dont le contenu est de 6 hectolitres
combles ou 600 kilogrammes, s'ouvrent par leur fond,
en sorte qu'il n'est pas nécessaire de les détacher du câble
d'extraction pour les y attacher de nouveau. Ces bennes,
dont les figures 10 et 11, planche XLV, montrent seulement la partie inférieure en coupe et en projection horizontale, ont un fond mobile N maintenu en place par
une pièce de fer méplat pq disposée suivant son diamètre; les deux branches, qui forment l'une des extrémités de cette barre, sont fixées sur le flanc du vase par
trois boulons; ce fond est une véritable porte tournant

sur une charnière p, tandis que l'autre charnière q permet
de replier le bout s de la barre de fer, de l'appliquer
sur la paroi extérieure de la tonne et de l'y attacher à
l'aide d'une broche et d'une clavette. La benne arrive
au-dessus de la margelle ; un ouvrier recouvre le puits
d'un pont volant (fig. 10 et 11, pl. XLIV), fait avancer
une petite voiture et ôte la broche ; la porte s'ouvre, le
charbon se déverse, et le chariot, construit de manière à
culbuter sur un axe placé au milieu de sa longueur,
vient verser la houille sur la plate-forme d'un magasin
situé à 2 ou 3 mètres en contre-bas de la margelle (1).

Dans quelques mines belges, le cuffat lui-même est
transporté et vidé sur la place même de déchargement.
La manœuvre s'exécute à l'aide de l'appareil représenté
dans les figures 8 et 9 de la planche XLV. C'est un train de
voiture à quatre roues G, sur lequel s'élève un échafaudage
HH, destiné à supporter le vase suivant l'un de ses diamètres, en des points situés un peu au-dessous de son centre
de gravité. L'orifice du puits étant fermé par un pont volant,
l'appareil s'avance au-dessous du vase ; celui-ci redescend
et vient se loger dans un cône en tôle J, lié avec l'axe
kk' autour duquel doit se faire la culbute ; il est en outre
retenu, à sa partie inférieure, par une chaine r et attaché, en avant et en arrière, aux crochets t, t' engagés
dans les anneaux des chaines de suspension. Ces crochets, filetés à leur partie inférieure et passant dans des
écrous o, o', peuvent s'élever ou s'abaisser suivant la longueur plus ou moins grande des chaines. Lorsque le
chariot porteur est arrivé à la place de déchargement, les
attaches v, v du levier L, qui, seules, maintenaient l'équilibre

(1) Ces deux dernières figures sont empruntées au tome IV de
la 4°. série des *Annales des Mines*.

du cuffat, sont décrochées; celui-ci culbute et déverse son contenu dans le magasin. Cette opération exige deux trains semblables ; pendant que l'un d'eux, après avoir reçu le vase plein, s'avance vers le tas de houille, l'autre, muni d'un cuffat vide, se porte, par une voie parallèle, sur le pont volant, où il est attaché au câble. Le train se retire et la descente s'opère.

562. *Deuxième catégorie. Vases servant simultanément au transport intérieur et à l'extraction, ou à cette dernière et au transport extérieur.*

Ces appareils, dont on a déjà vu un assez grand nombre d'exemples à l'occasion du transport intérieur, peuvent être classés comme suit :

1°. Les corbeilles (*Corves*) usitées en Écosse et dans le nord de l'Angleterre ;

2°. Les bennes de St.-Étienne ;

3°. Les caisses silésiennes ;

4°. Les plates-formes (*Skips*) des comtés de Stafford et de Shrops ;

5°. Les berlaines et quelques espèces de tubs ;

6°. Les caisses en bois usitées dans les mines du Bois-du-Luc (Centre du Hainaut).

563. *Corbeilles et bennes.*

Les corbeilles, autrefois fort en usage dans les mines du nord de l'Angleterre (550), contiennent 300 kilog. de houille et pèsent, vides, de 125 à 130 kilog. Transportées sur des trains de voitures, elles parviennent au pied des puits, où l'on en suspend simultanément trois au câble d'extraction. La corbeille inférieure s'engage par son anse dans le crochet que porte la chaîne du câble ;

une seconde s'attache au-dessus de la première au moyen
d'un bout de chaîne accessoire accroché à l'un des maillons de la chaîne principale, et la troisième s'installe,
de la même manière, un peu au-dessus de la seconde.
Les crochets, semblables à ceux des porte-mousquetons,
sont constamment fermés par un ressort, afin que les
balancements et les chocs auxquels les corbeilles sont
exposées ne puissent en séparer les anses de leur point
d'attache.

Au moment où trois vases vides arrivent du jour,
l'ouvrier accrocheur (*Onsetter*) les détache du câble;
et, pendant que les corbeilles pleines sont encore sur la
voiture, il y adapte les trois crochets; puis, dès que la
machine se met en marche, il dirige leur mouvement,
afin qu'elles ne heurtent pas les parois du puits. Pendant
l'ascension de ces dernières, il place les corbeilles vides
sur le train de voiture qui doit les conduire vers les ateliers d'arrachement. Les corbeilles pleines arrivent au
sommet du puits, où elles rencontrent une paroi inclinée
en planche, qui les force à dévier de leur position verticale et leur imprime un balancement tendant à les ramener entre les mains du déchargeur (*Banksman*); celui-
ci amène d'abord la corbeille inférieure sur une petite
voiture (*Tram*) de même nature que celles des voies
secondaires intérieures; il la remplace par une corbeille
vide, puis agit de la même manière pour la seconde
et la troisième (1).

On extrait simultanément, dans quelques mines de
St.-Étienne, deux ou trois cuveaux analogues à ceux de la
fig. 28, pl. XL; ils portent le nom de *bennes* et contiennent environ 150 kilog. de houille. A l'extrémité du câble

(1) *Annales des Mines*, 4ᵉ. série, tome Iᵉʳ, page 260.

d'extraction sont attachées deux chaines parallèles munies
chacune d'autant de crochets que l'on veut suspendre de
vases ; les anneaux d'attache de ceux-ci , au nombre de
deux, sont placés aux extrémités d'un même diamètre.
Pendant que les bennes sont encore assises sur leur train ,
l'accrocheur fixe le premier vase aux crochets supérieurs,
et donne le signal pour faire marcher le moteur , qui
soulève la benne ; il saisit les deux crochets suivants, les
introduit dans les oreilles de la seconde benne et passe
à la troisième. Lorsque la charge arrive à l'orifice , le
receveur prend la troisième benne et l'amène sur la marge;
puis, pendant que la machine lâche de la corde, il passe
successivement à la seconde et à la première.

Dans les exploitations peu importantes des districts de
la Ruhr, on extrait au jour les cuves qui , placées sur
des traineaux, ont servi au transport intérieur. On élève
aussi la cuve et le traîneau simultanément, lorsque ces
deux objets sont invariablement fixés l'un à l'autre.

564. *Caisses silésiennes et plates-formes du Staffordshire.*

Les caisses d'extraction dont se servent les Silésiens ont
la forme d'un cube ou d'un parallélipipède rectangulaire ;
elles sont en bois et solidement ferrées. Leur transport
souterrain s'effectue en les superposant, au nombre de deux
ou trois , sur un chariot porteur que traîne un cheval.
Le conducteur, arrivé à l'accrochage, attache successivement chaque caisse à l'extrémité du câble. Celles-ci parviennent au-dessus de l'orifice du puits , qui est alors
recouvert d'un pont volant, sur lequel est roulé un chariot propre à faciliter le renversement des caisses.

Ce chariot, à bascule (fig. 12, pl. XLV), est formé de deux montants verticaux assujettis sur un train à quatre roues ; l'extrémité supérieure des montants est terminée par des entailles x en forme de fourchette ; dans ces entailles viennent reposer les tourillons boulonnés sur les côtés opposés de la caisse, maintenue, d'ailleurs, en état de stabilité à l'aide des deux chaînettes y,y' dont la bascule est munie. Pour verser la houille dans le magasin ou dans l'une des voitures de transport extérieur, les chaines sont décrochées ; le plus léger choc suffit ensuite pour faire culbuter le vase, dont les tourillons sont placés un peu au-dessous du centre de gravité.

Le procédé dont on se sert en Staffordshire pour recueillir les skips consiste quelquefois à les attirer simplement sur la marge du puits au moyen d'un crochet dont le déchargeur (*Banksman*) est muni ; et le plus souvent, en faisant glisser des tiroirs ou planchers volants, sur lesquels il les reçoit. Quand la plate-forme arrive au jour, l'ouvrier pousse le plancher sur l'orifice du puits, qui se trouve fermé ; le vase prend un léger mouvement de descente, et le déchargeur le conduit de telle façon que ses roues viennent tomber dans les rainures correspondantes aux rails du chemin de fer à ornières établi à la surface. Après avoir substitué un vase vide au vase plein qu'il vient de retirer, il pousse celui-ci à quelque distance de la marge, où les blocs de houille, dont la voiture est exclusivement chargée, sont enlevés à la main. L'ascension et la descente des vases sont ordinairement assez lentes, quoique le trajet soit peu considérable, pour que le banksman lui-même puisse en exécuter le déchargement.

565. *Caisses usitées à la mine du Bois-du-Luc.*
Berlaines ou tubs isolément extraits.

Les caisses en usage à l'un des puits du Bois-du-Luc
(fig. 5 et 6, pl. LXII) diffèrent des précédentes par une plus
grande contenance ; elles sont chargées à l'accrochage, où
elles occupent une cavité pratiquée dans l'une des parois
du puits en contre-bas du sol de la chambre ; elles ne
servent jamais au transport intérieur, leur objet principal,
outre l'extraction, étant le transport extérieur. Lorsque
la caisse est arrivée à la margelle, on abaisse une espèce de pont-levis, au-dessus duquel roule un train de
voiture ; elle redescend, s'assied sur le train, qui se
retire, et le pont-levis se relève. Même manœuvre pour
une seconde caisse complétant la charge qu'un cheval conduit aux dépôts situés sur les bords du canal. Ces vases,
destinés, d'ailleurs, à la mesure du charbon, ont une
contenance uniforme : dix hectolitres ou un mètre cube.

Les berlaines en fer des mines de Liége, de même que
les cuffats, s'accrochent au câble de deux manières :
ou bien ce dernier est terminé par un anneau auquel sont
suspendues quatre chaînes munies de crochets qui s'engagent dans les œillets du vase; ou bien les quatre chaînes,
attachées invariablement aux œillets, sont réunies deux à
deux par des anneaux, dans lesquels on fait passer un
crochet fixé à la partie inférieure de la corde d'extraction.
Les mineurs liégeois ont souvent employé la disposition
dite en *chapelet*, consistant à élever au jour deux vases,
dont l'un est suspendu au-dessus de l'autre par quatre
chaînes ; il est même possible d'en extraire trois simultanément.

Quoi qu'il en soit, les berlaines, chargées aux ateliers d'arrachement, sont conduites au fond du puits ou dans les accrochages supérieurs; puis, attachées au câble, elles s'élèvent au jour, où elles sont immédiatement recueillies et déchargées; ou bien elles se rendent directement aux magasins établis à la surface, à des distances quelquefois assez considérables.

566. *Ponts roulants, propres à recueillir à l'orifice des puits les berlaines et autres vases analogues.*

Les figures 10, 11, 12 et 13 ^{bis}, planche **XLVI**, indiquent l'une des plus anciennes dispositions adoptées en Belgique. Le tablier ou pont roulant a, composé d'un cadre recouvert de forts madriers, repose, par l'intermédiaire de quatre roulettes à gorge de poulie, sur deux lignes de rails saillants c, c', fixés de chaque côté de l'orifice du puits. L'inclinaison du chemin de fer est telle que le plancher, par sa tendance à descendre, puisse vaincre les frottements inhérents à l'appareil. Une corde e, e, attachée par l'une de ses extrémités à la partie postérieure du tablier, passe successivement sur deux poulies f, f' et vient s'enrouler sur une troisième g, d'un diamètre plus grand; l'axe de celle-ci en porte deux autres h, h', dont une à chacune de ses extrémités. En avant de l'orifice du puits se trouve une balustrade en fer i, i' dont les extrémités des traverses horizontales k, k', percées de trous, sont traversées par des tiges verticales l, l, qui ne lui permettent qu'un mouvement de va-et-vient suivant un plan vertical. Sur les deux poulies h, h' sont invariablement fixées deux cordes sans fin m, m', qui s'y enroulent un certain nombre de fois; elles tombent librement sur la margelle du puits, mais sont toute-

fois attachées, en un certain point de leur hauteur, à la
traverse supérieure de la balustrade.

L'appareil étant dans la position indiquée par la figure,
il est évident que le plancher mobile sera dans une complète immobilité, malgré sa tendance à descendre sur le
plan incliné, parce que le poids de la balustrade, appliqué
à la poulie, l'empêche de tourner et oppose une résistance au mouvement du pont volant ; mais si des ouvriers,
saisissant la partie antérieure des cordes sans fin m,m',
les tirent du haut en bas, ils impriment aux poulies h,h'
un mouvement de retour indiqué par la flèche ; la corde e
se déroule et le tablier, livré à son propre poids, vient recouvrir l'orifice du puits. Comme le premier doit également rester immobile dans cette dernière position, il
faut que le poids de la balustrade, l'effort du pont volant
sur le plan incliné et tous les frottements concourent à
l'équilibre mutuel des diverses parties de l'appareil.

Quant à la manœuvre des ouvriers, il est presque inutile de dire qu'elle consiste à élever la balustrade afin
d'amener le pont volant au-dessous du vase ; à recevoir ce
dernier, à le décrocher, à l'entraîner sur la margelle et
enfin à lui substituer une autre berline vide qui s'élève
au-dessus du tablier pendant que ce dernier est retiré.

Le plancher roulant n'a aucune fixité ; il est simplement en équilibre. Comme les ouvriers qui recueillent
les vases sont fréquemment appelés à y appuyer les pieds
pendant les manœuvres, il peut arriver qu'ils repoussent
accidentellement le tablier, découvrent l'orifice du puits
et soient précipités dans l'intérieur. Pour prévenir cet
accident, on fixe sur la margelle deux crochets à pédales
o,o (fig. 13 et 13 bis) qui s'engagent dans deux entailles pratiquées à la partie antérieure du tablier, auquel
ils sont constamment tenus accrochés par un ressort,

Lorsque le pont volant doit être enlevé de l'orifice du puits, l'ouvrier, en attirant la corde, appuie son pied sur la pédale, comprime le ressort et dégage le crochet de l'entaille.

Les figures 1, 2 et 3 de la même planche expriment d'autres dispositions analogues. Le puits est divisé en deux compartiments; chacun d'eux est recouvert par un tablier spécial pp'; ceux-ci et les balustrades q sont liés au moyen de chaines $rr, r'r'$ passant sur trois poulies en fer $s, s's''$. L'extrémité antérieure du pont volant p', plus étroite que la partie postérieure, passe entre les montants verticaux t, t; deux talons en fer u, u viennent reposer sur le bord de la margelle, afin de prévenir les mouvements de bascule. Les pédales sont d'ailleurs inutiles, les ouvriers n'étant jamais appelés à porter leurs pieds sur les ponts, puisque les vases d'extraction sont toujours à la portée de leurs mains. Enfin, les balustrades en bois sont guidées dans leur mouvement de va-et-vient vertical par des rainures creusées dans les montants verticaux v, v.

567. *Procédés employés pour vider au jour les berlaines et les autres wagons de transport.*

Un moyen fréquemment mis en usage consiste simplement à culbuter le vase sur l'un de ses flancs en le soulevant au moyen de forts leviers en bois; une partie de la houille s'épanche au-dehors, et ce qui ne sort pas spontanément est enlevé à l'aide d'une pelle recourbée. Ce procédé, fort grossier, déforme les vases construits en tôle de fer et les met hors de service, quelle que soit d'ailleurs la nature des matériaux dont ils sont formés. Les dispositions suivantes sont beaucoup plus convenables.

Les bascules sont fréquemment usités dans les mines des environs de Liége ; leur emploi exige des wagons munis à leur partie antérieure d'une porte mobile sur un axe. Un plancher, formé d'un cadre en bois recouvert de madriers, reçoit deux rails formant le prolongement du chemin de fer établi de l'orifice du puits au point de déchargement. Les wagons, dont les roues portent contre l'extrémité recourbée des rails, sont attachés avec une chaîne ; deux hommes, saisissant les leviers, les culbutent et déversent leur contenu dans le magasin. L'appareil est mobile, afin qu'on puisse l'avancer sur le tas de charbon à mesure que celui-ci s'accroît en surface (1).

Les figures 13 et 14 de la planche XLV se rapportent à un culbuteur en usage dans la mine de Ben Well, près de Newcastle (2). Il est composé d'un cadre en bois, de deux montants verticaux, liés entre eux par quatre tiges de fer inclinées, et d'une barre horizontale e tournant autour de deux tourillons c, c^1. Le tub, étant poussé sur le cadre, vient heurter par ses roues de devant contre une poutrelle d ; il se trouve alors dans une position telle que l'axe des points de suspension passe un peu au-dessous du centre de gravité de tout le système, en sorte qu'il suffit d'un léger effort pour renverser le tout et projeter au-dehors le contenu du vase. Celui-ci, pendant le mouvement de culbute, reste en place, retenu d'une part par la poutrelle d et de l'autre par la traverse horizontale e, qui réunit les sommets des montants. Aussitôt que le tub est vidé, le centre de gravité se déplace et l'appareil reprend sa position primitive.

(1) Le lecteur prendra une idée de cet appareil en jetant un coup d'œil sur les bascules de même espèce (fig. 5, 6 et 6 bis, pl. LXIII) appliquées à la vidange des vases de transport extérieur.

(2) *Annales des Mines*, 4e. série, tome Ier., page 268.

Le culbuteur représenté dans les figures 15 et 16, en projection verticale et horizontale, a été employé dans quelques mines de houille de la Belgique. Ici, comme dans tous les appareils de cette espèce, on cherche à faire décrire au vase un arc de cercle, et à le placer dans une position qui permette au combustible de sortir et de se déverser sur le tas. Pour cela, une cage en fer S est irrévocablement liée avec une grande roue dentée $a\,a$; ces deux objets sont mobiles autour de deux tourillons b, b^1; la roue est conduite par un pignon d, fixé sur un axe à l'extrémité duquel sont attachées des manivelles c, c^1. Le vase de transport, dont l'une des parois tourne autour de charnières attachées à sa partie supérieure, s'ouvre et se ferme au moyen de deux verrous f, f^1. Il est poussé dans la cage; les roues de devant viennent buter contre l'extrémité recourbée des rails; puis le wagon et la cage sont liés à l'aide d'un bout de chaîne g. Les ouvriers, après avoir tiré les verroux, saisissent les manivelles, font basculer l'appareil jusqu'à ce que le vase soit entièrement vidé; puis, par un mouvement en sens contraire, rétablissent le cadre dans son état horizontal.

A Worsley (Lancashire) et dans quelques autres districts de l'Angleterre, on emploie les culbuteurs circulaires représentés dans les figures 17 et 18. Ces appareils, actuellement fort répandus en France et en Belgique, consistent en un tambour de fer mobile sur deux tourillons u, u. Ce tambour est formé de deux roues dont les jantes $h\,h$ sont liées par des traverses boulonnées j, j; les rails, fixés sur deux barres transversales k, sont recourbés à leur extrémité, soit pour empêcher les tubs de s'avancer au-delà du point convenable, soit pour les retenir au moment de la culbute. Des poutrelles l, l^1, attachées à la partie supérieure de l'appareil, ne laissent entre leur face inférieure et le vase qu'un jeu suffisant à l'introduction de ce dernier dans cette espèce de gaine. Enfin, un verrou installé sur le sol peut glisser dans un trou foré sur l'une des deux roues; le système reste immobile ou tourne sur lui-même suivant que ce verrou reste en place ou sort de son gite.

Si, après avoir placé un tub plein de houille dans le tambour, où il ne peut faire aucun mouvement, si ce n'est de revenir en arrière, le verrou est retiré, le poids du vase, placé en avant de l'appareil, force celui-ci à décrire un demi cercle et la houille tombe par terre. Lorsque cette première oscillation est accomplie, la voiture étant vide et renversée, le centre de gravité, déplacé et rapproché des rails, se trouve alors au-dessus et de l'autre côté des points de suspension; l'appareil revient en arrière, décrit la même demi circonférence parcourue dans sa première oscillation, mais d'un mouvement assez lent pour permettre à l'ouvrier de saisir sans un trop grand effort l'une des roues du tambour, et de replacer le verrou dans le trou de la jante. L'oscillation de retour est facile, quoique lente, si le centre de gravité de l'appareil, chargé d'une voiture pleine, ne passe pas trop au-dessous de l'axe de suspension.

568. *Voies verticales.*

Les vases, dans leurs mouvements d'ascension et de descente, sont exposés à s'accrocher entre eux à leur point de rencontre ou aux parties saillantes des revêtements. Cet accident, moins fréquent lorsque les puits sont divisés en compartiments, est plus ou moins à craindre suivant la forme du vase, la rapidité de l'extraction et la nature du revêtement; il est quelquefois la cause de la

rupture du câble, plus souvent celle des chaînettes de
suspension, de la chute du vase lui-même, ou tout au
moins de celle des houilles entassées ordinairement au-
dessus des bords de celui-ci. Si l'extraction a lieu par cuffats
construits avec soin, et dont les ferrures soient combinées
de manière à n'offrir aucune partie saillante; si surtout le
puits est revêtu d'un muraillement en briques, ces accidents
sont rarement à craindre; mais si le puits est revêtu de
cadres en bois, si le fardeau est contenu dans des voitures
rectangulaires offrant des saillies, il convient, dans le but
de prévenir les chocs, les balancements ou les chutes,
d'avoir recours à des appareils destinés à guider les vases
d'extraction dans leur marche et à les empêcher de se
heurter contre les parois du puits. Ces dispositions particulières, auxquelles ont été donnés les noms de *glissières*,
de *guides* ou de *conducteurs*, sont attribuées par les Anglais à M. John Curr, de Sheffield, dans le comté d'York.

La figure 6, pl. XLVI, représente l'un des compartiments du puits de Marihaye près de Liége; *A* est le
rocher soutenu par des bois de revêtement *B B*, et
C, *C'* deux lignes de poutrelles placées verticalement dans
l'excavation, assemblées entre elles par des entailles à mi-
épaisseur et fixées, à l'aide de boulons, sur les bois de
division et de revêtement. *D* est une traverse horizontale
vue en plan dans la figure 4 et en coupe dans la figure 5.
Elle se compose de deux barres de fer boulonnées
sur un bloc de bois et portant, à chacune de ses extrémités, trois galets en fer *i*, *i'* mobiles sur leur axe; ces
galets embrassent les solives verticales, en laissant un jeu
suffisant pour que la traverse se meuve avec facilité.
G est la chaîne qui termine le câble, et *h*, *h'* les chaînettes de suspension de la berlaine; celle-ci ne peut avoir
d'autres mouvements latéraux que les oscillations très-

courtes des chaînettes attachées au-dessous de la traverse. Ces dispositions ont été assez fréquemment appliquées dans la province de Liége.

Les glissières inventées et exécutées à la mine de Guley par M. Rasquinet peuvent être adaptées aux excavations divisées ou non en compartiments. Quatre câbles ronds en fil de fer q, q, q', q' (fig. 10 et 12) règnent sur toute la hauteur du puits; ils sont maintenus en état de tension par des crochets dont les tiges sont boulonnées sur les sommiers $l\,l$, encastrés dans la roche; leur partie supérieure, se repliant sur des poulies n, n, vient s'enrouler sur quatre petits treuils p, p, munis d'une roue d'encliquetage qui prévient tout mouvement accidentel de retour. Ainsi la main seule de l'homme peut tendre ou relàcher les câbles, suivant les circonstances. Les figures 16 et 16bis indiquent sur une plus grande échelle le procédé employé pour lier l'extrémité inférieure des cordes conductrices et les sommiers.

Les quatre chaînettes des berlaines se rattachent deux à deux à une traverse horizontale r; celle-ci porte à ses deux extrémités des boîtes en cuivre (fig. 14 et 14bis) encastrées dans l'épaisseur du bois et percées de trous dans lesquels passent les câbles en fil de fer formant glissière. M. Rasquinet s'est aussi servi de deux roulettes en cuivre (fig. 15 et 15bis) munies d'une gorge; ces poulies, comprenant entre elles le câble conducteur, sont fixées dans une entaille pratiquée à l'extrémité et au milieu de l'épaisseur de la traverse. L'appareil, fort simple, se monte et se démonte avec facilité; mais on ne saurait prendre trop de précautions dans la confection des câbles, en ce sens, que tous les bouts de fil de fer doivent être soigneusement rentrés à leur intérieur, et qu'aucun d'eux ne doit apparaître à la surface; autrement ces bouts sail-

lants, attirés peu à peu au-dehors par le contact de la
traverse, pourraient se replier sur eux-mêmes et former un
bourrelet d'un volume tel que le trou ménagé dans la boîte
en cuivre, ou celui que forment les gorges des deux poulies,
ne pourrait le contenir ; si alors la machine d'extraction
persévérait dans son mouvement, les glissières seraient
arrachées ou les chaînes rompues, et les hommes que
pourraient contenir les voitures seraient exposés aux plus
grands dangers. Cette circonstance s'est présentée une fois
à la mine de Guley, lorsqu'on commençait à se servir de
ce mode de glissières, et son directeur a failli en devenir
la victime. Même accident a eu lieu à la mine de la Nou-
velle-Haye, près de Liége, où ce système est actuellement
en usage. Enfin, on a reconnu que les cordes en fil de
fer donnent lieu à des oscillations tendant à rapprocher
les wagons au moment de leur rencontre dans le puits, et
peuvent, par conséquent, entraîner des chocs fort nuisibles.

Les vases d'extraction de la mine de Sichelscheid (district de la Wurm) circulent dans un puits non divisé ;
ils sont guidés partiellement au moyen d'un petit appareil
qui, quoique sans rapport avec les voies verticales, trouve
néanmoins sa place ici. C'est un châssis rectangulaire en
fer (fig. 19 et 19 bis) muni de huit poulies à gorge
assemblées deux à deux, et qui embrassent les câbles
ronds d'extraction. Supposant qu'un vase vide, sur le
point de descendre, se trouve au-dessus de la margelle
du puits, chaque câble d'extraction passe à travers le
vide compris entre les gorges des poulies accouplées, et
le châssis repose sur le renflement formé par le point
de liaison du câble et de la chaîne qui le termine. Le
wagon vide descend ; il est nécessairement suivi du châssis
jusqu'à la rencontre du vase plein, qui le soulève et
le ramène à la surface. Ce petit appareil ne parcourt

que la partie supérieure du puits, en maintenant le vase qu'il accompagne à une distance constante du câble d'extraction et en empêchant les deux tonnes de se rapprocher l'une de l'autre à leur point de rencontre.

Le lecteur verra, dans les paragraphes suivants, d'autres exemples de voies verticales.

569. *Troisième catégorie. Voitures élevées au jour dans des cages.*

Les vases dont il est ici question sont les voitures à quatre roues de toute espèce extraites isolément, ou élevées d'un seul trait par groupes de deux, trois ou quatre, dans des appareils spéciaux appelés *cages*.

Celles-ci sont de deux espèces. *Les cages simples*, applicables aux mines dont l'extraction n'est pas fort active; elles reçoivent, soit un grand wagon isolé; soit deux wagons de moindre capacité, juxtaposés sur un même plancher horizontal. *Les cages à compartiments superposés* comprennent deux, trois ou quatre étages, et reçoivent autant de vases que d'étages. Les mines du pays de Galles, du Yorkshire, du Lancashire et du Northumberland fournissent de fréquents exemples de la première disposition; les Allemands juxtaposent ordinairement les voitures dans les cages; enfin, les cas de superposition deviennent nombreux en Belgique; ils se rapportent aussi aux mines du nord de l'Angleterre, où les deux systèmes sont alternativement employés, suivant les exigences de la vente.

Les cages allemandes, construites presqu'exclusivement en fer, sont généralement trop pesantes relativement au volume de la houille extraite. Celles du bassin de la

Ruhr ont un poids moyen de 1,658 kilog., réparti comme
suit :

>Cages . . . . 770 kilog.
>Deux wagons vides . . 188   »
>Houille , 6.5 hectol. . . 700   »

Ainsi, la matière inutile représente les six dixièmes du
poids total à extraire.

Les Anglais et les Belges, employant pour ces objets
le fer ou le bois, ou ces deux substances combinées,
obtiennent un poids en rapport avec la quotité d'extraction. Il en est de même dans les mines du département
du Nord, où ces appareils, récemment appliqués, forment
divers systèmes très-remarquables.

Les cages sont depuis longtemps en usage en divers
districts de l'Allemagne ; mais il semble que la priorité
appartienne aux Anglais, qui déjà, en 1830, possédaient
des appareils dont l'état de perfection faisait, dès cette
époque, présumer l'ancienneté. La province de Liége, la
première, s'est enrichie de cette invention. Déjà, en 1832,
des voies verticales fonctionnaient à la mine de Loffeld,
et, en 1844, des cages étaient placées sur l'un des puits
de la mine Cockerill, à Seraing. Peu après cette époque,
des appareils de ce genre étaient introduits à la mine du
Picton, près de Charleroi, et M. Bourg, directeur du
Bois-du-Luc, établissait les siens dans le courant de 1850.
Les exploitants du Couchant de Mons ne les ont adoptés
que dans ces derniers temps.

570. Cages d'Eschweiler-Pump, près d'Aix-la-Chapelle.

Ces cages, représentées dans les figures 7, 8 et 9, pl. XLVI,
sont composées de barres de fer méplat, rivées entre elles,

de manière à former une espèce de caisse B, dans laquelle
se placent de front deux voitures en tôle a,a', analogues aux
tubs anglais. La cage reste constamment attachée au câble
d'extraction ; lorsqu'elle est au fond du puits, les voitures
venant des tailles sont introduites directement, en prenant
le soin de faire reposer les roues sur le sol et non sur les
traverses qui forment le fond de l'appareil ; le mouvement
d'ascension ne se fait sentir, pendant les premiers centimètres, que sur ce dernier, et lorsque les voitures,
à leur tour, sont enlevées par leur fond, les roues, ainsi
que l'indiquent les figures, font saillie au-dessous et empêchent tout mouvement de la voiture pendant son extraction. Lorsque l'appareil a dépassé l'orifice du puits, un
ouvrier, saisissant la poignée d'un pont volant, le pousse
vers la paroi opposée ; le vase redescend ; le tablier
reçoit d'abord le contact des roues, puis celui de la cage,
et les voitures, étant alors dégagées, sont attirées successivement par d'autres ouvriers sur la margelle, dont la
surface supérieure se trouve dans le même plan horizontal que le pont volant; puis elles sont conduites à
destination, après avoir préalablement installé les chariots
vides et retiré le pont pour livrer passage à l'appareil
descendant.

Les cages sont guidées par une double ligne de poutrelles verticales x,x' en sapin, fixées deux à deux sur
les côtés opposés d'un même compartiment ; elles comprennent entre elles un espace de 0.15 à 0.20 mètre,
dans lequel se meuvent librement des galets ou rouleaux
en fer mobiles sur des axes horizontaux attachés aux
cages. Le système mobile, n'ayant pas un jeu trop grand
entre les deux doubles lignes de poutrelles, ne peut recevoir qu'un mouvement vertical ascendant et descendant.

571. *Cages simples ne renfermant qu'un seul vase d'extraction.*

Les cages simples données ici comme exemple sont celles de la mine de Henri Guillaume, à Seraing, près de Liége. Les figures 5, 6 et 7 de la planche XLVII les représentent avec leurs accessoires en plan horizontal et sous deux vues, l'une de face, l'autre latérale, au moment où elles atteignent l'orifice du puits. Les mêmes lettres correspondent aux mêmes organes dans les trois figures.

Deux plateaux en bois $a\,a$, $a'a'$ sont réunis par quatre tiges b, b' en fer rond ; l'ensemble est consolidé par des traverses et des croix de St.-André. Les extrémités des tiges verticales, forgées en anneaux, reçoivent les chaînes de suspension. Ces cages sont fort légères, leur poids ne dépassant pas 254 kilog. ; elles renferment un wagon en tôle de fer pesant 300 kilog. et contenant 8 hectolitres ou 750 kilog. de houille. Le poids total à soulever est donc de 1,304 kilog. Leur vitesse d'ascension est de 2.25 mètres par seconde, et le temps absorbé pour les charger et les décharger de 20 secondes.

L'appareil est guidé dans le puits par des rails en fer w (fig. 12 et 13) disposés diagonalement et par des griffes s de même métal. Ces rails sont fixés sur les cadres de revêtement au moyen de crochets ; le directeur des mines de Seraing se propose de les insérer ultérieurement dans les bois à la manière des barres de chemins de fer indiquée dans le paragraphe 517. Dans la crainte qu'un mouvement du terrain ne vienne changer accidentellement les relations de position des guides et des griffes, celles-ci peuvent céder aux impulsions tendantes à les entraîner au-dedans ou au-dehors de la cage, mais sont toujours rappelées par des ressorts dans leur position normale. Les figures 8 et 9 indiquent la disposition adoptée pour le plateau supérieur : *s* et *h* sont la griffe et son prolongement, *i* le ressort, *k* un étrier destiné à conduire la barre *h* en direction rectiligne, et *m* l'anneau de suspension. La figure 11 représente l'ajustement annexé à la partie inférieure de la tige *b*. Celle-ci est traversée à sa base par la queue *c*, à laquelle est fixé le ressort *d*, tendant à ramener la griffe dans sa position normale.

Pendant l'ascension, les berlaines sont maintenues dans les cages par une traverse *e* (fig. 5 et 7), coulant verticalement sur les tiges de haut en bas et de bas en haut. Pour enlever le wagon de la cage, il suffit de soulever la traverse, qui, dans son mouvement ascensionnel, heurte le crochet *g* (fig. 10); celui-ci se retire en arrière, revient en avant, saisit la traverse et la maintient à sa place.

L'appareil, arrivé à l'orifice du puits, vient s'asseoir sur deux coussins *A*, *A'* (fig. 5, 6 et 7) qu'un manœuvre fait avancer ou reculer à volonté. L'artifice employé dans ces circonstances est une imitation d'un procédé d'origine anglaise, ainsi que le lecteur le verra plus loin. Le levier *N*, tournant autour de son axe, peut prendre l'une des deux positions extrêmes *n* ou *n'*; s'il est en *n'*, les deux coussins, disposés verticalement, laissent un libre passage à la cage; rappelé en *n*, il agit par son extrémité inférieure sur les leviers *p*, *p'*, par l'articulation *r* sur la tige *r r'* et sur les leviers *q*, *q'*, mais en sens inverse; les coussins *A*, *A'* sont alors rejetés à l'intérieur du puits, où ils interceptent le passage de la cage et la maintiennent suspendue au niveau de la margelle (1).

---

(1) Ces dispositions sont dues à M. Kamp, directeur de la houillère annexée à l'établissement de M. Cockerill, à Seraing.

Les culbuteurs, appliqués au déversement des vases indiqués ci-dessus sont fondés sur les mêmes principes que
les appareils analogues usités en Angleterre ; mais ils en
diffèrent en ce qu'ils s'appliquent à des vases fort pesants
et doivent s'avancer sur le tas de houille à mesure que
celui-ci s'étend en longueur et en largeur.

Sur un cadre en charpente F, F (fig. 3 et 4), disposé
comme un train de voiture, s'élèvent quatre piliers inclinés G, G', consolidés par des traverses. La partie mobile
du culbuteur fonctionne sur deux axes i, i' ; elle se compose
d'un châssis en bois h, h', de deux bouts de rails à ornières
k, k', prolongement du chemin de fer venant du puits, et
de quatre branches l, l' ; celles-ci sont réunies deux à deux
par des contre-poids en fonte de fer m et des plateaux n
qui les rattachent aux axes i, i'. Il résulte de cette disposition une espèce de cage, suspendue latéralement, dans
laquelle viennent se loger les wagons ; ces vases sont maintenus en place, pendant la culbute, d'un côté par la
courbure o des rails, de l'autre par une chaîne et un
crochet c. A l'extrémité de l'un des axes est calé un disque
circulaire q, sur lequel agit un frein $r r'$.

Le train de voiture, étant appliqué contre le plancher
formant le prolongement de la margelle du puits, y est
attaché par une pédale s. Le tourniquet t, placé dans le
sens longitudinal, s'oppose à tout mouvement de la partie
mobile. Le wagon s'engage dans le culbuteur ; les pédales
sont soulevées et l'ensemble est conduit sur le point du
magasin où doit s'opérer le déchargement. Un manœuvre
écarte le tourniquet t et donne une légère impulsion à la
partie supérieure de la berlaine ; celle-ci et la cage qui
la contient, disposées alors en équilibre sur les axes,
tournent sans difficulté ; mais comme ces objets, livrés à
eux-mêmes, accompliraient un mouvement de rotation

complet, un ouvrier exercé serre vivement le frein à l'instant précis où il voit le vase assez incliné pour pouvoir laisser échapper son contenu. Alors le frein étant desserré, la partie mobile se relève spontanément, le tourniquet est replacé et le culbuteur ramené à son point de départ.

572. *Cages du Yorkshire et du Northumberland* (1).

Dans ces localités, les cages renferment un, deux et même trois wagons superposés verticalement les uns au-dessus des autres, suivant les exigences de la vente. Leur construction et leurs divers accessoires étant les mêmes, quel que soit le nombre de vases qu'elles sont appelées à élever, il suffira de décrire une cage à trois étages pour se faire une idée exacte des manœuvres plus simples que réclament ces appareils, lorsqu'ils se composent d'un compartiment unique.

Les figures 1, 2 et 3 de la planche XLIX représentent des dispositions fréquemment appliquées aux accrochages des puits. La première est la projection d'une cage et de ses accessoires sur un plan vertical parallèle à la galerie d'allongement; la seconde un profil sur un plan perpendiculaire au précédent, et la dernière une projection horizontale suivant la trace $M N$ de la figure 1re.

Les cages en fer D sont composées de trois planchers superposés et réunis au moyen de quatre barres de fer méplat; sur chaque plancher repose un wagon maintenu en place par les rails et par des aiguilles mobiles autour de leur axe; celles-ci, prenant, en vertu de leur propre

(1) Le lecteur doit être prévenu que l'ordre des planches XLVIII et XLIX a été maladroitement interverti, la première devant occuper la place de la seconde et réciproquement.

poids, une position verticale, préviennent la sortie des
vases de la cage. Pour les en retirer, il suffit de faire
décrire à l'aiguille un quart de circonférence et de l'appuyer sur un arrêt.

Deux ou trois lignes de poutrelles verticales *G, G* (fig. 5)
dirigent l'ascension et la descente de l'appareil ; ces poutrelles sont embrassées sur trois de leurs faces par des
griffes en fer *i, i*, dont sont armées les saillies extérieures
des planchers.

Dans certains districts du pays de Galles, les guides
verticaux consistent en barres de fer (fig. 17, pl. XLVI)
dont la section transversale a la forme d'un *T;* elles sont
enveloppées de manchons rectangulaires ajustés sur l'une
des faces latérales des cages. Enfin, ces dernières sont
quelquefois guidées au moyen d'une poutrelle unique
(fig. 18), autour de laquelle roulent cinq galets mobiles
sur leurs axes.

La facile introduction des voitures exige un puits d'extraction approfondi au-dessous du sol de la chambre d'accrochage ; en outre, la surface supérieure des trains doit
coïncider successivement avec les plateaux des trois étages.
Ces diverses surfaces sont d'ailleurs réunies par un plancher *ii* (fig. 2, pl. XLVIII), recouvert d'un chemin de
fer correspondant avec les rails fixés sur le chariot porteur.

Pour amener et arrêter successivement chacun des compartiments de la cage au niveau du plancher, les Anglais
emploient des supports en fer (*Kepts*), exprimés en plan,
de face et de profil par les trois figures 1, 2 et 3,
où les mêmes lettres correspondent aux mêmes objets.
A A et *A'A'*, axes horizontaux se mouvant librement dans
des paliers ou crapaudines *a, a, a a; B, B, B B*, tiges de
fer échancrées à leur sommet et réunies par une traverse
horizontale *b;* ces pièces forment, de chaque côté du puits,

deux cadres rectangulaires, mobiles autour d'axes spéciaux. C, C, contre-poids destiné à ramener constamment
les cadres vers l'intérieur du puits ; $c\,c$ petits leviers
fixés à l'extrémité des arbres et placés en sens inverse
l'un de l'autre ; ils sont réunis par une tringle d, et,
lorsque le contre-poids fait tourner l'axe $A\,A$ de manière
à faire avancer les cadres au-dessous des planchers de
l'appareil, la tige d'inversion produit un mouvement contraire sur l'autre châssis et l'entraine également vers l'axe
du puits. F, F^{t}, bras de levier destinés à priver la cage de
ses supports, c'est-à-dire à retirer les deux cadres. Enfin,
deux balances hydrauliques, ou siphons renversés installés
au-dessous de l'accrochage, facilitent la manœuvre. Les
branches les plus courtes renferment des pistons, dont les
tiges sont surmontées de plateaux propres à recevoir les
cages. La dénivellation de l'eau entre les deux branches
est calculée de telle façon que l'excès de poids de la
grande colonne sur la petite fasse à peu près équilibre à la cage et à deux voitures vides. Il est inutile
que les longues branches $o\,p$ et $o^{\text{t}}p^{\text{t}}$ du siphon aient un
diamètre aussi considérable que les petites M, N, dans
lesquelles se meuvent les pistons K, puisque, en vertu
des lois de l'hydrostatique, la pression est la même, quel
que soit le diamètre relatif des deux colonnes d'eau.
Avant d'indiquer le but et la concordance de ces divers
organes, il convient de jeter un coup d'œil sur une autre
variété de cadres de support (fig. 4 et 5), offrant quelque
différence avec les précédents. Chaque axe est muni de
contre-poids spéciaux C, C^{t}, et le levier décrocheur F est
placé à égale distance des bras, sur lesquels il agit à l'aide
de deux tiges indépendantes d, d^{t}.

Voici de quelle manière s'opère la manœuvre. Lorsque
la cage vient reposer sur le plateau du piston, elle n'en

continue pas moins son mouvement de descente jusqu'à
ce que le fond du premier compartiment rencontre la
partie supérieure des deux cadres de support. En ce
moment, le machiniste lâche un bout de corde égal à la
hauteur de la cage, ce qui ne présente aucun inconvénient,
puisque cette dernière, reposant sur le plateau, reste
fixe et immobile. L'un des ouvriers retire la voiture du
compartiment inférieur et lui en substitue une autre pleine
de houille; le second accrocheur, se portant au bras
de levier, retire les cadres de support de dessous la cage;
celle-ci, sollicitée seulement par le poids de la voiture
pleine, descend avec lenteur; mais aussitôt le décrochement
effectué, le contre-poids rappelle les cadres, qui s'avancent
au-dessous du second compartiment et l'arrêtent au niveau
du plancher de l'accrochage; la voiture vide est aussitôt
remplacée par une voiture pleine de houille; puis enfin,
lorsque le dernier compartiment a été l'objet de la même
manœuvre, le signal convenu est donné au jour pour
l'extraction de la cage et de ses tubs.

Le lecteur peut apprécier l'importance du siphon renversé s'il considère l'ignorance du machiniste sur ce qui se
passe à l'intérieur, et la perception, la plupart du temps
trop lente, des indications que lui transmettent les signaux.
Dans l'impossibilité où il est d'arrêter la machine avec
précision, il peut, avec l'aide de la balance, lâcher dans
le premier instant toute la corde que réclament les descentes
successives de la cage; tandis que, si cette dernière était
livrée à son propre poids pendant l'intervalle de temps où
l'un des planchers est décroché pour raccrocher le plancher
immédiatement supérieur, la descente s'effectuerait avec
une rapidité telle que l'ouvrier ne pourrait l'arrêter en
temps utile, et le choc auquel les châssis de support seraient
exposés les détériorerait très-promptement. Il peut aussi se

rendre compte des motifs pour lesquels la différence entre
les deux branches du syphon doit former un poids à peu
près égal à celui de la cage et de deux voitures vides : si
cette différence était plus petite, la chute aurait lieu avec un
accroissement de vitesse défavorable ; plus grande, la colonne
d'eau soulèverait la cage au moment où la première des voitures vides serait retirée, et l'appareil perdrait son point fixe.

Le déchargement des cages à la surface est une opération
analogue à celle que le lecteur vient de voir exécuter à
la chambre d'accrochage ; toutefois, le siphon renversé est
supprimé , car il devient inutile : le mécanicien , ayant
l'appareil sous les yeux, peut l'arrêter ou lui imprimer le
mouvement à l'instant précis. L'orifice du puits et la
margelle sont recouverts de plaques en fonte percées
d'une ouverture rectangulaire suffisante pour livrer un libre
passage à la cage ; au-dessous se trouvent des châssis de
support semblables à ceux de l'intérieur. Lorsque la tête de
l'appareil arrive au jour, elle écarte les cadres, et le mouvement d'ascension continue jusqu'à ce que le premier
compartiment soit un peu au-dessus des crochets ; les
châssis de support se rapprochent par l'effet des contre-
poids ; la machine intervertit sa marche ; la cage redescend
et le fond de l'étage supérieur vient reposer sur les entailles des tiges verticales de l'appareil de support ; puis
le déchargeur retire la voiture pleine et lui en substitue
une vide. Le mouvement d'ascension reprend ; la cage est
accrochée au-dessous du compartiment intermédiaire ; nouvelle substitution de voitures, et enfin même opération
pour la partie inférieure. Alors l'ouvrier saisit le levier de
décrochage , écarte les châssis en les retirant de dessous
la cage, jusqu'à ce que celle-ci , suspendue au câble d'extraction , ait , dans son mouvement descendant , dépassé
l'orifice du puits,

Ces dispositions permettent d'élever d'un seul trait environ
18 hectolitres de houille, ou 1520 kilogr. (1 1/2 tonnes
anglaises). Leur vitesse d'ascension est de 4 à 5 mètres par
seconde ; leur poids de 609 kilogr. et celui des trois tubs
d'environ 450 kilog.

Pour introduire les chevaux dans la mine, les Anglais
emploient des cages spéciales revêtues latéralement de
cloisons en planches et munies de portes à leurs deux
extrémités. Le cheval ne fait aucune difficulté pour entrer
dans ces gaînes, où il reste fort tranquille ; il y est
à l'abri des chocs et les quitte pour passer sur le sol
de l'accrochage, sans que ce mouvement de translation
l'affecte en rien.

573. *Chargement des cages à la mine du Grand-Hornu (Couchant de Mons).*

La balance hydraulique peut être remplacée par des
contre-poids, ainsi que cela est pratiqué à la mine du
Grand-Hornu pour la réception des cages à la chambre
d'accrochage (fig. 14 et 15, pl. XLVII).

A, A sont les diverses pièces d'un échafaudage établi
au fond du puits, consistant en semelles, montants, traverses, contre-fiches. etc. *C, C'* contre-poids faisant équilibre aux planchers mobiles *B, B'* chargés de la cage et
des quatre wagons, dont deux vides et deux pleins. *D, D'*,
poulies de renvoi sur lesquelles fonctionnent des cordes
plates. *a, a* crochets ou cadres de support imités des
Anglais et destinés à recevoir le plancher mobile dans sa
position la plus élevée; *b, b'*, taquets fixes sur lesquels
repose le même plancher arrivé à la partie inférieure de
sa course.

Lorsque la cage atteint le fond du puits, elle se porte

sur le plancher *B*, retenu lui-même par les crochets; les
deux étages inférieurs correspondent alors aux deux accrochages *O, P*, placés à des niveaux différents, et les wagons
pleins remplacent les wagons vides. Après cette manœuvre,
les crochets sont retirés de dessous la cage; celle-ci et son
contenu étant alors à peu près équilibrés par les contre-
poids, il suffit d'appuyer sur la première pour la faire
descendre jusqu'aux taquets inférieurs.

Cette disposition est originaire du puits Fénélon d'Aniche,
dont elle est l'imitation. La seule différence provient de
ce que, les cages de cette dernière localité n'ayant que
deux compartiments, la chambre d'accrochage est disposée
suivant un seul plan de niveau. Les exploitants d'Aniche
se plaignaient des violentes secousses, auxquelles donnait
lieu ce mode de chargement, après la mise en place des
voitures inférieures pleines de houille; mais il ne semble
pas que cet inconvénient se soit fait sentir au Grand-
Hornu.

**574. *Cages à trois compartiments de la mine de
Boussu (Couchant de Mons).***

La figure 16 de la planche XLVII est une coupe longitudinale de la charpente à molettes installée sur le puits
St.-Antoine n°. 9, prise au moment où la cage arrive
à la surface du sol. La figure 17 offre les mêmes objets
vus à vol d'oiseau. La figure 18 est une coupe de la
chambre d'accrochage.

Les cages *A A'*, mi-parties en bois et en fer, sont à trois
compartiments superposés; elles sont guidées dans le puits
par des longrines en bois de sapin de 0.14 sur 0.18 mètre
et par les enfourchements des traverses *ss*. A leur sommet

se trouvent un parachute p et un petit appareil R destiné
à les empêcher de venir heurter les molettes; ces organes
seront l'objet de descriptions ultérieures. Le puits étant
dépourvu de cloisons, les longrines ont été appliquées suivant le sens longitudinal de la cage, mais interrompues
au-dessus de la margelle et à la chambre d'accrochage,
c'est-à-dire de l en l' et de m en m', afin de rendre possibles l'introduction et la sortie des wagons; les *contre-
guides* g, g suppléent à cette lacune et préviennent toute
déviation de l'appareil en dehors de la verticale.

La cage, arrêtée à l'orifice du puits, est reçue sur des
supports anglais B, B, dirigés au-dessous du plateau inférieur. Le déchargement des trois compartiments s'effectue
presque simultanément. Pour celui de dessous, il suffit
de tirer le wagon plein sur la margelle et d'y substituer
un wagon vide; mais les deux autres exigent l'emploi
d'une construction spéciale. Celle-ci consiste en un échafaudage offrant deux paliers superposés C, C, et en une
plate-forme ou plancher mobile D, attaché à la chaine d'un
treuil k. Sur ce treuil s'enroule également une corde
plate ff qui, passant sur une poulie g, se termine par
une tonne E, plus ou moins remplie de corps pesants et
formant contre-poids. La tonne soulève le plancher mobile,
chargé exclusivement de wagons vides, et cède sous le
poids de la houille contenue dans l'une des voitures. Le
tambour est muni d'un frein composé de branches en fer
m, m' et d'une pièce de bois n entaillée suivant une surface
cylindrique. Le poids de ces divers organes suffit pour
arrêter instantanément la marche de l'appareil. Une tige q
et une poignée o servent à desserrer le frein et à régulariser les mouvements ascendants et descendants.

Au niveau du second compartiment sont ajustés deux
crochets r, r' en forme de croissants et mobiles sur leur

centre de figure. Comme ces crochets sont réunis par une
tige d'inversion *t*, l'ouvrier peut, en avançant ou en
retirant le levier *v*, les disposer dans une situation telle
qu'ils reçoivent le plancher mobile et l'empêchent de poursuivre sa course de haut en bas ou de bas en haut. Un
arrêt *u* ne permet en aucun cas à la cage de s'élever
au-dessus du palier supérieur. Enfin, la plate-forme mobile est munie de verroux destinés à la lier momentanément avec chacun des paliers fixes.

Lorsque la cage d'extraction arrive au jour, le wagon
inférieur, ainsi qu'on l'a déjà vu, est retiré directement
sur la partie antérieure de la margelle du puits. Les ouvriers installés sur chaque palier fixe, substituent des
wagons vides aux wagons pleins des compartiments supérieurs, et la cage d'extraction redescend dans le puits.
Dans ce moment, le plancher mobile, occupant sa position
la plus élevée, est retenu par l'arrêt *u* et lié à l'échafaudage par le verrou ; la voiture passe du palier supérieur
sur la plate-forme ; celle-ci, plus pesante alors que le
contre-poids, descend dès que le verrou est retiré et le
frein soulevé ; mais elle est bientôt arrêtée par les croissants, qu'un ouvrier a eu le soin de disposer convenablement. Nouvel enlèvement de la voiture pleine, après
avoir préalablement poussé le verrou ; puis nouveau mouvement de descente modéré par le frein ; puis, conduite
des vases aux bascules de déchargement. Deux wagons
vides sont placés sur le plancher mobile ; celui-ci s'élève
au niveau de l'étage intermédiaire, où il est arrêté par
les croissants, dont les pointes sont alors dirigées vers le
sol; et une voiture vide passe sur l'échafaudage. Le verrou
étant retiré, l'appareil reprend son mouvement ascensionnel
et vient heurter contre l'arrêt ; un wagon vide est dirigé
sur le palier fixe, et les choses restent dans cet état jus-

qu'au moment où l'autre cage, venant se présenter au jour, donne lieu à la même manœuvre.

Les dispositions appliquées à l'accrochage (fig. 18), pour recueillir les vases vides et introduire les vases pleins dans les cages, sont analogues aux précédentes. Ce lieu contient également des paliers C, C; une plate-forme mobile D, pouvant contenir deux voitures de front; un frein composé de deux brides o, o' et d'un levier q; d'un contre-poids E; de deux croissants r, r' et de leurs accessoires. Enfin, les parties des poutrelles, interrompues de m en m', sont remplacées par des contre-guides.

Le wagon supérieur est retiré directement sur le sol de l'accrochage. Le plancher et le contre-poids étant dans la même relation de poids que ci-dessus, le premier, chargé de wagons pleins, descend au niveau du premier palier, où il rencontre les croissants; ceux-ci l'arrêtent dans sa course, et un ouvrier substitue un wagon plein à la voiture vide. Le levier est avancé, les croissants s'effacent et la cage descend à l'étage inférieur, où l'échange des vases s'effectue de nouveau. Le verrou est alors retiré, et le contre-poids, plus pesant que la plate-forme et les deux vases vides, élève l'ensemble à l'accrochage, dont l'arrêt u ne lui permet pas de dépasser le sol. Tous ces mouvements sont nécessairement accomplis à l'aide du frein; le verrou du plancher mobile est poussé chaque fois que celui-ci doit être lié avec les paliers fixes.

Le chargement des cages d'extraction peut être opéré avec une promptitude plus grande encore, par l'emploi simultané de deux planchers mobiles propres à recevoir un vase unique, et disposés de telle façon que chacun d'eux soit affecté au service spécial d'un étage.

Le poids d'une cage ascendante se décompose comme suit :

Cages . . . . 600 kilog,

5 wagons pesant 130 kig. . . . 390 »

Houille 13 1/2 hectol. de 85 kilog. 1,147 »

Trois ouvriers installés à l'orifice du puits et autant à l'accrochage suffisent à une extraction fort active.

M. César Plumat, le constructeur de ces cages, ayant remarqué le fonctionnement facile d'un appareil analogue établi au puits Tinchon, de la Compagnie d'Anzin, n'a pas cru devoir se livrer à des innovations en présence d'organes éprouvés par l'expérience ; il les a coordonnés avec d'autres qu'il a eu l'occasion de recueillir, et en a formé un ensemble des plus satisfaisants. Ainsi la disposition des solives de conduite suivant le sens longitudinal des cages, entraînant nécessairement la suppression de la cloison, constitue une économie notable. Cette suppression favorise d'ailleurs la circulation du courant d'air et facilite les réparations du puits. Elle permet, en cas de rupture de l'une des deux cordes, la reprise de la cage au moyen du câble opposé, opération impraticable avec les parois de refend. Enfin, ce système est applicable aux puits d'un faible diamètre, car alors les deux voies verticales, rapprochées dans tout le parcours, ne sont maintenues, à la distance voulue pour le passage des cages, qu'au point de rencontre des vases et sur quelques mètres de hauteur.

575. *Cages de la mine du Piéton, près de Charleroi.*

Les figures 9 et 10 de la planche XLIX sont deux projections de ces appareils sur deux plans verticaux disposés à angle droit ; les figures 11 et 12 sont des projections horizontales suivant MN et $M'N'$ des figures 9 et 10. Les cages, d'une très-grande solidité, mais un peu trop pesantes, sont

formées de quatre fers d'angle $A A'$, $A A'$ disposés verticalement et reliés par des pièces horizontales B, B, sur
lesquelles reposent des bouts de rails. Au fond de chaque
compartiment sont fixées deux barres de fer C, C', dont
les extrémités c, c' font saillie au-dehors de la cage; enfin
la partie supérieure est terminée par une croisure en fer
sur laquelle est boulonné l'anneau D, qui reçoit le crochet
du câble d'extraction. Les poulies à gorge K, K, roulant
entre deux lames de fer, constituent un véritable chemin
de fer vertical; mais le choix de ce système, fréquemment exposé aux déraillements, n'a pas été heureux.

Les voitures introduites dans les cages sont des berlaines
en tôle de fer dont la porte, mobile autour d'un axe
horizontal, se ferme à l'aide de deux clavettes $p p'$. Ces
vases ne peuvent être retirés de la cage si l'on n'a préalablement fait décrire un arc de cercle aux aiguilles $v v$
qui s'opposent à leur sortie.

Deux petits châssis $l l$, $l l$ en fer méplat (fig. 11), tournant autour d'axes $a a'$, $a a'$, sont installés sur les deux
côtés opposés du puits, tant au niveau de la margelle $u u'$
(fig. 6) que sur le sol de la chambre d'accrochage x, x'.
L'espace que parcourent ces espèces de clapets n'excède
guère un quart de cercle; tantôt ils se placent suivant
un plan horizontal, tantôt ils se renversent un peu au-delà
du plan vertical. Lorsque la cage, arrivant à l'orifice du
puits, passe entre les deux clapets, ceux-ci, se trouvant
en contact avec les deux premiers becs saillants $c c'$, sont
soulevés pendant quelques instants, puis retombent et
prennent la position horizontale. Alors le machiniste imprime au câble un mouvement de descente, les becs
s'appuient sur les clapets et la berlaine est retirée pour
faire place à un vase vide. Après un nouveau mouvement
d'ascension suivi d'une légère descente, les becs du second

compartiment viennent à leur tour s'appuyer sur les châssis, et l'appareil prend la position indiquée dans la figure 6 ; enfin le troisième étage est l'objet de la même manœuvre. La cage redescend dans le puits dès qu'un ouvrier, saisissant les cordelettes s, s, s attachées à l'extrémité des clapets, les tire de haut en bas pour établir un libre passage.

La même opération a lieu au fond des travaux. Ainsi l'appareil est descendu au-dessous du sol de l'accrochage pendant que les châssis x, x' sont maintenus verticalement par l'effet du contre-poids t ; ce dernier est soulevé ; les clapets prennent une position horizontale ; puis, à un signal donné, le machiniste, par des mouvements concordants avec ceux de la surface, amène successivement au niveau du sol le fond de chaque compartiment, d'où les vases vides sont retirés pour leur substituer des vases pleins. Les premiers, rencontrant le chemin de fer intérieur, prolongement de ceux de la cage, circulent immédiatement dans les galeries et se dirigent vers les ateliers d'arrachement. Chaque wagon contenant 5 1/2 hectolitres, on élève d'un seul trait 16.5 hectolitres, soit 13 à 1,400 kilog. de houille.

L'extraction des eaux accumulées dans le puisard s'effectue à l'aide des caisses rectangulaires en tôle représentées par les figures 7 et 8. Au moment où le vase, ayant achevé sa descente, atteint la surface de l'eau, celle-ci soulève le disque $m n$ et s'introduit dans l'intérieur ; le câble s'élève ; le liquide presse sur la soupape et la maintient fermée. La caisse arrive au-dessus de l'orifice du puits recouvert d'une large bache en bois ; le machiniste la laisse redescendre ; la queue g de la soupape heurte contre le fond de la bâche, et l'eau, se rendant dans une cavité ménagée sur la partie postérieure de la margelle, s'écoule par un petit canal de décharge q.

576. *Appareil d'extraction établi au puits Saint-Emmanuel de la mine du Bois-du-Luc (Levant de Mons).*

Ces cages (fig. 8, 9, 10 et 11, pl. XLVIII), composées de montants et de traverses en bois reliés par des croix de St.-André en fer méplat, ont une hauteur de 5 mètres. Elles renferment quatre voitures reposant sur des rails a, a' et maintenues en place, pendant l'ascension et la descente, par des aiguilles en fer o, mobiles sur leurs pivots, et que les ouvriers font tourner à la main. Les voies verticales b, b', formées de cordes en fil de fer, sont installées sur le grand axe d'un puits elliptique à large section (3 et 4 mètres). Ces cordes sont embrassées par les douilles c, c' des traverses conductrices fixées au milieu des surfaces supérieures et inférieures des cages. Celles-ci portent latéralement des talons p, p' dont l'usage sera indiqué ci-après, et qui sont exprimés sur une plus grande échelle par la figure 12.

Les wagons sont retirés au jour à l'aide de trappes ou portes d, d (fig. 3 et 5) mobiles sur leurs charnières ; ces trappes, munies de quatre patins e, e', semblables à ceux que la figure 13 représente en plan et en élévation, reçoivent les talons fixés à la cage et forment les points d'appui nécessaires aux manœuvres. Une troisième porte d', liée par une tringle à celle qui se trouve au-dessus, a pour but de se soustraire à la solution de continuité existant entre le sol et le compartiment inférieur. Les trois trappes s'ouvrent et se ferment simultanément à l'aide de petits leviers i, i auxquels sont attachées des cordes g, g' qui, à une certaine hauteur, n'en forment plus qu'une seule h, h (fig. 1 et 3); celle-ci, passant sur des poulies de renvoi k, k', reçoit à son extrémité un contre-poids p. La margelle du puits offre deux étages de déchargement A et B, dont la différence de niveau est en rapport avec la hauteur des compartiments. Lorsque la cage arrive au jour, le machiniste fait reposer successivement sur les patins les deux étages de talons, pendant qu'un manœuvre, agissant sur le contre-poids, ouvre et ferme les portes suivant les besoins. Le déchargement des wagons s'effectue simultanément sur les deux recettes inférieure et supérieure ; les voitures vides sont substituées aux wagons pleins et la cage redescend dans le puits.

Les dispositions employées à l'accrochage et les manœuvres qui s'y exécutent sont semblables à celles qui viennent d'être décrites. Le sol des chambres d'accrochage g, g, (fig. 6 et 7) aboutissant aux deux côtés du puits, a été entaillé à des niveaux différents, mais en concordance parfaite avec la hauteur des compartiments des cages. Les deux galeries d'allongement h, h sont liées par une voie transversale $k k$, au moyen de laquelle les produits sont transportés à volonté sur l'un ou l'autre niveau.

Les houilles déchargées sur la recette inférieure A (fig. 3) ont pour objet la vente locale par voitures ordinaires, vulgairement appelée, *vente à la campagne*. Celles de la recette supérieure B sont expédiées par chemins de fer aux embarcadères de canal ou directement aux lieux de consommation. Les produits affectés à la première destination, étant fréquemment en excès, doivent, dans ce cas, prendre la route des magasins de la seconde catégorie, et par conséquent être transportés à la recette supérieure. C'est dans ce but qu'a été construit un petit appareil accessoire indiqué dans les figures 1, 2 et 4.

l, l' est un cadre fixe assujetti dans une position verticale ; o, une cage mobile glissant dans des rainures pratiquées à l'intérieur des montants ; *n*, cordeau liant la cage et une petite manivelle *m* calée sur l'axe de la roue *q* ; celle-ci est commandée par un pignon *r* ajusté sur le tourillon de la molette *M*, dont il suit tous les mouvements. La longueur de la manivelle étant égale à la demi hauteur comprise entre les deux recettes, la voiture sera portée sur le plancher supérieur en une révolution complète de la roue *q*. Si, au moment où la cage atteint la partie la plus élevée de son excursion, les ouvriers ne sont pas prêts à en extraire le wagon, il suffit d'introduire une broche en *x*, dans l'un des anneaux de la chainette, pour s'opposer au mouvement de descente, et l'appareil reste immobile jusqu'au moment où l'opération peut s'effectuer.

Les voitures des deux niveaux sont conduites sur les culbuteurs *D*, *D*. La houille destinée à la vente locale est projetée directement sur le tas ; celle qui doit être transportée par chemins de fer traverse un crible *E*, *E* capable de retenir les plus gros blocs et de ne laisser tomber dans les wagons que les fragments d'une grosseur déterminée.

Le poids de chaque wagon est de 220 kilogrammes ; ils contiennent six hectolitres de houille, ou 600 kilog. Le poids total à soulever se compose comme suit :

Cage	kilog.	500
4 wagons	»	880
24 hectolitres de houille .	»	2,400
		3,780

Le rapport entre le poids mort et celui de la houille est ainsi dans des conditions fort avantageuses.

Les cages sont extraites, de la profondeur de 550 mètres, en 115 secondes ; leur vitesse d'ascension excède donc trois mètres par seconde. Le temps du déchargement étant d'environ une minute, il est possible d'extraire au moins 480 hectolitres en une heure. Une extraction de 5,000 hectolitres exige un personnel de huit ouvriers.

Ces voies verticales sont fort économique, puisque leur prix n'excède pas 10 fr. par mètre courant. Elles n'ont donné lieu jusqu'à présent à aucun accident, circonstance qui doit être attribuée à la distance comprise entre les cordes du milieu (0.40 mètre) et à la grande hauteur de conduite des cages. Cependant il est question de remplacer ce système par des guides rigides. Quoi qu'il en soit, la combinaison de ces cages et de leurs accessoires, due à M. Bourg, directeur-gérant de la mine du Bois-du-Luc, est l'une des meilleures qui ait été employée jusqu'à présent, en raison de la facilité des manœuvres, de l'économie et de la simplicité des constructions.

577. Cage à bras de la mine de Marihaye, près de Liége. (Fig. 14, 15 et 16, pl. XLVIII.)

La partie inférieure de cet appareil, construit d'après les indications de M. l'ingénieur Mueseler, est une cage ordinaire guidée par des longrines a, a'; les conducteurs b, b', également en bois, sont pourvus d'échancrures dans lesquelles glissent les poutrelles; une traverse en fer c, terminée par un crochet, prévient la sortie des vases. La partie supérieure de la cage est munie de deux bras de levier e, e mobiles sur leurs axes en bois i; ceux-ci sont consolidés par des tiges en fer rond f, f boulonnées sur le plancher p. A un arbre g, tournant dans les douilles disposées à l'extrémité des bras de levier, est attaché un second vase D; cet arbre, également en bois, porte un anneau m destiné à recevoir le crochet du câble d'extraction.

La cage, à son arrivée au jour, est reçue sur les sup-

ports k, k; le machiniste lâche quelques mètres de câble;
les bras de levier, sollicités par le poids du vase, tournent
autour de leur axe, passent dans la position indiquée par
les lignes ponctuées B, et viennent déposer le wagon supérieur sur la margelle. Si le déchargement doit s'effectuer
sur un point unique de l'orifice du puits, le vase inférieur est extrait de sa cage avant de relâcher la corde;
s'il est possible de retirer les berlaines sur les côtés opposés de la margelle, ces deux manœuvres s'effectuent
simultanément.

578. *Avantages des guides et des cages.*

La plupart des avantages attribués aux cages d'extraction sont inhérents, non à ces appareils eux-mêmes, mais
aux guides qui les accompagnent toujours. Elles sont l'objet
d'un reproche fondé : l'augmentation du poids mort à
extraire. Quoi qu'il en soit, voici les principaux caractères
de l'utilité bien constatée de ces deux innovations :

La houille, dans son parcours des ateliers d'arrachement aux magasins de la surface, n'est soumise à aucun
de ces transbordements si désavantageux sous le rapport
de la main-d'œuvre, et surtout, de la réduction des fragments en menu.

La charge pouvant s'élever avec une vitesse plus grande
qu'autrefois, le chargement et le déchargement s'effectuant
avec régularité et promptitude, les volumes de houille
apportés au jour peuvent être considérables. C'est ainsi
qu'en Belgique la vitesse des cuffats excède rarement un
mètre par seconde, tandis que celle des vases pourvus
de guides peut être portée à 3, 4 et même 5 mètres.

La descente et l'ascension des ouvriers sur les câbles
sont moins dangereuses que précédemment, et les guides

fournissent la base indispensable à l'application des appareils de sûreté imaginés pour les cas de rupture de la corde d'extraction.

Les chocs violents auxquels sont exposés les câbles, et qui en déterminent la destruction si prompte, sont presque entièrement anéantis, et les économies réalisées de ce chef sont très-notables. Il en est de même des vases qui, visités à la surface, sont réparés avant que les dégradations soient devenues trop considérables; le graissage de leurs essieux, ne s'effectuant plus dans les travaux, ne peut être l'objet de gaspillages ou de maladresses. Le transvasement des bois d'étai n'est plus une nécessité, les wagons chargés de ces matériaux pouvant être dirigés directement de l'accrochage aux chantiers d'arrachement.

Les cages et les guides sont donc le résultat d'un progrès sensible dans la pratique de l'extraction de la houille. Il semble que ces appareils forment le passage des anciens cuffats aux procédés plus perfectionnés qui, à l'époque actuelle, préoccupent si fort les esprits, et dont le lecteur verra ultérieurement quelques exemples.

VI°. SECTION.

INTERMÉDIAIRES ENTRE LE MOTEUR ET LE POIDS A SOULEVER.

579. *Désignation de ces divers organes.*

Ces objets sont :

1°. *Les câbles*, pour la confection desquels sont employés le chanvre, l'aloès et le fer.

2°. *Les charpentes des molettes* ou les poulies sur lesquelles passent les câbles, dans leur changement de direction, avant de s'attacher au moteur. Ces engins portent en Belgique le nom de *Bellefleurs*.

3°. Enfin, *les tambours et les bobines*, destinés à l'enroulement et au déroulement successifs des câbles. Ces organes seront décrits avec les moteurs, dont ils constituent souvent la partie principale et intégrante, leur forme variant d'ailleurs avec les moteurs eux-mêmes.

580. *Chaînes ou câbles en fer.*

Dans l'application des chaînes aux travaux d'extraction, l'épaisseur des maillons et, par suite, leur grandeur, sont proportionnées non-seulement au poids du fardeau à soulever, mais à la profondeur plus ou moins grande de la chambre d'accrochage. En effet, chaque maillon ou anneau d'une chaîne, supportant tous ceux qui se trouvent au-dessous de lui, doit offrir une résistance d'autant plus

grande que le point d'où se fait l'extraction est plus profond et que l'anneau dont on s'occupe est placé dans une
position plus rapprochée de la partie supérieure du câble,
désignée en Belgique par le nom d'*élevage*. Pour les profondeurs comprises entre 80 à 100 mètres, la chaîne,
uniforme dans toute sa longeur, pèse de 7 à 8 kilogrammes
par mètre courant. Les dimensions des maillons augmentant
avec la profondeur, ceux-ci offrent, dans leur faculté résistante, une progression croissante de l'extrémité inférieure
du câble à sa partie supérieure. Voici quelques exemples
relatifs à ces attirails, dont l'usage était encore, en 1858,
fort répandu dans les mines de la province de Liége.
Les anciennes chaînes pesaient 18 à 20 kilogrammes par
mètre courant, qucique les puits fussent relativement peu
profonds. A la mine de Marihaye, trois chaînes, dont
les anneaux, de dimensions différentes, étaient attachées
bout à bout, extrayaient la houille d'une profondeur de
248 mètres et pesaient 3,570 kilogrammes ou, en moyenne,
14 kilogrammes par mètre courant. A l'ancien puits de la
concession des Six-Boniers, la chaîne se composait de trois
parties d'égales longueurs et de pesanteurs différentes. Le
poids des maillons était respectivement de kilog. 0.696,
0.580 et 0.464. Le mètre courant pesait, en moyenne,
10 kilogrammes, ce qui faisait, pour la totalité du câble à la
profondeur de 200 mètres, le poids énorme de 2,000 kilog.

La durée des chaînes peut être prolongée par le remplacement des anneaux défectueux, mais elles ne présentent
jamais une sécurité complète; il suffit d'une seule paille
pour produire une rupture imprévue; la partie qui retombe dans le puits dévaste les revêtements; les maillons
détériorés par le froissement provoquent de nouvelles
chutes de plus en plus fréquentes, malgré les réparations
fort coûteuses dont ils sont l'objet. La surveillance doit

être incessante; fréquemment ils doivent passer dans l'eau, afin d'enlever les boues ou les poussières qui les recouvrent et empêchent de discerner les anneaux gercés. Leur poids considérable diminue l'effet utile, nécessite l'emploi de moteurs énergiques et coûteux et limite la profondeur des puits, car il est un terme passé lequel il n'est plus possible d'extraire de fortes charges. Aussi ces attirails sont-ils actuellement tombés en désuétude sur le continent, même dans des localités comme le Hartz, où ils sont un produit indigène, tandis que les câbles en chanvre y sont importés à grands frais d'Angleterre.

Dans les districts houillers du pays de Galles et du Lancashire, les chaînes sont encore appliquées au service des balances hydrostatiques. Elles sont également en usage dans quelques puits peu profonds du Shropshire et du Staffordshire; leur poids, décroissant du haut au bas, n'est, en moyenne, que de huit kilogrammes. Enfin, on voit aussi fonctionner dans cette dernière localité des câbles en fer composés de quatre ou cinq chaînes ordinaires juxta-posées; celles-ci sont réunies par des cales en bois intro-duites simultanément dans les maillons de rang pair ou impair, en laissant libres les anneaux intermédiaires. Leur durée est assez grande, et leur prix, vu la valeur du fer en Angleterre, n'est pas aussi élevé qu'on pourrait le croire au premier abord (1).

Sur le continent, les chaînes n'ont plus d'autre objet que le service des plans automoteurs, pour lesquels elles sont d'ailleurs en concurrence avec les cordes en fil de fer. Les maillons, construits alors en fer forgé de pre-

_____

(1) Voir, pour cet objet, le Mémoire que M. COMBES a publié dans les *Annales des Mines*, 3°. série, tome XI, et le *Voyage en Angleterre* de MM. GRUNER, BOTY et GLEPIN, page 84.

mière qualité, sont ronds ou oblongs. Pour mettre obstacle
à la tendance de ces derniers à prendre une position
transversale, les longs côtés arqués se touchent par leur
milieu, et l'espace restant suffit rigoureusement au jeu
des anneaux adjacents.

581. *Câbles ronds en chanvre et en aloès.*

Les câbles appliqués à l'extraction de la houille gisant
à de petites profondeurs, au fonçage des puits à bras
d'hommes et à beaucoup d'autres usages, ont une section
circulaire et sont formés de chanvre ou d'aloès.

Les fils destinés à la fabrication des cordages sont des
fils de caret. Leur épaisseur, mesurée par leur circonférence, est en raison du nombre de brins employés; elle
est de 6 à 9 millimètres pour les gros et de 4,5 à 7
millimètres pour les petites et les moyennes cordes. Un
toron est la réunion de plusieurs fils par la torsion ou
par le *commettage*; deux, trois et même quatre torons
commis ensemble forment une corde ronde à laquelle est
également appliqué le nom d'*aussière*, si toutefois elle
est destinée à la fabrication ultérieure d'un câble plat (1).
La grosseur d'une corde ronde s'exprime par le nombre
d'unités linéaires contenues dans son périmètre.

La torsion imprimée aux fils constitutifs d'une corde
réduit notablement leur longueur primitive. Cette diminution, évaluée en moyenne à un tiers, s'accroît naturellement avec le diamètre. D'après les expériences

---

(1) Un toron de 6 centimètres de circonférence comprend 27 fils;
trois torons forment une corde de 11 centimètres. La supériorité
des cordes en trois torons a été constatée par un grand nombre
d'expériences.

de M. Duhamel, les cordages tordus au tiers et même au quart perdent une notable partie de leur force de résistance. Pour bien faire, elle ne devrait pas s'élever au-delà de un cinquième, sans jamais excéder un quart, dont 2/3 pour le raccourcissement des fils réunis en torons et 1/3 pour le commettage des torons eux-mêmes. Cette torsion est fort désavantageuse sous plusieurs rapports ; en effet, la théorie et l'expérience concordent pour établir les principes suivants : Une corde ne peut supporter avant la rupture un poids aussi grand que la somme des poids dont chaque toron pris indépendamment peut être chargé ; son maximum de résistance exige des torons disposés parallèlement ; et d'autant plus leur direction s'écarte du parallélisme, ou, en d'autres termes, plus l'angle qu'ils forment avec l'axe est ouvert, plus la résistance à la rupture est diminuée. En outre, la torsion des cordes favorise leur allongement, dans les premiers temps de leur emploi, sous l'influence de leur propre poids et de celui de la charge à élever. Cet allongement, variable suivant la profondeur des puits, n'a pas lieu sans provoquer la rupture d'un assez grand nombre de fils, ce qui tend à affaiblir le câble.

Dans la fabrication des cordes à la main, l'inégale tension des fils résulte de la place qu'ils occupent après le commettage ; cette inégalité croit avec la grosseur des cordages, dont elle diminue la force, parce que les fils les plus tendus, étant aussi les plus chargés, rompent avant les autres. Pour porter remède à cet inconvénient, les cordiers ont imaginé un appareil au moyen duquel les fils les plus courts, placés au centre, sont enveloppés par des fils plus longs ; ceux-ci par une série d'autres soumis à un allongement progressif en marchant du centre à la circonférence. Les torons ainsi fabriqués fournissent des câbles dont toutes les parties supportent une fraction de la charge. En général, dans le commettage opéré à l'aide d'appareils mécaniques, les fils sont plus régulièrement disposés et le fardeau se répartit plus uniformément que dans les cordes exclusivement fabriquées à la main.

582. Câbles plats en chanvre et en aloès.

Les cordes rondes appliquées à des fardeaux considérables et à de grandes profondeurs deviendraient énormes, leur roideur augmenterait outre mesure, tandis que leur résistance à la rupture diminuerait par suite du degré de torsion auquel les torons seraient soumis. Le célèbre Muschenbrock, recherchant les moyens de se garantir de ces inconvénients, avait proposé de tresser les torons de manière à les disposer entre eux aussi parallèlement que possible. Cette proposition était restée sans résultat, lorsque M. John Curr, l'inventeur des appareils pour guider les vases d'extraction, imagina de réunir, par une couture transversale, plusieurs *aussières* disposées dans le même plan, et de telle manière que les axes fussent tous parallèles entre eux. Son brevet date du 17 novembre 1798.

Les câbles plats anglais, formés de quatre aussières de forte épaisseur, ont reçu en Belgique des perfectionnements fort importants, dus en grande partie à M. Goens, de Termonde. Ils se composent, non plus de quatre, mais de six aussières, dont trois sont tordues de droite à gauche, et les autres de gauche à droite ; la juxta-position parallèle et alternative des premières et des secondes détermine, dans l'ensemble, l'aspect extérieur d'une tresse. Chaque aussière est formée de trois torons dont la torsion est rigoureusement suffisante pour maintenir les fils réunis, en attendant la couture. Celle-ci s'opère au moyen de deux cordelettes composées de douze fils non tordus, insérées simultanément dans les aussières, par deux côtés opposés du câble; ces cordelettes forment des zigzags dont les diverses lignes brisées se croisent entre elles au milieu de la corde, et une série de trapèzes en contact par leurs angles obtus. Les quatre aussières à trois torons des câbles anglais doivent, pour supporter le même poids, avoir une épaisseur plus grande que les aussières adoptées en Belgique; aussi, à poids égal et à longueur égale, la corde anglaise est plus roide; la direction des fils s'écarte davantage de la ligne parallèle à l'axe, et par conséquent leur résistance est inférieure aux câbles fabriqués sur le continent. Comme, en outre, la couture se fait à l'aide d'une ficelle mince et fragile, les aussières se disjoignent et des débris de houille, s'introduisant dans les vides, agrandissent ces fissures et détériorent le câble.

Les motifs de préférence des câbles plats sur les cordes rondes dérivent de leur plus grande solidité, de leur moindre résistance à la flexion, de l'impossibilité où ils se trouvent de se tordre et de se détordre aussi fréquemment que les secondes, dans lesquelles est ainsi déterminée la rupture d'un grand nombre de fils; enfin, les aussières, agissant parallèlement, peuvent être chargées d'un poids égal à la somme de tous ceux que peut supporter chacune d'elles prise isolément. La différence de résistance observée entre deux câbles, l'un plat et l'autre rond, tous deux de même longueur et de même poids, est, en vertu de cette circonstance, très-considérable, car si le premier a six centimètres de largeur sur un centimètre d'épaisseur, il supportera 8.000 kilog. à la rupture, tandis que le second, dont le diamètre serait d'environ 27.5 millimètres, ne résistera qu'à un poids de 2,500 kilog. Toutefois il est une limite minimum pour la section

des câbles plats ; il est rare, en effet, que leurs dimensions soient au-dessous d'un décimètre de largeur sur
15 millimètres d'épaisseur, vu la difficulté de les coudre ;
en outre, il existe dans certains moteurs des dispositions
qui forcent à faire usage de cordes rondes, quelle que
puisse être leur épaisseur.

583. Durée des câbles et précautions à prendre pour leur conservation.

Il est bien difficile, pour ne pas dire impossible, de
déterminer cette durée d'une manière absolue, puisqu'elle
dépend non-seulement de la fabrication, de la qualité
des matériaux employés et de la longueur, mais encore
de la charge et du chemin parcouru, c'est-à-dire de la
quantité de charbon extraite dans un temps donné. La
durée des câbles est également influencée par la nature
de l'atmosphère des puits où ils circulent ; ainsi, il est
bien différent, pour leur conservation, que l'air frais
provienne directement de la surface, ou qu'il soit chaud
et vicié par les émanations de l'intérieur ; qu'il soit sec
ou saturé d'humidité ; que les cordes soient directement
mouillées par les sources jaillissant des parois des puits,
ou exposées aux alternatives d'humidité et de sécheresses
si nuisibles à cet intermédiaire de l'extraction.

Quoi qu'il en soit, s'il est permis d'indiquer une moyenne
expérimentale à ce sujet, on peut considérer la durée
des câbles ronds d'un petit diamètre comme étant de quatre
à six mois ; celle d'une plus grande épaisseur de six à
neuf, et les câbles plats de deux à trois ans. Cependant,
si ces derniers sont environnés d'une atmosphère sèche et
fréquemment renouvelée, le temps de leur service peut
dépasser ce terme et s'élever à quatre et même cinq ans,

tandis que, dans les puits humides, il se réduit à dix-huit mois, un an et même moins.

La durée des cordes en chanvre et en aloès dépendant en grande partie de la bonne qualité des matériaux employés, l'exploitant doit toujours avoir le soin de les examiner à l'intérieur pour vérifier si cette condition est remplie. Il doit s'assurer si la torsion régulière des fils a été réduite au minimum ; si les aussières d'égale longueur se répartissent également la charge ; si la couture double a été faite à points écartés, avec des cordelettes et non avec des ficelles ; si le câble plat se dispose suivant une ligne droite et sans donner lieu à aucune inflexion, car une tendance contraire ferait présumer une couture peu soignée et un câble de fort mauvais usage. Enfin, la section choisie sera en rapport avec le poids à soulever et non au-delà, car l'excédant constitue une charge pour la corde elle-même. Dans tous les cas, il est plus convenable d'exagérer la largeur et de diminuer l'épaisseur.

La cause la plus active de la destruction des câbles est l'humidité, dont on les préserve par le goudronnage, malgré la diminution de force de résistance résultant de cette opération. Il existe deux procédés à ce sujet. Le premier consiste à recouvrir isolément chaque fil de cet hydrofuge appliqué à chaud avant de les réunir en faisceaux : c'est le *goudronnage en fils*. Dans le second, le câble, entièrement achevé, est enduit d'une couche de goudron qui, s'attachant exclusivement à la surface, laisse l'intérieur à l'état de *corde blanche*. Si l'atmosphère de l'excavation est aquifère, ce dernier procédé n'est pas toujours suffisamment efficace, mais la corde conserve presque toute sa force de résistance ; le premier, au contraire, s'applique avantageusement aux puits fort humides ; cependant l'exploitant doit vérifier si les cordages ne contiennent pas trop de goudron, car il ne peut payer au prix du chanvre ou de l'aloès une substance peu coûteuse par elle-même et fort nuisible en cas d'excès. Le chanvre absorbe 17 p. c. de son poids de goudron et l'aloès seulement 13 p. c. Un kilogramme suffit pour une corde ronde en chanvre de 0.015 mètre de diamètre et de 40 mètres de longueur.

C'est ici le lieu de parler d'un procédé spécial de fabrication dont le but est d'obvier à la perte de force résultant de la torsion et du goudronnage. Il consiste à placer à l'intérieur des aussières une *âme* en chanvre blanc, c'est-à-dire un faisceau de fils parallèles non goudronnés, et de préserver cette âme par une enveloppe de fils enduits de goudron; mais comme l'humidité contracte avec plus d'énergie les fils crus que l'enveloppe goudronnée, une partie du câble supporte toute la charge, se détériore promptement et finit par se rompre. Ce procédé, d'ailleurs, ayant donné lieu à l'introduction dans le faisceau central de substances de qualité inférieure, a été généralement proscrit.

Les autres précautions à prendre pour conserver les cordes et augmenter leur durée consistent à les visiter fréquemment ; à réparer sans retard les parties défectueuses; à les faire travailler pendant leur parcours de la molette à la bobine d'enroulement, dans un plan rigoureusement vertical, sans les forcer à s'infléchir à droite ou à gauche.

Lorsque les vases d'extraction s'accrochent mutuellement au point de rencontre, ou isolément aux parois des puits, il en résulte un choc, qui se propage dans toute la longueur de la corde et la fait souffrir considérablement. Les puits divisés en compartiments, et surtout les conducteurs ou glissières, ont, sous ce rapport, une grande influence sur la durée de ces organes de communication.

Les câbles suspendus dans les puits se détériorent sous l'influence de leur propre poids, mais ne souffrent pas uniformément sur toute leur longueur; la charge à laquelle leurs différentes parties sont soumises est d'autant plus grande que celles-ci se rapprochent davantage du point de suspension, où elle est au maximum. Il en résulte que la partie inférieure d'une corde sera encore dans un état satisfaisant, lorsque déjà la partie supérieure commencera à devenir défectueuse. Il convient de ne pas attendre l'excès du mal pour y porter remède; mais dès que, par des allongements trop sensibles à l'*élevage*, elle fait pressentir une grande fatigue, il convient de la retourner en plaçant au-dessus ce qui était d'abord au-dessous, et *vice-versâ*. Les câbles peuvent aussi, dès l'origine, être composés de deux ou trois fractions de cordes à sections décroissantes et réunies bout à bout par le procédé indiqué dans le paragraphe suivant. Lorsque leur partie supérieure menace de se dégrader, elles sont disjointes, retournées, puis réunies de nouveau, en intercalant toutefois des parties neuves partout où le besoin s'en fait sentir. Enfin, les cordiers construisent, dans le même but, des câbles dont l'épaisseur et la largeur diminuent de haut en bas; ces diminutions ne s'effectuent pas par gradation et d'une manière continue, mais par la division du câble en un certain nombre de parties égales, auxquelles sont appliquées des sections successivement décroissantes. Le diamètre des six aussières diminue avec le nombre de fils de caret employés au commettage. La transition d'une section à la suivante a lieu insensiblement sur une longueur d'environ 10 mètres. Tous les ateliers de corderie ne sont pas outillés de manière à effectuer un travail de cette nature, aussi ces câbles sont-ils peu répandus quoique leur usage ait répondu au but qu'il s'agissait d'atteindre.

584. *Épissage des cordes.*

Une corde inégalement usée dans sa longueur, ou dont quelques torons sont assez déchirés pour ne plus offrir assez de sécurité, serait rebutée et vendue à vil prix, s'il n'était pas possible d'en retirer les parties défectueuses, de les lier entre elles ou avec d'autres parties neuves, et d'en faire une corde d'une longueur suffisante, offrant, d'ailleurs, toute garantie.

La liaison sans nœuds de deux bouts de corde rondes ou plates, réunies par leurs extrémités, est désignée sous le nom d'*épissage*. L'application de ce procédé aux câbles ronds consiste à détordre les torons des deux extrémités de chaque fragment sur une longueur de 0.60 à 0.80 mètre de longueur; à reprendre isolément chaque fil; à lui enlever la moitié de son épaisseur, ou, mieux, à le faire décroître de sa base à son extrémité réduite à un brin; les fils de chaque corde sont alors réunis deux à deux, enchevêtrés et tordus ensemble jusqu'à l'entière reconstitution d'un toron. La même opération étant faite sur chacun de ces derniers, la corde est resserrée par la torsion, l'épissure enveloppée d'une forte ficelle et la ligature prolongée sur les parties voisines restées intactes. Si ce travail est bien exécuté, jamais l'épissure ne se défait; si la corde se rompt, c'est toujours au-dessus ou au-dessous du point de réunion; cette circonstance n'arrive, d'ailleurs, que par un enroulement sur un cylindre d'un diamètre trop petit, parce qu'alors, douée de moins de flexibilité au point d'attache, elle se plie et se replie successivement aux extrémités de l'épissure, et entraîne à la fin la rupture des fils.

Divers procédés sont en usage pour l'épissage des cordes plates. En Angleterre, deux feuilles de tôle forte sont repliées sur les extrémités des cordes et fixées par des rivets (fig. 5, pl. L) ; les deux organes sont ensuite réunis à l'aide d'un anneau rectangulaire introduit dans la courbure des tôles.

Dans la province de Hainaut, les deux étuis de même matière (fig. 1re) sont terminés par des anneaux intercalés les uns dans les autres et réunis par un boulon, de manière à former une véritable charnière. Un autre procédé consiste à superposer les deux bouts de corde et à les relier par des rivets traversant quatre ou six petites lames en fer accouplées deux à deux. La figure 4, quoique ne se rapportant pas aux épissures, donne une idée suffisante de l'opération.

Enfin, dans la province de Liège, à Charleroi et dans quelques districts d'Allemagne, les câbles plats sont épissés comme les ronds. Ainsi, après en avoir défait les extrémités sur une longueur de 2.50 à 3 mètres et reformé les aussières comme cela a été indiqué ci-dessus, celles-ci sont réunies de nouveau par une double couture en zigzags qui s'étend, au-delà des deux extrémités de l'épissure, sur un espace de 30 à 35 centimètres ; puis le câble est goudronné, après avoir traversé une section rectangulaire formée par les échancrures de deux pièces de bois accolées. Cette dernière opération a pour objet de comprimer la corde sur elle-même et de la réduire à ses dimensions normales.

L'épissage des câbles plats par les premières méthodes offre peu de sécurité, puisque tout dépend d'anneaux où peut se trouver accidentellement une paille ou tout autre défaut caché, ou de quelques rivets accompagnés du frottement des deux bouts de corde l'un sur l'autre. Mais le dernier procédé offre toutes les garanties désirables ; il est donc à souhaiter qu'il se généralise, puisque, indépendamment des chances d'accident dont il diminue le nombre, il permet de relier les uns aux autres des bouts de corde qui, sans cela, ne pourraient être utilisés.

585. *Comparaison entre le chanvre et l'aloès* (1).

Des expériences ont été faites simultanément dans les ports de Brest et de Toulon, par ordre du ministère de la marine française, afin de comparer la force respective des cordages en chanvre et en aloès. Les commissaires nommés à cet effet se sont conformés, dans ces circonstances, aux règlements en usage pour la réception des fournitures de chanvre. Celui-ci, à l'état blanc, est tordu en fils de caret; vingt-et-un de ces fils forment un cordage appelé *quarantenier d'épreuve*, dont la circonférence est de 47 millimètres. Une longueur de 4 mètres doit peser 680 grammes. D'après les conditions en vigueur dans la marine, une telle corde doit supporter au minimum un effort de 1,600 kilog.; mais ils en supportent 1,800, et quelques-uns vont jusqu'à 2,200 et plus.

Les expériences de Brest ont été faites sur l'aloès seul, dont les résultats étaient comparés avec le minimum exigé pour les quaranteniers en chanvre. On a trouvé qu'à poids égal, les cordages d'aloès supportaient des efforts un peu au-dessus du minimum exigé pour les cordages en chanvre, mais qu'à dimensions égales, les résistances étaient bien au-dessous de ce même minimum.

A Toulon, où l'aloès et le chanvre étaient essayés simultanément, et où ce dernier pouvait, par conséquent, indiquer un maximum de résistance, les résultats ont été les suivants :

1°. En moyenne et à volumes égaux, les cordages de ces

---

(1) L'aloès provient des filaments soyeux de l'aloès-pitte ou agave d'Amérique. On emploie cette substance soit dans son état naturel, soit enduite de goudron.

deux substances étant doués d'une force exprimée réciproquement par les nombres 1821 et 2071, le chanvre a sur l'aloès un excédant de force d'environ 14 p. c.;

2°. Un cordage en chanvre de 50 millimètres de circonférence pèse autant qu'un quarantenier d'aloès de 57 millimètres; ainsi le poids de cette dernière substance n'est que de 0.877 de la première.

Quant à la manière dont ces deux substances se comportent lorsqu'elles sont plongées dans l'eau ou exposées aux intempéries de l'atmosphère, il résulte des expériences de Toulon que les cordages blancs en chanvre et en aloès, après un séjour de quatre mois dans l'eau de mer, perdent, les premiers, 5/6° de leur force, les seconds, seulement la moitié; ainsi l'aloès possède une propriété hydrofuge dont le chanvre est dépourvu. L'aloès goudronné retiré de l'eau a constamment conservé presque toute sa force de résistance. Enfin, si les cordages blancs sont livrés aux intempéries de l'air (qui, pendant les expériences a été constamment sec), le chanvre conserve son avantage sur l'aloès, tandis que, goudronné, le contraire a lieu. Si donc l'aloès-pitte présente, à poids égal, un plus grand volume que le chanvre, si, à volumes égaux, il lui est inférieur sous le rapport de la force et peut-être de la souplesse, il se comporte infiniment mieux dans une atmosphère humide, et le goudron, qui attaque les fibres du chanvre, n'exerce pas d'influence sur l'aloès.

Dans les applications aux mines, une partie de la résistance du chanvre est anéantie par l'humidité de l'air renfermé dans les puits, et les câbles de cette nature ne tardent pas à devenir, sous ce rapport, inférieurs à ceux d'aloès. L'excès de volume de ce dernier n'entraîne aucun inconvénient, tandis que sa qualité hydrofuge et son peu de sensibilité pour le goudron offrent de grands avantages.

Longtemps cependant la question est restée douteuse ; ce n'est que dans ces derniers temps que l'on a fini par constater la supériorité réelle, quant aux travaux des mines, de la dernière substance sur la première.

586. *Poids et force de résistance des câbles.*

Le poids des divers cordages étant un élément essentiel du calcul des moteurs d'extraction, il importe de le déterminer approximativement avant la confection des cordages eux-mêmes. Il en est de même pour des devis et pour d'autres objets où cette connaissance est indispensable.

Les éléments nécessaires à la détermination du poids des câbles en chanvre et en aloès, ronds ou plats, blancs ou goudronnés en fils, se rapportent à une unité dont la longueur est d'un mètre et la section transversale d'un centimètre carré ; ces éléments sont les suivants :

	Cordes blanches.	*Goudronnées en fils.*
Chanvre	. 0.094 kilog.	De 0.11 à 0.12
Aloès .	. 0.084 —	0.096

Le poids de l'unité, qui, pour le chanvre, est de 0.11 à 0.12 kilog., peut s'élever à 0.13 et même à 0.135, pour peu que le cordier, prodigue de goudron, en ait fait pénétrer un excès entre les fils et les aussières.

Ces données serviront à l'exploitant pour déterminer le poids de toute espèce de câbles. S'agit-il, par exemple, d'une corde ronde de 54 millimètres de diamètre ou de 169.5 millimètres de circonférence, il lui suffit de multiplier l'aire de la section, exprimée en centimètres, par 0.11 kilog., pour trouver la valeur cherchée. En effet, cette section étant de 2.29 centimètres carrés, le poids trouvé

par mètre courant, ou 2.52 kilog., ne s'écarte de la réalité
que d'un hectogramme.

Un grand nombre de cordes plates en usage dans les
mines du Couchant de Mons ont une largeur de 0.14 mètre,
une épaisseur de 0.03 et pèsent de 4.85 à 4.86 kilog.
En prenant pour l'unité de poids 0.115 kilog., le calcul
aurait donné 4.83 kilog.

Les éléments du calcul de la résistance des câbles ou
des charges qu'ils peuvent supporter peuvent être déduits
des expériences faites dans la marine française, qui ont
pour elles la sanction d'une longue pratique. Or, les cordages de 47 millimètres de circonférence, pris pour
types, doivent supporter avant la rupture un poids minimum de 1,600 kilog., soit un effort absolu de 914 kilog.
par centimètre carré. Mais ces cordages étant blancs et
les câbles goudronnés perdant d'un quart à un tiers de
leur force primitive, la charge sur laquelle il est possible
de compter, se renfermant entre 685 et 610 kilog., se
trouve réduite à une moyenne de 648. Comme, en pratique, ces attirails ne peuvent être chargés de la totalité du
poids qui en détermine la rupture, les choses sont disposées de façon que la partie supérieure porte à peine
1/8⁰. de cette charge, y compris son propre poids, quelquefois 1/7⁰. et rarement 1/6⁰. Dans ces circonstances,
l'effort se réduit respectivement à 108, 92 et 81 kilog. Ces
données se rapportent assez exactement avec la moyenne
des observations faites dans un grand nombre de mines
belges. En voici deux prises au hasard parmi les câbles
qui ont offert des exemples d'une grande durée.

Le puits dit *Facteresse*, des Charbonnages réunis de
Charleroi, a vu fonctionner, pendant plus de cinq ans,
deux câbles dont les dimensions étaient de 0.15 sur
0.03 mètre. La charge à soulever d'une profondeur de

460 mètres, dérivant du poids du câble lui-même, du vase et du minerai, était de 3,862 kilog. Chaque centimètre carré supportait donc 79 kilog., c'est-à-dire un peu moins de 1/8°. du poids qui aurait déterminé la rupture.

A la mine des Produits, près de Mons, le poids total à soulever était de 4,642 kilog. La section des câbles à l'élevage était de 595 centimètres carrés, soit 0.17 sur 0.035 mètre. La charge par centimètre carré de surface s'élevait donc à 78 kilog.

Qu'il s'agisse de déterminer la section d'une corde capable d'élever une charge de 2,400 kilog. d'une profondeur de 550 mètres, en ne lui faisant supporter que 1/8°. du poids qui la romprait; l'unité, étant supposée de 0.12 kilog., chacune d'elles devra peser $0.12 \times 550 = 42$ kilog. et porter à son extrémité inférieure $81 - 42 = 59$. Sa section sera donc de $\dfrac{2.400}{39} = 61.5$ centimètres carrés et ses deux dimensions de 0.18 et 0.035 mètre.

Les câbles finissent évidemment par atteindre une longueur telle que leur propre poids suffit à leur charge; l'expression de ces limites, dans le voisinage desquelles nulle extraction de houille ne peut avoir lieu, n'est autre que le quotient des diverses résistances de l'unité par le poids de celle-ci. C'est ainsi qu'en prenant successivement pour coefficient de réduction de la charge 1/6°., 1/7°. et 1/8°., ces limites en profondeur deviennent :

Pour le chanvre $\dfrac{108}{0.12} = 900^m. \quad \dfrac{92}{0.12} = 766^m.$ et $\dfrac{81}{0.12} = 675^m.$

Et pour l'aloès $\dfrac{108}{0.096} = 1125^m. \quad \dfrac{92}{0.096} = 958^m.$ et $\dfrac{81}{0.96} = 843^m.$

En se rapprochant de ces termes, les dimensions des câbles deviennent si grandes qu'il est inutile de songer à leur fabrication. Si, par exemple, un poids de 5,200

kilog. doit être extrait d'une profondeur de 600 mètres,
en prenant 1/8°. pour coefficient de la charge, chaque
unité pèsera $0.12 \times 600 = 72$ kilog. et supportera à son
extrémité $81 — 72 = 11$. La section du câble sera donc
exprimée par $\dfrac{3,200}{11} = 290$, c'est-à-dire par une largeur
de 0.58 mètre et une épaisseur de 0.05. De semblables
attirails ne sont ni fabriqués, ni mis en usage.

C'est pour obvier aux difficultés résultant de l'emploi
des câbles à section uniforme que les cordiers en ont
construit dont les dimensions vont en décroissant du haut
au bas. Voici comment peut être déterminée cette décroissance successive des sections, en supposant qu'elle ait lieu
brusquement et sans transition.

Soit une charge de 2,800 kilog. à extraire d'une profondeur de 600 mètres avec un câble divisé en six parties
de 100 mètre chacune, celui-ci ne devant être soumis
qu'à un huitième du poids qui le ferait rompre et le
poids de l'unité étant supposé égal à 0.11 kilog. La
partie inférieure, considérée d'abord comme une corde
de section uniforme, portant une charge de 2.800
kilog., plus son propre poids, sera l'objet d'un calcul semblable aux précédents. Il en sera de même de la seconde
partie, qui doit supporter les 2,800 kilog. plus le poids
de la corde suspendue au-dessous, plus son propre poids
et ainsi de suite. Le tableau suivant renferme la série
des résultats numériques à obtenir dans les calculs de
cette espèce. Elle met aussi les sections des câbles en
rapport avec les accroissements successifs de la profondeur
d'extraction.

PROFONDEUR DE L'EXTRACTION.	DIMENSIONS DES CABLES.			POIDS DES CABLES		CHARGE TOTALE.
	SECTION. — Centim⁵. carrés.	LAR- GEUR	ÉPAIS- SEUR	Par 100 mèt⁵. de longueur	Pour la totalité.	
		En centimètr.				
100 mètres.	40.00	16.	2.5	440	440	3240
200 »	46.28	16.5	2.8	508	948	3748
300 »	52.88	17.	3.1	580	1328	4328
400 »	61.83	18.	3.4	673	2201	5001
500 »	71.44	18.5	3.8	773	2974	5774
600 »	82.48	20.	4.1	902	3876	6676

Des câbles à section constante devraient remplir les conditions suivantes :

À 400 mètres.	75.65	19.	4.	»	3344	6144
500 »	107.69	21 5	5.	»	5912	8712
600 »	186.66	23.	7.5	»	12375	15175

La décroissance de la section des câbles permet leur application à de grandes profondeurs, tandis que les sections uniformes limitent promptement leur emploi. Ce moyen, offert aux exploitants dont les travaux s'enfoncent chaque jour davantage, peut être accompagné de l'augmentation du coefficient de réduction, qui tend à passer de 1/8ᵉ. à 1/6ᵉ.; mais il est très-probable que ces limites extrêmes ne seront pas atteintes avant que d'importantes modifications, ou plutôt des changements radicaux, aient eu lieu dans le système d'extraction.

587. *Cordes en fil de fer rondes et plates.*

Autrefois les exploitants du Hartz se servaient exclusivement de chaînes, mais celles-ci se rompaient si fréquemment et causaient dans les puits des dommages si considérables, que, quoiqu'elles fussent un produit indigène, ils durent les remplacer par des cordes plates en chanvre, importées à grands frais d'Angleterre. Cet état de choses était peu satisfaisant; les ingénieurs cherchaient les moyens d'y porter remède, lorsque M. le conseiller supérieur des mines (*Oberbergrath*) Albert imagina de tordre des fils de fer et d'en confectionner des cordes rondes. Ce n'est pas ici le lieu de décrire les procédés employés pour leur fabrication, cet objet n'étant pas du ressort du mineur, et le lecteur pouvant consulter les divers Mémoires publiés à ce sujet (1). Il suffira de donner quelques notions sur le poids de ces attirails, sur leur résistance à la rupture et sur la manière dont ils se comportent dans l'extraction.

Le diamètre des fils de fer employés par M. Albert est de 3.5 millimètres; leur poids, par mètre courant, de 69.6 grammes. Les câbles, composés de 3 torons, contiennent 12 fils; ils pèsent, sans enduit, 0.806 k., et, avec enduit, 0.916 k. Ce dernier provient des résidus de la préparation des graisses destinées aux machines; il se compose de 1/3 d'huile et de 2/3 de colophane. Les expériences faites par M. Albert sur la force absolue des fils de fer ont donné 516 kilog., ou 53 k. par millimètre carré. Si la force de la corde est en raison du nombre des fils dont elle est formée, elle résistera d'une manière

(1) Voir les *Annales des Mines*, 3e. série, tomes X et XIX; *Archiv von Karsten*, band XVIII et XIX, et *Jarbuch von Freyberg auf die Jahre* 1839, 41, 42 et 43.

absolue à un poids de 6,198 k. ; et, comme celui des vases et du minerai est de 516 k. , il s'ensuit que, abstraction faite de son propre poids , elle ne supporte que 1/12°. de l'effort nécessaire à la rupture.

Les câbles en usage à Freyberg sont de deux espèces : les uns ont 12 et les autres 16 fils, dont les diamètres varient de 3.1 à 3.3 millimètres. Le poids des cordes de 12 et de 16 est respectivement de 0.804 et de 1,024 k. La force absolue d'un fil varie entre 422 et 446 k. ; en moyenne, 434, soit 55 kilog. par millimètre carré de section. Ceux de 12 fils, employés pour le service des baritels à eau , élèvent des tonnes qui , avec leur contenu , pèsent en moyenne 774 k. Ceux de 16 , destinés aux machines à chevaux , soulèvent une charge de 928 k. Si leur force de résistance est proportionnelle au nombre des fils, elles seront respectivement de 5,208 et 6,944 k. L'enduit employé à Freyberg a été composé de 6/9°. de colophane, 2/9°. d'huile et 1/9°. de suif ; il est fort adhérent et entre pour 0.11 dans le poids du câble.

D'après la moyenne d'un grand nombre d'observations, l'unité , base des calculs, ou un mètre de longueur et un millimètre carré de section , supporte un poids de 50 kil. et en pèse 0.0076. Comme ces câbles , convenablement entretenus , se détériorent moins vite par l'usage que les câbles en chanvre , le coefficient de réduction admis généralement est de 1/6°. ; l'unité ou le centimètre carré est considéré comme capable de porter 8.33 kilog.

Les câbles en fil de fer, dont le prix , comparé à celui des câbles en chanvre , est fort minime , se sont répandus promptement dans les districts de la Ruhr et de la Wurm. On a essayé , dans la première de ces localités , d'en recuire les fils ; mais cette opération a eu pour résultat une diminution très-notable de leur force de résistance. M. Klots a constaté, pour les câbles en fil de fer recuits, une durée de six mois à deux années, et, pour les fils non recuits, 11, 13 et 17 mois, soit, en moyenne, 14. Cependant, d'un autre côté, les fils recuits, plus ductiles, se rompent moins fréquemment que les autres.

Les mineurs du district de la Wurm ont cherché à donner aux fils une moindre torsion, et, par conséquent, aux câbles une flexibilité plus grande, par l'introduction, dans chaque toron, d'une âme en chanvre de la grosseur d'une forte ficelle, et d'une autre âme un peu plus forte dans l'axe du câble lui-même. Les cordes fabriquées pour extraire d'une profondeur de 200 à 300 mètres sont composées de 24 fils de 2 millimètres de diamètre. D'après les épreuves faites à Hangebanck, une semblable corde, destinée à desservir un puits de 300 mètres de profondeur, peut supporter longtemps avant sa rupture, c'est-à-dire sans éprouver aucune détérioration et sans être déformée, un poids de 8,420 kilogrammes.

C'est probablement à M. Rasquinet, directeur de la mine de Galey (district de la Wurm), qu'est due l'idée de prendre six cordes rondes et de les coudre avec des fils de fer à la manière des câbles plats. Dans un premier essai, deux cordes de cette espèce, ayant été affectées au service d'un puits d'environ 240 mètres de profondeur, ont été trouvées, après une extraction de 500,000 hectolitres de houille, en aussi bon état que le jour où elles avaient été placées. Il est d'usage de donner à ces attirails, appliqués à des profondeurs de 200 mètres, une largeur de 8 centimètres et 16 millimètres d'épaisseur ; ils pèsent, dans ce cas, 3.78 kilog. par mètre courant. Les câbles de cette espèce, placés dans des conditions favorables, ont une durée au moins égale à celle des cordes en chanvre ou en aloès, sur lesquelles ils semblent avoir quelque supériorité. A longueur égale, leur prix est moindre, et comme ils ne pèsent, pour une résistance donnée, qu'un peu plus de la moitié des dernières, il est possible de réduire la force du moteur, ou d'atteindre, à l'aide du même effort, à des profondeurs plus considérables. Mais ils offrent aussi de notables inconvénients : Ils impriment aux vases d'extraction des mouvements verticaux brefs et saccadés qui, incessamment répétés, finissent par détruire la force de résistance des fils de fer et par en déterminer la rupture. A la mine du Buisson, près de Mons, ces effets se sont prononcés d'une manière si énergique, que des câbles encore tout neufs ont dû être retirés pour leur en substituer d'autres en chanvre. Mais les saccadés cessent si, appelés à fonctionner dans des puits divisés en compartiments, les vases sont, en outre, conduits par des glissières.

Leur faculté de rompre instantanément, sans que rien, dans leur apparence extérieure, prévienne le mineur de cette tendance, les rend incompatibles avec l'ascension et la descente des ouvriers sur les vases d'extraction. Les nombreux accidents survenus dans le district de Charleroi ont prouvé à l'évidence combien il est dangereux de se confier à ces moyens de suspension. Dans le bassin de la Ruhr, où les câbles en fil de fer sont d'un usage presque général, nul ouvrier n'oserait se confier à eux, et tous préfèrent monter et descendre aux échelles, trajet, d'ailleurs, facilité par la petite profondeur des puits. Toutefois, les mineurs anglais, chez lesquels ces attirails sont assez répandus, pensent que, si leur usage sur le continent n'a pas été suivi d'un succès incontestable, il faut attribuer cette circonstance à deux causes : au petit diamètre des bobines et des tambours et surtout à l'absence d'appareils propres à leur restituer l'élasticité dont ils sont presque entièrement privés.

C'est pourquoi ils attribuent aux rayons d'enroulement une longueur qui ne peut être au-dessous de 1.50 mètre, et interposent un ressort entre l'extrémité inférieure du câble et la charge à soulever. Ce ressort (fig. 16, pl. L), contenu dans une boite cylindrique, est traversé, suivant son axe, par une tige liée avec l'anneau de suspension. Cette tige est conduite verticalement par un boulon transversal, coulant dans des ouvertures rectangulaires pratiquées sur les parois latérales de la boite. Le dévissage des écrous suffit pour retirer le ressort de sa gaine.

588. *Chaines et crochets fixés à l'extrémité des câbles.*

Il importe que les câbles, et surtout les câbles plats, ne soient pas d'une longueur telle que leur extrémité inférieure, étant arrivée au bas du puits, doive se plier plusieurs fois successivement sur elle-même; les changements de direction brusques et fréquemment réitérés ayant pour résultat la rupture de quelques fils, puis l'entière destruction de la corde, sur tous les points où la flexion atteint son maximum. Comme, en outre, la facilité d'accrocher et de décrocher les vases d'extraction exige une certaine distension dans l'attirail, celui-ci est terminé par une chaine de 3 à 4 mètres de longueur qui, plus flexible, peut être impunément accumulée sur un espace fort restreint.

Cette chaine s'ajuste de différentes manières, selon que la corde est ronde ou plate et suivant les usages locaux. Les cordes rondes sont repliées sur elles-mêmes autour d'une surface annulaire en fer, à l'intérieur de laquelle est placé le premier anneau de la chaine; puis les deux bouts de corde sont liés au moyen d'une forte ficelle, sur une longueur de 45 à 50 centimètres.

Si le bout de chaine doit être assujetti à un câble plat,

l'extrémité de ce dernier est insérée entre deux plaques de forte tôle, réunies à leur partie inférieure par un talon portant un anneau (fig. 2, pl. L). Chaque plaque porte une série de trous en correspondance deux à deux, et dans lesquels sont engagés des boulons serrés avec des écrous. D'autres fois, ce qui vaut mieux, l'extrémité du câble est replié autour d'un anneau (fig. 4), puis, sur chaque face, sont appliquées de légères feuilles de tôle forte, assujetties deux à deux au moyen de rivets traversant simultanément la double épaisseur de la corde.

Le procédé en usage à la mine des Six-Boniers, près de Liége, pour lier le câble en fil de fer avec les chaînes, offre une assez grande sûreté. La corde (fig. 5) repliée trois fois sur un anneau *a* dont la surface extérieure a été forgée en gorge de poulie, est liée par un fil de fer *b*, qui l'enveloppe sur une hauteur de 0.40 à 0.60 mètre. L'anneau porte un étrier *c* et les chaînes de suspension.

Les chaînes doubles offrent une grande sécurité, car si l'une d'elles renferme un anneau défectueux, le vase d'extraction est soutenu par l'autre. Mais comme le plus souvent elles sont simples, il convient de se préparer les moyens de les visiter avec soin. Cette opération, pour laquelle un feu de forge est souvent indispensable, réclame alors une disposition analogue à celle de la figure 4, qui permet de les détacher de la corde par l'enlèvement du boulon appliqué à la fermeture de l'étrier.

Les crochets placés à l'extrémité inférieure des chaînes sont de plusieurs espèces : simples et non fermés, ils suffisent aux vases guidés dans les puits; mais si la charge est exposée à s'accrocher aux parois, l'emploi de deux chaînes parallèles permet d'engager simultanément l'anneau dans deux crochets placés en sens inverse l'un de l'autre. Enfin, les crochets sont fermés par une broche ou par une tige de fer sur laquelle appuie un ressort (fig. 6), ou par le ressort lui-même (fig. 7).

589. *Charpentes ou chevalets des molettes.*

Ces charpentes portent, dans le vocabulaire des mines belges, le nom de *bellefleur*; elles servent de support à de grandes poulies à gorge, désignées sous le nom de *molettes*; ces dernières ont pour objet de changer la direction des câbles, qui, verticaux dans le puits d'extraction, prennent une position horizontale ou inclinée pour s'acheminer vers leur point d'enroulement.

La figure 4 de la planche XLV représente les anciennes charpentes usitées dans la province de Liége, et la figure 1re les engins plus modernes de cette localité. Ceux-ci sont formés de quatre montants assemblés sur des semelles et réunis à leur sommet par des chapeaux; ils sont en outre consolidés par des pièces de bois horizontales ou inclinées. Deux des montants sont placés dans un même plan vertical; les deux autres, inclinés vers le moteur, résistent aux mouvements destructifs dérivant de l'action de ce dernier.

La figure 5 offre une disposition assez fréquemment en usage à Charleroi. Mais les charpentes les plus simples et les plus convenables sous tous les rapports sont celles (fig. 6 et 7) que construisent les exploitants du Centre du Hainaut. Les montants postérieurs, plus inclinés que ci-dessus, résistent mieux à l'action du moteur et les molettes sont supportées chacune par deux pièces de bois verticales boulonnées sur le chapeau.

Les charpentes établies sur les puits de la mine de Blanzy (fig. 10 et 11, pl. XLIV) se composent de deux chevalets supportant isolément chaque molette et reliés entre eux par des pièces horizontales et une croix de St.-André.

Les engins servant de support aux câbles ronds des baritels à chevaux (fig. 12 et 13, pl. L) sont formés de quatre montants verticaux assemblés comme ci-dessus par des semelles et des chapeaux; mais ils sont moins solides et moins élevés, parce que les vases, d'une capacité beaucoup moindre, ne s'élèvent qu'à une faible hauteur au-dessus de l'orifice du puits.

Les supports des molettes du Staffordshire, ne devant porter qu'une seule corde, consistent en quatre pièces de bois de faible équarrissage qui, réunies à leur sommet, forment une pyramide à base rectangulaire ou triangulaire. Quelquefois ces engins sont en fonte de fer, circonstance également assez fréquente dans le pays de Galles.

Dans les districts du Northumberland et de Durham, les engins, fort élevés au-dessus du sol, sont formés (fig. 10, pl. LXI) de deux montants placés dans un même plan vertical, mais se rapprochant un peu l'un de l'autre à leur partie supérieure; ils sont liés entre eux par des pièces de bois horizontales. Au sommet sont attachés d'autres sommiers, également horizontaux, maintenus par des contre-fiches sur lesquelles portent les molettes; ces dispositions permettent de placer ces dernières de telle façon que les câbles tombent dans le puits en des points convenables.

Les molettes, généralement en fonte, ont un assez grand diamètre (1.50 à 2.20 mètres), afin que les câbles ne soient pas courbés suivant un trop faible rayon. En Belgique, où elles sont coulées d'un seul bloc, leur poids est de 11 à 12 cents kilogrammes. En Angleterre, elles sont formées de plusieurs pièces réunies par des boulons. La gorge de ces organes est toujours tournée de même que la partie intérieure des rebords, afin que les câbles

n'aient pas à souffrir des aspérités de la fonte. Les axes
des molettes, centrés avec soin, reposent sur des coussinets en cuivre renfermés eux-mêmes dans des crapaudines en fonte. Les crapaudines sont quelquefois dépourvues
de chapeau, celui-ci n'étant pas rigoureusement nécessaire, puisque la résultante des forces qui sollicitent les
molettes tend à maintenir les axes dans leurs supports.

La hauteur de ces objets, au-dessus de l'orifice des
puits, doit être assez grande pour que les vases d'extraction
ne viennent pas les heurter, dans le cas où le machiniste
n'arrêterait pas le moteur en temps utile. Les mineurs
belges ont adopté une hauteur de 9 à 12 mètres; ceux
du Staffordshire se contentent de 5 à 6 ; dans le district de Newcastle, les molettes sont installées à 15 ou
18 mètres au-dessus de l'orifice; mais comme l'opération
du criblage force de porter la margelle des puits à 5 ou
6 mètres au-dessus du sol, leur hauteur, de même qu'en
Belgique, n'excède pas définitivement 10 à 12 mètres.

SECTION VIIe.

DES MOTEURS D'EXTRACTION.

590. *Appareils employés dans les mines de houille.*

Les moteurs d'extraction de la houille sont : les hommes, les chevaux, l'expansion de la vapeur d'eau et l'eau agissant par son propre poids. Ces divers agents réclament l'intermédiaire d'appareils considérés quelquefois comme s'ils étaient eux-mêmes les moteurs; c'est dans ce sens que cette désignation est attribuée aux tours ou treuils, aux baritels ou machines à molettes, aux balances et aux roues hydrauliques. Ces dernières, fort en usage pour le service des mines métalliques, ne sont guère applicables aux mines de houille et offrent l'inconvénient de varier dans leurs forces suivant les saisons. Comme elles sont d'ailleurs l'objet de traités spéciaux, il est inutile d'en donner ici la description.

591. *Description et usage du treuil.*

On remarque dans le treuil deux parties distinctes : l'une, mobile, est formée d'un cylindre horizontal en bois sur lequel s'enroule une corde ou une chaine ; suivant l'axe sont implantées deux manivelles dont les parties les plus rapprochées du tambour forment les tourillons ou point d'appui du système ; l'autre, fixe et immobile, composée

de deux poteaux verticaux assemblés sur une semelle
et maintenus par des arcs-boutants, a pour but de
donner au cylindre une assiette solide et invariable.

Les treuils sont installés, soit immédiatement sur le
puits, c'est-à-dire sur le premier cadre du revêtement, soit à
une certaine distance de l'orifice. Cette dernière disposition,
qui exige l'emploi de molettes et d'une petite bellefleur,
s'applique à des profondeurs d'extraction assez notables ;
elle permet de se soustraire aux déviations de la corde
et de donner au cylindre une longueur convenable. Le
câble est simple ou double, suivant les circonstances : il
est simple lorsque sa longueur est égale à la profondeur
de l'excavation, plus quelques tours qui restent constamment sur le cylindre ; si, dans ce cas, le treuil est placé
sur l'orifice du puits, ce dernier ne comporte aucune
division en compartiments, parce que la corde doit pouvoir dévier librement de droite à gauche et de gauche à
droite ; celle-ci, d'ailleurs, ne peut jamais s'enrouler sur
elle-même que d'un fort petit nombre de tours, autrement
le tirage devient impossible, ce qui arrive ordinairement
dès qu'on atteint une profondeur de 30 à 40 mètres avec
un treuil de dimensions moyennes. L'emploi d'un câble
double, ou de deux câbles de même longueur, exige un
tambour divisé en deux parties égales par un disque lenticulaire en bois ; ces deux fractions servent à l'enroulement particulier de chaque corde.

Outre le treuil simple qui vient d'être décrit, les mineurs se servent du treuil composé ou treuil à engrenages (fig. 8 et 9, pl. L). Il se compose d'un tambour ee
de 0.50 à 0.90 mètre de diamètre, portant à l'une de
ses extrémités une roue dentée f commandée par un
pignon g. Le rapport du nombre de dents affectées à ces
deux organes dépend de la vitesse à imprimer aux vases

d'extraction ; ce rapport est ordinairement compris entre 1/4 et 1/5°. Le pignon est calé sur un arbre à l'extrémité duquel sont fixées deux manivelles h et h'.

Les mêmes figures font voir la paroi inclinée construite à la partie supérieure des puits pour faciliter la réception des vases d'extraction. Ce plancher, dont il a déjà été fait mention à l'occasion des cuffats, se compose de madriers jointifs ou de lattes à claire-voie clouées sur deux pièces de bois, l'une ajustée à l'orifice lui-même, l'autre encastrée un peu plus bas, dans la maçonnerie.

Les treuils, peu coûteux et dont il est possible d'augmenter ou de diminuer la puissance, servent à l'extraction de la houille à de petites profondeurs dans les mines d'une importance secondaire, et à commencer l'approfondissement d'un puits en attendant un moteur plus puissant. Leur simplicité et le petit espace qu'ils occupent leur assurent la préférence presque exclusive sur les autres appareils pour les fonçages sous *stot*, les puits destinés au retour de l'air et pour l'exécution de toutes les excavations verticales dont l'orifice gît à l'intérieur de la mine.

592. *Construction des treuils.*

Ces appareils étant ordinairement installés par les ouvriers attachés aux mines, il convient d'entrer ici dans quelques détails de construction.

Les deux montants verticaux a, a', assemblés à tenons et à mortaises sur la semelle horizontale bb, sont consolidés par deux ou trois contre-fiches c, c', qui préviennent en outre les mouvements latéraux. A la partie supérieure de ces montants se trouve une entaille au fond de laquelle tournent les tourillons, qui, dans les ouvrages plus soignés, reposent sur un coussinet de cuivre ou d'acier.

Lorsque le treuil a de grandes dimensions, les montants
sont prolongés au-dessus du cylindre, et une traverse *dd*,
ajustée à leur partie supérieure, détermine leur écartement d'une manière invariable. Les coussinets doivent être
soigneusement lubréfiés, afin de diminuer les frottements;
mais, dans les dispositions ordinaires, l'huile s'échappe et
coule le long des montants, d'où résulte de grandes pertes
de cette substance. Pour obvier à cet inconvénient, les
tourillons sont munis d'un bourrelet correspondant à une
entaille annulaire pratiquée dans le coussinet; l'huile, logée
dans cette échancrure, ne peut se répandre au-dehors, et
celle-ci, plus grande que le bourrelet, ne donne lieu à
aucun frottement. Cette disposition offre en outre l'avantage de prévenir tout mouvement latéral du tambour.

Les cylindres d'un petit diamètre sont formés d'un bloc
massif en bois de chêne; ceux d'un grand diamètre sont
creux et ont pour base une barre de fer carrée servant d'axe
au système; aux extrémités et au milieu de cette barre
sont calées des rondelles en bois destinées à recevoir les
douves jointives. Le cylindre construit de cette manière
est beaucoup plus léger que s'il était formé d'un seul bloc.
Dans tous les cas, les extrémités en sont frettées, c'est-
à-dire armées de cercles en fer destinés à empêcher les
bois de se fendre ou les douves de se détacher.

Les procédés employés pour fixer les manivelles dans
un tambour massif sont fort variables: tantôt, l'extrémité du
tourillon, forgée en pyramide à vives arêtes, est enfoncée,
à coups de marteau, dans des trous percés suivant l'axe;
tantôt, après avoir pratiqué des entailles à section rectangulaire, des barres carrées y sont introduites et calées
avec des coins en bois et en fer; d'autres fois, enfin, il
semble plus convenable (fig. 9bis) de ménager à l'extrémité des tourillons un talon, formant une saillie de 10

à 12 millimètres; celui-ci, logé dans une entaille latérale, prévient tout mouvement de sortie, lorsque la barre de fer a été soigneusement calée avec des coins.

On doit considérer trois objets, quant à la dimension des treuils: la longueur du cylindre, son diamètre et la hauteur des manivelles au-dessus du sol; ces dimensions sont toutes comprises dans des limites fort étroites. La longueur ne peut dépasser celle de la section du puits, lorsque le treuil est placé immédiatement sur le premier cadre de revêtement; mais elle peut être plus grande s'il est installé à une certaine distance de l'orifice. Le diamètre du cylindre est déterminée par le bras de levier des manivelles, par le poids à extraire et le nombre de tireurs. Enfin, la hauteur des tourillons, dépendante de la hauteur moyenne de l'homme et de la position de ses diverses articulations, se trouve comprise dans des limites encore plus étroites. La longueur du corps humain peut être considérée comme égale à huit fois la hauteur de la tête, celle-ci pouvant être évaluée en moyenne à 0.21 mètre. L'axe du tambour doit tomber dans la région des hanches, c'est-à-dire à 0.84 mètre au-dessus du plancher sur lequel portent les pieds des manœuvres, en sorte que la manivelle ne dépasse jamais, dans sa position la plus élevée, le point situé à environ 0.16 mètre au-dessous du menton, et, dans sa position la plus basse, 0.03 mètre au-dessous des genoux; ce qui fait 0.94 mètre pour le diamètre du cercle que décrit la manivelle, ou 0.47 mètre pour son bras de levier. Telles sont les dimensions moyennes dont il n'est guère permis de s'écarter.

593. Causes de la variation d'effort des ouvriers appliqués à la manœuvre du treuil.

Les câbles enroulés sur un treuil et suspendus dans un puits changent à chaque instant le rapport de leurs longueurs et font varier dans des limites fort écartées les moments des forces agissant tangentiellement au cylindre. Ainsi, à l'instant où le vase plein commence à s'élever, l'une des cordes, développée dans toute sa longueur, offre son maximum de poids; le vase s'élève, elle diminue de longueur, tandis que l'autre, à laquelle est attaché le vase vide, s'allonge incessamment et que la résistance s'amoindrit d'un poids double de celui de la corde enroulée sur le tambour. A la rencontre des vases, les tireurs n'ont à vaincre que les frottements de l'appareil et à soulever le minerai. L'ascension continue; un peu au-dessus du point de rencontre se trouve l'équilibre; mais, au-delà, le tireur n'a plus qu'à modérer le mouvement, le câble du vase vide s'allongeant incessamment jusqu'au moment où ce dernier arrive à la surface. La longueur variable des cordes est donc une cause qui influe, non-seulement sur le nombre d'ouvriers appliqués aux treuils, mais encore sur le développement de force plus ou moins grand auquel ils sont astreints dans les diverses phases du travail.

La seconde cause provient des diverses positions que doit prendre le corps de l'homme occupé à imprimer aux manivelles une circonférence entière, position plus ou moins favorable au développement de force du moteur. Soit (fig. 17) *A*, le point le plus élevé de ces diverses positions, *B*, le plus bas, *C* et *D* les deux points inter-

médiaires ; si la manivelle marche dans le sens indiqué
par la flèche, il est évident que de *m* en *n*, c'est-à-dire
pendant un arc d'environ 90 degrés, le tireur, agissant
avec touté sa force, à laquelle vient encore en aide le
poids de son corps, produira le maximum d'effet ; de
n en *o* et de *p* en *m*, l'énergie de l'action est diminuée,
et son minimum se trouvera en *op*, arc pendant lequel le
moteur agit par soulèvement. Pour compenser en quelque
sorte cette variation de force, les manivelles sont placées
dans un même plan, mais dans une direction opposée ;
c'est-à-dire qu'elles forment un angle de 180 degrés, parce
qu'alors, dans le moment où les tireurs, appliqués à l'une
d'elles, produisent, suivant *m n*, leur maximum d'effet, ceux
qui agissent de *o* en *p* sur la manivelle opposée se trouvent dans la condition la plus défavorable, ce qui établit
une espèce de compensation.

Enfin, les frottements changent d'intensité à chaque
instant du parcours de la circonférence par la poignée de
la manivelle. En effet, lorsque cette dernière se trouve
au point *D*, la direction de la puissance et celle de la
résistance étant les mèmes, le tourillon est chargé du
poids à soulever et de l'effort du moteur et le frottement
est double ; au point *C*, ces directions, diamétralement
opposées, se détruisent en partie ; en *A* et en *B*, la direction de la force motrice, formant un angle droit avec celle
de la résistance, ne produit pas de pression sur les tou
rillons. Cette nécessité de faire varier la force motrice,
est un grave inconvénient, auquel il est impossible de se
soustraire quant aux treuils ; elle détermine l'emploi d'un
nombre de tireurs en rapport, non avec l'effet utile produit, mais avec le maximum d'effort réclamé dans le
cours du travail.

594. *Baritels ou machines à molettes.*

La grande quantité de tireurs qu'exigent les treuils appliqués à de grandes profondeurs engage, la plupart du temps, à les remplacer par des baritels. Les figures 11, 12 et 13 de la planche L représentent, en projections verticales et horizontales, une machine à molettes telle que les construisent les mineurs belges dans les cas, fort rares, où ils ont recours à ces appareils.

Un arbre ou cabestan vertical *A* porte à sa partie supérieure un tambour cylindrique *B B*, et à sa partie inférieure une ou deux flèches ou bras de levier *C*, *C'*, à l'extrémité desquels agissent les chevaux. Ceux-ci sont attelés à des palonniers que supportent des pièces de bois verticales *d*, appelées *demoiselles* en Belgique et *poupées* en France. De même que dans le treuil, les câbles simples ou doubles passent sur deux molettes ou poulies de renvoi *e*, *e'*, placées dans des plans tangents aux deux côtés du cylindre. La charpente des molettes *S S* est formée de quatre montants verticaux assemblés à tenons et mortaises avec les semelles et les chapeaux, et consolidés par des jambes de force *t*, *t*, qui lui permettent de résister à la traction de la machine.

L'enroulement des câbles est régularisé par un ajustement particulier. Sur le prolongement de l'axe du tambour et à sa partie supérieure est fixé un petit cylindre *f*, sur lequel s'enroulent deux cordons attachés par une de leurs extrémités à de petites moufles *r*, *r'*; chaque moufle est liée, à la partie supérieure des cadres verticaux *m*, *m'*, qui glissent librement entre des rainures pratiquées sur les deux montants. Ces cadres, munis de deux roulettes entre lesquelles passent les câbles d'extraction et soumis à l'action des poids q, q', sont toujours sollicités à se mouvoir de haut en bas. Que le tambour soit mis en mouvement, le petit cylindre tourne avec lui et dans le même sens; les cadres, sollicités par les poids, descendent et dirigent l'enroulement ou le déroulement des câbles. Le tambour tourne en sens inverse ; alors les cadres, rappelés de haut en bas, tendent à replacer la corde dans la situation qu'elle occupait auparavant. La seule condition essentielle pour la régularité de l'effet produit, est que la longueur du cordon enveloppé sur le petit cylindre pendant une révolution complète soit égale au diamètre du câble d'extraction. Si le tambour porte un double câble, ou si un câble est affecté au service de chaque vase, l'enroulement des cordons s'effectue en sens contraire l'un de l'autre : l'un des cadres descend, tandis que l'autre s'élève, et réciproquement.

Le conducteur d'un baritel doit toujours être en mesure d'arrêter instantanément la marche de cet appareil, soit que les chevaux, n'obéissant pas à sa voix, entraînent le vase d'extraction vers les molettes, soit que la rupture d'un câble ou des traits du cheval ait lieu dans un instant où le poids de la charge est assez grand pour faire persévérer la machine dans son mouvement de rotation, soit dans toute autre circonstance analogue qui aurait pour résultat de blesser les hommes et les chevaux, ou tout au moins d'endommager la machine ou de détériorer les parois du puits. Ces accidents sont prévenus par l'emploi d'un *frein R R*, formé de deux pièces de bois horizontales et munies de sabots à leur point de contact avec le tambour ; aux extrémités de chacune de ces pièces sont encastrées deux poulies v, v sur lesquelles passe une corde x, x ; cette disposition constitue une véritable moufle que met en jeu un petit treuil y, sur lequel vient s'enrouler l'extrémité de la corde. En cas d'accident, l'ouvrier décrocheur, placé à portée de la manivelle du treuil, saisit vivement cette dernière et lui imprime un mouvement de rotation. Les deux solives se rapprochent et le frottement des semelles sur le cylindre enraie l'appareil. En cessant d'appuyer sur le treuil, la corde se relâche et les deux contre-poids T, T' suffisent pour écarter la tête des solives du frein et rendre au tambour sa liberté de mouvement.

Les manéges sont ordinairement recouverts d'une toiture destinée à préserver les chevaux et leurs conducteurs des intempéries de l'atmosphère ; cette toiture est supportée par une enceinte muraillée de forme octogone, percée de portes et de fenêtres, et dans laquelle sont encastrés les sommiers et les jambes de force. En outre, la plate-forme sur laquelle circulent les chevaux est établie à 2 ou 3 mètres au-dessus du sol naturel, par l'entassement des déblais fournis par les premiers mètres du fonçage.

595. *Baritel à tambour conique et à enroulement spiroïdal.*

L'appareil précédent est sujet au grave inconvénient signalé à l'occasion du treuil, savoir : la variation de l'effort du moteur, en raison des longueurs inégales des câbles suspendus dans le puits aux diverses phases de l'ascension. En Belgique, le remède à cet inconvénient consistait à faire varier l'allure du cheval pendant l'ascension du panier ; ainsi, au commencement, le cheval, marchant au pas, tirait avec énergie ; il prenait le petit trot un peu avant la rencontre, puis le grand trot et même le galop, lorsque le vase était sur le point d'arriver à la surface. Les exploitants allemands ont trouvé l'égalité des moments de la résistance dans l'emploi d'un tambour à double surface conique, faisant varier le rayon d'enroulement en sens inverse de la longueur de la partie des câbles suspendue dans le puits. En sorte que le levier à l'extrémité duquel agit la résistance se raccourcit à mesure que la pesanteur de la corde augmente, et vice-versâ, d'où résulte, dans les efforts du moteur, autant d'uniformité que possible.

Les figures 1 et 2 de la planche LI représentent, en projection horizontale et verticale, l'appareil de ce genre le plus usité dans les mines métalliques d'Allemagne. La figure 3 est une coupe suivant *M N* de la figure 1re. Les mêmes lettres représentent les mêmes objets.

La corde d'extraction s'enroule en spirale sur les pas de vis creux d'un tambour *a a'* composé de deux troncs de cône opposés par leur petite base. Ces deux cônes sont séparés par une surface cylindrique *b b*, destinée à recevoir la partie de la corde qui excède la profondeur à laquelle on veut atteindre. La hauteur assez considérable où se trouve placé le tambour force à incliner la flèche *c*, rayon d'action des chevaux ; deux chambrières *s, s'*, attachées à son extrémité, sont terminées par une fourche qui, s'implantant dans le sol, arrête subitement l'appareil et l'empêche de rétrograder.

Pour diriger l'enroulement des câbles et les conduire horizontalement dans les pas de vis où ils doivent se loger, deux rouleaux *g* et *h* sont disposés dans un châssis de telle façon que, dès l'origine de l'ascension du vase, l'un d'eux se trouve au niveau du plus petit pas de vis de l'un des cônes, tandis que l'autre se présente en regard du plus grand pas de vis de l'autre cône. Les deux montants du châssis sont munis de crémaillères *r* qui, engrenant

avec les pas de vis établis à la partie supérieure du tambour, font alternativement monter et descendre le cadre
de conduite et les rouleaux, suivant le sens du mouvement imprimé à l'appareil. Ce mouvement de va-et-vient
vertical est facilité par quatre leviers; deux d'entre eux p, p',
tournant autour du point i, agissent sur les montants;
les deux autres q, q', dont le point d'appui est situé sur
l'axe de l'arbre, portent une caisse l pleine de blocailles
servant à équilibrer le poids du cadre et celui de la partie
de corde comprise entre le tambour et les rouleaux.

Le frein se compose, comme précédemment, de solives
et de mâchoires A A, A' A', mais la manière de les serrer
contre le tambour est différente. Ces deux mâchoires sont
liées par des tiges en fer e, e aux deux angles opposés
d'un poteau vertical f mobile sur son axe; ce poteau porte,
vers le milieu de sa hauteur, une ceinture en fer qui le
rattache, d'autre part, au moyen de tringles t', avec l'extrémité d'une poutrelle u, u; celle-ci, recevant à volonté un
mouvement de va-et-vient horizontal, le communique au
frein par l'intermédiaire du poteau. La poutrelle horizontale est constamment rappelée vers le puits par l'action
d'une équerre v et d'une bielle verticale y; celle-ci, d'un
poids suffisant pour refréner l'appareil dans la plupart
des cas, est soulevée à l'aide d'un bras de levier du second
genre x, dont l'extrémité s'appuie sur une cheville. Le
frein doit-il être serré, la cheville est enlevée; la bielle
agit par son propre poids, auquel le décrocheur ajoute
celui de son corps en appuyant sur le levier, et le frein
s'applique contre les flancs du tambour. S'agit-il de desserrer, la bielle étant soulevée, la cheville est mise en
place et l'appareil reprend la liberté de ses mouvements.

Les molettes en bois sont installées à des niveaux
correspondant au pas de vis moyen de chaque cône, afin

de maintenir les câbles aussi rapprochés que possible de la situation horizontale. La *bellefleur* se compose de sommiers horizontaux rattachés à la charpente générale, combinée d'ailleurs de manière à soutenir l'appareil et à servir de base à la toiture du manége.

596. *Dimensions des principales pièces d'un baritel.*

Le rayon du tambour et la longueur de la flèche, ou la distance comprise entre l'axe de l'arbre et le point d'action des chevaux, se déduisent de la considération des effets mécaniques à obtenir; toutefois, le rapport entre ces deux objets, ordinairement de $1/3$ à $1/4$ pour un seul cheval, devient quelquefois de $1/5^e$ pour plusieurs chevaux. La longueur d'une flèche ne peut être moindre de 4 mètres ; au-dessous de ce terme, le quadrupède tirant sous un angle aigu, le mouvement circulaire devient fort difficile. Comme, en outre, l'allure la plus favorable à ces animaux se rapporte à une certaine vitesse au-dessous de laquelle on rencontre de nombreux inconvénients, il en résulte que si, d'un côté, le bras de levier ne peut être trop grand, de l'autre, une flèche trop longue, ralentissant trop le mouvement, place l'extraction dans des conditions défavorables. Une longueur comprise entre 5 et 7 mètres est généralement considérée comme la plus convenable. Le diamètre du cylindre doit être calculé dans la prévision d'un effet mécanique donné, sa hauteur dépendant d'ailleurs du nombre d'enroulements de la corde, par conséquent de la profondeur du puits.

597. *Construction des machines à chevaux.*

Il importe de dire quelques mots sur la construction de ces appareils, dont le mineur est quelquefois chargé et qu'il doit toujours réparer.

L'arbre, de 0.30 à 0.40 mètre d'équarrissage, suivant
la force de la machine, est en bois de chêne; cylindrique
à ses deux extrémités, à section octogonale dans sa partie
centrale et quadrangulaire dans les points qui doivent
porter les ajustements du tambour; ou, plus simplement,
quadrangulaire dans toute la partie comprise entre les deux
extrémités cylindriques. Celles-ci sont toujours munies de
frettes pour prévenir les fentes et les gerçures. Le point
d'appui inférieur du cabestan doit être situé à une certaine
hauteur au-dessus du sol du manége, afin de préserver le
tourillon des ordures et de diminuer la portée de l'arbre.
Cette base, suivant les localités, consiste en maçonnerie
ou en charpente.

Le pivot sur lequel tourne l'appareil, de même que
la crapaudine qui le reçoit, sont des objets de forme et
de construction très-variées. En Belgique, les forgerons
(fig. 11, 13 et 13 ^{bis}, pl. L) introduisent, dans une échancrure pratiquée à la partie inférieure de l'arbre, un bloc
de fer carré, fixé d'une manière invariable et consolidé
au moyen de deux ou trois frettes. Puis, dans une cavité
rectangulaire ménagée au milieu de ce bloc, ils font pénétrer de force un pivot de même forme qu'ils calent, si le
besoin l'exige. La crapaudine, formée d'une plaque d'acier,
contient une cavité hémisphérique dans laquelle le pivot se
meut avec facilité; comme elle doit être à l'abri des ébran-
lements latéraux et des affaissements, on l'encastre dans
un bloc de bois dur, supporté par une maçonnerie et par
deux pièces disposées en croix, ou à la partie supérieure
d'un dé en pierre de taille.

En Allemagne (fig. 6, 7 et 8, pl. LI), le pivot s s'engage dans un cylindre en fer t, surmonté d'une palette u
forgée dans le même bloc et destinée à pénétrer dans une
entaille pratiquée suivant le diamètre du cabestan. La cra-

paudine c,c', formée de deux boîtes, l'une en fer et l'autre en acier, est fixée sur un poteau carré d' (fig. 1); celui-ci, assemblé sur deux pièces de bois en croix w, w', est maintenu par quatre contre-fiches d, d'. Les coins, inter-posés au-dessous du coussinet, ont pour but de maintenir ce dernier en place et de permettre de le retirer par une échancrure latérale lorsqu'il est usé; cette opération se fait alors sans déplacer l'arbre et en le soulevant de quelques centimètres.

Le pivot supérieur n'a pas une aussi grande solidité, mais il doit être solidement attaché pour résister aux pres-sions latérales; sans cela, il quitterait sa position normale et la marche du tambour deviendrait irrégulière. Ce pivot est installé, soit dans une crapaudine fixée contre un som-mier, soit dans une cavité cylindrique comprise entre deux pièces de charpente réunies à l'aide de boulons.

La surface des tambours cylindriques (fig. 12 et 13, pl. L) est formée de douves jointives de 0.05 mètre d'épaisseur et de 0.10 à 0.12 mètre de largeur, clouées sur les circonfé-rences de trois couronnes en bois. Ces couronnes, simples ou doubles suivant la force de résistance réclamée de l'ap-pareil, sont construites, tantôt d'une simple série de jantes assemblées bout à bout avec tenons et mortaises, tantôt de deux séries, disposées de telle façon que les joints des deux jantes correspondent à la partie pleine de la jante super-posée. Chaque couronne est attachée à l'arbre vertical au moyen de quatre solives disposées en croix; celles-ci sont reliées entre elles et avec les jantes par quatre goussets et huit contre-fiches. Les couronnes, placées aux deux extré-mités du tambour, font saillie sur la surface de ce dernier, en sorte que l'extrémité des douves peut être introduite dans une échancrure annulaire pratiquée au milieu de leur largeur. La couronne inférieure, sur laquelle s'applique le frein, doit avoir une assez forte épaisseur et surtout une assez grande solidité.

Les tambours coniques ou spiroïdaux (fig. 4 et 5, pl. LI) sont formés de dix solives verticales assemblées sur deux plateaux circulaires, où elles sont maintenues à l'aide de chevilles. Aux deux extrémités du tambour se trouvent deux couronnes, grandes bases des deux cônes, liées avec l'arbre au moyen de solives disposées en croix et de contre-fiches. La partie cylindrique, interposée entre deux cônes, se compose d'un certain nombre de disques super-posés et réunis entre eux; et les spires, de madriers dont l'épaisseur est un peu plus forte que le diamètre des cordes d'extraction; ces madriers, entaillés en forme de segments de cercle, sont d'ailleurs séparés par l'intercalation de petites lattes appelées à jouer le rôle de la partie saillante d'un filet dans une vis. Enfin, le tambour est préservé de tout mouvement de descente au moyen de contre-fiches inclinées et appuyées contre l'arbre et sur la couronne inférieure.

598. *Des machines à vapeur appliquées à l'extraction.*

Les machines à vapeur sont trop généralement connues, elles sont l'objet d'un trop grand nombre de traités spéciaux, pour qu'on doive entrer ici dans aucun détail de construc-tion, détails qui, du reste, ressortent entièrement de l'art du mécanicien et non de celui du mineur. Il suffira de s'occuper de l'application de ce moteur à l'extraction dans les mines de houille et, par conséquent, de le considérer sous le rapport de la transmission du mouvement qu'il imprime aux câbles d'extraction.

Les machines appliquées à cette opération sont toutes à *double effet*, la vapeur agissant alternativement sur les deux faces du piston, ainsi que l'exige la transformation d'un mouvement rectiligne en un mouvement de rotation régulier. Elles peuvent être à condensation, si l'eau se rencontre en abondance dans leur voisinage; mais comme cette circonstance est rare, il est plus ordinaire d'employer des machines à haute ou à moyenne pression dans lesquelles la vapeur s'échappe dans l'atmosphère après avoir produit son effet. Enfin, le cylindre peut être disposé horizontalement ou verticalement.

Le lecteur trouvera dans les paragraphes suivants la description de deux machines à rotation construites par M. Colson, ingénieur-mécanicien des ateliers de Haine-St.-Pierre (Hainaut), à l'imitation des nombreux appareils de cette espèce sortis de Seraing et dont la réputation méritée est si grande parmi les exploitants du continent.

599. *Machine rotative à cylindre horizontal.*

Les figures 9, 10 et 11 de la planche LI représentent une machine à cylindre horizontal, à haute pression et sans condensation, en usage dans les mines de houille pour extraire le charbon à de petites profondeurs, pour commencer l'avaleresse d'un puits ou remorquer les produits des tailles le long d'un plan incliné. Ces trois figures comprennent les détails suivants :

A, cylindre à vapeur. Son diamètre étant de 0.30 mètre, la course du piston de 0.60, la tension de la vapeur dans la chaudière de 3 à 4 atmosphères et le nombre de révolutions du volant par minute de 40 à 50, il en résulte que la machine peut être considérée comme ayant une force exprimée par 9 à 12 chevaux-vapeur d'effet utile.

b et *c*, le piston et sa tige, dont l'extrémité repose, par l'intermédiaire de deux galets, sur deux lames de fer bien dressées et disposées horizontalement.

C, boîte à vapeur placée au-dessus du cylindre; elle contient le tiroir de distribution.

D, tuyau adducteur transmettant la vapeur des chaudières au cylindre. Une manivelle, liée avec un robinet, règle la quantité de vapeur admise dans le cylindre.

E, tuyau de décharge de la vapeur qui a produit son effet.

d, bielle liée par l'une de ses extrémités à la manivelle *e*, à laquelle est imprimé un mouvement de rotation.

F, arbre portant le volant *G* vers le milieu de sa longueur, et, à l'une de ses extrémités, le pignon *J*.

K, grande roue dentée commandée par le pignon.

M, arbre des bobines, ainsi désigné parce qu'il reçoit les deux organes de ce nom sur lesquels s'enroulent les câbles plats d'extraction. L'une de ces bobines est visible dans la figure 11, où elle est désignée par les lettres *N N*.

P, pompes alimentaires.

La distribution de la vapeur se fait à l'aide d'un tiroir unique *s*, auquel une bielle, montée excentriquement sur l'arbre du volant, communique un mouvement de va et vient par l'intermédiaire de quelques pièces.

f, excentrique ajusté sur l'arbre *F*.

g, tige terminée à l'une de ses extrémités par un collier enveloppant l'excentrique, et, à l'autre, par une poignée *h* servant à soulever la tige. Une entaille demi-circulaire *i* est engagée à volonté sur l'un des deux boutons *k* ou *k*' du bras de levier *l*.

m, arbre horizontal attaché à la tige du tiroir de distribution par un levier coudé *n*; il porte, en outre, une poignée *o*, dont le machiniste se sert pour conduire le tiroir à la main.

L'introduction de la vapeur sur les deux faces du piston s'effectue à la main ou par le mouvement de la machine elle-même. Dans la première opération, le machiniste saisit la poignée *o*, la pousse en avant et la retire pour déterminer la rotation de l'arbre *m*, tantôt dans un sens, tantôt dans le sens contraire; ce mouvement, communiqué par le levier coudé *n*, fait successivement avancer et reculer le tiroir de distribution *s*, et met alternativement les deux faces du piston en communication avec les générateurs. Le même effet pouvant se produire par l'intermédiaire de l'excentrique *f*, de sa tige *y* et du levier *l*, la machine, pendant la marche, se charge de régler elle-même l'introduction de la vapeur dans le cylindre.

Suspendre le mouvement ou en changer le sens est une opération prompte et facile. Les diverses pièces étant disposées entre elles de telle façon que, quand le levier *l* est vertical, le tiroir se trouve au milieu de son excursion et recouvre simultanément les deux orifices d'introduction de la vapeur, il suffit, lorsque la machine est en marche, de soulever la tige de l'excentrique, de dégager son entaille du bouton sur lequel elle repose, et, en même temps, de saisir la poignée *o* pour amener le levier *l* dans une position verticale; alors, les communications entre la vapeur et l'intérieur du cylindre étant interrompues, l'appareil s'arrête subitement. S'agit-il, après un temps d'arrêt, de reprendre dans le même sens le mouvement interrompu, le tiroir est remis dans la position qu'il occupait avant l'interruption; le piston continue la route commencée, et, dès qu'il atteint l'extrémité du cylindre, le machiniste fait affluer la vapeur sur l'autre côté du piston; lorsque, après quelques excursions déterminées à la main, la machine est en train, il replace l'échancrure de la tige de l'excentrique sur le même bouton et la rotation

recommence dans le même sens qu'auparavant. Le mouvement doit-il, au contraire, être renversé, le machiniste,
soulevant la tige de l'excentrique de la main gauche, saisit
la poignée de la droite et transporte rapidement le tiroir du
côté où se dirige le piston ; la vapeur afflue sur le point
opposé à celui d'où elle arrivait, et celle qui se trouve de
l'autre côté se répand dans l'atmosphère. Si, par exemple,
le piston cheminant de A' en A occupe la position
indiquée par la figure 9, il suffit de ramener vivement
le tiroir en arrière vers s pour que la vapeur, agissant
avec toute sa force d'expansion, détruise les vitesses ac-
quises, arrête le piston et le force de rétrograder vers A'.
Lorsque ce dernier arrive à l'extrémité de sa course, le
machiniste change la position du tiroir et continue de
conduire à la main jusqu'au moment où la marche est
régularisée ; il place alors l'échancrure de la tige sur le
bouton k' que porte l'autre extrémité du levier l, et le tiroir continue à s'ouvrir et à se fermer en sens inverse
de la manière dont il s'ouvrait et se fermait précédemment.

Quoique ces dispositions présentent assez de sûreté pour
qu'il soit permis d'arrêter le mouvement au moyen des
seuls tiroirs, le machiniste a ordinairement le soin, dans
ces diverses opérations, d'obstruer en totalité ou en partie
le passage de la vapeur ; il emploie pour cela la manivelle ajustée au-dehors du tuyau adducteur.

Ce moteur, installé sur un cadre formé de sommiers
reliés avec des boulons, est éminemment portatif et
facile à déplacer.

600. *Machine d'extraction à cylindre vertical et à balancier.*

La machine représentée en projection verticale par la
figure 1 de la planche LII, et en projection horizontale

par la figure 1 de la planche LIII, est à double effet, à moyenne pression, sans détente ni condensation. Le diamètre du cylindre étant de 0.533 mètre (21 pouces anglais), la course du piston de 1.828 mètre (6 pieds), le nombre des excursions complètes de 19 par minute, et la tension de la vapeur dans les chaudières de trois atmosphères, sa force dépasse 40 chevaux. Le lecteur peut, en examinant les quatre figures dans lesquelles les mêmes lettres représentent les mêmes objets, observer les organes suivants :

A, cylindre dans lequel la vapeur, introduite alternativement au-dessus et au-dessous du piston, imprime à ce dernier un mouvement vertical de va et vient.

BB, parallélogramme liant la tige du piston *a* et la tête du balancier *CC'*.

D, bielle qui, recevant son mouvement du balancier, le communique à la manivelle *E*.

F, arbre du volant *VV'*. Celui-ci, n'ayant d'autre but que de maintenir la machine en activité lors du passage des deux points morts, c'est-à-dire lorsque l'axe de la manivelle est vertical, ne doit pas être d'un trop grand poids ou de trop fortes dimensions, car alors, emmagasinant une grande quantité de force, il deviendrait difficile d'arrêter la machine et de changer le sens de son mouvement avec la promptitude réclamée par les diverses manœuvres.

VV' et *UU'*, volant et bobines.

G, pignon, et *H*, grande roue. Le rapport des diamètres de ces deux organes varie suivant la vitesse moyenne à imprimer au vase d'extraction. Ici ce rapport est de 1/2; dans les machines d'une force moindre, il est de 1/3 et même de 1/4, suivant la rapidité des excursions du piston. Dans tous les cas, le diamètre de la roue ne doit pas être trop grand relativement au pignon, afin que le machiniste ne soit jamais obligé de donner à l'appareil une vitesse trop considérable qui tendrait à le détériorer.

J, tuyau de conduite de la vapeur dans la boîte de distribution.

i, robinet d'admission de la vapeur, réglé par une tige *h*. Un levier *gg'*, muni d'une poignée *g'*, se trouve à portée de la main du machiniste.

KK', tuyau de décharge de la vapeur, communiquant avec la bâche ou réservoir à eau chaude.

L, pompe à eau froide qui, prenant l'eau du puits, la fait passer dans la bâche, où elle se réchauffe sous l'influence de la vapeur sortant du cylindre.

M, tuyau de trop plein, servant à l'écoulement de l'eau chaude, lorsqu'elle dépasse un certain niveau.

N, pompe alimentaire. Elle prend en *m* l'eau chaude que contient le réservoir, la soulève de *m* en *n*, puis la refoule dans les chaudières par un tuyau horizontal *O*.

ff sont les tiges des deux pompes placées symétriquement de chaque côté du balancier.

La section du cylindre et des boîtes de distribution *d*, par un plan vertical (fig. 2, pl. LII), montre les deux tiroirs *a, a'* réunis par une tige *b*; on peut aussi voir les deux canaux rectangulaires *c, c'* par lesquels la vapeur afflue sur les deux surfaces du piston et s'échappe après avoir produit son effet.

K est le régulateur de sortie de la vapeur.

P, P', excentrique, et *P's*, levier dont le machiniste saisit la poignée pour exécuter les manœuvres à la main.

q et *q'* (fig. 3, pl. LII), bras de levier portant à une de leurs extrémités deux boutons indépendants *r, r'*, sur l'un ou l'autre desquels se place à volonté l'entaille pratiquée dans la tige de l'excentrique, et auxquels ce dernier communique un mouvement de va et vient. Lorsque le bouton r est en mouvement, il agit sur l'arbre ww, qui, à son tour, imprime un mouvement vertical alternatif à la tige des tiroirs de distribution, par l'intermédiaire de deux leviers coudés attachés à la douille t ; mais si l'entaille de l'excentrique vient à recouvrir le bouton r', le mouvement inverse est communiqué à l'arbre ww, et, par suite, aux tiroirs par l'intermédiaire de la tige u (fig. 1re., pl. LI). Une poignée e permet au machiniste d'agir avec la main chaque fois qu'un changement dans le sens du mouvement réclame cette manœuvre, facilitée d'ailleurs par l'application d'un contre-poids v tendant à soulever les tiroirs.

La manœuvre du jeu des leviers est analogue à celle qui a été décrite ci-dessus à l'occasion des machines à cylindre horizontal.

Le balancier repose sur deux jumelles ou sommiers RR, quelquefois en fer de fonte, mais plus ordinairement en bois ; la flexion de ces pièces est prévenue par deux colonnes en fonte T. Les crapaudines, qui doivent être fixées invariablement, sont assujetties à l'aide de boulons x, x, x encastrés dans la maçonnerie des fondations et serrés par des écrous accompagnés, en certaines circonstances, de disques en fonte tels que z, z, z, etc.

Les machines d'extraction des mines du continent sont toujours mises à l'abri des intempéries de l'air par un assez vaste bâtiment qui recouvre en même temps la charpente des molettes, de même que l'emplacement occupé par les générateurs. Ceux-ci cependant sont privés d'abri dans quelques localités, ce qui n'offre aucun inconvénient s'ils sont revêtus à leur partie supérieure de briques placées de champ, qui empêchent la chaleur de se dissiper dans l'atmosphère. Dans les districts houillers du nord de l'Angleterre, le cylindre et les bobines sont seuls préservés contre les injures du temps. Dans le Staffordshire et le Shropshire, où les machines sont extrêmement grossières, le cylindre est recouvert d'une espèce de guérite offrant à peine assez d'espace pour abriter le machiniste.

Dans tous les cas, la disposition de l'appareil doit être telle que le conducteur de la machine embrasse d'un seul coup d'œil la manivelle, les bobines et l'orifice du puits ; sans cela, il est exposé à commettre des erreurs fréquemment suivies d'accidents fâcheux. Il semble inutile d'ajouter que les poignées de tous les leviers relatifs au jeu de l'appareil doivent pouvoir être saisis par lui sans aucun déplacement de sa part.

601. Observations générales sur les machines à vapeur d'extraction.

Les machines rotatives à moyenne pression et sans condensation sont plus simples que les appareils munis d'un condenseur ; moins coûteuses d'acquisition et d'entretien, leur déplacement est aussi plus facile. Elles sont surtout fort convenables pour les mines de houille où l'exploitant éprouve ordinairement de la difficulté à se procurer l'eau nécessaire à la condensation ; il peut alors se dispenser d'établir ces vastes réservoirs encore actuellement si nombreux sur le carreau des mines de la province de Liége, réservoirs dans lesquels l'eau du condenseur est conduite pour se refroidir et être utilisée de nouveau ; car ces constructions fort coûteuses ne remplissent pas entièrement leur but, puisque le liquide n'a pas toujours le temps de se refroidir suffisamment, quelque étendue que soit la surface des bassins. De même que les anciennes machines liégeoises, celles des environs de Newcastle sont généralement à basse pression et à condensation. Les appareils à détente, excepté les machines de Woolf à deux cylindres, ne peuvent être admises pour l'extraction, dont les différentes phases exigent l'arrêt subit de la marche du moteur et un triple renversement du mouvement pour chaque vase d'extraction parvenu à l'orifice du puits.

Les machines à cylindre horizontal sont plus simples et moins coûteuses que celles à balancier ; mais elles sont l'objet d'un reproche : la prompte détérioration des pistons et l'usure inégale du cylindre, toujours plus fortement attaqué à sa partie inférieure que partout ailleurs. Toutefois, leur usage est avantageux quand la force requise ne dépasse pas de certaines limites. Les balanciers sont réservés pour les appareils d'une certaine puissance.

Un seul tiroir suffit à la distribution dans les cylindres d'une petite longueur, les canaux qui conduisent la vapeur aux deux extrémités de l'appareil ne pouvant occasionner une grande perte. Mais si le cylindre a quelque longueur et si, par conséquent, la boîte offre une capacité notable, il est préférable d'employer deux tiroirs liés par une tige, ainsi que le lecteur vient de le voir dans la description de la machine à cylindre vertical.

Les générateurs à tubes bouilleurs, malgré l'économie de combustible, sont rarement applicables aux mines de houille ; en effet, les eaux employées, provenant des travaux, contiennent en dissolution des substances qui se déposent par suite de l'évaporation et forment des incrustations difficiles à enlever des chaudières et, par conséquent, des tubes bouilleurs. Comme, en outre, la vapeur est engendrée par des houilles de qualité inférieure, impropres à la vente, l'exploitant est généralement peu tenté de réaliser

des économies de combustible par l'acquisition d'objets
tendant à augmenter notablement le prix des machines.

Sur le continent, la vitesse moyenne communiquée aux
vases d'extraction par les machines rotatives, est d'environ
un mètre ou au plus 1.20 mètre par seconde; souvent elle
n'est que de 0.90 mètre (1). Au nord de l'Angleterre, elle
est de 4 à 5 mètres; et dans un des puits des environs de
Manchester, les tubs parcourent 5,33 mètres par seconde.
Cette grande rapidité s'explique par la disposition des organes de l'appareil; en effet, les engrenages intermédiaires
sont supprimés et la tige du piston, faisant fonction de
bielle, communique directement le mouvement de rotation
à l'arbre des bobines. Cependant de fortes charges extraites
avec une vitesse modérée sont bien préférables à des vases
d'une capacité moindre, mus avec une grande rapidité,
tant sous le rapport de l'effet utile, de la conservation des
cordes et de la machine elle-même, que pour prévenir
des accidents.

602. *Précautions à prendre dans la conduite d'une machine rotative.*

Le machiniste, à l'instant où la charge, abandonnant
le fond du puits ou la chambre d'accrochage, se suspend
au câble d'extraction, peut apprécier l'effort du moteur
appelé à vaincre subitement la force d'inertie; il pourvoit
à cet excès de résistance en faisant passer dans le cylindre
une quantité suffisante de vapeur. A mesure que le vase
plein s'élève dans le puits, la corde se raccourcit et la
résistance diminue d'intensité, ce qui engage le machiniste

---

(1) L'introduction récente des cages d'extraction a eu pour résultat
de porter cette vitesse à 2, 3 et même 3.50 mètres.

à rétrécir l'orifice d'admission, en agissant sur le modérateur par l'intermédiaire d'une manivelle ou d'un levier; plus rarement il produit cet effet, en mettant obstacle à l'écoulement de la vapeur dans l'atmosphère. Lorsque le vase est parvenu à 15 ou 20 mètres du jour, circonstance annoncée par un bouchon de paille attaché au câble, ou par une large marque blanche faite à la craie, le machiniste, prévenu par un cri que poussent les décrocheurs, ou par le tintement d'une sonnette, modère le mouvement et conduit la machine à la main, en se tenant prêt à l'arrêter subitement lorsque le vase atteint une hauteur convenable, c'est-à-dire, se trouve à 1 mètre ou à 1,50 au-dessus de la margelle. Les manœuvres suivantes offrent trois phases distinctes consistant : 1°. A changer le sens du mouvement de rotation pour amener le vase sur la margelle; à relâcher le câble et à laisser la machine en repos, pendant que les ouvriers décrochent le vase plein et lui en substituent un vide ; 2°. A relever ce dernier et à le mettre dans la position qu'occupait le premier un instant auparavant ; 3°. A renverser de nouveau le sens du mouvement de rotation, pour faire descendre le vase dans le puits. Le temps employé dans ces opérations est au minimum d'un quart à une demi-minute et au maximum de trois à cinq, suivant la nature des vases d'extraction et le procédé employé pour les recueillir.

Pour les puits non divisés en compartiments, le machiniste, prévenu en temps utile du moment précis où les deux vases doivent se rencontrer, ralentit la marche de la machine pendant que ceux-ci parcourent un espace de 10 à 15 mètres, afin de les empêcher de s'accrocher ou de se heurter mutuellement.

Il évite d'arrêter l'appareil ou de changer le sens du mouvement aux limites des excursions du piston, car alors la manivelle étant en ligne droite avec la bielle, c'est-à-dire se trouvant dans ses *points morts*, il lui est fort difficile de remettre la machine en activité; il n'y parvient quelquefois qu'en agissant sur le volant, ce qui est incommode et occasionne de grandes pertes temps.

603. *Des bobines.*

L'enroulement des cordes rondes en chanvre ou en fil de fer a lieu sur des tambours ou baritels cylindriques dont l'axe est disposé horizontalement. Mais les câbles plats, indispensables pour atteindre à de grandes profondeurs, exigent l'emploi d'appareils désignés sous le nom de *bobines* construites entièrement en fer, ou dans lesquelles ce métal et le bois sont combinés ensemble.

Les cerveaux (fig. 4 et 5, pl. LII) désignés en Belgique sous le nom d'*estomacs*, sont des plateaux en fonte de fer S, S portant à leur face intérieure des couronnes saillantes a, a, qui, appliquées l'une contre l'autre, forment un cylindre creux sur lequel s'enroule le câble; ce cylindre, dont la hauteur se règle d'après la largeur de la corde, constitue le *noyau* de la bobine. Les bras ou rayons c, c, c, sont au nombre de huit; ils se logent, par une de leurs extrémités, dans des cavités ménagées sur les prismes saillants que portent les faces extérieures des plateaux; ces divers objets sont liés par deux boulons, dont un au moins doit traverser le noyau sur toute sa largeur, afin de réunir invariablement les deux cerveaux; l'autre extrémité des bras est fixée à une couronne en fer dd; en sorte que l'ensemble présente l'aspect de deux roues séparées entre elles par un intervalle de 20 à 30 centimètres, propre à l'enroulement spiroïdal du câble plat. Le noyau est assujetti sur un arbre F à section carrée, au moyen de cales en bois et en fer; ou mieux, si ce dernier a été tourné, par l'introduction d'une broche cylindrique dans un trou de même forme, percé moitié dans le noyau et moitié dans l'arbre.

Quelquefois les bras et la couronne extérieure sont en bois; quelquefois encore les bras seuls, formés de cette matière, se rattachent à une couronne en fer malléable, à l'aide de sabots en fonte. Souvent aussi les cerveaux, dépourvus d'enveloppes saillantes, sont appliqués sur les deux faces extérieures d'un cylindre en bois formant le noyau.

La longueur des rayons ou bras varie selon la profondeur des puits, c'est-à-dire, suivant la longueur de la corde à enrouler. Lorsqu'ils sont en fer, leur surface intérieure est revêtue d'une planchette en bois tendre, dont le but est de préserver la corde de tout contact avec les arêtes trop vives de la fonte, et de prévenir sa trop prompte détérioration.

La position des bobines relativement au cylindre à vapeur, indiquée dans la figure 1ʳᵒ des planches LII et LIII, est à peu près généralement adoptée en Belgique, en Allemagne et dans le département du Nord. Les mécaniciens de plusieurs districts de l'Angleterre placent les bobines au-dessus du cylindre et à égale distance du plan vertical passant par la tige du piston; le mouvement leur est transmis directement par une manivelle et une tige articulée. Quelquefois aussi les bobines, montées chacune sur un axe isolé, sont installées de chaque côté du cylindre et vers sa base. Mais ces dispositions, quoique fort simples, sont loin d'offrir autant de sécurité que la première.

Le niveau où s'installent les bobines doit être combiné avec celui des molettes, de telle façon que le câble ne soit pas astreint à se ployer suivant un angle aigu, ce qui arrive chaque fois que les dernières sont trop élevées au-dessus des premières, ou que ces deux organes sont séparés par un trop petit intervalle. Toutefois, une distance considérable est désavantageuse, en ce que le câble, faisant chaînette, augmente les résistances et réclame pour se soutenir l'emploi de rouleaux de friction qui contribuent à sa prompte usure. Élever les bobines au-dessus du plan de la margelle semble de tout point préférable; mais, dans certaines localités, cette disposition devient fort coûteuse.

Une condition essentielle doit présider à la pose de ces appareils; c'est que chaque bobine et la molette correspondante soient placées dans des plans parallèles, verticaux et rigoureusement normaux aux axes de rotation. Les plus petites erreurs, forçant le câble à s'infléchir à droite ou à gauche, lui font éprouver des frottements latéraux lors de son passage sur les molettes et de son enroulement sur les bobines. Comme, en outre, les rouleaux de friction le dévient de la ligne droite et lui impriment une courbure, cause incessante de détérioration, il se trouve hors de service longtemps avant l'époque où, sans cette fâcheuse circonstance, il aurait fallu pourvoir à son remplacement.

604. *Remettre sur les bobines ou leur enlever un nombre déterminé de tours du câble.*

La longueur d'un câble d'extraction peut devenir trop grande, soit que, nouvellement placé, l'usage lui ait donné une extension considérable, soit que l'exploitation ait été portée à un étage plus élevé que celui pour lequel la corde avait été primitivement disposée. La longueur peut aussi devenir trop courte, parce qu'un accident

arrivé dans un point quelconque de sa longueur nécessite le retranchement de la partie détériorée, ou que les
travaux passent d'un étage supérieur à un niveau inférieur.
Dans ces circonstances, le câble doit être raccourci ou
allongé suivant les besoins, c'est-à-dire qu'un nombre déterminé de tours doit être repris ou abandonné par l'une
des bobines.

Le procédé le plus habituel est le suivant. Après avoir
fait coïncider l'extrémité inférieure de l'un des deux câbles
avec l'orifice du puits, et mesuré l'excès de l'autre câble
à l'intérieur, le premier est retiré de dessus la molette et
repris entièrement sur la bobine, où il est attaché; puis,
faisant tourner la machine jusqu'à ce qu'on ait enroulé,
du second, une longueur exactement égale à l'excès de longueur trouvé dans le puits, le premier câble est reporté
sur sa molette; alors les deux extrémités arrivent simultanément aux points qu'elles doivent atteindre. L'opération
est analogue, mais inverse, s'il s'agit d'allonger l'une des
deux cordes.

Cette manœuvre, en raison du poids considérable à
enlever de dessus la molette pour l'y replacer peu après,
exige du temps et un grand nombre d'ouvriers. Une
disposition fort simple du noyau des bobines permet
d'allonger et de raccourcir les câbles avec une grande
promptitude et un petit développement de forces.

Les figures 6 et 7 de la planche LII offrent un exemple
tiré de l'une des machines de la concession de Guley,
près d'Aix-la-Chapelle. Sur l'arbre des bobines F est fixé,
au moyen de cales cylindriques, un noyau en fonte tourné
à sa surface extérieure. Deux cerveaux, également dressés
et polis à l'intérieur, embrassent le noyau et tournent
librement sur lui. Les boulons extrêmes n et o lient les
bras de la bobine et les cerveaux; ceux du milieu, m, m,

fixent la bobine sur l'arbre par l'intermédiaire du noyau en fonte qu'ils traversent. Rien de plus simple que d'obtenir, au moyen d'une semblable disposition, l'enroulement ou le déroulement d'un nombre quelconque des tours de l'une des bobines. Après avoir, comme ci-dessus, amené la partie inférieure d'un câble au niveau de la margelle, l'autre bobine reçoit un mouvement de rotation capable de relever son câble ou de le laisser descendre de la longueur voulue. L'extrémité de ce dernier arrive au point convenable; cette circonstance est signalée par un ouvrier de l'intérieur; le mouvement s'arrête; les boulons sont remis en place, et l'appareil est prêt à fonctionner.

A la mine des Six-Boniers, près de Liége, la longueur des câbles métalliques est régularisée de la manière suivante. Sur l'arbre moteur H (fig. 10 et 10 ^{bis}, pl. L) est intallé un treuil formé de deux disques latéraux h, h', d'une forte tôle i, i pliée cylindriquement et rivée sur des fers d'angle et de quatre bras de levier f, f, f; le boulon g est un arrêt qui s'oppose au mouvement du treuil. L'une des cordes, en partie enroulée sur ce dernier, sort par l'ouverture h; l'autre s'attache directement au tambour G G. Les longueurs sont-elles dans une relation telle que les manœuvres du jour et de l'accrochage ne puissent s'effectuer simultanément, le machiniste fait tourner le moteur jusqu'au moment où le câble, directement fixé au baritel, ait une longueur convenable; les ouvriers enlèvent le boulon g, font marcher le treuil dans le sens voulu et amènent le vase d'extraction dans la position précise qu'il doit occuper. Ce boulon transversal étant replacé et lié à deux des leviers f, f, les divers organes redeviennent solidaires les uns des autres.

605. Des freins.

Les ruptures auxquelles sont exposés les divers organes de la communication du mouvement, interposés entre le cylindre d'une machine rotative et l'arbre des bobines, nécessitent l'emploi d'appareils propres à arrêter subitement la marche des vases d'extraction. Ce sont les *freins*, sans lesquels le câble, qui, au moment de la rupture, supporte la plus grande charge, est précipité au fond du puits avec une vitesse accélérée par la gravitation, pendant que le vase suspendu au câble le plus court est entraîné violemment contre les molettes, où il se brise. Il serait possible de citer ici plusieurs accidents de cette espèce dont un grand nombre d'ouvriers ont été les victimes.

Les freins les plus vulgaires consistent en un sabot de bois qui, soulevé par un levier, vient s'appliquer contre la tranche extérieure du volant. Mais leur utilité n'est que partielle; ils ne peuvent obvier qu'aux dislocations du bouton de la manivelle et laissent en dehors de leur action les dents du pignon et celles de la grande roue, si sujettes à se briser. L'état d'imperfection de ces appareils disparaît s'ils sont installés dans une position rapprochée du point d'enroulement des câbles, c'est-à-dire sur l'arbre même des bobines; car là seulement ils peuvent agir efficacement et préserver des accidents résultant de la rupture de l'un quelconque des divers organes de la communication du mouvement.

Le frein représenté par la figure 2 de la planche LIII est en usage dans quelques mines de houille, non-seulement en cas d'accident; mais encore pour arrêter les vases d'extraction en un point précis de leur parcours, lorsque des ouvriers doivent travailler à différentes hauteurs dans le puits. Au milieu de l'arbre entre les deux bobines, ou à l'une de ses deux extrémités, est calé un cylindre en bois *C* de 0.20 à 0.25 mètre de hauteur, formé de pièces réunies par des cercles en fer et des boulons. Ce disque est embrassé par deux mâchoires *A*, *A* dont les bras de levier inégaux prennent leur point d'appui en *c*, *c'*; chacune de leurs extrémités sont réunies, par deux tringles *d*, *d*, à un levier *f*, *f* muni d'une chaîne *S* appliquée à un treuil *G*. L'axe de ce dernier (fig. 3 et 4) porte quatre bras sur lesquels le machiniste peut agir avec promptitude en cas de besoin. S'agit-il d'arrêter la marche, il imprime au treuil un mouvement de rotation, et la chaîne soulève le levier qui serre les mâchoires du frein contre le cylindre en bois. Le moment du danger est-il passé, une impulsion donnée en sens inverse rend la liberté aux bobines.

Un autre frein (fig. 5 et 6) a été adjoint à quelques machines à vapeur des environs de Charleroi. Sur l'arbre des bobines *FF* est calée une roue en fonte *b*, *b*, enveloppée par deux arcs de cercle en fer forgé *c*, *c*. Ceux-ci, réunis, d'un côté, par une articulation *h*, le sont également, de l'autre, par un levier *k*, destiné à agir sur l'enveloppe en la serrant à volonté contre la roue. Un autre levier *t* et une tige *l l* établissent la communication entre l'arbre des bobines et le lieu où se trouve le machiniste. Pour faire fonctionner le frein, il suffit à ce dernier de saisir la poignée *P*, placée à portée de sa main, et d'attirer le levier à lui. Un mouvement en sens contraire rend la roue indépendante de l'enveloppe.

606. Balances hydrostatiques. (Balance engine.)

Ces moteurs, capables d'utiliser le poids des eaux réunies à la surface du sol, sont employés pour le service des mines de Pontypool, de Merthyr-Tydwill et de quelques autres parties du pays de Galles, et pour celles du duc de Bridgewater à Worsley (près de Manchester). Ils offrent entre eux quelques différences résultant des localités. Dans les unes, le même puits renferme l'eau motrice et le vase d'extraction, et les chemins parcourus par ces deux objets sont les mêmes ; dans les autres, l'eau et les vases parcourent des espaces inégaux et se meuvent chacun dans un puits spécial.

La profondeur à laquelle l'extraction à l'aide de balances hydrostatiques s'effectue dans le pays de Galles, n'est généralement que de 15 à 20 mètres, et dans le Lancashire, de 30 à 35 mètres. Ces moteurs sont recommandables par leur simplicité, par le peu de valeur des réparations et l'économie qu'ils offrent sur tous les autres moteurs ; mais leur application se réduit nécessairement à un nombre de mines fort restreint, c'est-à-dire, à celles qui, situées à portée de sources sans cesse renouvelées et suffisantes pour l'alimentation de l'appareil, possèdent, en outre, une galerie d'écoulement destinée à l'évacuation des eaux introduites dans la mine.

607. Description d'une balance des environs de Merthyr-Tydwill (1).

La figure 1 de la planche LIV représente la machine projetée sur deux plans verticaux : l'un à gauche, coupe

(1) *Annales des Mines*, 4e. série, tome I, page 377.

la poulie par le milieu de son épaisseur ; l'autre, à droite, est parallèle au plan de cet organe.

La figure 2 est une projection horizontale de la balance, que la figure 3 représente sur un plan parallèle à l'axe de la poulie.

Les figures 5 et 6 sont les projections horizontales du plateau sur lequel reposent les vases, et de la cage où s'attache le câble d'extraction.

Dans les différentes figures, les mêmes lettres désignent les mêmes objets.

La charpente destinée à supporter l'axe de la grande poulie ee, sur laquelle passe la chaîne d'extraction, est en fonte de fer, vu le bas prix de ce métal dans ces districts. $A\,A$ sont deux sommiers longitudinaux, et m,m quatre entretoises, dont l'ensemble forme un cadre supporté par six montants inclinés S, S, S. La section des sommiers et des montants est représentée dans la figure 4. Une roue dd, également en fonte et inhérente à la poulie ee, est embrassée par un frein circulaire ; un ouvrier serre ou desserre celui-ci, en agissant sur la roue M, avec laquelle le frein est en communication par un treuil a, une chaîne sans fin b et un levier refrénateur c. Les deux caisses cylindriques D ou bassins en fonte sont surmontées de quatre tringles verticales f,f, et d'une croix en fer K (fig. 6), formant une cage à la partie supérieure de laquelle s'attache la chaîne d'extraction. Ces bassins, coulés d'une seule pièce, contiennent l'eau motrice, tandis que l'espace compris entre les quatre tringles reçoit une voiture dont les roues reposent sur deux rails plats h,h (fig. 3). Tout mouvement est interdit à cette dernière par la tension, transversalement aux rails, de deux chaînettes i (fig. 1), dont l'une peut se décrocher à volonté lorsqu'il s'agit de retirer la voiture et de lui en substituer une autre. Des conducteurs en fer, composés de plusieurs tiges rondes assemblées bout à bout, règnent sur toute la hauteur du puits ; guident l'appareil dans son mouvement ascendant et descendant, et traversent les fourreaux ajustés au fond de la caisse.

Le liquide dont le poids doit servir de force motrice provient d'un grand réservoir situé à un niveau un peu plus élevé que l'orifice du puits, et dans lequel se réunissent les eaux pluviales, celles des ruisseaux voisins et toutes les eaux qu'il est possible d'y faire affluer. Des tuyaux en fonte, munis d'un réservoir d'air G la conduisent dans le distributeur H, caisse de petite dimension, d'où elle se rend à volonté dans l'un ou l'autre bassin. Cette manœuvre exige l'emploi de deux gros ajutages k, k fermés par des soupapes coniques, qu'un ouvrier soulève et abaisse en faisant mouvoir les leviers o, o' attachés aux tiges p, p'.

Le fond du bassin est muni d'une soupape r, disposée à la manière des soupapes de sûreté des chaudières à vapeur, c'est-à-dire, accompagnée d'un levier horizontal dont le point d'appui est situé à l'une de ses extrémités, tandis que l'autre est chargée d'un poids déterminé par l'expérience. Un cordon qq, attaché au levier, s'enroule sur une poulie u, descend dans l'autre compartiment du puits et se rattache au levier de la soupape du second bassin ; le cordon étant dans un état de demi tension, il suffit de le tirer de bas en haut pour soulever l'une ou l'autre soupape et vider la caisse.

Le jeu de l'appareil est fort simple. Au moment où l'un des bassins arrive à l'orifice du puits, l'ouvrier pousse un verrou au moyen duquel il le fixe dans une position invariable. Il décroche l'une des chaînettes, retire la voiture pleine et la remplace par un wagon vide. Pendant ce temps, l'autre bassin s'est logé dans une cavité pratiquée au fonds du puits, les rails de la plate-forme se sont placés sur le prolongement du chemin de fer intérieur, et la substitution des wagons a eu lieu à l'accrochage. L'ouvrier du jour, saisissant alors la partie du cordon correspondant à la soupape du bassin inférieur, le soulève et fait écouler l'eau sur la galerie d'exhaure; puis il retire le verrou, desserre le frein et, agissant sur le levier de l'un des ajutages, il introduit de l'eau dans le bassin supérieur; alors le mouvement recommence de lui-même en sens inverse. Quelquefois il doit vaincre les frottements au moment du départ, en appuyant l'un de ses pieds sur le plateau du bassin. Comme peu après la rencontre des deux vases, le poids de celui qui descend l'emporte sur le poids de celui qui remonte, et que le mouvement s'accélère en vertu des lois de la gravitation, l'ouvrier, pour s'opposer à cet effet, se porte vivement au frein sur lequel il agit avec une force constamment croissante, jusqu'à ce qu'il voie paraître l'autre caisse à l'orifice du puits. Le frein étant alors complètement serré, il pousse le verrou et répète la même manœuvre.

Quelques balances du pays de Galles, sont munies d'une chaîne attachée au-dessous de l'un des bassins; cette chaîne se replie sur elle-même dans la partie du puits située au-dessous de l'accrochage, et vient, par son autre extrémité, se rattacher au second bassin. Cet équilibre du câble passant sur la poulie, et obtenu à l'aide d'un autre attirail de même poids, a pour but l'économie de l'eau motrice, ordinairement assez rare, et la possibilité de n'en dépenser que le volume strictement nécessaire pour vaincre les frottements de la machine et le poids de la houille. Mais l'emploi de cette chaîne accessoire aggrave un inconvénient déjà très-sensible: l'augmentation du poids considérable qui presse sur l'axe de la poulie.

Le lecteur peut se faire une idée sommaire de ce poids, s'il considère que les bassins sont en fonte de fer et les maillons des chaînes de très-fortes dimensions ; que chaque wagon contient environ 1,000 kil. de houille et pèse lui-même près de 500 kil. C'est, du reste, le seul reproche dont les machines de cette espèce soient l'objet.

608. *Balances hydrauliques appliquées aux mines du duc de Bridgewater.*

Dans la construction précédente, la houille et l'eau motrice circulent dans le même puits et suivent la même route, quoique marchant en sens inverse l'une de l'autre. Mais, si l'eau et la houille doivent parcourir des espaces inégaux, l'appareil subit des modifications essentielles, dont les mines de Worsley fourniront un exemple (1).

Les figures 7 et 8 de la planche LIV se rapportent à une machine au moyen de laquelle la houille est élevée du niveau inférieur du canal souterrain à son niveau moyen, et en même temps de celui-ci à l'orifice des puits. La figure 9 est la section de l'une des caisses motrices par un plan parallèle à son axe.

Deux puits creusés à une petite distance l'un de l'autre, au-dessus des canaux navigables, sont destinés à contenir, l'un les caisses à eau, l'autre les vases d'extraction. Sur la margelle du premier sont installés une charpente et un arbre auquel sont attachées les pièces suivantes :

A A, grande roue de 5 mètres de diamètre embrassée par un frein. *B*, *B*, solives verticales articulées sur une poutre horizontale ; elles se meuvent librement et sont

---

(1) *Mémoire sur les Canaux souterrains de Worsley*, par MM. Fournel et Dyèvre.

liées à leur sommet par une tige en fer r, qui, traversant un trou foré dans l'une des solives, se rattache au grand levier refrénateur S. Le point d'appui de ce dernier est en p, et l'ouvrier, agissant en q, le fait avancer ou reculer, selon qu'il doit serrer ou relâcher le frein. Dans les momens de repos, il le fixe invariablement en place, au moyen d'une plaque de fer qu'il engage entre les dents d'une crémaillère. La roue, formée d'une double ligne circulaire de jantes superposées, permet le renouvellement de la partie extérieure usée par le frottement.

C, C, tambours moteurs de 1.70 mètre de diamètre, sur lesquels s'enroulent, en sens inverse l'une de l'autre, deux chaines supportant à leur extrémité inférieure des caisses F ou seaux formés de douves en bois de chêne (fig. 9); leur fond est muni d'une soupape conique t, dont le soulèvement est provoqué par le choc de la partie inférieure de la tige u contre un arrêt quelconque, au moment où le seau vient en contact avec le fond du puits. L'introduction de l'eau dans la caisse motrice, se fait à l'aide de réservoirs D, D' (fig. 8), mis en communication avec le réservoir général; ceux-ci, placés à demeure au-dessous de la margelle, laissent écouler le liquide dès que le surveillant de la machine soulève les chainettes correspondantes aux tiges des soupages que ces réservoirs portent à leur fond.

G, G', tambour sur lequel deux câbles plats s'enroulent en sens inverse, puis passent sur les molettes de la charpente installée sur le puits d'extraction. Ces câbles élèvent la houille des canaux moyens à la surface du sol.

H, tambour sur lequel s'enroule un seul câble plat; il a pour objet le service d'un troisième puits, servant à faire parvenir les produits du niveau inférieur au niveau moyen.

E, poulie portant une chaine suspendue dans un petit puits spécial, destinée à l'équilibre du système.

Dans ces machines, les eaux motrices proviennent, soit d'étangs établis à la surface du sol, soit de la galerie souterraine dite niveau supérieur; dans ce dernier cas, la hauteur de chute est mesurée par la distance comprise entre l'étage supérieur et l'étage moyen, le seul qui ait un libre écoulement au-dehors des travaux. Le calcul du rapport des diamètres d'enroulement est basé sur les diverses hauteurs que doivent parcourir les caisses motrices et les vases d'extraction, c'est-à-dire sur les longueurs des cordes et des chaines qui, dans un temps donné et toutes ensemble, doivent être complètement enroulées ou déroulées. Ces longueurs sont, pour les chaines, comme les circonférences ou les diamètres des tambours et comme les rayons moyens (1) des câbles enroulés en spirales. Le rayon moyen étant déterminé, le rayon initial du tambour résulte de considérations qui seront exposées dans la section suivante.

Les éléments nécessaires à la détermination de la capacité de la caisse sont les charges à soulever et les rapports des bras de levier, à l'extrémité desquels agissent les forces mouvantes et résistantes; un excédant est ajouté pour vaincre les frottements, mais sans rien exagérer à ce sujet, sous peine de consommer de l'eau en pure perte et d'engendrer une vitesse que le frein doit anéantir en partie.

Cette balance, de même que celle du pays de Galles, est une balance à *double effet*, parce que l'enroulement de deux ou d'un plus grand nombre de câbles d'extraction permet au moteur d'enlever le fardeau quel que soit le

---

(1) Le rayon moyen se compose du rayon du noyau, plus le produit de l'épaisseur du câble par la moitié du nombre de révolutions nécessaires pour amener le vase de l'accrochage à la margelle du puits.

sens du mouvement. L'emploi d'un seul et unique câble
constitue un appareil *à simple effet*, l'effet utile du moteur
ne se dénotant que dans un seul sens ; le vase vide est
alors entrainé de haut en bas par le poids de l'eau , et
le vase plein , élevé au jour par l'action d'un contre-poids.

VIII°. SECTION.

CALCULS RELATIFS A L'ENROULEMENT DES CABLES ET A LA
CONSTRUCTION DES MOTEURS D'EXTRACTION.

609. *Différentes phases de l'enroulement des câbles plats sur les bobines.*

L'enroulement, suivant une spirale, des câbles plats sur eux-mêmes étant l'origine de la variation des rayons ou bras de leviers, à l'extrémité desquels agit le fardeau, il suffit d'examiner les diverses phases de ces accroissements pour apprécier la position relative des vases dans le puits, leurs divers degrés de vitesse et les résistances variables qu'ils opposent au moteur. La vitesse d'ascension et la longueur du bras de levier sont au minimum, lorsque le vase plein quitte la chambre d'accrochage et commence à s'élever dans le puits ; alors la résistance, étant égale à la charge et au poids du câble développé sur toute la hauteur du puits, le moteur est appelé à produire un grand effort. Le vase vide, au contraire, dont le poids n'est augmenté que d'un bout de corde égal à la distance comprise entre la margelle et les molettes, marche avec la plus grande vitesse et agit sur un levier offrant le maximum de longueur. Le mouvement de rotation continue ; l'un des rayons s'accroît à chaque révolution d'une longueur égale à l'épaisseur du câble, tandis que l'autre diminue d'autant. Les vases se rapprochent ; celui qui descend vient de plus en plus en aide au moteur, par suite de l'allongement du câble correspondant; la résistance du vase ascendant, au contraire, ne cesse de décroître. Enfin les rayons sont égaux, les deux vases suspendus à des câbles de même longueur se trouvent au point désigné par le nom de *rencontre*, et comme jusqu'alors la vitesse du vase ascendant a toujours été moindre que celle du vase descendant, cette rencontre a lieu au-dessous du milieu de la hauteur du puits. Les deux vitesses sont égales en ce moment; et comme les câbles et les tonnes se font mutuellement équilibre, le moteur, abstraction faite des frottements, n'éprouve d'autre résistance que celle de la charge en minerai.

Lorsque le câble correspondant au vase vide s'est déroulé d'une longueur telle que son poids soit équivalent à la moitié du poids de la houille, il y a équilibre parfait. A partir de cet instant, la force qui agit dans le sens du mouvement tend à faire tourner l'arbre des bobines en sens contraire; elle s'accroît de plus en plus, de même que la vitesse du vase ascendant; et souvent alors les efforts du moteur n'ont d'autre but que d'empêcher le mouvement de se faire avec trop de rapidité. Enfin le vase plein arrive à la hauteur de la margelle, et la différence des deux leviers est égale au produit de l'épaisseur du câble par le nombre de révolutions que l'arbre a dû faire pour transporter le premier du fond du puits à son orifice.

Le lecteur verra dans les paragraphes suivans que, s'il n'est pas possible d'établir un équilibre parfait entre les divers moments des forces résistantes et mouvantes des deux vases, on peut toutefois choisir un noyau d'un diamètre tel que les efforts réclamés du moteur se trouvent resserrés dans des limites assez étroites. C'est à

M. Combes (1) qu'est due la solution analytique de cette importante question, que les Anglais ont cherché à résoudre par des moyens mécaniques assez ingénieux.

610. Relations entre le nombre de révolutions des bobines, les rayons variables d'enroulement et la position des vases d'extraction dans le puits.

Soit Cr (fig. 7, pl. LIII) le rayon du noyau d'une bobine sur lequel s'enroule un câble dont l'épaisseur est toujours assez faible relativement à son diamètre d'enroulement, pour que les spires puissent, sans trop grande inexactitude, être considérées comme des cercles concentriques. A chaque révolution le rayon augmente ou diminue d'une quantité égale à l'épaisseur du câble ; après la moitié du nombre de tours nécessaires pour amener la charge du fond du puits à la margelle, les rayons $C\rho$, moyenne de la longueur des rayons au commencement et à la fin du mouvement sont égaux, puisque les deux bobines fixées sur le même arbre ont fait un nombre égal de révolutions, l'une en enroulant le câble ascendant, l'autre en déroulant le câble descendant. En cet instant, les vases sont à la même hauteur ; car les deux câbles de même longueur étant enroulés d'une même quantité, les parties suspendues dans le puits sont égales. A la dernière révolution, ce même rayon est égal à CR ou au rayon initial, plus le produit du nombre des tours par l'épaisseur de la corde ou $Cr + rR$; celle-ci est alors comprise entre les deux circonférences; sa tranche latérale, ou le produit de sa longueur par son épaisseur, est égale à la différence des aires des deux cercles. Or, l'aire d'un cercle étant

(1) *Annales des Mines*, 3ᵉ série, tome XI.

équivalente à la surface d'un triangle dont la hauteur est le rayon et la base la circonférence développée, la différence entre les deux cercles de rayon CR et Cr est équivalente à la surface du trapèze $A\,a\,B\,b$. Mais le rectangle $h\,g\,k\,i$, ayant la même hauteur que le trapèze, et la base $h\,i$ étant égale à la demi somme des deux bases $A\,B$ et $a\,b$, a pour mesure sa hauteur $C\,R$ par sa base $h\,i$ ou $c\,d$, développement de la circonférence moyenne dont $C\rho$ est le rayon; la tranche de la corde, ou sa longueur par son épaisseur, est égale au produit de la différence des deux rayons par la circonférence moyenne, $(CR - Cr)\,2\,\pi\,C\rho$, ou à la différence des aires des deux cercles, ou au produit du nombre des révolutions par l'épaisseur du câble et par la circonférence moyenne.

Si L exprime la longueur du câble ou la hauteur verticale prise entre la margelle du puits et la chambre d'accrochage,

e, son épaisseur,

N, le nombre de révolutions de l'arbre pour élever au jour le vase d'extraction,

r, le rayon Cr du noyau de la bobine,

ρ, le rayon moyen $C\rho$,

et R, le rayon CR du dernier enroulement de la corde, les considérations géométriques qui précèdent peuvent se traduire comme suit :

$$R = r + Ne; \; \rho = \frac{R + r}{2}; \; r = R - Ne; \; N = \frac{R - r}{e}.$$

$$Le = \left(R - r \right) 2\,\pi\,\rho = \pi \left(R^2 - r^2 \right) = Ne\,2\,\pi\,\rho.$$

Désignant, en outre, par m un nombre de tours quelconque effectué depuis le commencement de l'ascension, mais toujours plus petite que $\frac{N}{2}$, le rayon de la bobine qui porte le câble ascendant devient $r + m\,e$ et celui de la bobine, à laquelle est attaché le câble descendant, $R - m\,e$.

Les longueurs S et S_1 d'enroulement ¡ou de déroulement des cordes pour un nombre de révolutions données, résultent du développement successif des circonférences dont les rayons sont :

$$r + \frac{e}{2}; r + \frac{3\,e}{2}; r + \frac{5\,e}{2} \ldots \ldots r + \frac{(m-1)\,e}{2}.$$

óu la somme des termes d'une simple progression par différence dont la raison est e.

Après le premier tour,

$$S = 2\,\pi\left(r + \frac{e}{2}\right)$$

Après le second,

$$S = 2\,\pi\left(r + \frac{e}{2}\right) + 2\,\pi\left(r + \frac{3\,e}{2}\right) = 2\,\pi\left(2\,r + \frac{4\,e}{2}\right);$$

après trois révolutions :

$$S = 2\,\pi\left(2\,r + \frac{4\,e}{2}\right) + 2\,\pi\left(r + \frac{5\,e}{2}\right) = 2\,\pi\left(3\,r + \frac{9\,e}{4}\right);$$

Enfin, après un nombre m de révolutions, le vase descendant parviendra à une profondeur exprimée par

$$S = 2\,\pi\left(m\,r + \frac{m^2\,e}{2}\right) = 2\,\pi\,r\,m + \pi\,e\,m^2 \ (a).$$

Les rayons décroissants du déroulement de la corde à laquelle est suspendu le vase vide étant

$$R - \frac{e}{2}; R - \frac{3\,e}{2}; R - \frac{5\,e}{2} \ldots R - \frac{(m-1)\,e}{2},$$

les longueurs successives de la corde déroulée seront : après la première révolution,

$$S_1 = 2\,\pi\left(R - \frac{e}{2}\right)$$

après la seconde ,

$$S_1 = 2\,\pi\left(R - \frac{e}{2}\right) + 2\,\pi\left(R - \frac{3\,e}{2}\right) = 2\,\pi\left(2\,R - \frac{4\,e}{2}\right),$$

et après la $m^{\text{ième}}$,

$$S_1 = 2\,\pi\left(m\,R - \frac{m^2\,e}{2}\right) = 2\,\pi\,R\,m - \pi\,e\,m^2 \; (b).$$

Pour déterminer la distance de la marge du puits au point de rencontre et celle de l'accrochage au même point, il suffit de poser dans les deux relations (a) et (b), $m = \dfrac{N}{2}$, puisque cette rencontre a lieu au moment où les bobines contiennent la moitié du nombre total des tours de la corde ; d'où résulte :

$$S = 2\,\pi\,r\,\frac{N}{2} + \pi\,e\left(\frac{N}{2}\right)^2 = \pi\,r\,N + \pi\,e\,\frac{N^2}{4} \;;$$

Et $\quad S_1 = 2\,\pi\,R\,\dfrac{N}{2} - \pi\,e\left(\dfrac{N}{2}\right)^2 = \pi\,R\,N - \pi\,e\,\dfrac{N^2}{4} :$

équations identiques, en posant dans la première $r = R - \dfrac{N\,e}{2}$ ou dans la seconde $R = r + \dfrac{N\,e}{2}$, et dont la somme donne

$$2\,\pi\,N\left(\frac{R + r}{2}\right) = L.$$

Ces valeurs peuvent être exprimées en fonction du rayon moyen si la rencontre des tonnes est prise pour point de départ du mouvement, car alors on a :

$$S = 2\,\pi\left(m\,\rho + \frac{m^2\,e}{2}\right) = 2\,\pi\,\rho\,m + \pi\,e\,m^2 \quad \text{pour le vase descendant},$$

et $S_1 = 2\,\pi\left(m\,\rho - \dfrac{m^2\,e}{2}\right) = 2\,\pi\,\rho\,m - \pi\,e\,m^2 \quad$ pour le vase ascendant.

Les distances de la rencontre à la margelle et à l'accrochage deviennent par la substitution de $\dfrac{N}{2}$ à m :

$$S = 2\pi\rho\,\frac{N}{2} + \pi e\,\left(\frac{N}{2}\right)^2 = \pi\rho N + \pi e\,\frac{N^2}{4}, \;\; (a')$$

$$S_{,} = 2\pi\rho\,\frac{N}{2} - \pi e\,\left(\frac{N}{2}\right)^2 = \pi\rho N - \pi e\,\frac{N^2}{4}, \;\; (b')$$

dont la somme en $2\pi\rho N = L$.

611. *Déterminer la valeur du rayon moyen dans le but de réduire au minimum les différences des moments des deux vases pendant la durée d'une ascension* (1).

Conservant aux lettres ci-dessus la même signification, on peut, en outre, désigner par

P le poids du contenu du vase.

Q celui du vase vide (tonnes, voitures ou cages).

p le poids du mètre courant de câble.

n, le nombre de tours effectué par l'arbre des bobines après le point de rencontre des vases. Cette valeur est positive ou négative suivant que le vase plein est supposé persévérer dans son mouvement ascendant ou retourner en arrière au-dessous du point de rencontre ; elle est d'ailleurs comprise entre o et $\pm\dfrac{N}{2}$.

M la différence des moments en un instant quelconque de l'ascension, appelée par M. Devillez *moment effectif* de la résistance à vaincre par le moteur.

(1) Cette méthode de calcul, indépendante des différentielles, est due à M. DEVILLEZ, professeur de mécanique à l'école des mines de Mons. — *Bulletin du Musée de l'Industrie*, 2⁰. volume de 1851, page 229.

La distance parcourue par les vases supposés partir du point de rencontre sera

$S = n \cdot 2\pi\rho + \pi en^2$ plus la distance de l'accrochage au point de rencontre,

$S_{\iota} = n \cdot 2\pi\rho - \pi en^2$ plus la distance de l'orifice à cette même rencontre.

Ces équations étant complétées, quant à leur second terme, par les valeurs indiquées dans les relations (b^{ι}) et (a^{ι}) deviennent :

$$S = n \cdot 2\pi\rho + \pi en^2 + \pi\rho N - \pi e \frac{N^2}{4} = \pi \left(2n\rho + en^2 + \rho N - e\frac{N^2}{4} \right)$$

$$S_{,} = n \cdot 2\pi\rho - \pi en^2 + \pi\rho N + \pi e \frac{N^2}{4} = \pi \left(2n\rho - en^2 + \rho + Ne\frac{N^2}{2} \right)$$

Mais le moment de la résistance, en un point quelconque du parcours, a pour expression la différence des produits du poids des vases et des câbles correspondants par les bras de levier de l'effort transmis aux bobines; ces bras de levier étant respectivement pour le vase plein et pour le vase vide : $\rho + ne$ et $\rho - ne$,

on a

$$M = (\rho + ne)\left[P + Q + (L - S)p \right] - (\rho - ne)(Q + pS_{\iota}),$$

Si, après avoir substitué à S, S_{ι} et L les valeurs trouvées ci-dessus et avoir opéré les réductions possibles, on fait passer le terme $P\rho$ du second dans le premier membre, la relation devient :

$$M - P\rho = n\left[e(P + 2Q) + 2\pi p(N\rho e - 2e^2) + 2\pi p e^2 \frac{N^2}{4} - 2\pi p e^2 n^2 \right](A)$$

$P\rho$ étant le moment de l'effort moyen correspondant à une ascension complète, le second membre donnera, pour tous les points du parcours, la différence du moment effectif sur le moment moyen; il sera par conséquent la mesure de la variation d'effort appliqué par le moteur aux bobines.

Le second membre de cette expression se réduit à o pour $n = o$, c'est-à-dire, à la rencontre des vases; et il en doit être ainsi, puisqu'en ce point, le moment effectif M est égal au moment moyen $P\rho$. En outre, il devient encore nul pour deux valeurs de n égales et de signes contraires; valeurs qui se trouvent, en égalant à o, le facteur placé entre parenthèse

$$e(P + 2Q) + 2\pi p(N\rho e - 2\rho^2) + 2\pi pe^2\frac{N^2}{4} - 2\pi pe^2 n^2 = o.$$

Cette équation, résolue par rapport à n, donne :

$$(1)\, n = \pm \sqrt{\frac{e(P + 2Q) + 2\pi p(N\rho e - 2\rho^2) + 2\pi pe^2\dfrac{N^2}{4}}{2\pi pe^2}}$$

Ainsi, après un nombre n de révolutions des bobines en-deçà et au-delà de la rencontre des vases, la valeur du moment effectif est égale à celle du moment moyen. Et, pour des valeurs de n égales et de signes contraires, le second membre prend aussi des valeurs égales et de signes contraires; ce qui signifie que, pour un même nombre de tours effectué en-deçà ou au-delà du point de rencontre, le moment effectif s'écarte également en plus ou en moins de la valeur du moment moyen.

Actuellement, pour déterminer ρ de telle façon que les valeurs successives de $M - P\rho$ soient resserrées dans

---

(1) En remplaçant N et N^2 par leurs valeurs $\dfrac{L}{2\pi\rho}$ et $\dfrac{L^2}{4\pi^2\rho^2}$, l'équation devient :

$$n = \pm \sqrt{\frac{e(P + 2Q + pL) + \dfrac{pe^2 L^2}{8\pi\rho^2} - 4\pi p\rho^2}{2\pi pe^2}}$$

les limites les plus étroites possibles, il faut admettre la nullité des écarts pour des valeurs quelconques de n et poser $n = \pm \dfrac{N}{m}$, m étant plus grand que 2, puisque $\dfrac{N}{2}$ est la plus grande valeur de m. Le second membre de l'équation (A) et, par suite, son facteur entre parenthèse, étant égalés à o, donnent alors :

$$(P + 2\,Q)\,e + 2\,\pi\,p\,(N\,p\,e - 2\,\rho^2) + 2\,\pi\,p\,e^2\,\frac{N^2}{4} - 2\,\pi\,p\,e^2\,\frac{N^2}{m^2} = o. \text{ (c)}$$

Puis, comme la valeur de N change avec ρ, il convient, pour trouver exactement ce rayon moyen, de substituer à N sa valeur $\dfrac{L}{2\,\pi\,\rho}$; cette substitution effectuée, on obtient :

$$\rho^4 - \frac{e}{4\,\pi\,p}\,(P + 2\,Q + p\,L)\,\rho^2 = \frac{e^2\,L^2}{8\,\pi^2}\left(\frac{m^2 - 4}{4\,m^2}\right);$$

équation bicarrée qui, résolue à la manière des équations du second degré, donne quatre racines, dont une seule, réelle et positive, est compatible avec la nature de la question, savoir :

$$\rho = \sqrt{(P + 2\,Q + p\,L)\,\frac{e}{8\,\pi\,p} + \sqrt{\frac{L^2\,e^2}{8\,\pi^2}\left(\frac{m^2 - 4}{4\,m^2}\right) + \frac{e^2}{64\,\pi^2\,p^2}\,(P + 2\,Q + p\,L)^2}}$$
$$(B).$$

Telle est la valeur générale de ρ correspondante au minimum d'écart du moment moyen pendant une ascension entière.

Pour rechercher les points de ces deux maximums, il faut observer que, si dans l'expression générale (A)

$$n\left[(P + 2\,Q)\,e + 2\,\pi\,p\,(N\,p\,e - 2\,\rho^2) + 2\,\pi\,p\,e^2\,\frac{N^2}{4} - 2\,\pi\,p\,e^2\,n^2\right]$$

on retranche du facteur entre parenthèse

$$(P + 2\,Q)\,c + 2\,\pi\,p\,(N\,\rho\,c - 2\,\rho^2) + 2\,\pi\,p\,c^2\,\frac{N^2}{4} - 2\,\pi\,p\,c^2\,\frac{N^3}{m^2} = 0,$$

la différence des moments devient alors

$$\boldsymbol{M - P}\rho = 2\,\pi\,p\,c^2\left(\frac{N^2}{m^2} - n^2\right)n\,(d),$$

expression de l'écart en un point quelconque de la course des vases, qui se réduit à 0 lorsque $n = 0$ ou que $n = \pm\dfrac{N}{m}$, puisque, en ces trois points, l'écart du moment moyen est nul. On voit aussi que, pour les valeurs de n comprises entre $-\dfrac{N}{2}$ et $-\dfrac{N}{m}$, le second membre est positif, et négatif entre $\dfrac{N}{2}$ et $\dfrac{N}{m}$; il est positif pour les valeurs comprises entre 0 et $\dfrac{N}{m}$, et négatif entre 0 et $-\dfrac{N}{m}$.

Ainsi, à partir du commencement de l'ascension, le moment de la résistance l'emporte sur le moment moyen jusqu'au point où $n = -\dfrac{N}{m}$ les moments deviennent égaux; au-delà, le moment effectif est plus petit que le moment moyen jusqu'à la rencontre, où se trouve encore l'égalité; plus loin le moment effectif l'emporte sur le moment moyen jusqu'à ce que $n = +\dfrac{N}{m}$, où revient l'égalité; de là jusqu'à la fin du parcours, le moment effectif est plus petit que le rayon moyen.

La plus grande valeur de l'expression (d) se déduit comme suit : Puisque le facteur $2\,\pi\,p\,c^2$ est constant, l'écart maximum aura lieu lorsque l'autre facteur $\left(\dfrac{N^2}{m^2} - n^2\right)n$

sera lui-même un maximum. Posant donc $n = \pm \dfrac{N}{n'm}$

à l'instant du plus grand écart, ce facteur devient :

$$\pm \frac{N}{n'm}\left(\frac{N^2}{m^2} - \frac{N^2}{n'^2 m^2}\right) = \pm \frac{N^3}{m^3}\left(\frac{n'^2 - 1}{n'^3}\right)$$

et comme $\dfrac{N^3}{m^3}$ peut aussi être considéré comme constant,

la plus grande valeur correspondra au maximun du facteur

partiel $\dfrac{n'^2 - 1}{n'^3}$. Or, ce maximum ayant lieu lorsque

$n' = \sqrt{3}$ (1), l'expression du plus grand écart qui

puisse avoir lieu pour une valeur quelconque de m, et

en admettant un écart nul pour $n = \pm \dfrac{N}{m}$, deviendra

$$\mathrm{M} - P\,\rho = \pm\,2\,\pi\,p\,e^2 \left(\frac{N^2}{m^2} - \frac{N^2}{3\,m^2}\right)\frac{N}{\sqrt{3}.\,m.}$$

---

(1) M. Devillez, dans le but de venir en aide aux lecteurs non familiarisés avec le calcul différentiel, emploie, pour obtenir la valeur de n', une méthode de tâtonnement plus longue que la méthode différentielle, mais aussi concluante.

Il essaye pour n' diverses valeurs à partir de 1, et trouve que, en faisant successivement n' égal à

$$1, \quad 2 \quad \text{et} \quad 3$$

le facteur devient 0, $\dfrac{1}{2.666}$ et $\dfrac{1}{3.375}$

Au-delà il décroît indéfiniment.

Pour n' égal à 2.1,   1.9,   1.8,   1.7   et   1.6

il devient $\dfrac{1}{2.715}$, $\dfrac{1}{2.628}$, $\dfrac{1}{2.603}$, $\dfrac{1}{2.597}$ et $\dfrac{1}{2.620}$

Le maximum s'applique donc à une valeur comprise entre 1.6 et 1.7 ou 1.7 et 1.8.

Pour n' égal à   1.72,   1.73   et   1.74

le facteur devient $\dfrac{1}{2.59820}$, $\dfrac{1}{2.59810}$ et $\dfrac{1}{2.59814}$

Et comme il se trouve entre 1.73 et 1.74, on arrive, en continuant de la sorte, à $1.732 = \sqrt{3}$.

ou en effectuant les opérations indiquées

$$M - P\rho = \pm\, 4\, \pi\, p\, e^2 \frac{N^3}{3\,\sqrt{3}.\,m^5}\ (e).$$

Cette expression est celle des maximums d'écart les plus rapprochés du point de rencontre. Les valeurs des écarts au commencement et à la fin de l'ascension sont les mêmes, sauf le signe; elles dérivent de l'équation (d), dans laquelle, faisant $n = \mp \dfrac{N}{2}$, on obtient

$$M - P\rho = 2\,\pi\,p\,e^2\,N^3\left(\frac{m^2 - 4}{8\,m^2}\right)(e').$$

Des quatre maximums d'écart, les deux derniers sont au commencement et à la fin de la course des vases; les deux autres, entre la rencontre et les deux points où le moment effectif est égal au moment moyen. Deux sont positifs et les deux autres négatifs.

Il ne reste plus qu'à déterminer les valeurs de m; mais, pour cela, quelques observations préliminaires sont indispensables.

L'équation bicarrée qui a fourni la valeur de ρ prend, après avoir effectué les opérations indiquées dans le second membre, la forme suivante :

$$\rho^4 - \frac{e}{4\,\pi\,p}\,(P + 2\,Q + p\,L)\,\rho^2 = \frac{e^2\,L^2}{32\,\pi} - \frac{e^2\,L^2}{8\,\pi\,m^2}.$$

Or, les seuls termes variables étant ρ et m, il est facile de voir que les valeurs croissantes de m déterminent l'accroissement des valeurs du rayon moyen et, par suite, celles du noyau des bobines. Ce dernier sera donc d'autant plus grand que les points, où le moment effectif et le moment moyen devront être égaux, se rapprochent davantage de la rencontre des vases d'extraction.

Les deux équations (e) et (e') peuvent, en remplaçant N^3 par sa valeur $\left(\dfrac{L}{2\,\pi\,\rho}\right)^3$, prendre la forme suivante :

$$M - P\,\rho = \pm\,\frac{p\,e^2\,L^3}{12\,\sqrt{3}\,.\,\pi^2}\left(\frac{1}{m^3\,\rho^3}\right);$$

$$M - P\,\rho = \pm\,\frac{p\,e\,L^3}{8\,\pi^2}\left(\frac{1}{4\,\pi^3} - \frac{1}{m^2\,\rho^3}\right).$$

Il résulte, de la première, que le maximum d'écart le plus rapproché du point de rencontre des vases croît et décroît en même temps que m. De la seconde, que la valeur du maximum pris au commencement et à la fin d'une ascension est évidemment nulle quand $m = 2$ $\left(\text{puisque } \dfrac{1}{4\,\rho^3} - \dfrac{1}{m^2\,\rho^3} \text{ devient } \dfrac{1}{4\,\rho^3} - \dfrac{1}{4\,\rho^3} = 0,\right)$ et qu'elle augmente en même temps que m.

Ainsi, plus les points de l'égalité du moment effectif et du moment moyen se rapprochent du point de rencontre, moins est grand l'écart maximum situé entre ces points ; mais aussi plus les écarts du commencement et de la fin de la course sont considérables. Et une valeur de m, capable de satisfaire à l'égalité des quatre plus grands écarts, ne peut être modifiée, dans le but de diminuer deux de ces écarts, sans augmenter les deux autres, en sorte que la valeur qui rend égales ces quatre quantités détermine également la condition du minimum d'écartement du moment effectif. Cette condition s'obtient en égalant les seconds membres des équations (e) (e'), c'est-à-dire en faisant

$$\frac{4\,\pi\,p\,e^2\,N^3}{3\,\sqrt{3}\,.\,m^3} = 2\,\pi\,p\,e^2\,N^3.\,\frac{m^2 - 4}{8\,m^2};$$

équation qui, résolue par rapport à m, donne :

$$m^3 - 4\,m = 3.0793.$$

La valeur de m réelle, positive et plus grande que 2, est égale à 2.309 (1), ainsi qu'il est possible de s'en assurer par sa substitution dans l'équation.

Si, dans l'expression (B) de la valeur générale de ρ, m est remplacé par 2.309 et π par 3.1415, cette relation devient définitivement :

$$\rho = \sqrt{e} \sqrt{\frac{P+2Q+pL}{23.132\,p.} + \sqrt{0.000791\,L^2 + \frac{1}{631\,616\,p^2}(P+2Q+pL)^2}}.$$

$$(C)$$

Le rayon ainsi déterminé, le nombre de tours dérive de la formule

$$N = \frac{L}{2\,\pi\,\rho};$$

et le maximun d'écart de

$$M - P\rho = \pm 2\,\pi\,p\,e^2\,N^2\,\frac{m^2-4}{8\,m^2} = 0.196\,pe^2\,N.^3 \quad (D)$$

Les valeurs du plus grand et du plus petit rayon d'enroulement du câble, ou de R et r, se déduisent des relations

$$\rho = \frac{R+r}{2}\,;\quad \pi\,(R^2-r^2) = e\,L,$$

(1) La méthode de tâtonnement indiquée ci-dessus s'applique également à la détermination de la valeur de m.

En faisant successivement m égal à 2 et à 3
le second membre devient   0   15 000
l'un trop petit et l'autre trop grand.

Pour $m = 2.5$ — 2.4 — 2.3
on a   5.625 — 4.224 — 2.967 trop petit.
Pour $m = 2.35$ — 2.34 — 2.33 — 2.32 trop grand.
on a   3.577 — 3.453 — 3.329 — 3.207
Pour   2.315 — 2.310 — 2.309.
on a   3.146 — 3.086 — 3.074.

2.309 est trop petit, mais il est exact à une fraction de millième près.

qui donnent

$$R = \frac{4\,\pi\,\rho^3 + e\,L}{4\,\pi\,\rho} \quad \text{et} \quad r = \frac{4\,\pi\,\rho^3 - e\,L}{4\,\pi\,\rho} \quad (E).$$

Enfin, les points des divers écarts et ceux où le moment effectif est égal au moment moyen, sont déterminés comme suit, pour un nombre n_i de révolutions de l'arbre des bobines.

Point de départ, premier maximum
d'écart $n_i = 0.$

Première époque de l'égalité des moments effectifs et moyens,

$$n_i = \frac{N}{2} - \frac{N}{m} \qquad = 0.0669\ N.$$

Second maximum d'écart $n_i = \dfrac{N}{2} - \dfrac{N}{mn'} \qquad = 0.2500\ N.$

Rencontre des vases. Deuxième moment moyen $n_i = 0.5000\ N.$

Troisième maximum d'écart

$$n = \frac{N}{2} + \frac{N}{mn'} \qquad = 0.7500\ N.$$

Troisième époque de l'égalité des moments effectifs et moyens $n = \dfrac{N}{2} + \dfrac{N}{m} \qquad = 0.9330.$

Point d'arrivée. Quatrième maximum
d'écart $n_i = N.$

Une construction géométrique peut rendre sensible à l'œil quelques-unes des phases et des conditions de l'enroulement des câbles déduites analytiquement : Soit C (fig. 8 pl. LIII) un point pris sur une ligne AB, divisée en N parties égales. Ces divisions seront les abcisses d'une courbe dont les ordonnées sont les valeurs de $M - P\rho$ données par l'équation (A); le point C, origine des coordonnées, correspond à la rencontre des vases, et les abcisses exprimées par les révolutions de l'arbre, seront négatives au-dessous de C et positives au-dessus. La courbe coupe la droite AB en son point milieu, puisque $n = o$ donne $M - P\rho = o$; ses deux branches symétriques seront dirigées au-dessus et au-dessous de l'axe, l'une à droite, l'autre à gauche de C; enfin, chaque branche coupera AB en des points équidistants du point C.

$\dfrac{N}{m}$, exprimant le nombre de tours compris entre la rencontre et les deux autres points d'intersection de la courbe et de l'axe, les variations de m donneront lieu à un nombre infini de courbes, dont trois résument les principales conditions de l'enroulement.

Si $\dfrac{N}{m} = \dfrac{N}{2}$, les deux points extrèmes a', b' de la courbe, coïncident avec l'axe AB; les moments de la résistance à l'instant où le vase quitte l'accrochage et celui où il atteint la marge du puits, sont égaux aux moments moyens; mais les ordonnées d', d', représentant les maximums d'écart, ne peuvent être un minimum.

Si, posant $\dfrac{N}{m} < \dfrac{N}{2}$ ou $m > 2$, les ordonnées extrèmes $a'c$ et $b'c$ sont égales aux autres ordonnées d, d, la courbe qui coupe la droite AB aux points a et b, étant celle qui s'écarte le moins de son axe, offre le cas le plus favorable au moteur pendant l'ascension.

Enfin, si m étant encore plus grand que 2, les écarts maximum les plus rapprochés de la rencontre sont plus petits que les deux autres, les intersections de la courbe et de l'axe aB se feront aux points a'', b''; les ordonnées $a'd'', b'd''$ correspondantes au commencement et à la fin de l'ascension s'accroîtront avec les rayons du noyau. Cette circonstance est généralement observée en Belgique, où le rayon des bobines est rarement déterminé par le calcul. Les Anglais, qui donnent à m une grande valeur par l'accroissement du rayon des bobines, se trouvent dans des conditions fort écartées de l'équilibre.

Enfin, si $\dfrac{N}{m} = o$, c'est-à-dire, si les trois points d'intersection de la courbe et de la droite se confondent en un seul C, les ordonnées du commencement et de la fin de l'ascension sont les plus grandes qu'il soit possible de tracer. Ce cas rentre dans les conditions relatives à l'enroulement des câbles sur des tambours cylindriques.

612. *Déterminer les rayons d'enroulement, avec la condition d'égalité de la différence des moments au commencement et à la fin de parcours.*

Si le moment effectif doit être égal au moment moyen, à l'instant du départ et de l'arrivée des vases, il suffit, de poser $m = 2$ dans l'expression (B) indiquant la valeur générale de ρ pour obtenir, par suite de cette substitution,

$$\rho = \sqrt{\frac{e}{4\pi p}(P + 2Q + pL)} = \frac{1}{2}\sqrt{\frac{e(P + 2Q + pL)}{2p.}} \quad (C')$$

pour le rayon cherché dans ces nouvelles conditions.

Quant à l'expression du plus grand écart du moment moyen, il se déduit de la relation (e)

$$M - P\rho = \pm\ 4\pi pe^2\ \frac{N^3}{5\sqrt{3} \cdot m^3}$$

dans laquelle posant $m = 2$ on obtient :

$$M - P\rho = \pm \, \pi p e^2 \, \frac{N^2}{5\sqrt{12}} = 0.302 \, p e^2 \, N^3 \; (D')$$

Les positions des vases dans le puits, à l'instant des écarts maximum, se trouvent par les relations suivantes, indiquant, à partir de l'accrochage, les points où l'arbre des bobines aura fait un nombre de tours égal à,

$$\frac{N}{2} - \frac{N}{\sqrt{12}} = 0.2114 \; N$$

$$\text{et } \frac{N}{2} + \frac{N}{\sqrt{12}} = 0.7886 \; N.$$

Les valeurs de N de r et de R ont d'ailleurs les mêmes expressions que ci-dessus.

Dans ce cas spécial il est possible d'obtenir directement les valeurs de R et de r sans passer par ρ. Ces expressions, fort simples, sont d'ailleurs beaucoup plus pratiques et semblent devoir donner des chiffres suffisamment exacts.

Si, conservant les mêmes désignations que ci-dessus, on recherche l'équilibre de la différence des moments au commencement et à la fin du parcours, il faudra poser :

$$(P + Q + p L) \, r - Q R = (P + Q) R - (Q + p L) r.$$

Et $\qquad (P + 2 Q + 2 p L) \, r = (Q + P) R.$

d'où $\quad r = \dfrac{(2 Q + P) R}{P + 2 Q + 2 p L}$; et $R = \dfrac{(P + 2 Q + 2 p L) \, r}{2 Q + P.}$

Comme, d'autre part, la surface comprise entre les circonférences de rayons R et r est égale au produit de la longueur du câble par son épaisseur, ou

$$\pi \, (R^2 - r^2) = , \, L e ,$$

ces relations résolues, par rapport aux deux inconnues, donnent

$$r = \frac{P + 2\,Q}{2} \sqrt{\frac{e}{\pi\,p\,(P + 2\,Q + p\,L)}} \quad (F)$$

et $$R = \frac{P + 2\,Q + 2\,p\,L}{2} \sqrt{\frac{e}{\pi\,p\,(P + 2\,Q + p\,L)}}; (F')$$

Le nombre total des tours de bobines, $N = \dfrac{L}{\pi\,(R - r)}$;

la valeur du maximum d'écart, $M - P\,\rho = 0.203\,p\,e^{\,2}\,N^{\,5}$;
le lieu où il se trouve ; les points où les moments effectifs deviennent égaux au moment moyen, sont les mêmes que ci-dessus (1).

613. *Applications des formules précédentes.*

Supposant qu'il s'agisse d'extraire de diverses profondeurs des charges variables à l'aide de câbles dont la section a été déterminée pour ces profondeurs, quels seront par les deux méthodes de calcul :

1°. Les trois rayons d'enroulement ;

2°. Le nombre de révolutions des bobines ;

5°. Le point de la rencontre des vases ;

4°. Le maximum d'écart du moment moyen ?

Les éléments du calcul sont les suivants :

L,   200 — 500 et 400 mètres, profondeur du puits.

e,   0.02 — 0.025 et 0.05, épaisseur du câble.

p,   2.5 — 5.5 et 5.5 kilog., poids du câble par m. cour^t.

P,   800 — 1200 et 1600, poids du minerai.

Q,   200 — 250 et 500, poids des vases vides.

---

(1) Les personnes qui désireront connaître la méthode de M. De-villez, pour déterminer les rayons d'enroulement des câbles à section décroissante, devront consulter le *Bulletin du Musée de l'Industrie,* 1851, 2e. vol., page 575.

Rayons d'enroulement.

Les formules (C) et (E) donnent respectivement :

$$R = \text{mètres } 1.550 - 1.754 - 2.084$$
$$\rho = \quad » \quad 1.045 - 1.261 - 1.403$$
$$r = \quad » \quad 0.740 - 0.787 - 0.722$$

L'application des relations (F) et (F') qui établissent l'égalité des moments, au commencement et à la fin de l'ascension, fournit

$$R = \text{mètres } 1.346 - 1.728 - 2.073$$
$$\rho = \quad » \quad 1.040 - 1.250 - 1.382$$
$$r = \quad » \quad 0.754 - 0.773 - 0.691$$

Nombre total de révolutions, $N = \dfrac{R - r}{e}$.

Par le premier procédé, $30.77 - 37.97 - 45.45$
Par le second, $30.77 - 38.46 - 46.08$

Point de rencontre des cases.

Dans la détermination du rayon par la première méthode, cette rencontre a lieu à des hauteurs au-dessus de l'accrochage exprimées par $3.14 \ N \left(r + e \dfrac{N}{4} \right)$, soit à 85.97 ; 122.06 et $151 \ 69$ mètres.

Les profondeurs au-dessous de la margelle

$$200 - 85.97 = 114.03 \text{ mètres}$$
$$300 - 122.06 = 177.94 \quad »$$
$$400 - 151.69 = 248.31 \quad »$$

En prenant des rayons qui établissent l'égalité des moments aux deux extrémités de la course, la distance de l'accrochage au point de rencontre est de

$$85.78 - 121.96 = 150.07 \text{ mètres.}$$

Écart du moment moyen.

La formule (D) donne pour le plus grand écart du moment de la résistance $M - P\rho$:

5.72 ; 23.52 ;   91.53 kilogrammètres,

les moments moyens $P\rho$ étant

856 ; 1313.2 ; 2244.8.

Ils sont bien plus considérables si le noyau des bobines a été calculé dans la supposition de l'égalité des moments au commencement et à la fin du mouvement (D'), car ils deviennent alors

8.82 ; 36.24 ; 140.73 kilogrammètres ,

c'est-à-dire, qu'ils atteignent une valeur une fois et demi plus grande que dans le premier cas.

La comparaison des résultats donnés par les deux manières de poser les conditions de la question conduit aux observations suivantes :

En général, les différences des rayons calculés par les deux formules, fort petites pour de médiocres profondeurs, deviennent notables pour les câbles d'une grande longueur; toutefois cette différence excède rarement l'épaisseur de la corde. Il n'en est pas de même des écarts de la résistance, dont la valeur s'accroît, par l'emploi de la seconde méthode, d'une quantité à peu près égale à la moitié de ce qu'elle est dans la première. Les bobines mal réglées, dont le noyau a été déterminé arbitrairement et sans calcul, donnent lieu à des écarts plus grands encore. Le lecteur appréciera ultérieurement l'influence fâcheuse de ces dispositions sur l'effet utile des moteurs, dont elles absorbent en pure perte une partie de la force vive.

614. *Du choix à faire entre les deux formules exposées ci-dessus.*

Il résulte d'un tableau relatif aux machines d'extraction (1) dont les éléments ont été recueillis par M. Godin, sous-ingénieur des mines à Liége, que, sur quarante-six appareils observés de 1843 à 1846, en divers bassins de la Belgique, un seul avait les rayons d'enroulement conformes au calcul, et encore l'expérimentateur a-t-il pu constater avec certitude que cette circonstance était purement fortuite. Cependant, les procédés de calcul nécessaires à la détermination de cet objet existent depuis longtemps, puisque M. Combes les a donnés dès l'année 1837. A quoi donc attribuer cette indifférence des exploitants et des mécaniciens pour un objet qui touche de si près à leurs propres intérêts? N'est-il pas à croire que, effrayés d'une théorie renfermant des différentielles et des intégrales, ils se seront abstenus d'en prendre lecture et n'auront pu comprendre toute l'importance de la régularisation du noyau des bobines? N'est-il pas aussi probable qu'ils auront reculé devant les applications d'une formule assez compliquée, mais considérée comme seule exacte.

Deux manières de poser les conditions du problème sont donc en présence : l'une donnant des résultats rigoureusement mathématiques, mais trop en dehors de la portée des praticiens; l'autre, un peu moins exacte, mais plus simple et pour l'intelligence de laquelle suffisent les connaissances les plus élémentaires de la géométrie. Les théories des appareils mécaniques ne peuvent se réaliser,

---

(1) Le lecteur trouvera un extrait de ce tableau dans l'un de paragraphes suivans.

si l'on ne tient compte de divers éléments modificateurs des effets à obtenir ; or, il existe dans l'enroulement des câbles des circonstances accessoires, qui peuvent ramener assez près de la vérité les résultats de la seconde formule pour que, en pratique, elle soit préférable à la première. En effet :

Le produit de l'épaisseur des câbles par le nombre des révolutions (Ne), ou la différence des rayons est une valeur généralement plus petite que la mesure de ces enroulements successifs, prise directement sur les bobines. Cet effet, constaté par l'expérience, et qui s'accroît encore par suite de l'exécution si fréquente des épissures, doit être attribué aux aspérités tendant à écarter les spires les unes des autres. Le câble, occupant alors un espace plus grand que ne l'indique la première formule, a pour dernier rayon d'enroulement une longueur plus grande que la longueur assignée par le calcul, et l'écart du moment moyen, loin d'être un minimum, s'accroît en réalité. La seconde, au contraire, attribuant au rayon du noyau une longueur plus courte de quelques centimètres, crée l'espace nécessaire pour loger une partie de l'excédant du câble ; celui-ci ne se porte que d'une faible quantité au-delà de la plus grande circonférence d'enroulement déterminée par le calcul, et se trouve pratiquement dans les conditions les plus avantageuses.

L'influence de ces dispositions se fait sentir plus vivement encore si l'extraction s'effectue à l'aide de tonnes ; car, le vase descendant arrivant à l'accrochage, lorsque le vase ascendant est encore à 6 ou 7 mètres au-dessous de la margelle, le mineur peut disposer d'une égale longueur de corde indispensable pour que la tonne vide en chargement ne soit pas troublée par les manœuvres de la tonne recueillie à la surface. Le bout de câble replié sur l'accrochage produit un effet analogue à celui qui résulterait d'une égale augmentation dans la profondeur du puits; mais il vient encore accroître l'espace occupé par le câble.

Si, d'ailleurs, aucune de ces considérations n'était fondée, il serait impossible de faire pratiquement aux bobines l'application rigoureuse des théories mathématiques. En effet, pour assurer la solidité du point d'attache du câble et de la bobine, il est essentiel de recouvrir le noyau de quelques tours qui jamais ne se développent, et dont l'épaisseur fait partie intégrante du rayon primitif. Comment sera-t-il possible de faire coïncider exactement les rayons réels avec les résultats du calcul, par une série de mouvements imprimés aux bobines et aux cordes, ces masses énormes, dont la manœuvre offre de si grandes difficultés? N'est-il pas probable que le dernier rayon d'enroulement pratique s'écartera du rayon calculé; or, cette différence ne fût-elle que de l'épaisseur du câble, ou seulement de 1 1/2 à 2 centimètres, suffit pour anéantir tout le bénéfice de la rigueur mathématique.

Ainsi, les minimes différences des écarts pour les petites et les moyennes profondeurs, l'impossibilité de donner pratiquement aux rayons les longueurs voulues par la théorie, l'excès de surface occupée réellement par la tranche du câble; enfin, les difficultés inhérentes à l'emploi d'une formule compliquée, dont peu d'exploitants peuvent se rendre compte, engageront ces derniers à se poser la condition de l'égalité des moments aux limites de l'ascension. Les résultats, un peu moins exacts au point de vue théorique, seront habituellement plus rapprochés de la vérité que s'ils étaient entièrement conformes aux principes mathématiques.

615. *Autre méthode de calcul basée sur la condition de l'égalité des moments aux extrémités de la course des vases.*

La méthode qui consiste à rechercher les rayons d'enroulement par leur différence, offre aux personnes peu familiarisées avec le calcul algébrique l'avantage de pouvoir se traduire, en partie, par une figure géométrique et de n'exiger qu'une série de petites opérations arithmétiques, dont le praticien peut apercevoir à chaque instant les motifs.

La relation trouvée (612)

$$r\,(P + 2\,Q + 2\,p\,L) = R\,(P + 2\,Q)$$

montre que les rayons sont entre eux, comme la somme des poids du minérai, plus les deux vases vides et le double du câble, sont à la même somme moins le dernier terme. Soit, par exemple, la troisième application du paragraphe 613, dans laquelle

$L = 400$ m.; $e = 0.03$; $P\ 1600$ k.; $Q = 300$; $p\,L = 2200$,
on aura $P + 2\,Q + 2\,p\,L =\quad 6600$
$P + 2\,Q =\quad 2200$
d'où $R\ :\ r\ =\quad 6600\ :\ 2200 = 3\ :\ 1.$

Deux cercles concentriques (fig. 7, pl. LIII) tracés avec des rayons dans le rapport de 1/3, représenteront l'état de la question par un dessin dont l'échelle est inconnue. Pour arriver à la connaissance de cette dernière, il faut observer que, les deux circonférences développées sont les deux lignes $A\,B$, $a\,b$, bases de deux triangles $A\,C\,B$, $a\,c\,b$, dont la différence, ou le trapèze $A\,a\,b\,B$, est égale à la différence des deux cercles, et que le trapèze lui-même est équivalent à un rectangle $g\,h\,i\,k$, qui aurait

pour hauteur la différence des rayons et une base égale
à la demi somme des circonférences développées.

Cette demi somme $c\,d = 5.14\,(5 + 1) = 12.56$.

La hauteur étant $R\,r = 5 - 1 \qquad = 2$,
le rapport de cette dernière à la base sera 6.28.

Ainsi, le rectangle contiendra 6.28 carrés, dont le côté
est égal à la différence des deux rayons. Mais la surface
du rectangle est d'ailleurs égale au produit de la longueur
du câble par son épaisseur,
$$400 \times 0.03 = 12;$$
le quotient de cette surface, par le nombre de carrés
compris dans le rectangle, exprimera la valeur réelle de
l'un de ces carrés, $\dfrac{12}{6.28} \qquad = 1.91\ \mathrm{M}^2;$

dont la racine carrée $\left(\sqrt{1.91}\right)$ ou 1.382 est la différence
des deux rayons. Les valeurs de ces rayons se déduisent
de deux proportions, dans lesquelles on pose : la différence des rayons supposés est à chacun d'eux, comme
la différence des rayons réels est à chacun de ceux-ci,

$$\text{ou } 2 : \begin{cases} 5 \\ 1 \end{cases} = 1.382 : \begin{cases} R \\ r \end{cases} \text{d'où} \begin{array}{l} R = 2.073 \\ r = 0.691 \end{array}$$

valeurs déjà trouvées (613).

Cette opération peut être résumée comme suit :

*Prendre, pour l'expression du grand rayon, la somme
des poids du minérai, des deux vases et des deux câbles;
pour celle du petit, la même somme moins le double du
câble, puis retrancher tous les facteurs communs de ces
deux valeurs; former la demi somme des deux circonférences et la diviser par la différence des rayons ; chercher
le quotient de la tranche du câble par ce dernier nombre,*

la racine carrée de ce quotient donnera la différence des rayons (1).

616. *Contre-poids appliqués par les Anglais aux bobines d'extraction.*

Le lecteur a déjà vu les dispositions adoptées dans les districts du nord de l'Angleterre pour obtenir l'enroulement rapide des câbles. La vitesse des vases d'extraction s'accroît encore par la longueur donnée au rayon du noyau généralement comprise entre 1.50 et 2 mètres. Comme les puits, sauf quelques exceptions, sont foncés à des profondeurs moyennes, les deux rayons diffèrent peu l'un de l'autre et le mouvement des vases peut être considéré comme sensiblement uniforme. Mais les écarts des moments sont très-grands; le moteur, appelé à produire un effort considérable au moment où l'ascension commence, doit

---

(1) Il est facile de généraliser ce procédé :

Demi somme des deux circonférences développées, ou base du rectangle,

$$\frac{2\,\pi\,(P + 2\,Q + 2\,p\,L) + (P + 2\,Q)}{2} = 2\,\pi\,(P + 2\,Q + p\,L);$$

hauteur de celui-ci, $(P + 2\,Q + 2\,p\,L) - (P + 2\,Q) = 2\,P\,L;$

rapport de cette dernière à la base du rectangle, ou nombre de carrés contenus dans cette figure, $\dfrac{\pi\,(P + 2\,Q + p\,L)}{p\,L.}$;

quotient de la surface de la tranche du câble ($L\,e$) par le nombre des carrés,

$$\frac{L^2\,p\,e}{\pi\,(P + 2\,Q + p\,L)};$$

valeur de la différence des rayons,

$$R - r = L\sqrt{\frac{p\,e}{\pi\,(P + 2\,Q + p\,L)}}.$$

La recherche des valeurs de R et de r conduit à des résultats identiques à ceux du paragraphe 612.

au contraire modérer la vitesse des vases vides parvenant
à l'accrochage ; en un mot les Anglais se trouvent dans
des conditions à peu près analogues à celles qui résultent
de l'emploi des tambours cylindriques. Cet état de choses
les force à rechercher l'équilibre par des contre-poids disposés de l'une des manières suivantes.

Une petite bobine, calée sur l'arbre des grandes bobines
d'extraction, sert à l'enroulement d'une corde plate qui,
passant sur une molette, descend dans un puits de 1 à
1.20 mètre de diamètre. Cette corde porte à son extrémité inférieure une chaîne dont les maillons ont un poids
déterminé par le calcul. Au moment où l'ascension va
commencer, la chaîne développée et suspendue dans l'excavation, tend à faire tourner l'arbre des bobines dans
le sens voulu pour l'ascension du vase plein ; elle vient
ainsi en aide à l'effort du moteur et fait équilibre au câble
qui supporte la tonne vide. Ce dernier, lorsque le mouvement rotatif s'effectue, perd de son poids à chaque
instant ; mais la chaîne, déposant successivement ses maillons au fond du puits accessoire, perd un poids équivalent, jusqu'au moment de la rencontre, où complètement
amoncelée, son action sur l'arbre cesse de se faire sentir.
Alors la corde du contre-poids par un enroulement en
sens contraire, relève successivement les anneaux dont le
poids s'ajoute à celui du câble ascendant, jusqu'à ce que
le vase, ayant atteint la margelle, la chaîne est de nouveau entièrement développée.

La profondeur du puits accessoire dépend du rapport
des rayons d'enroulement des câbles d'extraction et de
celui qui supporte la chaîne contre-poids. Souvent, dans
le but d'éviter le creusement coûteux de cette excavation
spéciale, la chaîne, suspendue dans un petit compartiment
du puits d'extraction, s'accumule sur un échaffaudage

disposé à une hauteur convenable. Quelquefois aussi, l'extrémité inférieure de la chaine est accrochée à un crampon solidement fixé dans les parois du puits.

Si l'on désigne par

r, le rayon initial d'enroulement du câble d'extraction,

r', celui du noyau de la bobine du contre-poids,

L, la profondeur du grand puits,

l, la longueur de la chaine,

p, le poids par mètre courant des câbles,

p', celui de la chaine pour la même unité,

les conditions d'équilibre seront déterminés par les relations :

$$pL \times r = p'l \times r'$$

$$\text{et } l : \frac{L}{2} = r' : r,$$

d'où se déduisent les inconnues p' et l en se donnant r'.

Ainsi, posant, par exemple $\frac{r'}{r}$ successivement égal à 1,

$\frac{3}{4}$ et $\frac{1}{2}$, les valeurs de l deviennent $\frac{1}{2} L$, $\frac{5}{8} L$, et $\frac{1}{4} L$,

et celles de $p' = 2p$; $\frac{8}{3} p$; et $4p$.

Si la chaine contre-poids est attachée à un crampon, la première relation reste et la seconde devient

$$2l : \frac{L}{2} = r : r';$$

car la chaine, dans chacun de ses développements successifs, se plaçant dans toute sa longueur, tantôt au-dessus, tantôt au-dessous du crampon, occupe deux fois plus d'espace que dans la première disposition; sa longueur se réduit donc de moitié et son poids est doublé. Dans les deux cas, la partie de la corde de suspension du contre-poids est évidemment égale à la longueur de la chaine elle-même, ou $l = \frac{1}{2} L \times \frac{r\prime}{r}$. Le poids de cette corde est négligée dans les calculs.

Les contre-poids de ce genre offrent quelques irrégularités au-dessus et au-dessous du point de rencontre; ils augmentent la charge et par conséquent les frottements de l'arbre des bobines; en outre, la suspension de la chaine dans le puits d'extraction, étant rarement possible, entraine le fonçage d'une excavation spéciale, dépense considérable à laquelle les exploitants ont cherché à se soustraire par l'emploi d'un autre moyen.

Ce procédé consiste à faire cheminer sur un plan incliné un wagon chargé de poids et lié d'ailleurs à l'arbre moteur par une corde et une bobine (fig. 15, pl. L). Le plan, adossé au bâtiment de la machine, forme une courbe dont l'inclinaison varie de manière à produire l'équilibre pour toutes les positions des vases dans le puits; la pente très-forte aux extrémités de la course diminue insensiblement jusqu'au moment où les vases se rencontrant, l'élément de la courbe devient horizontal.

617. *Calcul des moteurs d'extraction.*

Dans tout appareil d'extraction, la puissance est égale à la somme des résistances provenant du fardeau à élever, des frottements et des autres causes de perte de force. Si la partie disponible du moteur, c'est-à-dire son effet utile ou sa force moins les résistances passives, était déduite de l'observation d'appareils placés dans des conditions normales, la moyenne des résultats obtenus simplifierait beaucoup le calcul des machines et offrirait une grande exactitude en pratique. Ces coefficiens de la force motrice appliquée aux appareils d'extraction pourraient se rapporter à une unité déterminée, telle qu'un manœuvre ou un cheval pour les treuils et les baritels, et l'action exercée sur un centimètre carré de la surface du piston pour les machines à vapeur. Un semblable travail, dans lequel le moment de la résistance serait reporté sur l'organe de la communication de mouvement en contact immédiat avec le moteur, pourrait être appliqué à tous les appareils d'extraction (1).

618. *Treuils simples et composés.*

Soient L, la profondeur du puits,

R, le rayon du tambour, plus une demi-épaisseur de câble,

m, la longueur des manivelles,

P, le poids du minérai à élever,

$\dfrac{a}{A}$, le rapport du pignon à la roue d'engrenage,

p, le poids par mètre courant de câble,

et F, la somme des efforts exercés par les manœuvres.

Les résistances au commencement, au milieu et à la fin du mouvement seront respectivement

$$(P + p L) R; \quad P R; \quad (P - p L) R;$$

la première seule doit être prise en considération dans le calcul, le moteur devant être capable de vaincre le maximum de résistance.

La relation statique entre cette dernière et la puissance sera $(P + p L) R = F m$ pour les treuils simples,

et $(P + p L) R \dfrac{a}{A} = F m$ pour les treuils composés.

---

(1) Les expériences et les calculs relatifs à cet objet sont dus à M. Godin, sous-ingénieur des mines à Liége. Celui qui écrit ces lignes a rectifié cette théorie sous quelques points de vue et l'a rendue symétrique pour tous les appareils d'extraction.

Si μ représente l'effet musculaire d'un homme, déterminé par l'expérience, et N le nombre de manœuvres appliqués à l'appareil, $F = \mu N$ et

$$(P + p L) R \frac{a}{A} = \mu N m,$$

équation dans laquelle chaque terme peut être considéré alternativement comme inconnu.

La valeur de μ se déduit des observations de M. Godin sur des treuils qui étaient en activité de service de 1843 à 1845 (1). Ces observations sont comprises dans la table ci-jointe, dont les six dernières colonnes résultent de la résolution des équations

$$\frac{L}{2 \pi R},$$ nombre de tours du tambour ;

$$\frac{L}{2 \pi R} \cdot \frac{A}{a}$$ idem de la manivelle ;

$$\frac{L}{t},$$ vitesse des vases ;

$$\frac{L}{2 \pi R} \cdot \frac{A}{a} \cdot \frac{2 \pi m}{t},$$ vitesse de la manivelle ;

$$(P + p L) R \cdot \frac{1}{A} \cdot \frac{a}{m N} \cdot = \mu,$$ le maximum d'effort

d'un manœuvre,

et $P R \dfrac{1}{A} \cdot \dfrac{a}{m N} \cdot$ la moyenne de l'effet produit.

Ainsi, un ouvrier exerce sur la charge à élever une action maximum (μ) de 8.2 kilogrammes, outre les frottements, en lui faisant parcourir de 0.23 à 0.24 mètre par seconde. L'effort moyen est de 5.3 kil. et la vitesse de la manivelle, de 1.92 mètre.

----

(1) Elles n'ont eu lieu que pour les treuils composés, les seuls applicables à une extraction de quelque durée.

TABLEAU A. — TREUILS.

DÉSIGNATION DES MINES (District de Charleroi).	NOMBRE D'OUVRIERS. N.	PROFONDEUR DU PUITS. L.	RAYONS DU TAMBOUR. R.	RAYONS DE LA GRANDE ROUE. A.	RAYONS DU PIGNON. α.	LONGUEUR DES MANIVELLES. m.	POIDS DE LA CORDE. pL.	POIDS DE LA HOUILLE. P.	TEMPS DE L'ÉLÉVATION. t.	NOMBRE DE TOURS DU TAMBOUR.	NOMBRE DE TOURS DE LA MANIVELLE.	VITESSES DES VASES.	VITESSES DE LA MANIVELLE.	EFFORT D'UN MANŒUVRE MAXIMUM. μ	EFFORT D'UN MANŒUVRE MOYENNE.
		Mèt.	Métres.	Métres.	Métres.	Métres.	Kilog.	Kilog.	Second.			Métrcs.	Mètres.	Kilog.	Kilog.
Pays de Liége . .	4	100	0.42	0.45	0.10	0.50	125	100	420	58.	165.4	0.24	1.22	10.9	4.9
Bonne-Espérance.	2	25	0.26	0.64	0.10	0.45	28.75	63	120	14.	89.6	0.19	2.53	4.2	2.9
Bois du Roi. . .	4	41	0.50	0.56	0.12	0.45	31.25	120	150	21.7	101.2	0.27	1.90	6.2	4.5
Martinet	5	35	0.50	0.60	0.10	0.45	45.75	150	150	18.6	111.6	0.25	2.09	7.1	5.6
Martinet . . .	2	44	0.40	0.60	0.10	0.45	55.	60	160	17.3	103.0	0.27	1.85	8.5	4.4
Trieu de Lamotte.	4	40	0.36	0.84	0.12	0.45	50.	170	180	17.7	123.2	0.22	1.95	12.5	9.7
Moyennes . .												0.236	1.92	8.2	5.3

La détermination du nombre d'ouvriers nécessaires à la manœuvre d'un treuil résulte de la formule ci-dessus, dans laquelle N est prise comme inconnue. Si donc

$$L = 40 \text{ m.}; \ R = 0.50 \text{ m.}; \ m = 0.45; \ P = 120 \text{ kil.}$$
$$p = 1.45 \text{ kil.} \ a = 0.10 \text{ m. et } A = 0.50 \text{ m.}$$

$$N = (120 + 1.45 \times 40) \ 0.50 \times \frac{1}{5} \times \frac{1}{8 \times 0.45} = 3,$$

nombre cherché.

619. *Baritels à chevaux.*

Si dans l'équation des treuils simples

$$(P + p \, l) \, R = F \, m \, ,$$

m représente le bras de levier du manége ou la flèche à l'extrémité de laquelle sont attelés les chevaux, μ l'action exercée par un cheval, et N le nombre de ces animaux nécessaire pour produire l'effet voulu, la relation deviendra

$$(P + p N) \, R = N \, m \, \mu.$$

La valeur de μ dérive de la combinaison des élémens contenus dans les premières colonnes du tableau (B) et dont les dernières ont été calculées comme ci-dessus. D'après la moyenne des résultats, l'effort maximum est de 96.9 kilog. ; mais les chevaux employés à l'extraction des mines de Beaulet et de Carnières (2e. et 6e. expériences) étaient très-fatigués ; il semble donc que la valeur de ce coefficient doive être réduite à 90 kilog., en considérant celui de 96 comme une limite à laquelle il n'est permis d'atteindre qu'exceptionnellement et surtout momentanément. L'effort moyen du cheval est d'environ 50 kilog., et les vitesses des vases d'extraction et des moteurs de 0.54 à 0.55, et de 1.17 mètres par seconde.

TABLEAU B. — BARITELS A CHEVAUX.

MINES DE HOUILLE DE L'ARRONDISSEMENT DE CHARLEROI.	DONNÉES EXPÉRIMENTALES.							RÉSULTATS DU CALCUL.				
	NOMBRE DE CHEVAUX. N.	PROFONDEUR DU PUITS. L.	RAYONS		CHARGE UTILE A SOULEVER. P.	POIDS DU CABLE. p L.	TEMPS DE L'ÉLÉVATION. t.	NOMBRE DE TOURS DU MANÉGE.	VITESSE		EFFET D'UN CHEVAL.	
			DU MANÉGE. m.	DU TAMBOUR. R.					DES VASES.	DES CHEVAUX.	MAXIMUM. μ.	MOYEN.
			mètres.	mètres.	kilog.	kilog.	secondes.		mètres.	mètres.	kilog.	kilog.
Beaulet. . . .	2	84	6	1.645	400	294	300	8.15	0.28	1.02	95.0	54.8
Bois-du-Roi .	5	175	4.75	1.54	580	612.5	400	18.09	0.44	1.54	128.8	62.6
Amercœur . .	5	165	4.6	1.56	400	571.5	500	19.08	0.53	1.10	93.7	59.4
Grand-Bordia. .	2	70	6	1.80	280	243	190	6.19	0.37	1.22	78.8	42.0
Sart-lez-Moulins. .	2	70	7.5	2.05	400	243	186	5.43	0.58	1.37	88.0	54.6
Carnières . .	5	177	7.75	2.325	750	619.5	480	12.12	0.57	1.25	156.0	78.5
Bois-des-Vallées. .	5	62	6	1.70	470	217	225	3.80	0.27	0.97	64.8	44.5
Martinet . . .	4	165	9	2.70	600	577.5	480	9.75	0.54	1.44	88.0	45.0
								moyennes.	0.346	1.17	96.9	52.26

Si, par exemple, pour des profondeurs de 55, 100 et 170 mètres, on a $P = 400$ kilog. ; $p = 4$ kilog. ; $R = 1.50$ et $m = 4.5$ mètres, la formule $N = \dfrac{R}{m\mu}(P + pL)$ donnera 2, 3 et 4 chevaux à appliquer successivement aux trois profondeurs.

Si, le nombre de chevaux variant et les autres conditions restant les mêmes, il s'agit de déterminer le poids de la houille extraite d'une même profondeur (100 mètres), la formule, résolue par rapport à P, deviendra :

$$P = \frac{N m \mu}{R} - p L,$$

et la substitution des valeurs numériques aux lettres donnera pour résultats :

140, 410 et 680 kilog.

L'enroulement des câbles ronds sur des tambours coniques est soumis aux mêmes lois que celui des câbles plats sur les bobines ; car, dans les deux cas, la courbe tracée par l'axe de la corde se projette suivant une spirale. L'accroissement du rayon pouvant être plus grand, égal ou plus petit que l'épaisseur de la corde, si e désigne le diamètre de celle-ci et φ l'angle que forme la génératrice du cône avec l'axe de rotation, l'accroissement et le décroissement des rayons sera égal à $e.\,sin\,\varphi$ et l'expression générale (C) du rayon moyen devient

$$\sqrt{sin\,\varphi}.\sqrt{e}\sqrt{\frac{P + 2Q + pL}{25.152\,p} + \sqrt{0.000791.L^2 + \frac{1}{631.616\,p^2}(P + 2Q + pL)^2}}.$$

Les autres valeurs trouvées ci-dessus s'appliquent également aux tambours coniques, en remplaçant e par le produit $e.\,sin\,\varphi$. Le calcul des moments ne diffère en rien de celui des bobines, objet du paragraphe suivant.

620. *Machines à vapeur d'extraction.*

Conservant la même signification aux lettres employées dans le paragraphe 611 et désignant, en outre, par $\dfrac{A}{a}$, le rapport de la grande roue et du pignon ;

m, la longueur de la manivelle et $2\,m$ la course du piston ;

S, la surface de ce dernier exprimée en centimètres carrés ;

μ, la pression utile exercée sur chaque centimètre carré de la surface du piston ;

M, le moment maximum de l'ascension.

Ce dernier peut être :

$M = P\,\rho + 0.196\,p\,e^2\,N^5$ pour une valeur de ρ calculée par la première formule (C) ;

$M = P\,\rho + 0.302\,p\,e^2\,N^5$ si ce rayon a été déterminé par la seconde méthode (C') ;

Et $M = (P + Q + p\,L)\,r - Q\,R$, lorsque le noyau est assez grand pour que les maximums d'écart correspondent au commencement et à la fin de la course.

Quelle que soit la valeur du moment de l'effet utile, son point d'application étant l'axe des bobines, il doit être reporté de cet axe sur l'organe immédiatement en contact avec la vapeur, c'est-à-dire sur le piston. Cette résistance passera successivement à l'axe du pignon et au bouton de la manivelle, si elle est multipliée par $\dfrac{a}{A}$ et par $\dfrac{1}{m}$ · Comme, en outre, les espaces que parcourent dans le même instant le bouton de la manivelle et le piston sont respectivement une circonférence de cercle de rayon m et le quadruple de ce même rayon, ces deux espaces sont dans le rapport de

$$\frac{2\pi m}{4 m} = \frac{3.14}{2} = 1.57 \; ,$$

d'où résulte définitivement la relation statique

$$S\mu = M.\frac{a}{A}\cdot\frac{1.57}{m} = \left(P\rho + \begin{Bmatrix} 0.196 \\ 0.302 \end{Bmatrix} p\,e^2\,N^3\right)\frac{a}{A}\cdot\frac{1.57}{m} \cdot$$

Les valeurs de μ, déduites d'observations relatives à des machines placées dans de bonnes conditions de fonctionnement, c'est-à-dire dans lesquelles est utilisée la presque totalité de la force, se trouvent au bas du tableau C ; elles se rapportent à des pressions comprises entre 2 et 5 atmosphères, limites dans lesquelles se renferment habituellement les machines d'extraction. Les moments ont été calculés au moyen de l'expression $(P+Q+2pL)r - QR$, puisque leur maximum d'effort existe aux deux extrémités de la course.

TABLEAU C. — MACHINES A VAPEUR D'EXTRACTION.

MACHINES A VAPEUR DES MINES DITES	PISTON MOTEUR.		PROFONDEUR DU PUITS. L.	RAYONS OBSERVÉS.		RAPPORT DES ENGRENAGES. $\frac{A}{a}$.	CHARGE EN MINERAI. P.	POIDS.		EFFET UTILE. RAPPORTÉ AU PISTON.	PRESSION PAR CENTIM°. CARRÉ. μ.	PRESSION EFFECTIVE DE LA VAPEUR.
	SURFACE. S.	COURSE. 2 m.		PETIT. r.	GRAND. R.			DU CABLE PAR MÈTRE. p.	DU VASE VIDE. Q.			
	Centims carrés.	Mètres.	Mètres.	Mètres.	Mètres.		Kilog.	Kilog.	Kilog.	Kilog.	Kilog.	Atmosphères.
Le Martinet n°. 4. (Charleroi).	1962	1.50	220	1.28	2.08	5	1000	6.2	250	1975	1.02	2.
Bascoup n°. 5 (Centre du Hainaut).	702	1.00	258	1.00	1.82	6	500	5.8	140	925	1.51	2.25
Carnières-St.-Eloi (idem).	975	1.22	225	1.20	1.90	4	760	6.	250	1525	1.56	2.50
Le Bonnier (Liège).	855	1.22	248	1.00	1.80	5	600	6.	500	1585	1.85	2.75

Ainsi, à des pressions comprises entre

2 et 2.25 ; 2.25 et 2.50 ; 2.50 et 2.75 ; 2.75 et 3 atmosphères,

correspondent des coefficients d'effet utile de

1.02 ;   1.51 ;   1.56   et 1.85 kilogrammes.

Les termes S, P, ou $\dfrac{a}{A}$, étant successivement considérés comme inconnus, donnent lieu aux questions et aux
solutions suivantes :

1°. Trouver le diamètre du cylindre d'une machine à
vapeur d'extraction ?

$$S = M.\frac{a}{A}\cdot\frac{157}{m\,\mu}.$$

2°. Chercher la charge en houille qu'un moteur peut
élever d'une profondeur donnée ?

$$P = \frac{S\,\mu}{\rho}\cdot\frac{A}{a}\cdot\frac{m}{1.57} - \begin{Bmatrix}0.196\\0.052\end{Bmatrix} p\,e^2\,\frac{N^5}{\rho}.$$

3°. Déterminer le rapport de la grande roue et du
pignon ?

$$\frac{A}{a} = \frac{M}{S\,\mu}\cdot\frac{1.57}{m}.$$

La formule des machines dans lesquelles la bielle est
attelée directement à l'arbre des bobines se trouve en
posant dans la formule générale $\dfrac{a}{A} = 0$.

La vitesse moyenne des vases (V), celle du volant
(V') et celle du piston (V''), sont en raison composée
des rayons des organes interposés. Si, en outre, on observe que $V = \dfrac{L}{t}$, (t désignant le nombre de secondes employé pour élever la charge), ces vitesses seront liées par
les relations

$$V' = \frac{L}{t\,\rho}\cdot\frac{A}{a}\,\bullet\ ;\quad V'' = \frac{L}{t\,\rho}\cdot\frac{A}{a}\cdot\frac{m}{1.57}.$$

Les colonnes suivantes sont le complément du tableau C; la première renferme seule des données expérimentales.

DÉSIGNATION DES MINES.	TEMPS DE L'ÉLÉVATIOⁿ. t.	VITESSES		
		DES VASES. V.	DU VOLANT. V^{I}.	DU PISTON. V^{II}.
	Secondes.	Mètres.	Mètres.	Mètres.
Le Martinet . . .	135	1.62	2.83	1.35
Bascoup.	240	0.99	4.21	1.34
Carnières	284	0.79	2.03	0.85
Le Bonnier . . .	150	1.65	3.55	1.56

Si le constructeur veut avoir $V = V^{\text{II}}$, il devra, dans l'équation

$$V^{\text{II}} = \frac{V}{\rho} \cdot \frac{A}{a} \cdot \frac{m}{1.57},$$

poser $\frac{1}{\rho} \cdot \frac{A}{a} \cdot \frac{m}{1.57} = 1$, d'où $\frac{A}{a} m = 1.57 . \rho$.

D'autre part, si le fardeau à élever $(P\rho)$ est égal à la pression moyenne (T) sur le piston, il a

$$P\rho \left(\frac{a}{A} \cdot \frac{1.57}{m} S \right) = T \text{ et par conséquent } \frac{A}{a} m = 1.57\, \rho,$$

condition d'équilibre entre la charge sur le piston et le poids de la houille à extraire.

621. *Application de la théorie à la construction des machines d'extraction.*

Pour se faire une idée de la force de ces machines et des conditions qu'elles doivent remplir, soient à déterminer la charge et les principaux organes d'un appareil à vapeur destiné à retirer la houille d'une profondeur de 400 mètres, au moyen d'une cage à compartiments superposés. La quotité d'extraction doit s'élever à 3,200 hectolitres de 100 kilog. ou 520 tonnes en dix heures, ou 32,000 kilog. par heure.

La vitesse des vases étant fixée à 2 mètres par seconde, et le temps absorbé par les chargements et les déchargements de 70 secondes, chaque trait exigera $200 + 70 = 270'$. Le nombre des ascensions effectuées sera de 13 1/3, et chacune d'elles devra amener au jour $\dfrac{520}{13\ 1/3} = 24$ hectolitres ou 2,400 kilog.

Ainsi, on a $L = 400$ m. ; $P = 2,400$ k. et pour les autres données,

$Q = 1380$; $p = 7$ k. et $e = 0.034$ mètres.

Les rayons d'enroulement, déterminés dans la condition de l'égalité des moments aux extrémités de la course, sont :

$$r = 1.13 ; \rho = 1.745 ; R = 2.36 ,$$

et le nombre des révolutions des bobines, $N = 51.5$.

Quant à la valeur de $\dfrac{A}{a}$, la vitesse moyenne des vases (V) et celle du piston (V''), rapportées à l'axe de la manivelle, sont deux quantités égales formant la relation.

$$\frac{V}{\rho} \cdot \frac{A}{a} = V'' \cdot \frac{1.57}{m} ; \text{ d'où } \frac{A}{a} = \frac{V''}{V} \cdot \frac{1.57\,\rho}{m},$$

équation qui donne le rapport des engrenages lorsqu'on choisit pour V'' une valeur d'accord avec la pratique. Si donc 1.80 mètres exprime cette quantité, de même que la course du piston, la longueur de la manivelle m sera 0.90 mètre, en sorte que

$$\frac{A}{a} = 2.73, \text{ ou environ } \frac{11}{4} \cdot$$

Si le constructeur, dans un but de simplification, avait posé $\dfrac{A}{a} m = 1.57\,\rho$, ou l'égalité de la vitesse moyenne des vases et de celle du piston, il aurait obtenu **4.5**; mais alors la dernière vitesse aurait été plus grande qu'elle ne doit l'être en pratique.

Les rayons d'enroulement ainsi déterminés par le second procédé de calcul, le moment maximum de la résistance sera

$$M - P \rho + 0.302\, p\, e^2\, N^3,$$
$$P \rho = 2400 + 1.745 = 4188$$
$$\text{et } 0.302\, p\, e^2\, N^3 \qquad = \underline{\quad 47\quad}$$
$$4235 \text{ kilog.}$$

La charge transmise au piston par les organes inter-médiaires

$$S \mu = M \frac{a}{A} \cdot \frac{1.57}{m} = 4235 \times \frac{4}{11} \cdot \frac{1.57}{0.90} = 2686.$$

Si la pression effective de la vapeur est évaluée à **2.75** atmosphères, μ devenant **1.56**.

$$S = \frac{2686}{1.56} = 1722 \text{ centimètres carrés,}$$

et le diamètre du piston $\sqrt{\dfrac{1722}{3.14}} = 0.468\, M$;

Ce qui correspond à une machine de la force de 64 chevaux.

Autre application. La machine du Bonier, dont les éléments du calcul sont consignés dans la quatrième ligne du tableau **C**, a donné lieu, lors de sa construction, à divers changements sur lesquels il est utile d'attirer l'atten-tion du lecteur. Dans l'origine, le rapport de la roue et de son pignon étant de 1 à 4, les mouvements du piston étaient si rapides qu'ils faisaient craindre la rupture des organes mécaniques. Le constructeur, dans le but de porter remède à cet excès de vitesse, changea les engrenages et choisit 1 à 2 pour l'expression du nouveau rapport; mais alors le piston resta immobile sous une pression de trois atmosphères ; il en fallut 3 3/4 pour qu'il se mit en mouvement, et sa marche fut-elle toujours fort pénible durant les dix à douze premières révolutions des bobines. Ce fut seulement alors que se rappelant les observations faites antérieurement par M. Godin, on se décida à choisir le rapport calculé de 1 à 3.

Il est facile de se rendre compte de ces différentes allures de l'appareil dans ces circonstances ; car, si, prenant l'expression $M.\dfrac{157}{m.}\dfrac{a}{A}$ on fait varier $\dfrac{a}{A}$ en lui donnant successivement des valeurs égales à $\dfrac{1}{2}$, $\dfrac{1}{4}$ et $\dfrac{1}{3}$, les résultats obtenus seront

2378, 1189 et 1585,

nombres qui, divisés par la surface du piston, donneront, pour les pressions par centimètres carrés,

2.78, 1.39 et 1.85;

tandis qu'elles ne peuvent être que de 1.85. Ainsi, les pressions exigées dans le premier et dans le second cas sont plus grandes ou plus petites que celles dont on peut disposer ; la troisième seule satisfait aux conditions du problème.

Ces changements fort coûteux auraient été évités par un simple calcul appliqué aux organes de la transmission du mouvement.

622. *État des machines à vapeur d'extraction en Belgique.*

Les observations faites par M. Godin sur un grand nombre de machines appliquées à l'extraction prouvent la réalité des faits suivants :

Au moment où ces observations ont eu lieu (de 1843 à 1846), les rayons d'enroulement des bobines ne se

sont jamais trouvés d'accord avec le calcul, excepté dans
une circonstance attribuée au hasard. Ces rayons étaient
presque toujours trop grands et l'accroissement des moments extrêmes tendait à absorber sans utilité une notable
partie de la force motrice. Le lecteur se fera une idée
de l'état de désordre où se trouvaient, sous ce rapport,
quelques-uns de ces appareils, par l'examen de ce qui
se passait à la *Facteresse*, puits appartenant à la Société
dite des Charbonnages de Charleroi. Dans cet exemple,
pris au hasard, les conditions d'enroulement étaient les
suivantes :

$L = 460$ m.; $P = 700$ k.; $Q = 150$ $p = 4.7$ k. et $e = 0.03$.

Une détermination rationnelle des rayons aurait donné

$$r = 0.34 \text{ m.}, R = 2.12, N = 59.7,$$

et, pour le maximum d'effort,

$$P\rho + 0.302\, p\, e^2\, N^2 = 1190 \text{ kilog.}$$

Mais les rayons réels $r = 1$ m.; $R = 2.31$ m. donnaient

$$(P + Q + pL)r - QR = 3125 \text{ k.}$$

$$\text{et } (P + Q) R - (Q + pL)\, r = -349 \text{ k.},$$

c'est-à-dire un moment trois fois plus considérable qu'il
n'aurait dû l'être au moment du départ, et un autre négatif à la fin de la course des tonnes. Ainsi, les deux tiers
de l'effet utile étaient absorbés par des résistances auxquelles il est toujours possible de se soustraire, et le moteur, à la fin de l'ascension, devait agir en sens inverse
du mouvement du fardeau, pour empêcher celui-ci de se
précipiter vers les molettes.

Il ne semble pas que cet état de choses ait subi généralement de grandes modifications.

Malgré les pertes résultant de l'exagération des rayons,
la force utilisée n'est qu'une faible fraction de la force
disponible, car les appareils, dont le coefficient d'effet utile
est au minimum de 50 p. c., ne donnent assez souvent

que 15 à 20 p. c.; fréquemment, 25 à 40, et rarement
des valeurs excédant 45 p. c. Voici les causes de ces
anomalies :

Les pressions indiquées par le manomètre sont trop
élevées dans la plupart des machines d'extraction ; soit
que le chauffeur donne inutilement de l'activité aux
foyers; soit qu'il cherche à compenser l'insuffisance des
surfaces de chauffe par une plus grande densité de la
vapeur, afin que les générateurs fournissent à la machine
un plus grand nombre de cylindrées dans un temps donné ;
soit enfin que la vapeur, étranglée dans des tuyaux d'admission trop étroits, réagisse sur les parois des générateurs
et, par conséquent, sur le manomètre. Quoi qu'il en soit,
l'observation manométrique donne souvent, quant à la
force calculée, des résultats trop élevés.

Une seconde cause plus directe peut être attribuée au
choix d'un appareil capable d'un effet utile trop grand
pour l'effet réclamé dans la période qui suit immédiatement sa construction. Ces prévisions un peu trop larges
d'avenir n'étant ordinairement justifiées que partiellement,
la machine est mise hors de service longtemps avant que
sa force intégrale ait été utilisée. Cette tendance à l'exagération de la force motrice est générale et n'a fait que
s'accroître dans le cours de ces dernières années.

Enfin, l'exploitant cherchant à consommer autant que
possible les houilles de qualité inférieure, les surfaces de
chauffe des générateurs doivent être plus grandes que pour
tout autre appareil à vapeur. Cette circonstance à laquelle
les mécaniciens n'ont pas assez d'égard, réduit considérablement l'effet utile qu'il est possible d'obtenir du moteur.

Cependant, malgré l'excédant de force de la plupart des machines d'extraction construites en Belgique, souvent elles sont
remplacées par d'autres plus puissantes dès que les travaux

d'exploitation se portent dans la profondeur. Mais avant
de prendre une décision si coûteuse, ne serait-il pas prudent de s'assurer de l'insuffisance réelle du moteur? Cette
opération est facile, car elle se réduit à reporter la résistance sur le piston, pour comparer l'effet produit et
l'effet utile dont l'appareil est susceptible. Si, comme cela
se présente fréquemment, l'exploitant reconnaît l'existence
d'une force disponible et non utilisée, il cherchera les
moyens de la mettre en évidence; soit en disposant les
tuyaux adducteurs de la vapeur de manière à se rapprocher de l'égalité, quant aux pressions dans la chaudière
et sous le piston; soit en augmentant, s'il y a lieu, les
surfaces de chauffe; soit, surtout, en maintenant les rayons
des bobines dans les limites indiquées par le calcul. Nul
doute qu'il ne soit alors possible, dans bien des cas,
de prolonger la durée d'appareils d'extraction qui sans cela
devraient être remplacés.

IXᵉ. SECTION.

OPÉRATIONS ET APPAREILS RELATIFS A L'EXTRACTION.

623. *Compteurs et indicateurs.*

C'est à l'aide des *indicateurs* que le machiniste est à chaque instant prévenu de la position relative des vases et de leur hauteur dans le puits. Les *compteurs*, en outre, font connaître d'une manière exacte le nombre de vases extraits dans un temps donné. La description suivante (fig. 1 et 2, pl. LV) s'applique à un appareil de cette dernière espèce, installé à l'orifice de l'ancien puits de la mine de Guley (district de la Wurm).

Sur l'une quelconque des parois du bâtiment de la machine d'extraction est appliqué un tableau peint en noir AA', à chaque extrémité duquel sont fixées des poulies à gorge m, m. Un cordeau enveloppe ces deux poulies et supporte des poids p, p' qui représentent les vases d'extraction et se meuvent alternativement de bas en haut et de haut en bas ; le mouvement qu'ils reçoivent vient de l'arbre des bobines et leur est communiqué par un système d'axes en fer et de courroies. La combinaison des organes doit être telle que chacun des poids coïncide avec les lignes extrêmes au moment où les vases d'extraction se trouvent à l'accrochage et à la margelle, et se rencontrent sur la planche lorsque les tonnes se rencontrent également dans le puits ; alors, des expériences directe servent à tracer des lignes correspondantes aux diverses couches

intermédiaires, telles que *Ath*, *Meister* etc., et aux accrochages dont elles sont l'objet.

A cet indicateur est adjoint un compteur destiné à
marquer spontanément le nombre de *traits* ou d'ascensions successives des vases pleins. Cet appareil, représenté
dans son ensemble par les figures 1 et 2, est exprimé
en détail par les figures 3 et 4. Il se compose d'un double
crochet d'encliquetage *a*, d'un déclic *b*, d'un contre-poids
H et d'une fourchette *d*, comprenant entre ses deux branches une tige élastique *f* terminée par une sonnette *g*; tous
ces objets sont mobiles sur le même axe. Au-dessous se
trouve une roue d'encliquetage à six dents *e* avançant de
$1/12^e$. de tour à chaque impulsion qu'elle reçoit de l'une
des extrémités du crochet *a*; son axe, prolongé au-dehors
de la boîte, porte en *h* une aiguille indicatrice.

Voici la manière dont fonctionnent ces divers organes :
Supposant que le poids *p*, cheminant de bas en haut,
arrive à l'extrémité de sa course, il se porte contre le déclic *b* qu'il fait tourner sur son axe, et entraîne avec lui le
contre-poids *H*, qui, franchissant la ligne verticale, retombe
en produisant une secousse; alors le crochet *a* heurte
l'une des dents de la roue *e*, la fait avancer de un douzième
de circonférence, et ce cheminement, transmis à la plus
longue des deux aiguilles, est immédiatement indiqué sur
le cadran. Dans ce moment, la position de la fourchette
étant renversée, la secousse imprimée par le contre-poids
se communique à la sonnette; celle-ci, par ses tintements,
prévient le machiniste de la présence du vase plein lorsqu'il se trouve encore à quelques mètres au-dessous de
la margelle du puits. Le poids *p* redescend; *p'* vient à
son tour heurter le déclic, en produisant un mouvement
inverse; et l'autre extrémité du crochet *a*, se portant sur
une dent opposée de la roue d'encliquetage, la fait encore

avancer dans le même sens d'une quantité égale à un douzième de la circonférence.

Comme la grande aiguille poursuit sa route après avoir reçu douze impulsions successives; et comme après avoir achevé le tour du cadran, elle ne laisserait aucune trace de la révolution effectuée, il a fallu pourvoir à l'adjonction des pièces suivantes: i et i' sont deux roues de simple communication de mouvement, dont la première est fixée sur l'axe de la roue d'encliquetage, et la seconde, sur un axe spécial portant, en outre, un petit pignon k; ce pignon, muni de huit dents, commande une roue d'engrenage mm de 96 dents, qui tourne autour de l'axe h, sans toutefois participer à son mouvement, puisqu'elle ne s'y rattache qu'au moyen d'un tube r portant une petite aiguille à son extrémité. Cette disposition est évidemment la même dont se servent les horlogers pour conserver l'indépendance des deux aiguilles d'une montre. Si l'on suppose actuellement que la roue d'encliquetage, après douze impulsions des crochets, ait fait une révolution complète, il en sera de même de la roue i calée sur le même axe, de i' qui engrène avec cette dernière, et du pignon k; or, le nombre des dents de ce pignon étant à celui de sa grande roue comme $8 : 96$ ou comme $1 : 12$, il s'ensuit que pendant ce temps la petite aiguille se sera avancée d'un arc égal à un douzième de cette circonférence et qu'elle indiquera sur le cadran chaque douzaine de vases extraits jusqu'à concurrence de 12 douzaines. Ainsi, dans la position indiquée par la figure 1, la petite aiguille étant sur deux heures et la grande sur six, on en conclut que, dans le moment de l'observation, le nombre de vases extraits a été de $2\ 1/2$ douzaines ou de trente. Telle est la méthode applicable au contrôle des indications données à ce sujet par les personnes chargées de prendre note de la quantité de houille extraite.

Les figures 5, 6 et 7 ont pour objet un indicateur appliqué au service du puits n°. 7 de la mine de Lodelinsart, près de Charleroi.

B B' est une caisse ouverte par-devant; *c* une poulie tirant son mouvement de l'arbre des bobines, par l'intermédiaire d'un axe et de deux courroies; *p, c. p'*, la corde et les deux poids cylindriques représentant les vases d'extraction; *o o*, est une ligne correspondant à la rencontre des vases. Au-dessous de cette ligne se trouve un axe *e* et deux palettes *u, u* mobiles autour des points *i, i* et une tige *f g*, terminée, d'un côté par un contre-poids *f*, de l'autre par une fourchette *g g'* dont les deux branches viennent alternativement heurter la tige flexible d'une sonnette *h*.

Lorsque les poids descendants viennent porter sur les palettes, celles-ci cèdent et leur livrent passage; si, au contraire, la rencontre a lieu pendant l'ascension, les mêmes palettes, retenues par leur queue, résistent jusqu'à ce que le poids soulève tout le système, qui alors tourne sur son axe en imprimant une secousse à la sonnette. Ce tintement se faisant entendre un peu avant le moment de la rencontre des vases, le machiniste peut modérer en temps utile la vitesse de la marche du moteur.

624. *Transmission des signaux du jour à l'intérieur des travaux et vice-versâ.*

Ces procédés consistent en signaux de diverses espèces qui, ayant pour but des manœuvres relatives à l'extraction, appartiennent naturellement au chapitre actuel.

Les puits entièrement libres de cloisons, dépourvus de revêtement ou muraillés, permettent l'usage de la voix comme moyen de correspondance entre l'intérieur et le jour.

Un grand nombre de mines du centre (Hainaut) transmettent ainsi les ordres d'une profondeur de plus de
200 mètres ; chaque ordre est précédé d'un cri d'aver-
tissement ; les phrases prononcées doivent être brèves ; les
mots peu nombreux, accentués et séparés les uns des
autres par un certain laps de temps ; enfin, comme dans
ces mines l'usage est de faire remonter les ouvriers sur les
câbles, le machiniste est prévenu de cette circonstance par
les coups précipités que les accrocheurs donnent sur l'un
des vases d'extraction.

On place aussi dans les chambres d'accrochage des tambours en bois qui, par leur sonorité, transmettent les
signaux, consistant en un certain nombre de coups de
marteau et dans la manière dont ils se succèdent. Cet usage,
plus particulièrement adopté dans les mines du district de
Charleroi, s'applique à des puits d'une profondeur notable,
mais non divisés en compartiments et dont, par conséquent, les parois ont conservé leur sonorité.

Dans les puits boisés, naturellement très-sourds, c'est-
à-dire dont les parois sont peu propres à répercuter les
sons, les signaux se transmettent à l'aide de sonnettes mises
en mouvement par des cordons en fer descendant le long
des parois de l'excavation. Le cordon est ordinairement
composé d'un certain nombre de tiges en fer rond, d'environ 0.01 mètre de diamètre sur deux mètres de longueur,
liées entre elles par les anneaux que forment les extrémités de ces tiges repliées sur elles-mêmes. Il en résulte
une espèce de chaîne suspendue par sa partie supérieure à une pièce de bois faisant fonction de ressort et
à l'extrémité de laquelle est attachée la sonnette. Pour
agiter cette dernière il suffit de mettre en mouvement un
levier fixé à l'extrémité inférieure du cordeau. Lorsque
les signaux doivent partir d'une grande profondeur, le

levier rencontre , dans le ressort en bois , une résistance
considérable , puisqu'elle doit égaler au moins le poids du
cordeau ; les tiges alors , cédant aux efforts que doivent
faire les ouvriers , finissent par se détacher les unes des
autres , par se rompre et apporter du trouble dans cette
partie accessoire de l'extraction. Enfin , cette difficulté de
manœuvrer l'appareil introduit souvent de la confusion dans
les signaux , et l'ouvrier est rarement sûr du nombre de
coups dont il a fait retentir la sonnette. Les mineurs
liégeois ont cherché à porter remède à cet inconvénient
en disposant au jour un balancier de contre-poids capable
d'équilibrer la totalité du cordeau. Mais il vaut mieux
opérer partiellement tous les 40 ou 50 mètres , au moyen
d'une poulie et d'une chaînette , à l'extrémité de laquelle
est suspendue un poids égal à celui de la longueur du
cordon compris entre deux poulies. On a aussi substitué
fort avantageusement aux tiges une corde en fil de fer
formée de cinq à six fils peu tordus , dont la solidité est
plus grande sous un poids moindre.

Les principaux signaux pour lesquels les ouvriers de la
surface doivent se concerter avec ceux de l'intérieur ont
pour objet d'arrêter les vases d'extraction , de leur imprimer , en temps utile , les mouvements d'ascension et de
descente , et surtout d'annoncer le moment où des hommes
se placent sur le câble pour sortir des travaux. Ces signaux
de convention se font entendre soit dans la chambre même
du machiniste , soit à l'orifice du puits ; ils consistent en
un nombre déterminé de coups de sonnette , précipités ou
séparés par des intervalles de temps égaux ou inégaux
suivant la manœuvre à prescrire.

Les conducteurs des machines d'extraction des districts
d'Essen et de Bochum (Westphalie) reçoivent les avertissements
de l'intérieur de la mine, par l'intermédiaire d'un marteau

(*Signal* ou *Klopf-hammer*); ce marteau, soulevé par un cordeau dont une extrémité pend dans l'accrochage, retombe sur une planche installée au-dessus de la margelle, où le bruit qu'il produit remplace celui de la sonnette.

Les mineurs du Cornwall ont fait usage de barres de fer continues, fixées le long des parois des puits et sur lesquelles il suffit de frapper quelques coups de marteau pour que le son se propage à l'autre extrémité. C'est ainsi qu'à Huel Friendship, près de Tavistock, les signaux se transmettent sans difficulté sur une longueur de 1073 mètres (1).

Lorsque la disposition des localités l'a permis, la colonne des tuyaux d'épuisement des eaux a été employée avec succès.

Les deux derniers modes semblent très-convenables; non-seulement ils sont à l'abri de toutes les interruptions causées par les ruptures du cordon, mais encore les signaux peuvent aussi bien se faire du jour à l'intérieur que de l'accrochage à l'orifice du puits, avantage que n'offrent pas les premiers appareils mentionnés ci-dessus. Alors la transmission des ordres partant de la surface nécessite l'emploi de morceaux de bois ou de bouchons de paille, auxquels les mineurs attachent une certaine signification; ces bouchons, contenant quelquefois un billet, sont liés à la chaîne des vases d'extraction, ou simplement jetés dans le puits, au fond duquel ils arrivent fréquemment inaperçus.

Le procédé mis en usage dans quelques puits des mines d'Anzin, sans être sujet à ces inconvénients, offre l'avantage de n'être, en aucune manière, limité dans le nombre des signaux. C'est un tuyau en zinc qui, régnant de la margelle à la chambre d'accrochage, forme un porte-voix au moyen duquel sont transmis prompte-

_____

(1) *Annales des Mines*, 3e. série, tome V, 1834.

ment et avec exactitude tous les ordres nécessaires. **Ces**
tuyaux doivent être protégés par une cloison contre les
chocs des vases d'extraction.

625. *Procédés usités pour pénétrer dans les mines et pour en sortir.*

Les travaux sont d'un facile accès lorsque leur communication avec le jour est établie par une galerie horizontale, ainsi que cela se pratique dans les districts de
Saarbrucken et du pays de Galles, ou même lorsque cette
galerie est fortement inclinée, comme les *fendues* des
environs de St.-Etienne. Mais dans les localités où cette
communication ne peut avoir lieu que par puits verticaux
ou inclinés, l'entrée et la sortie des ouvriers deviennent
plus difficiles, quelquefois fort pénibles et toujours plus
ou moins dangereuses.

Cette opération s'effectue à l'aide d'échelles verticales ou
inclinées, droites ou héliçoïdales, en bois, en fer ou mi-
partie de ces deux substances. On emploie aussi les câbles
d'extraction, avec ou sans l'intermédiaire des vases, et
enfin, les échelles mobiles du Hartz (*Fahrkunst*), ou
d'autres appareils basés sur les mêmes principes.

626. *Echelles en bois.*

Les deux montants sont des pièces de chêne de 0.10
à 0.15 mètre de largeur, et de 0.03 à 0.05 mètre d'épaisseur ; les échelons ronds, également en bois, placés à
une distance de 0.20 à 0.25 d'axe en axe, sont d'un
bon usage dans les localités où les ouvriers parcourent
les échelles nu-pieds ; mais ils sont promptement détruits
s'ils ont l'habitude de conserver leurs souliers ferrés. La

fonte ou le fer malléable sont alors plus avantageux ;
mais le second, quoique d'un prix plus élevé, est toujours préférable, en raison de la plus grande résistance
qu'il oppose aux effets du frottement.

Les échelles verticales s'appliquent contre les parois des
puits, où elles règnent sans interruption sur des hauteurs
souvent assez considérables ; elles sont fort pénibles à
parcourir et ne semblent applicables qu'au service des
pompes, et peut-être aussi au sauvetage des ouvriers,
en cas d'inondation ou de coups de feu.

Les échelles inclinées sont disposées, tantôt parallèlement les unes aux autres (fig. 8 et 9, pl. LV), tantôt
en zigzag, le pied de l'une correspondant à la tête de la
suivante. Elles sont séparées entre elles par un palier ou
plancher de repos formé de solives encastrées dans les
parois du puits, et recouvertes de madriers. Dans les localités telles que le Couchant de Mons, où le puits destiné
aux échelles doit aussi servir au retour du courant ventilateur, les madriers fort étroits (fig. 10) comprennent
entre eux des intervalles vides assez grands pour favoriser
la circulation de l'air. Lorsque le mineur, opérant la
descente sur des échelles parallèles, arrive au pied de l'une
d'elles, il longe la paroi de l'excavation et se dirige directement vers la suivante, que l'on a eu le soin de prolonger au-dessus du palier d'une hauteur de 1 à 1.50
mètre ; ce sont les échelons de ce prolongement qu'il
saisit avant de s'aventurer sur l'échelle immédiatement
inférieure. Lorsque, comme dans la province de Liége,
elles sont disposées en zigzag, le palier n'occupe qu'une
faible partie de la section du puits ; mais il ne peut avoir
moins de 0.40 mètre de largeur, afin que l'ouvrier
puisse se retourner. Le prolongement de l'un des montants est alors muni de manottes en fer, que le mineur

saisit d'une main, pendant qu'il tient encore dans l'autre
l'un des derniers rayons de l'échelle supérieure. Souvent
le prolongement de cette dernière au-dessus du palier est
placé dans une situation verticale, afin d'absorber une
plus faible partie de la section du puits ; mais cette disposition est vicieuse sous le rapport de la sécurité des
ouvriers, en ce qu'elle crée une difficulté et provoque,
de la part de ces derniers, des efforts plus grands au
moment même où, fatigués de leur ascension, ils doivent
quitter une échelle pour passer à la suivante.

Dans l'un et l'autre système, les échelles sont solidement
attachées aux solives des paliers par de forts crampons, et
supportées, en outre, par des bois intermédiaires de traverse,
disposés au-dessous de tous les points de jonction des
échelles partielles. Quant à la hauteur comprise entre deux
paliers successifs, l'expérience démontre que la plus convenable est de sept et dix mètres : plus grande, le mineur,
astreint à des efforts continus d'une trop longue durée,
ne se repose pas assez fréquemment ; plus courte, le nombre
des chances d'accident s'accroît, ces derniers ayant lieu
principalement au passage d'une échelle à la suivante.
Dans les échelles en zigzag, l'ouvrier n'est pas arrêté dans
sa chute par le palier immédiatement inférieur, circonstance assez habituelle lorsqu'elles sont disposées parallèlement. Mais deux inconvénients sont inhérents à l'emploi
de ces dernières : le premier, de peu d'importance, consiste dans la dépense de temps et de la force appliquée
au parcours du palier sur sa plus grande longueur ; le
second, dans l'abandon de l'échelle avant de pouvoir saisir
la suivante, mouvement pendant lequel surviennent la
plupart des chutes.

627. De l'inclinaison la plus favorable à donner aux échelles.

La position plus ou moins inclinée de ces appareils doit être prise en sérieuse considération sous le rapport de la fatigue et des accidents auxquels les ouvriers sont exposés. La fatigue éprouvée par ceux-ci est d'autant plus intense que les échelles se rapprochent davantage de la verticale, puisqu'alors le centre de gravité du corps humain se trouve plus écarté de ses points d'appui naturels. On savait depuis longtemps qu'une échelle formant un angle de 70 degrés avec le plan horizontal occupait la position la plus convenable quant au centre de gravité; mais c'est à M. Lambert (1) qu'est due la démonstration de cette vérité, déduite d'expériences directes. Les résultats, consignés dans le tableau suivant, prouvent également que cet angle est aussi celui qui exige, de la part des mineurs, le moindre développement de la force musculaire des bras.

Effort exercé par les mains pendant l'ascension de l'homme le long d'une échelle.

Nos. D'ORDRE.	INCLINAISON DE L'ÉCHELLE SUR LE PLAN HORIZONTAL.	EFFETS PRODUITS SUR LE DYNAMOMÈTRE		OBSERVATIONS.
		PAR LES DEUX MAINS.	PAR UNE SEULE MAIN.	
	Degrés.	Kilogrammes.	Kilogrammes.	
1	90	50	35.0	Le poids de l'homme étant de 74 kilog.
2	85	46	52.1	
3	80	55	25.0	
4	75	15	10.5	
5	70	5	3.5	

(1) *Échelles d'un nouveau Système*, brochure de M. LAMBERT, aspirant des mines, imprimée à Mons en 1848.

La simple inspection de ce tableau établit irrévocablement la supériorité des échelles formant avec l'horizon
un angle de 70 degrés sur toutes les autres dont la position
se rapproche davantage de la verticale. Comme, d'un autre
côté, la diminution de l'inclinaison contraint l'ouvrier à
se courber pour saisir les échelons et qu'alors son centre
de gravité se porte en dehors et en avant de ses points
d'appui naturels, il en résulte que l'angle déterminé ci-
dessus est une limite au-dessus et au-dessous de laquelle
l'ouvrier mineur se trouve dans une position fort incommode, accompagnée d'une plus grande fatigue, et, par
conséquent, plus dangereuse.

Il est intéressant de comparer la force musculaire absolue
développée par les bras de l'homme à différentes époques
de sa vie, avec les expressions des efforts du mineur
remontant des échelles d'inclinaisons différentes. Or, l'effort
non continu (observé au dynamomètre de Regnier) des
hommes âgés de

14,   16,   18,   20,   25,   30,   40 ans
correspond à un poids de
47.9 — 63.9 — 79.2 — 84.3 — 88.7 — 89.9 — 87.0 k. (1).

Ainsi, les mineurs gravissant les échelles nᵒˢ. 1, 2 et 3
occupent une position peu commode et sont appelés à
développer, pendant un espace de temps assez prolongé,
une force musculaire trop rapprochée de l'effort maximum
dont les bras sont capables dans les conditions les plus
favorables. C'est ce que confirme l'appréciation de la force
de l'homme appliquée au treuil; car celle-ci pouvant être
représentée par une moyenne de 8 kilog. et pouvant s'élever
à 12 si le travail est interrompu par des intervalles de
repos, il est évident que les échelles inclinées de 70 à

(1) *Annuaire de l'Observatoire de Bruxelles*, année 1847, p. 200.

75 degrés sont les seules dont l'exploitant doive faire un usage journalier, s'il ne veut pas placer les mineurs dans des conditions anormales et même dangereuses. « Comment, » dit M. Lambert, voudrait-on que l'ouvrier, après une » journée pendant laquelle il n'a pour ainsi dire fait fonc- » tionner que ses bras, leur fît encore supporter sans danger » le travail considérable et prolongé qu'exige l'ascension » par les échelles nos. 1, 2 et 3 ?

Si, dans la province de Liége, des puits d'une section suffisante permettent l'emploi d'échelles établies suivant une inclinaison convenable, il n'en est pas de même au Couchant de Mons, où la moyenne des diamètres de ces excavations n'est que de 1.51 mètres. Or, ce diamètre étant une dimension irrévocable, la distance des paliers ne pouvant s'abaisser au-dessous d'une certaine limite, l'angle sous lequel sont installées les échelles se trouve compris fréquemment entre 75 et 85 degrés, c'est-à-dire que ces dernières se rapprochent tellement de la verticale qu'elles nuisent à l'économie de la force musculaire des ouvriers, et, par conséquent, à leur sûreté.

628. *Echelles en fer droites et hélicoïdales.*

M. Plumat, ingénieur de la mine du Levant du Flénu, est le premier qui ait eu l'idée de substituer le fer au bois dans la construction des échelles des paliers et des pièces de support. Ces appareils ont pour montants des barres de fer méplat de 0.06 mètre sur 0.006 mètre d'épaisseur ; ils sont supportés par des barres de fer rond d'un diamètre de 0.025, encastrées dans les parois du puits. Les échelons ont 0.015 de diamètre. Les paliers, formés de quatre sommiers de même équarrissage que les montants, sont placés de champ et recouverts de barreaux de 0.01 mètre fixés dans les échancrures des sommiers ; ils laissent entre eux un intervalle vide de 0.06 mètre. Les parties qui doivent être encastrées dans la roche sont préservées de la rouille par des enveloppes en toile imbibée de suif ; celles qui restent exposées au contact de l'air sont revêtues d'une couche de goudron appliquée à chaud.

Les échelles en fer offrent toute la solidité désirable ; leur durée est plus grande que celle des échelles en bois ; elles ne coûtent guère plus et n'exigent aucune réparation. Leur application dans les mines du Flénu a eu pour résultat de diminuer les effets nuisibles de l'étranglement du courant d'air, puisque les intervalles compris entre les lattes des paliers en bois ne sont en moyenne que de 1/7 de la section du puits ; tandis que, par l'emploi des barreaux en fer, ils représentent les 6/7 de cette surface. Si cette nouvelle construction ne détruit pas les vices inhérents à la position des échelles au milieu de l'atmosphère qui a circulé dans les travaux, elle remédie au moins partiellement à l'insuffisance du courant d'air. Un seul reproche peut leur être adressé : l'impression douloureuse de froid qu'éprouve la main du mineur lorsque, pendant l'hiver, il saisit les échelons situés à la partie de l'appareil la plus rapprochée de la surface.

Les échelles héliçoïdales de M. Lambert, assez semblables aux escaliers tournants si légers des cafés de Paris, ont pour but de concilier, dans les mines du Couchant de Mons, l'inclinaison suivant un angle de 70 degrés, avec la faible section des puits et l'écartement suffisant de deux paliers consécutifs. Elles sont entièrement construites en fer ; les montants, courbés en hélice, sont des barres de fer méplat de 0.09 mètre de largeur et 0.005 mètre d'épaisseur. L'auteur, dans le but d'en assimiler les échelons aux marches d'un escalier, a disposé deux barreaux dans un même plan horizontal; comme ils sont séparés par un intervalle de 0.05 à 0.06 mètre, le mineur ne saisit que celui de devant, auquel est attribué un diamètre plus fort qu'à l'échelon de derrière. D'autres pièces forment une espèce de cloison hélicoïdale propre à garantir l'ouvrier contre les chutes dirigées vers le centre du puits. La hauteur du pas de l'hélice s'accorde, d'ailleurs, avec le diamètre du puits, de telle façon que les échelles, au point où reposent les pieds de l'ouvrier, fassent un angle constant de 70 degrés avec le plan horizontal.

Ce système semble très-applicable aux puits d'une section trop faible pour pouvoir y placer des échelles inclinées; cependant il ne s'est pas répandu comme on aurait pu l'espérer, quoique les craintes préconçues sur les effets du tournoiement ne se soient pas réalisées. Serait-ce, comme le pensent quelques ingénieurs, parce que l'application des mains sur les échelons, provoquant la torsion du corps de l'homme, rend fort difficile la descente à reculons et très-fatigant leur emploi pour des hauteurs notables?

629. *Influence des échelles sur la santé des ouvriers.*

Ce n'est pas seulement à la fatigue des mineurs circulant sur les échelles, ou à la perte d'une partie de leur force musculaire, qu'il faut s'attacher, mais encore à l'influence que ces appareils exercent sur leur santé et aux maladies dont ils sont l'origine.

Les ouvriers, ordinairement couverts d'une abondante transpiration, résultat des efforts provoqués par l'ascension, arrivent au jour, où le plus souvent, ils passent brusquement dans une atmosphère comparativement froide, circonstance qui tend à aggraver encore l'état humide de leurs vêtements mouillés par les eaux d'infiltration. Quoique les conséquences d'une transpiration arrêtée soient fort graves, elles ne peuvent être comparées à l'influence morbide qu'exerce, sur les fonctions organiques, la situation corporelle de l'homme gravissant les échelles, influence d'autant plus fâcheuse que la direction de ces dernières se rapproche davantage de la verticale.

Pour l'intelligence de ce qui va suivre, il convient d'exposer en peu de mots la manière dont s'accomplissent la respiration et l'alimentation du sang par l'oxygène. Le premier de ces actes est double ; il comprend *l'inspiration*, ou l'introduction de l'air atmosphérique dans la cavité pectorale qui renferme les poumons, et *l'expiration*, ou l'action par laquelle l'homme expulse de cette même cavité l'air en partie dépouillé d'oxygène, après avoir rempli sa fonction. La poitrine et les poumons peuvent être comparés à un soufflet sans soupape dont les parois, alternativement écartées et rapprochées, agiraient sur une vessie pleine d'air, dans laquelle ce fluide serait attiré et d'où il serait aussitôt expulsé à travers un orifice unique. Les mouvements de soulèvement du soufflet, qui tendent à agrandir sa capacité, ont pour origine les muscles attachés aux bras et aux épaules, d'une part, et de l'autre, à la cage osseuse, enveloppe de la poitrine. Les principaux muscles appelés à déterminer les mouvements de contraction, c'est-à-dire, l'expiration, sont ceux du bas-ventre, beaucoup plus nombreux et plus forts que les précédents.

Les poumons, qui, par une comparaison grossière, viennent d'être assimilés à une vessie pleine d'air, sont un organe composé d'une infinité de petits tuyaux, entrecroisés et contournés de mille manières différentes, afin de présenter un maximum de surface sous le moindre volume. Ces petits canaux, dans lesquels l'air est appelé à se mettre en contact avec le sang, ont pour objet de dépouiller celui-ci de son oxygène. La compression produite par les muscles expirateurs concourt à la circulation du sang dans les tuyaux des poumons et à son expulsion de ces organes après son oxigénation complète. Toute interruption et tout ralentissement dans l'acte de la respiration se dénotent par des engorgements partiels et par une trop grande affluence de sang vers le cœur. Ceci établi, il sera facile de se rendre compte de l'influence exercée par les échelles sur la respiration et de se faire une idée du trouble que ce travail produit sur l'économie animale.

Pendant l'ascension, l'ouvrier saisit avec ses mains l'un des échelons situés au-dessus de sa tête, à une hauteur plus ou moins grande suivant l'inclinaison plus ou moins grande de l'échelle; puis, mettant en jeu les muscles compris entre les mains et la poitrine, il soulève les parois de cette dernière, en remorquant le reste du corps. Mais les principaux de ces muscles élévateurs sont précisément ceux que l'homme emploie dans l'acte de l'inspiration; et comme ils se trouvent eux-mêmes dans un état de contraction forcée et permanente, ils mettent la poitrine dans une condition anormale, pendant tout le temps de l'ascension. D'autre part, les muscles expirateurs du bas-ventre, dont l'objet est d'abaisser la poitrine et de lui imprimer un mouvement de contraction, n'agissent en aucune manière, mais, au contraire, éprouvent un relâchement résultant de la position courbée du corps gravissant les échelles; en sorte que l'air, sans cesse appelé dans la poitrine, n'en peut être expulsé que partiellement. Dans cette situation contre nature, la multitude des petits

canaux conducteurs de l'air, constitutifs des poumons, se
gonflent, se dilatent et, sous l'impression de la tension
prolongée à laquelle ils sont soumis, perdent de leur
élasticité et, par conséquent, de leur faculté d'expulser
l'air qu'ils contiennent par l'acte de l'expiration. Dès que
cette dilatation atteint certaines limites, elle produit la lésion
et la rupture de diverses cloisons du tissu pulmonaire, détruit l'agencement sinueux de ces canaux, et la surface que
le poumon offrait au contact de l'air subit une diminution.
Le cœur, repoussé par ces derniers, dont le volume
s'est accru, se porte de haut en bas, c'est-à-dire vers le
ventre, où il est facile de constater ses battements; ce
mouvement, suivi du déplacement d'autres organes, contribue à rendre plus difficile encore l'acte de l'expiration.
Enfin, les poumons ne venant plus en aide à la circulation du sang, celui-ci reflue vers le cœur, qui, ne
pouvant se débarrasser de ce liquide, se contracte violemment, redouble l'énergie de ses pulsations et bondit
dans la poitrine, dont il soulève les parois. L'anéantisse-
ment de la faculté contractive du poumon et la diminution
de la surface de son tissu sont les causes de *l'emphysème
pulmonaire ;* cette affection meurtrière, si fréquente parmi
les ouvriers mineurs astreints à remonter par les échelles,
offre des symptômes fort variés, et, si elle n'est pas toujours mortelle, elle les rend, la plupart du temps, impropres au travail des mines dès l'âge de 45 ans.

L'état impur de l'atmosphère des puits dans lesquels
les ouvriers remontent au jour, auquel sont attribuées
toutes les maladies de ce genre, agissent évidemment
d'une manière fâcheuse sur l'organisation humaine et
augmentent la mortalité ; mais la nature de ces affections,
engendrées par la respiration d'un air vicié, ne permet
pas de les confondre avec l'emphysème pulmonaire. L'in-

fluence morbide subsiste, quelle que soit l'inclinaison des échelles ; seulement, si celle-ci est convenable, l'affection est moins intense qu'elle ne l'aurait été dans le cas contraire ; aussi, c'est une illusion complète que de vouloir se fonder sur l'ouverture plus ou moins grande de l'angle formé par l'échelle sur le plan horizontal, pour garantir les mineurs contre l'atteinte de cette cruelle maladie (1).

630. *Ascension et descente des ouvriers mineurs sur le câble d'extraction.*

Le transport des mineurs par la machine d'extraction pour les introduire dans la mine et les en faire sortir, n'exige l'emploi d'aucun appareil spécial. Dans les localités du continent où ce mode est usité, les mineurs se placent sur les vases au nombre de six ou huit au plus; parmi eux se trouve un ancien mineur préposé à la direction de la marche, veillant à ce que les ouvriers ne se placent pas sur les bords du cuffat; à ce qu'ils exécutent leur entrée et leur sortie sans précipitation et sans confusion; en un mot, chargé de prévenir les imprudences que commettent si fréquemment les jeunes ouvriers. Chacun d'eux est astreint, en Belgique, à porter une sangle de sûreté, composée d'une ceinture en cuir et d'un bout de corde terminé par un crochet, qui s'attache à l'une des chaînes de suspension du vase d'extraction. Mais cette précaution devient inutile si l'on tient la main à ce que les mineurs se placent dans l'intérieur du vase et jamais sur ses bords; n'étant plus alors liés invariablement à ce dernier, il leur

---

(1) Ces considérations sont, pour la plupart, extraites d'une brochure publiée à Bruxelles par M. le docteur HANOT, sous le titre : *De la mortalité des ouvriers mineurs.*

est encore possible de s'élancer au-dehors dans certaines
circonstances heureusement fort rares. On a le soin d'ajuster au-dessus du vase un chapeau en bois ou en tôle,
vulgairement appelé *parapluie*, dans le but de garantir les
ouvriers contre les atteintes des petits éclats de la roche
ou de tout autre corps pesant, car quelques petits qu'ils
soient, ceux-ci acquièrent, en vertu des lois de la gravité,
une vitesse extrême et produisent des blessures fort graves.
Enfin, les machinistes, soumis à un règlement sévère,
sont généralement choisis parmi les hommes dont la prudence, l'attention et l'aptitude ont été reconnues.

En Angleterre, où les échelles sont inusitées, même
dans les mines exploitées par 6 à 800 ouvriers, il est rare
que ceux-ci se placent dans le vase d'extraction ; le plus
ordinairement ils prennent une chaîne dont les extrémités,
munies de crochets, sont attachées à la chaîne principale, et deux d'entre eux passent chacun une jambe dans
l'espèce d'anneau qui en résulte. Plusieurs couples d'ouvriers, ainsi placés les uns au-dessus des autres, montent
le long du puits ; lorsqu'ils arrivent à la surface, le
machiniste les fait stationner successivement au niveau de
la margelle, où ils sont reçus par l'accrocheur.

La translation des ouvriers au moyen du moteur ne doit
pas dispenser l'exploitant de l'obligation d'établir, en cas
d'accident et comme moyen de sauvetage, une série
d'échelles dans un puits spécialement destiné à cet objet.
Ces échelles sont appelées à rendre de grands services
en cas d'envahissement subit des travaux par les eaux
ou par les gaz délétères, après une détonation de grisou.
Car si, au moment où il s'agit de remonter promptement
les ouvriers, la machine d'extraction ou les câbles sont
endommagés par le sinistre et s'ils n'ont d'autre moyen
de sortir de la mine, ils doivent infailliblement périr,

Si, au contraire, le moteur est intact, ils se jetteront confusément sur les vases d'extraction, lutteront entre eux pour s'arracher le seul moyen de salut et se précipiteront mutuellement dans le puisard. Du reste, les cuffats sont insuffisants dès que le nombre des ouvriers est un peu considérable.

631. *Parachute des mines.*

La rupture subite d'un câble auquel sont suspendus des ouvriers est un accident d'une gravité telle que, malgré son peu de fréquence, les ingénieurs recherchent depuis longtemps les moyens, sinon de l'empêcher de se produire, au moins d'en atténuer les conséquences. Les appareils destinés à remplir ce but ont été désignés sous le nom de *parachutes.* Les premiers qui aient été construits sont dus à M. Machecourt (1), et ont reçu, dès 1845, leur application aux mines de Deuze. MM. Joncquet, Demeyer et Dartois, agissant isolément, exposaient à Liége, dans le cours des années 1846 et 1847, trois parachutes qui furent essayés en grand par M. Wellekens, ingénieur en chef de la 3ᵉ. division des mines belges (2). Mais ces objets, sauf peut-être celui de M. Dartois, n'ayant pas été appliqués pratiquement, ne peuvent être ici l'objet d'une description et doivent céder la place à des appareils sanctionnés par l'expérience.

M. Buttgenbach, directeur de la mine des Six-Boniers, à Seraing, a établi, dans l'un des puits de l'exploitation qu'il dirige, un parachute (fig. 11 et 12, pl. LV), auquel

(1) *Annales des Mines*, 4ᵉ. série, tome VII, page 495.
(2) Rapport à M. le ministre des travaux publics, *Annales des travaux publics de Belgique*, tome VII, page 347.

il a donné le nom d'*arrête cuffat*. Cet appareil, simple et efficace, se compose d'une forte traverse en fer laminé *A* ; de deux verrous ou lançants *b*, *b*, se mouvant dans des étriers *c*, *c* ; d'une tige verticale *d* qui, traversant un conducteur *u*, *u*, se rattache aux lançants par des tringles *e*, *e*, et enfin de deux ressorts superposés *f*, *f* en acier trempé d'une puissance d'environ 120 kilog. Ces divers organes, ajustés à la surface supérieure des cages d'extraction, sont mis en relation avec le câble à l'aide de chaînettes qui soulèvent la tige et compriment les ressorts. Quatre roulettes *s*, *s*, réunies deux à deux aux extrémités de la traverse *A*, embrassent les surfaces extérieures des voies verticales et conduisent la cage. Les guides sont composés d'une double ligne de poutrelles, reliées par des échelons *m*, *m* en fer battu, destinés à recevoir les lançants du parachute. Si, au moment où les cages sont suspendues aux câbles, l'un de ces derniers vient à se rompre, les chaînettes se relâchent, et les ressorts, en se détendant, entraînent la tige dans un mouvement de haut en bas ; celle-ci, agissant sur les tringles, chasse les lançants sur les échelons *m*, *m*, et comme ces derniers sont ordinairement placés à des distances de 0.30 à 0.40 mètre, la hauteur de chute ne peut dépasser 0.20 mètre. La corde, d'ailleurs, s'accumulant sur les tôles qui recouvrent la cage, ne peut blesser les ouvriers.

Il résulte de divers essais que ce parachute, dont le poids est de 120 kilogrammes, chargé d'un poids de 2,000 kilogrammes y compris la cage (600 kilog.), s'arrête instantanément lorsque le câble est coupé ; sa solidité est suffisante pour résister au choc produit par sa propre chute augmenté du poids de toute la corde. Mais la preuve la plus concluante de son efficacité a été fournie dans le courant du mois d'avril 1852, par la rupture spontanée

de la corde d'extraction. Cet accident, survenu au moment
où la tête de la cage se faisait apercevoir à l'orifice du
puits, n'eut aucune conséquence fâcheuse, car les verrous,
lancés sur les échelons immédiatement inférieurs, ne per-
mirent qu'un mouvement vertical de quelques centimètres,
suivi d'une complète immobilité. Cependant les vases,
remplis de débris du rocher stérile, avaient atteint leur
poids maximum.

M. Fontaine, chef d'atelier des bois au chantier de
construction d'Anzin, est l'auteur d'un appareil de ce genre
installé à la partie supérieure des cages de la fosse Tinchon. Ce puits, l'un des plus anciens de la concession,
a une profondeur de 540 mètres et un diamètre variant
entre 2 et 2.70 mètres (1).

a, a, guides en sapin (fig. 13, 14, 15, 16 et 17,
pl. LV) de 0.20 sur 0.12 mètre d'équarrissage, destinés
à recevoir les griffes du parachute en cas de rupture
du câble. Ces longrines, dont la longueur est variable,
sont réunies par des traits de Jupiter ; elles sont assemblées sur des traverses à l'aide de boulons dont la tête
est noyée dans l'épaisseur du bois; b, b est un châssis appartenant à la partie supérieure de la cage; $c, c,$ conducteur en fer terminé par des fourches ; les deux organes sont réunis par des barres de fer méplat d, d qui,
passant sur le conducteur, se relient au châssis. Cette
charpente, recouverte de tôles, constitue un chapeau très-
solide destiné à protéger les ouvriers contre la chute
de la corde.

Le parachute, placé entre les côtés du cadre supérieur
b, b, se compose d'un crochet A fileté à son extrémité

---

(1) Ce parachute a été décrit par M. COMTE, ingénieur des mines
à Valenciennes. (*Annales des Mines*, 5e. série, tome 1er., p. 169, 1852.)

inférieure et au milieu de sa longueur (1); il se meut librement, suivant la verticale, dans un œil que porte le conducteur. Au-dessous de celui-ci est ajustée une pièce (fig. 17) munie, à ses deux extrémités, de chappes dans lesquelles les bras du parachute (fig. 16) s'assemblent par articulation. La pièce représentée par la figure 17 est fixée d'une manière irrévocable sur la tige du crochet au moyen d'une vis de pression pénétrant dans une cavité; un écrou e garantit encore son invariabilité. $i\,i$ est une traverse placée au-dessous du châssis $b\,b$ (la figure 15 est une projection horizontale de cet organe); elle est munie de coulisses entaillées suivant des plans inclinés sur lesquels glissent les bras du parachute. Ceux-ci, mobiles sur leurs axes, peuvent, dès lors, former des angles variables avec l'horizon. k et g sont des boites cylindriques en fer renfermant un ressort à boudin. Comme elles sont construites de manière à glisser l'une dans l'autre (g dans k), elles compriment le ressort ou lui permettent de se détendre, suivant les circonstances; la plus large des deux étant placée au-dessus de l'autre, le vide qu'elles laissent entre elles est dirigé vers le bas, et les corps étrangers ne peuvent s'introduire à leur intérieur. Lorsque le ressort, composé de seize spires, est comprimé, sa hauteur est de 0.128 mètre; détendu, elle s'élève à 0.193. Dans son état normal de tension, il occupe une longueur de 0.148 mètre.

Lorsque la cage est suspendue au câble d'extraction, l'écartement des bras du parachute est tel que les griffes se trouvent à une petite distance des faces intérieures des poutrelles de conduite, mais ne peuvent venir en contact

(1) La tête de ce crochet avait été, dès l'origine, l'objet de dispositions particulières; mais le but que se proposait M. FONTAINE n'ayant pas été atteint, ces organes ont été supprimés.

avec elles. Le câble vient-il à se rompre, le ressort s'allonge d'une quantité qui ne peut excéder 0.047 mètre ; le crochet et sa tige sont rappelés de haut en bas ; la chappe se rapproche de la traverse *bb* ; les bras du parachute, glissant sur les plans inclinés, s'écartent l'un de l'autre et leurs griffes s'appliquent contre les poutrelles. Pendant ces mouvements, la cage descend d'une hauteur égale à l'allongement du ressort qui, comprimé par la traverse à coulisses *ii*, reprend sa longueur normale (0.148) ; puis le conducteur vient à son tour heurter la chappe avec toute la violence due à la charge. C'est ce choc qui fait pénétrer les griffes dans les guides et maintient la cage suspendue dans le puits. Le parachute pèse 90.6 kil. Comme il est solidaire du jeu du ressort, il convient de visiter fréquemment ce dernier, opération pour laquelle il suffit de dévisser l'écrou et d'enlever les boites.

Outre des expériences concluantes faites, dès l'origine, sur cet appareil de sauvetage, des ruptures spontanées du câble, survenues ultérieurement pendant l'extraction, ont permis de constater sa complète efficacité. Le premier de ces accidents (octobre 1852) a été provoqué par la rupture de la corde auprès des bobines ; l'appareil, contenant deux ouvriers, s'était élevé de quelques centimètres, lorsqu'il est venu s'asseoir sur le plancher de l'accrochage. La cage, sur laquelle vint retomber 524 mètres de câbles avec un poids correspondant à la hauteur de chute, fut à peine détériorée. Le second a eu lieu au mois de janvier 1853 ; la corde s'étant cassée auprès de la chaine de suspension, les griffes du parachute ont immédiatement pénétré dans les poutrelles. L'arrêt de la cage eut lieu sans choc, ou plutôt s'effectua avec tant de douceur que les quatre ouvriers qu'elle contenait se crurent arrêtés dans le puits par suite d'un dérangement dans le moteur d'extraction ;

mais ils furent fort effrayés à l'aspect de l'autre cage qui venait du jour pour les tirer d'embarras.

M. Herpin a disposé également son parachute (fig. 18, 19 et 20, pl. LV) à la partie supérieure de la cage d'extraction GG. Cet appareil se compose de deux poulies b,b tournant excentriquement sur des axes i,i et munies de dents fort aiguës. Les poulies sont comprises entre les pièces conductrices a,a qui embrassent les longrines verticales E,E; elles sont pourvues à leur circonférence de trois rainures destinées à recevoir des cordes qui se rattachent : celle du milieu d avec le câble d'extraction, et les deux cc les plus rapprochées du bord avec la traverse f. Celle-ci, glissant dans des coulisses verticales, est liée avec la partie inférieure de la cage dans laquelle sont introduites les voitures de transport. Dans l'état normal, les cordes dd, assez fortement tendues par le câble d'extraction, maintiennent les dents des poulies à distance des poutrelles. Le câble vient-il à se rompre, ces cordes se détendent; la traverse f, sur laquelle agit le poids des vases et de la partie inférieure de la cage, entraîne les cordes cc dans son mouvement de haut en bas; celles-ci font tourner les poulies et forcent les griffes à s'implanter dans les guides.

Une disposition analogue, imitation du parachute écossais, fonctionne dans l'un des puits du Couchant de Mons. Dans cet appareil, l'application des dents contre les poutrelles est provoquée par l'action d'une courroie en caoutchouc; mais l'origine de ce mouvement est généralement considérée comme défectueuse.

Le parachute de M. Fourdrinier est installé sur les deux petits côtés d'une cage dont la partie supérieure est représentée latéralement par la figure 22 et, à vol d'oiseau, par la figure 21, planche LV.

La tige conductrice A est embrassée par deux pièces de bois BB fixées, à l'aide de boulons, au plateau supérieur de la cage. c, c sont des coins dirigés, dans leur mouvement vertical de va-et-vient, par des tiges bb traversant une ouverture oblongue pratiquée dans les bois conducteurs. Ces coins portent chacun une broche k, k attachée aux extrémités d'un cadre gk, dont la chaîne m maintient la partie postérieure à une certaine hauteur au-dessus du plateau.

Telle est la position de l'appareil pendant la marche régulière de l'ascension. Mais le câble vient-il à se casser, les chaînes de suspension retombent et entraînent avec elles la chaînette m; le poids gi force le cadre à pivoter sur son axe h; les broches k, k, saisies par dessous, soulèvent les coins; ceux-ci, remplissant dès lors l'espace compris entre les guides et les appendices conducteurs, déterminent l'arrêt subit de la cage.

Ce parachute, assez répandu dans les districts du nord de l'Angleterre, fonctionne depuis le mois d'avril 1852 dans un puits de la mine d'Usworth, près de Newcastle, où il a déjà sauvegardé la vie à un bon nombre de mineurs et empêché les vases de retomber au fond du puits. Il a également été adopté dans quelques exploitations du Staffordshire et du sud du pays de Galles.

La prudence exige que les appareils de sauvetage de cette espèce, quelle que soit d'ailleurs leur efficacité, ne soient considérés que comme des palliatifs et non comme offrant une sécurité absolue. Ils ne doivent dispenser en aucune manière de la surveillance relative aux câbles d'extraction; autrement ils constitueraient un danger et non une garantie.

632. *Autres dispositions propres à garantir la vie
des ouvriers suspendus aux câbles d'extraction.*

Le lecteur a souvent entendu parler des accidents résultant
du contact des vases d'extraction et des molettes, contact
à la suite duquel les premiers, violemment arrachés aux
câbles, retombent sur la margelle et plus souvent sont
précipités au fond du puits. Dans ces circonstances, les
revêtements sont arrachés, les câbles déchirés, et les
ouvriers, s'il s'en trouve accidentellement dans les vases,
sont voués à une mort certaine. C'est dans le but d'éviter
ces fâcheuses conséquences que, tout récemment, ont été
imaginées les dispositions suivantes :

M. César Plumat a obtenu un bon résultat au puits Saint-
Antoine de la mine de Boussu par une construction spéciale
des organes destinés à lier les cages et les câbles d'extraction. Ces organes (fig. 19 et 20, pl. XLVII) sont
composés de deux pièces : l'anneau G, constituant le point
d'attache de la corde, et une base H fixée à la tige verticale d'un parachute Fontaine ; df est un appendice latéral
ou bec d'échappement mobile sur un axe k et traversant
un trou percé simultanément dans les deux pièces, dont
il forme la liaison ; e est une lanière en cuir s'opposant
à la sortie du bec de son gîte. C'est dans l'anneau J, assujetti au-dessous des molettes, que vient s'engager le
prolongement de l'appendice d, un peu avant le moment
où, par suite de l'inattention d'un machiniste, ou pour
tout autre motif, les vases, s'élevant trop haut, feraient
craindre leur contact avec les molettes. Lorsque d rencontre J, le bec, sollicité à sortir de son gîte, arrache
le cuir ; la disjonction des deux parties rend la liberté

au câble; la cage retombe, mais se trouve immédiatement arrêtée par le parachute.

L'appareil de M. Guilmans, ouvrier modeleur attaché à une fonderie des environs de Denain, a pour but de détacher le contre-poids du frein dont sont pourvues les machines d'extraction; de le faire tomber et d'accomplir ainsi l'arrêt du moteur au moment où le cuffat se rapproche trop des molettes.

h (fig. 17, pl. XLVIII) est un tasseau fixé sur chacun des câbles dont l'action doit se faire sentir en temps utile sur les leviers i, i installés au-dessus des molettes; k, k, tringles reliant les leviers et la corde en fil de fer m, m; l, petit levier portant à sa partie inférieure un crochet dans lequel s'engage un boulon adapté au levier L du frein; P, contre-poids; o, o, frein agissant à la partie inférieure du volant v. Lorsque le tasseau de l'un des deux câbles s'élève trop haut, le levier correspondant est entraîné; le crochet l, sollicité par l'une des tringles k, k et par la corde $m\,m$, cesse d'embrasser le boulon; alors le levier L, cédant à l'action du poids P, serre le frein contre le volant v.

Les plans primitifs du projet de M. Guilmans, ouvrier d'ailleurs fort intelligent, étaient inexécutables; ils ont dû être complètement modifiés par M. Cabany, sous l'inspection duquel s'exécutent actuellement à la fosse Pauline les essais relatifs à cet appareil. Cet ingénieur redoute les conséquences d'une chute trop vive du contre-poids sur le frein, qui d'ordinaire descend peu à peu pour modérer d'abord, puis arrêter. Quoi qu'il en soit, quelques constructeurs ont pensé, tout en conservant les divers organes de cet appareil, trouver plus d'avantage à le faire agir, non plus sur le volant, mais sur un obturateur installé dans le tuyau adducteur de la vapeur sur le piston. Cet obturateur, fermé au moment où le vase vient dans le voisinage des molettes, provoquerait la suspension du mouvement de la machine d'extraction.

Les ponts volants, représentés par les figures 4 et 5 de la planche LXI, ont pour but d'éviter, dans l'extraction par tonnes, les nombreux accidents dus, soit à la maladresse des ouvriers déchargeurs, soit à l'inattention des machinistes qui laissent les vases venir au contact des molettes, soit à toute autre cause.

Quatre madriers A, A, A', A', attachés par des boulons, forment deux planchers fort solides ; ceux-ci, par l'intermédiaire de quatre roues b, b, b', b', avancent ou reculent sur des rails cc', cc' installés à l'orifice du puits. Deux leviers d, d', liés à des tiges de renvoi e, f, e', sont disposés de manière à écarter ou à rapprocher à volonté les deux planchers mobiles, qui ainsi démasquent ou recouvrent l'orifice du puits.

Cet appareil, installé dès l'année 1849, par M. César Plumat, sur l'un des puits de la mine de Boussu, a prévenu bien des accidents. Les résultats obtenus par cet ingénieur ont déterminé la prompte adoption des ponts volants pour le service de plusieurs exploitations, entre autres de Bonne-Espérance, à Wasmes (Couchant de Mons).

633. De la préférence à accorder, sous le rapport économique, aux échelles ou aux machines pour l'ascension et la descente dans les puits.

L'emploi des câbles pour introduire les ouvriers dans la mine et les en faire sortir constitue une grande perte d'effet utile des moteurs et du temps consacré à l'extraction. C'est ainsi qu'une extraction journalière de 1,800 hectolitres, qui exigerait pendant le jour la coopération de 148 personnes à une profondeur de 300 mètres, donnerait lieu aux appréciations suivantes. Les traineurs, au nombre de 94, étant en majeure partie des jeunes gens de 12 à 15 ans, les cuffats contiendront en moyenne dix ouvriers; quinze voyages devront être effectués pour descendre le personnel au fond et autant pour le remonter à la surface; ce seront donc trente traits complètement improductifs. Comme la marche de la machine est toujours ralentie dans ces circonstances; comme il faut du temps pour se placer dans les vases et pour en sortir, les retards éprouvés s'élèveront à six heures au moins, pendant lesquelles la vapeur sera absorbée sans produire d'effet profitable. L'ascension et la descente des mineurs de nuit (au nombre de 75, dont 28 boiseurs, coupeurs de mur, etc., et 47 traineurs) n'entrainent aucune perte de temps, puisqu'elles s'effectuent pendant la sortie ou l'entrée des mineurs de jour.

Le compte de ces diverses dépenses peut s'établir comme suit pour les deux cent quatre-vingts jours de travail annuel:

25,000 hectolitres de charbon menu de qualité inférieure à 0,40 fr. . . . . fr. 10,000 »

Huile, savon, suif et réparations de la machine . . . . » 2,150 »

Total, fr. 12,150 »

dont 1/4 pour le temps perdu. . . . » 3,037 50

Perte provenant des cordes réformées avant leur usure complète. . . . . » 1,500 »

Secours et pensions attribués aux victimes des vases d'extraction ou à leurs veuves. . . . . » 86 96

C'est donc, en définitive, une dépense annuelle de . . . . fr. 4,624 46 que l'exploitant économise par la circulation des ouvriers sur les échelles (1).

Mais cette économie est-elle réelle ?

La somme de force qu'un homme peut dépenser en une journée est une quantité évidemment définie et bornée, dont il convient de retrancher les efforts appliqués à l'ascension et à la descente sur les échelles lorsqu'il s'agit de connaitre le travail utile dont il est capable. C'est donc aux dépens de ce travail que l'ouvrier peut se rendre de la surface à l'intérieur de la mine, et réciproquement. La Société polytechnique du Cornwall a reconnu qu'un homme du poids de 72.5 kilogrammes emploie une heure pour s'élever d'une profondeur de 475.50 mètres, que la descente réclame une force égale au tiers de la force absorbée par l'ascension, et que, comme il ne peut soutenir de pareils efforts pendant plus de quatre heures, sa dépense s'élève au tiers de la force que la nature lui accorde pour chaque journée de travail.

Dans de semblables conditions, le puits de 500 mètres

_____

(1) Le salaire des conducteurs de la machine ne peut être compris dans les éléments de ce compte ; car, quoique la durée de l'extraction soit limitée à 12 ou 13 heures et que les travaux accessoires en réclament au plus 4 ou 5, les ouvriers qui composent ce personnel reçoivent leur paiment intégral, que le moteur marche ou qu'il reste à l'état de repos. Il en est de même des réparations des bâtiments, opération indépendante du mode usité pour l'introduction et la sortie des mineurs.

Quant à la base sur laquelle est établi le chiffre des pensions, le lecteur verra plus loin qu'un ouvrier sur onze cents est blessé ou tué par l'emploi des cuffats. S'il suppose que l'un de ces accidents coûte six cents francs, les 223 ouvriers entraîneront la chance d'une dépense de fr. 121-64, dont les 5/7 seulement sont imputables au compte des câbles, puisque l'emploi des échelles a contre lui une chance de 2/7. Il résulte, en définitive, une somme de fr. 86-96 assez insignifiante, quoiqu'exagérée.

de profondeur pris ci-dessus pour exemple exigera un cinquième de cette force, et comme la dépense journalière pour
82 haveurs, boiseurs, coupeurs de mur, etc., à 2 fr.   164 fr.
141 traîneurs et manœuvres . . . . 1 »   141 »

forme une somme de . . . . 305 fr.
280 jours de travail donneront . . . . 85,400 »
dont le cinquième . . . . 17,080 »
forme un chiffre bien plus élevé que la dépense nécessitée par l'emploi des vases d'extraction (1).

Mais penserait-on que l'ouvrier ne dépense pas un cinquième de la force dont il peut disposer ? Sans s'arrêter
alors à la quotité des efforts absorbés en pure perte, sans
rechercher si, ainsi que le disent les mineurs du Couchant de Mons, il ne leur est pas possible de franchir
plus de sept fois par jour une hauteur de 230 mètres
par les échelles actuelles (2), on peut, en faisant abstraction de la descente et en se plaçant dans des conditions
tellement favorables qu'elles en soient anormales, considérer les échelles comme de véritables escaliers sur lesquels
les mineurs montent et descendent librement. Comme,
d'après M. Navier, le travail développé dans ces circonstances par un homme du poids de 65 kilogrammes peut
être évalué à 281,000 kilog. élevés à un mètre de hauteur, c'est-à-dire que cet homme peut s'élever lui-même de
$\frac{281,000}{65} = 4,325$ mètres, le mineur remontera du fond
des travaux. $\frac{4,325}{300} = 14$ fois de la profondeur de 300 mèt.,

(1) On sait d'ailleurs que chaque puits de la Compagnie d'Anzin,
dont la profondeur atteint 300 mètres, lui coûte, pour excédant de
salaire, une somme annuelle de 12 à 14,000 francs.

(2) Brochure publiée à Mons par M. LAMBERT, aspirant ingénieur des mines.

la dépense de force se réduit alors à $\dfrac{85,400}{14} = 6,100$ fr.,
somme qui, quoique résultant de conditions impossibles
à obtenir, est encore plus forte que la valeur dépensée
pour la circulation sur les câbles d'extraction. Les échelles
n'offrent donc, quant à l'économie, aucune supériorité
sur les vases; elles se trouvent, au contraire, dans un
état d'infériorité très-notable.

634. Du choix à faire entre les deux procédés relativement aux accidents et à la durée de la vie des mineurs.

Sous le point de vue de l'humanité, ni les cuffats, ni
les échelles ne peuvent malheureusement présenter aux
mineurs une garantie suffisante contre les accidents; car si,
d'un côté, la rupture du câble, de la chaine qui le termine
ou des chainettes d'attache; la dislocation ou la fracture
de l'un des organes de communication du cylindre aux
bobines; l'inattention du machiniste ou l'imprudence des
ouvriers placés dans le cuffat; si la chute d'une pierre
qui se détache des parois du puits, sont autant de causes
efficientes d'accidents toujours extrêmement graves, puisqu'ils entrainent ordinairement la perte de la vie, de
l'autre, les échelles offrent-elles une sécurité complète?
N'a-t-on pas à craindre, en effet, la rupture d'un ou plusieurs échelons; l'arrachement d'un crampon; la pourriture
des bois de support et leur affaissement sous le poids des
ouvriers? N'a-t-on pas à redouter à un plus haut degré
et à chaque instant l'imprudence de ces derniers ou les
conséquences de leur précipitation dans les changements
d'échelle? Ils peuvent, il est vrai, descendre par escouades
commandées par un mineur prudent; mais empêchera-t-il

l'un d'eux d'être pris d'un vertige, de saisir maladroitement les manottes ou les échelons supérieurs d'une échelle, et alors la chute d'un seul homme n'entraînera-t-elle pas la file de tous ceux qui se trouvent au-dessous de lui ? L'exploitant peut aussi charger spécialement un ouvrier de la surveillance et de la réparation des échelles; mais cette surveillance, quelque bien faite qu'elle soit, sera-t-elle toujours suffisamment efficace, eu égard au milieu obscur dans lequel elle s'exerce ?

D'ailleurs, la visite des câbles destinés à la descente et à l'ascension des ouvriers, pouvant aussi s'effectuer fréquemment et avec soin, est d'autant plus facile qu'elle peut se faire à la lumière du jour. Cette opération sera suivie de leur épissage sur les points défectueux ou de leur mise au rebut définitive. Les chaînes et les chaînettes peuvent être également visitées et même passées à la forge pour plus grande sécurité. Enfin, la charge supportée par les câbles est moindre dans le transport des ouvriers mineurs qu'elle ne l'est dans l'extraction des produits de la mine, en sorte que toutes les chances de rupture doivent nécessairement se réunir sur les traits dont la charge est composée de houille ou de déblais. En effet, dans l'exemple donné ci-dessus, les cuffats destinés aux ouvriers ne pèsent, y compris le chapeau protecteur ou parapluie, que 270 kilog.; et comme les dix personnes, hommes et enfants, qu'ils contiennent ont un poids de 550 kilog., le total est de 820 kilog., tandis que les vases plus grands, employés pour l'extraction de la houille, pesant, avec leurs chaines, 600 kilog. et contenant 14 quintaux métriques, forment un poids de 2,000 kilog., c'est-à-dire deux fois et demi aussi considérable que le précédent.

La rupture du boulon de la manivelle, d'un certain nombre de dents des roues d'engrenage ou de tout autre

organe ne produira pas d'accidents si l'exploitant a le soin
de placer un frein sur l'arbre des bobines , car, en vertu
de son action immédiate, les ouvriers restent suspendus à
la corde jusqu'au moment où leurs compagnons viennent à
leur secours.

Il est toujours possible de se mettre à l'abri de la chute
des corps durs qui se détachent des parois ou tombent
de l'orifice au moyen d'un chapeau en bois ou en tôle.

Les chocs des vases contre les parois ou à leur rencontre
dans un puits non divisé est une circonstance rare , puisqu'ils sont constamment guidés par la main des hommes.
Toutefois , l'*indicateur* fait prévoir au machiniste le moment de la rencontre ; en sorte qu'il lui suffit de ralentir
la vitesse de la machine pour empêcher les vases de se
heurter mutuellement.

Si la configuration et le revètement des puits le permettent,
l'emploi des parachutes offre une garantie sérieuse contre
les ruptures spontanées des câbles ; ceux-ci peuvent alors être
utilisés jusqu'à ce qu'ils soient à peu près hors de service.

L'inattention d'un machiniste peut avoir pour résultat
de laisser descendre les vases au-dessous de l'accrochage
dans l'eau du puisard et dans l'atmosphère délétère que
renferme cette cavité inférieure; de ne les pas arrêter au
niveau de la margelle ; de les amener contre les molettes,
où, se détachant avec violence de leurs chaînes de suspension , ils retombent dans le puits. Mais ces accidents,
assez fréquents autrefois , sont beaucoup plus rares aujour-
d'hui, soit par suite du soin que les exploitants apportent
dans le choix des machinistes , soit parce qu'il existe maintenant un grand nombre de sujets incapables d'une aussi
grossière inattention. D'ailleurs les garanties matérielles
indiquées dans le paragraphe 632 contre ce genre d'accident tendent à se généraliser.

Enfin, l'imprudence des ouvriers qui, sur les échelles et les cuffats, peut donner lieu à de graves accidents, sera mieux prévenue par un chef placé sur le vase d'extraction, qu'il embrasse d'un coup d'œil, qu'elle ne le sera si ce même chef, parcourant les échelles, doit prendre pour lui-même les précautions de sûreté convenables.

635. *Nombre d'ouvriers tués ou blessés pendant l'ascension et la descente sur le câble ou en circulant sur les échelles.*

Actuellement il importe de s'assurer jusqu'à quel point est fondée cette assertion que le transport des ouvriers sur les câbles d'extraction est infiniment plus dangereux que leur circulation sur les échelles ; il importe aussi de rechercher le nombre de tués et de blessés dans les deux systèmes relativement au nombre de mineurs employés. Cette recherche est basée sur cette circonstance que, dans le premier district des mines belges (Mons), la descente des ouvriers dans la mine et leur sortie ont lieu presque exclusivement au moyen des échelles, tandis que, dans le second district (Charleroi), les mineurs, sauf quelques rares exceptions, ne se servent que de la machine à vapeur dans l'accomplissement de cet acte.

Le tableau suivant est extrait de la statistique des mines belges publiée en 1846 par M. le ministre des travaux publics et des rapports de la Députation permanente au Conseil provincial du Hainaut ; il contient le nombre d'accidents dérivant des deux modes de translation survenus dans les deux districts pendant les treize années comprises entre 1840 et 1853. Le nombre des ouvriers est une moyenne de toute la période.

	POPU-LATION ACTIVE.	NOMBRE D'ACCI-DENTS.	NOMBRE D'OUVRIERS		
			BLESSÉS.	TUÉS.	BLESSÉS ET TUÉS.
1er. district.	19,100				
Accidents { sur les câbles .		29	8	27	35
arrivés { sur les échelles.		89	58	55	93
2e. district	10,207				
Accidents { sur les câbles .		86	18	97	115
arrivés { sur les échelles.		11	8	6	14

De ce tableau on peut déduire les conséquences suivantes (1) :

Pour le 1er. district, le rapport entre les ouvriers blessés ou tués en descendant et en remontant sur les échelles est de $\dfrac{58}{35}$, soit à peu près de 10 à 6. Dans le second district, où l'usage de la machine d'extraction est presque exclusif, ce rapport est de $\dfrac{18}{97}$, soit environ 10 : 54.

Ainsi les accidents attribués aux vases d'extraction offrent neuf fois plus de morts que de blessés relativement aux

(1) Si, parmi les accidents survenus dans le premier district, il s'en trouve un certain nombre (35) occasionnés par les cuffats, le deuxième district en offre aussi quelques-uns dus aux échelles (14). Le rapport de ces chiffres (35 : 14) étant plus grand que celui des ouvriers (19,100 : 10,207) occupés dans les deux localités, cette appréciation tend à aggraver les indices défavorables à la circulation sur les câbles. Il convient aussi d'observer que cette récapitulation d'accidents appartient en majeure partie à une époque où les cuffats, oscillant librement dans les puits, étaient d'un usage exclusif.

accidents dus à la circulation sur les échelles. Cette circonstance, à laquelle on devait s'attendre, dérive de la
nature même des moyens employés dans les deux systèmes
de translation.

La comparaison du chiffre de la population active du
premier district au nombre d'ouvriers dont la mort ou
les blessures sont attribuées aux échelles, donne une victime sur $\dfrac{19,100}{93} = 205$ mineurs pour toute la période,

ou un sur 2,665 pour une année. La même comparaison,
établie pour le deuxième district relativement à l'usage

des câbles, montre qu'un ouvrier sur $\dfrac{10,207}{115}, = 88.3/4,$

a été blessé ou tué dans le même laps de temps, ce qui
donne, pour la moyenne d'une année, une victime sur
1,153 ouvriers. D'où l'on peut conclure que les hommes
tués ou atteints de blessures sont deux fois et un tiers aussi
nombreux dans les districts où ils se rendent à leur travail
sur les câbles, que dans ceux où ils se servent des échelles.

Cette différence dans le degré de sécurité des deux systèmes ne peut être attribuée qu'au défaut d'une surveillance efficace, principalement en ce qui concerne les jeunes
ouvriers, toujours fort imprudents (1), à la négligence
des précautions les plus indispensables, quelque simples et
faciles qu'elles soient, et à l'absence d'appareils de sûreté.
Ceci n'est pas une simple conjecture, car dans certains

---

(1) Celui qui écrit ces lignes a vu plusieurs fois de jeunes
mineurs hennuyers se donner, au sortir de la chambre d'accrochage, le dangereux plaisir d'imprimer aux cuffats des oscillations
de pendule, en repoussant alternativement les parois opposées de
l'excavation.

établissements où ces opérations, conduites avec prudence, s'exécutent avec ordre, où le choix des machinistes donne toute garantie, les accidents de cette nature sont extrêmement rares.

Cependant l'inspection des chiffres contenus dans le tableau semble au premier abord faire une question d'humanité de l'emploi des échelles et de la proscription complète des vases d'extraction. Mais qu'est-ce donc qu'un homme tué ou blessé sur 1,150, en comparaison du nombre de ceux qui succombent aux affections pulmonaires? Si, comme le pense M. Hanot, la vieillesse anticipée et la mort prématurée de la moitié de la population charbonnière active du Couchant de Mons doivent être attribuées à ces maladies si meurtrières (1); si, comme l'a reconnu la Société polytechnique du Cornwall, les travaux des mines, et *surtout* l'influence nuisible des échelles, abrègent de vingt ans la vie des mineurs, n'est-on pas fatalement conduit à regarder les victimes du cuffat, quoique provenant d'un état de choses déplorable, comme n'offrant qu'une importance secondaire relativement aux cas si nombreux de mortalité imputables à l'usage des échelles? N'y a-t-il pas également lieu de faire entrer en ligne de compte la situation pénible dans laquelle se trouvent les malheureux forcés de renoncer à leur travail vers la fin de leur existence, lorsque, pour subvenir à leurs besoins, ils devraient le continuer; lorsqu'ils le continueraient, en effet, si leur constitution n'avait été prématurément détruite, et s'ils ne devaient s'exposer

_____

(1) Si des notes exactes, semblables à celles des accidents proprement dits, permettaient de constater le nombre des ouvriers enlevés à la fleur de l'âge par les affections pulmonaires, nul doute que le nombre total indiqué ne fût des plus effrayants.

à un surcroît de fatigue d'autant plus grand qu'ils sont plus âgés (1)?

Dans toutes les exploitations belges, excepté celles du Couchant de Mons et quelques mines dispersées dans les autres districts, l'usage des cordes est généralement admis pour l'ascension et la descente des ouvriers (2). L'Angleterre n'offre aucune exception sous ce rapport. Il en est de même dans les mines de la Loire. A Anzin, on ne se sert que des échelles; mais si, en astreignant les mineurs à ce travail fatigant, les exploitants ont eu pour objet quelque motif d'économie, tout bénéfice a disparu du moment où le salaire a dû être augmenté de fr. 0,25 par jour pour les profondeurs excédant 300 mètres. Enfin, en Prusse, l'emploi presque général des câbles en fil de fer donnant lieu à des ruptures instantanées que la texture ne peut faire prévoir, les vases d'extraction sont proscrits comme moyen de circulation dans les puits. Mais les travaux de ces mines sont généralement situés à une si faible profondeur au-dessous du sol que ce mode n'offre jusqu'à présent aucun inconvénient de quelque gravité.

Quoi qu'il en soit, l'imperfection des deux procédés de translation est actuellement si généralement reconnue qu'un grand nombre de bons esprits se sont occupés et s'oc-

(1) Si, dans certains districts où l'emploi du câble est général, les mineurs étaient astreints à l'usage des échelles, un cinquième et quelquefois un quart de la population appliquée aux travaux intérieurs serait condamnée à l'inaction et, par suite, à la plus profonde misère.

(2) Ces lignes étaient écrites lorsque, dans les premiers jours de janvier 1851, est intervenu un arrêté royal qui rend les échelles obligatoires pour la descente, en laissant facultatif l'emploi des vases d'extraction pour la remonte. Il eût peut-être été convenable de poser une exception en faveur des cages et des autres vases circulant sur des voies verticales.

cupent encore de trouver des moyens propres à resserrer
le nombre des accidents de ce genre dans des limites aussi
étroites que possible ; car le mal ne peut que s'aggraver
à mesure que les puits s'approfondissent, soit que les
ouvriers fassent usage des échelles, qui alors deviennent
de plus en plus fatigantes, soit qu'ils se placent sur les
câbles, dont les accroissements de longueur augmentent les
chances de rupture.

636. *Échelles mobiles du Hartz* (1).

Il n'existe pas de localité en Europe où les inconvénients
inhérents aux échelles ordinaires soient plus sensibles que
dans certaines mines métalliques du Hartz. Les ouvriers
jeunes et vigoureux peuvent seuls y travailler, car seuls
ils sont capables de braver les fatigues d'une ascension de
500 et même de 750 mètres après avoir déjà parcouru
ce trajet en descendant et avoir accompli leur travail
journalier.

En 1831, M. Albert, directeur-général des mines de ce
district, excitait ses officiers à rechercher les moyens de
porter remède à un état de choses si fâcheux, lorsque,
deux ans après (en 1833), M. Dörell, de Zellerfeld, prit
la résolution d'employer une partie de la force motrice
d'une roue hydraulique, devenue disponible, pour essayer
une machine de son invention.

C'est au premier appareil de ce genre, construit dans
le puits dit *Spiegelthalerhoffnung*, que se rapportent les
figures 1 et 2 de la planche LVI. Il consiste en deux tiges

----

(1) Les Allemands les désignent par les noms de *Fahrkunst* ou
de *Fahrmaschine*, expressions qui peuvent se traduire par *appareils
de translation*.

A A , B B formées elles-mêmes de solives jumelles en bois de pin de 7.70 mètres de longueur et d'un équarrissage de 0.10 sur 0.14 mètre. Celles-ci, dentelées sur l'une de leurs faces, sont assemblées de manière que les dépressions correspondent aux saillies et que les extrémités de chacune d'elles tombent vers le milieu de la solive accouplée. Dans les points où deux de ces jumelles se touchent bout à bout, des bandes de fer sont encastrées dans le bois et fixées par des boulons. Il résulte de ces ajustements deux tirants à surfaces planes de 0.17 mètre sur 0.14 et d'environ 185 de longueur. Ces deux pièces, séparées par un intervalle de 0.65 mètre, sont suspendues verticalement et parallèlement à deux *varlets*, qui leur communiquent un mouvement inverse de va-et-vient vertical, c'est-à-dire que l'une descend d'une certaine hauteur pendant que l'autre remonte d'autant, et vice-versâ. Leur course, qui, dans cette circonstance, est de 1.15 mètre, a été portée, dans d'autres machines construites ultérieurement, à 1.50 et même 1.60 mètre.

A des intervalles déterminés par la double amplitude du mouvement alternatif et sur toute la hauteur des tiges sont fixés des marchepieds *c,c* (fig. 3 et 4) composés de deux branches en fer recourbé liées par des boulons et recouvertes d'un bout de planche. Des poignées ou manettes *i,i*, également en fer, sont boulonnées à 1.65 mètre au-dessus des marchepieds, c'est-à-dire à une hauteur telle qu'un homme de moyenne stature, ayant le pied sur ce dernier, puisse atteindre les poignées sans effort. Les oscillations sont prévenues et les tirants maintenus dans leur position verticale par l'installation, à des distances convenables, de rouleaux de friction en pin *s,s* (fig. 1 et 2), dont les extrémités, munies d'un rebord en fonte, frottent contre des bandes de fer *m*. Le puits est divisé, sur toute sa hauteur, en étages de 10 à 15 mètres, par des planchers de repos séparés entre eux par des intervalles tels qu'ils correspondent simultanément aux divers chambres d'accrochage et aux distances déterminées par l'amplitude de la double course des tirants. Les poignées et les marche-pieds compris entre deux paliers forment des séries dispo-sées alternativement sur les faces opposées des tiges, ce qui contribue à diminuer la gravité des accidents résultant de la chute d'un ouvrier dans le puits. Les rouleaux de friction sont naturellement placés du côté opposé aux marchepieds. Enfin, de distance en distance, le construc-teur a établi cinq systèmes de talons ou patins de retenue analogues à ceux des machines d'épuisement ; en cas de rupture, ils empêchent les tiges de descendre d'une hau-teur qui excède la longueur de la course.

Le nombre des ouvriers qui peuvent recourir simulta-nément à ce mode de transport est limité à vingt, afin d'éviter de trop charger les tiges. A un signal donné, la machine se met en mouvement et l'ascension commence. Le mineur place son pied gauche, par exemple, sur l'une des marches, en même temps que de la main correspon-dante il saisit la poignée située au-dessus. Après avoir été soulevé de toute la hauteur d'une levée, il profite du temps d'arrêt causé par l'un des points morts du moteur pour porter la main et le pied droit sur la poignée et la marche de l'autre tige situées au même niveau que les pré-cédentes. Élevé de nouveau, il revient de la même manière sur la tige qu'il vient d'abandonner, et, après avoir opéré huit fois ce mouvement en cadence, il atteint le palier supérieur. Là, s'apercevant, par le défaut de poignée, qu'il ne peut continuer sa route, il se porte en arrière sur le plancher, fait le tour des tiges et recommence son ascen-sion sur le côté opposé.

La sécurité de l'ouvrier non encore familiarisé avec cet exercice exige l'interposition d'échelles ordinaires qui, s'il se trompe, lui offrent un objet auquel il puisse se retenir. Il les emploie également pour atteindre le palier supérieur en cas d'interruption dans le mouvement du moteur.

Le nombre des excursions par minute ne pouvant dépasser 6 à 8, la hauteur de la course étant de 1.15 mètre, la vitesse maximum d'ascension est de 18.40. Dans les appareils exécutés postérieurement, une course de 1.60 donne lieu à une vitesse de 25.60 mètres par minute. L'ouvrier qui commet une erreur pendant que le moteur, mal réglé, marche avec trop de vivacité, doit rester sur le marchepied qu'il occupe; il le laisse monter et descendre plusieurs fois, afin de saisir l'instant favorable pour se porter sur l'autre tige. Dans tous les cas, le mineur, après un ou deux essais, acquiert assez d'expérience pour ne courir aucune chance de danger.

Les échelles mobiles en bois ne sont pas les seules dont les Allemands aient fait usage : ils ont eu l'idée d'intercaler dans les tiges de sapin une ou deux cordes en fil de fer, enduites de goudron et fortement serrées, afin de donner aux tirants une ténacité qui permette d'en diminuer l'équarrissage. Mais, dans cette construction mixte, le bois ne sert qu'à donner de la rigidité au système, les cordes à peu près seules résistent aux efforts, et, comme elles sont cachées aux yeux de l'investigateur, il est impossible de reconnaître leur état de conservation, ce qui expose l'appareil à des ruptures imprévues. Ce motif, joint à l'importance de diminuer le poids des tirants, a engagé les constructeurs à substituer à ces derniers des espèces d'échelles en fil de fer, raidies à leur partie supérieure par leur propre poids, et dont les oscillations de la partie inférieure sont prévenues par l'adjonction de planches appliquées aux cinquante derniers mètres de l'attirail.

Les échelles mobiles représentées par les figures 23, 24, 25 et 26 de la planche LV ont été installées dans le puits *Samson* d'Andreasberg, dont l'axe, d'abord incliné de 75 à 85 degrés, devient vertical à 442 mètres au-dessous du sol, et se prolonge ainsi jusqu'à la profondeur de 730.30 mètres.

Les échelles ou tirants CC sont composés de deux câbles en fil de fer, parallèles, distants de 0.20 mètre, dont le nombre de fils décroit à mesure que la profondeur augmente; ainsi, à l'orifice, les fils, au nombre de 36, se réduisent à 12 au fond du puits. La hauteur des excursions étant de 1.60 mètre, les marchepieds a, a sont distants entre eux de 3.20 mètres. Les supports de ces derniers, de même que les poignées b, b, sont liés par des fils de fer aux câbles de chaque échelle. Celles-ci sont guidées par des rouleaux de friction d en sapin, établis à des distances dépendantes de l'inclinaison des puits; contre ces rouleaux viennent glisser des pièces de bois ee attachées aux cordes par des crochets. Sur ces pièces sont appliquées des planches que l'on change dès qu'elles sont usées par le frottement des rouleaux.

Les deux tirants sont reliés l'un à l'autre par de fortes chaines r, r attachées à des blocs de bois s, s assujettis eux-mêmes à chaque couple de câbles par six boulons; ces chaines passent sur deux poulies à gorge t, t assemblées sur le même axe. Cet ajustement, disposé de distance en distance sur la hauteur du puits, a pour objet non-seulement l'équilibre des deux parties des attirails à diverses hauteurs, mais encore l'arrêt subit de la chute de l'un d'eux en cas de rupture; car les blocs de bois, venant heurter contre des sommiers horizontaux disposés à cet effet, réduisent à la longueur de la course la hauteur maximum d'où ils peuvent tomber.

Enfin, les échelles mobiles sont accompagnées d'échelles ordinaires installées entre les deux tirants et séparées entre elles par des paliers de repos ; elles sont destinées à la descente des ouvriers et servent, en outre, à franchir les espaces où l'installation des poulies de contre-poids interrompt la continuité de l'ascension.

Le règlement du Hartz, qui interdit l'usage des échelles mobiles pour la descente, est fondé sur ce que le poids des hommes n'étant pas contre-balancé, le système tend à se mouvoir trop rapidement, et qu'il est fort difficile de manœuvrer les freins du moteur avec assez de promptitude et d'à-propos pour éviter les accidents. Le nombre des mineurs qui remontent est également limité à vingt, afin que la force de la machine soit suffisante. Leur ascension et leur descente simultanée établiraient l'équilibre ; mais la confusion et le danger qui résulteraient de la rencontre de deux ouvriers, l'un montant et l'autre descendant sur la même échelle, ne permettent pas d'y songer (1).

Ces appareils ont été l'objet de quelques reproches : l'espace étroit qu'offrent les marches aux pieds des mineurs ; la souplesse et l'agilité réclamées pour le passage d'une tige sur la tige parallèle ; la fatigue, encore assez grande, qu'éprouvent les bras appelés à supporter une partie du poids du corps, dont le centre de gravité tombe, pendant une partie de la course, en dehors de la verticale passant par les points d'appui. Enfin, des craintes ont été exprimées sur ce qu'un faux pas, un vertige ou

_____

(1) Le lecteur peut consulter à ce sujet les *Archives de Karsten*, tome X ; le Mémoire que M. DELVAUX DE FENFFE a fait insérer dans les *Annales des Travaux publics de Belgique* et le tome III du *Traité d'Exploitation* de M. COMBES.

la position dangereuse d'un ouvrier accidentellement privé de lumière ne fussent suivis d'un accident fort grave. Cependant, jusqu'en 1843, il n'en était survenu aucun, quoique dix appareils de ce genre fonctionnassent à cette époque dans les seules mines des environs de Clausthal.

D'un autre côté, les services rendus par les échelles mobiles sont immenses : les ouvriers, sur lesquels l'emploi des échelles fixes avait une influence si fâcheuse, franchissent actuellement des hauteurs considérables sans être gênés dans leur respiration, sans éprouver désormais les affections de poitrine et les fatigues excessives auxquelles ils étaient exposés. Un grand nombre d'entre eux ont été rendus au travail ; car la plupart des mineurs, qui, dès l'âge de cinquante ans, ne pouvaient autrefois s'élever, à l'aide des échelles fixes, que d'une faible profondeur et de niveaux où la richesse minérale est épuisée, venaient grever les charges de la Caisse de prévoyance, peuvent actuellement, à l'aide du nouveau moyen de translation, travailler à de grandes profondeurs jusqu'à l'âge de soixante ans et même au-delà.

Le lecteur comprendra facilement que l'usage de ces appareils dut se répandre promptement dans tout le Hartz, lorsqu'après une expérience de quelques années, les ingénieurs furent convaincus de leur utilité. La confiance fut même telle qu'on ne craignit pas de les appliquer, non-seulement aux puits les plus profonds, mais à d'autres encore dont l'axe était incliné ou non rectiligne. Plus tard, les échelles mobiles ont été imitées par les exploitants de la Bohème, du Cornwall et de la Belgique (1).

_____

(1) L'auteur de ces lignes est probablement le premier qui ait fait connaître en Belgique ce système de translation, en donnant dès 1839, à quelques ingénieurs du Hainaut, des dessins relatifs à cet objet.

C'est dans ce dernier pays qu'elles ont acquis le plus haut degré de perfection.

637. *Echelles mobiles de Mariemont.*

L'appareil de M. Warocqué (fig. 5, 6 et 7, pl. LVI), est une conception fort heureuse qui réunit toutes les conditions de sécurité et de vitesse de translation. Les deux systèmes oscillants $AA, A'A'$, formés de pièces de sapin du Nord assemblés à trait de Jupiter, sont en tout semblables aux maîtresses-tiges des attirails d'épuisement. Une machine à vapeur leur communique un mouvement alternatif et inverse de va-et-vient. Des paliers ou plates-formes B, B, distants de six mètres les uns des autres, occupent chacun la moitié de la section du puits, sauf un intervalle d'environ 0.10 mètre, réservé entre leurs contours et les parois de l'excavation pour livrer passage au courant ventilateur, et une série d'échancrures destinées à permettre la circulation des ouvriers sur les échelles ordinaires qui règnent sur toute la hauteur du puits. Cette précaution a pour but de donner aux mineurs la possibilité de revenir au jour si la machine, accidentellement détraquée, cesse de fonctionner pendant un temps trop considérable. Au cas où les paliers ne se rencontreraient pas au même niveau au moment de l'arrêt, le premier soin du machiniste est alors de les rappeler en regard les uns des autres, en agissant sur le balancier hydraulique, dont il sera fait mention plus loin, afin que les ouvriers placés sur les plates-formes non échancrées puissent atteindre les échelles.

Les paliers consistent en planches clouées sur quatre solives disposées en croix et recouvertes, dans un but de conservation, de feuilles de tôle hérissées d'aspérités ; celles-ci préviennent le glissement des pieds des mineurs. Ils sont entourés, du côté du mur de revêtement, d'une balustrade protectrice C, C, et divisés en deux compartiments par une ligne de barreaux kk implantés suivant le grand axe du puits. Il résulte de cette dernière disposition deux voies spéciales affectées l'une à la descente, l'autre à la remonte des ouvriers ; en sorte qu'il n'y a rien à craindre de la confusion qu'entraînerait la présence sur le même palier de deux ouvriers marchant en sens inverse. L'amplitude de la course étant de 3 mètres, et la profondeur à laquelle les mineurs doivent parvenir de 212 mètres, l'un des tirants porte 35 paliers et l'autre 36.

Des talons ou patins de retenue a fixés aux tiges viennent reposer sur des sommiers D, D disposés transversalement suivant le petit axe du puits et réduisent la hauteur de chute en cas de rupture à moins de 3 mètres. Enfin, un système de poulies et de chaînes de contre-poids analogue à celui qui a été décrit à l'occasion de la machine établie dans le puits *Samson* d'Andreasberg tend à atténuer les fâcheux résultats de la rupture des tirants. Ces poulies reposent sur des consoles en fonte profondément encastrées dans le roc et sur les sommiers destinés à guider les tirants.

Les échelles mobiles reçoivent leur mouvement de va-et-vient d'un cylindre à vapeur EE à haute pression et à double effet, par l'intermédiaire d'un appareil nouveau désigné sous le nom de *balancier hydraulique*. Celui-ci se compose de deux cylindres verticaux F, G, mis en communication à leur base par un soubassement creux $H H'$ et à leur partie supérieure, par une cuvette en fonte J. Chacun de ces cylindres, qui a 0.50 mètre de diamètre et 3.50 mètres de hauteur, contient un piston métallique, aussi étanche que possible, dont les tiges traversent les boîtes à bourrage ou presse-étoupes L, L que porte le fond du soubassement; des crosses M, M, munies de tourillons et de brides en fer boulonnées sur deux des faces opposées de la tête des tiges, servent à rattacher celles-ci avec les tirants. L'un des pistons du balancier se lie invariablement avec le piston moteur, dont il reçoit l'impulsion.

Deux tubulures N, N' munies d'un robinet servent l'une à l'introduction, l'autre à la sortie de l'eau que contient le balancier. La première de ces opérations s'exécute à l'aide d'une pompe foulante activée par une petite machine à vapeur destinée en outre à l'alimentation des générateurs et du réservoir à eau chaude. Lorsque le machiniste veut mettre le balancier en état de fonctionner, il foule de l'eau dans le soubassement jusqu'à ce que les deux pistons soient au milieu de leur course, ou que l'un d'eux restant stationnaire, l'autre se soit élevé à la partie supérieure du cylindre; puis il achève de remplir ces derniers en versant de l'eau par-dessus les pistons. Dans cet état de choses, si l'un de ces derniers, cédant à l'action du moteur, est entraîné de haut en bas, il refoule l'eau qui se trouve au-dessous de lui et détermine l'ascension de l'autre piston. Si le moteur le soulève, au contraire, l'autre descend, sollicité par le poids de l'attirail; et comme l'eau qui se trouve au-dessus des pistons se déverse continuellement d'un cylindre dans l'autre, les deux colonnes sont constamment égales et l'équilibre existe pour toutes les phases du mouvement. Tel est le procédé de M. Warocqué pour communiquer aux échelles mobiles le mouvement de va-et-vient dérivant du moteur.

L'exactitude et l'opportunité avec lesquelles s'ouvrent et se ferment les soupapes d'admission et de sortie de la vapeur résultent d'organes agencés avec une simplicité remarquable (1). Les figures 8, 9, 10 et 11 se rapportent à la légende suivante :

K, tuyau d'admission de la vapeur, muni d'un régulateur.

O, tuyau d'exhaustion, accompagné d'un comprimeur qui, en s'opposant à la sortie du fluide élastique, modère le mouvement descendant du piston.

P, P', boîtes à vapeur dont l'une correspond avec le dessous du piston, l'autre avec le dessus ; chacune d'elles renferme une soupape d'admission *a* ou *a'* et une d'exhaustion *b* ou *b'*. Ces soupapes, dites américaines, sur les deux faces desquelles s'exerce la tension de la vapeur, exigent moins d'efforts pour s'ouvrir et se fermer que les soupapes de Hornblower.

g, h, leviers destinés à ouvrir les soupapes *a* et *a'*.

i, k, leviers des soupapes *b* et *b'*.

cc et *dd*, tiges de communication abaissant et relevant alternativement les leviers *m, n* des soupapes que contient la boîte à vapeur supérieure.

f, levier d'encliquetage qui, en accrochant une virgule, maintient fermée la soupape d'exhaustion de dessus. Un autre levier de même espèce s'applique à la soupape d'exhaustion de dessous.

ww, poutrelle réglant le jeu des soupapes ; elle est attachée, par son extrémité inférieure, à l'un des tirants qui, par l'intermédiaire d'un levier, lui communique un mouvement de va-et-vient vertical. Sur cette poutrelle sont

---

(1) Ce mécanisme, imitation du jeu des leviers de la machine d'exhaure de Houssu (Hainaut), est dû à M. COLSON, ingénieur mécanicien des forges et usines de Haine-St.-Pierre. La description détaillée de la manière dont fonctionnent ces organes se trouve plus loin, dans la section consacrée aux moteurs d'épuisement.

fixés deux tasseaux ou taquets qui, en passant, soulèvent ou abaissent les deux leviers g et h.

q, q' (fig. 5 et 6), cataractes agissant sur les deux leviers d'encliquetage. C'est par suite du retard plus ou moins grand qu'elles mettent à heurter ces leviers que les excursions simples sont séparées par des temps d'arrêt dont la durée se règle de manière à laisser aux ouvriers le temps de passer sans danger d'un palier sur le palier opposé. La cataracte q n'agit pas à la manière ordinaire, c'est-à-dire en descendant, mais, au contraire, en remontant. Pour obtenir cet effet, on emploie deux pistons plongeurs, dont l'un, entraîné par le poids r, force l'autre piston v à se soulever pour décrocher le levier.

L'usage adopté à Mariemont est d'imprimer au moteur une vitesse correspondante à 12 ou 14 excursions simples par minute, chacune d'elles étant séparée de la suivante par un temps d'arrêt de 2 secondes, ce qui donne, pour le même espace de temps, une vitesse de translation de 36 à 42 mètres et une vitesse absolue de 0.50 à 0.58 par seconde. On assure que les ouvriers ont été remontés plusieurs fois dans le puits, pendant que la machine faisait 18 excursions simples. Ils parcouraient alors 54 mètres par minute, et, si les temps d'arrêt étaient de 1 1/2 seconde, la vitesse absolue s'élevait à environ 0.72 mètre. Pour 12 pulsations du moteur, un ouvrier remonte de 212 mètres de profondeur en moins de six minutes. Il n'y a pas d'inconvénient à laisser descendre vingt ouvriers à la fois; la machine ne perd rien de sa régularité. Cependant si le nombre en était trop considérable, le mouvement ne dépendant plus que du poids des hommes, la compression de la vapeur à sa sortie deviendrait inefficace pour en modérer la vitesse. Dans ce cas, il conviendrait d'employer le frein préparé vers la fin de 1845, c'est-à-dire postérieurement à la construction de l'appareil, mais qui n'a jamais été placé, parce qu'il était inutile d'arrêter l'extraction pour cet objet, vu que la descente simultanée de vingt mineurs a toujours satisfait aux besoins de la circulation. Ce frein ou diaphragme en fonte, placé à l'intérieur du soubassement, est mobile sur un axe établi suivant l'un de ses diamètres. Comme il peut être mis en mouvement par le machiniste à l'aide d'une manivelle placée à l'extérieur, celui-ci étrangle plus ou moins le passage de la colonne liquide qui se rend d'un cylindre dans l'autre cylindre du balancier. S'agit-il de laisser à l'eau toute liberté de mouvement, le disque est appelé dans une position parallèle à l'axe du canal ; faut-il rétrécir la veine fluide, le disque prend une position plus ou moins inclinée, jusqu'au moment où il intercepte entièrement le passage.

La machine de M. Warocqué offre, sur les échelles du Hartz, des avantages incontestables : La course, beaucoup plus grande, imprime aux mouvements de translation une vitesse plus considérable, sans qu'il en résulte ni secousse, ni le moindre choc à la fin des excursions. On gagne du temps dans le changement de plates-formes, dont le nombre est diminué. Le mécanisme est disposé de telle façon qu'il est possible d'augmenter à volonté la durée des temps d'arrêt sans ralentir la vitesse de translation. Le balancier hydraulique établit l'équilibre des échelles dans toutes leurs positions. Le moteur n'est appelé à vaincre que les résistances passives des frottements et à soulever le poids des hommes dans leur marche ascendante, ou la différence de ceux qui montent et de ceux qui descendent simultanément. Le mineur, se tenant debout, n'éprouve aucune gêne ; s'il est subitement indisposé, il s'assied sur la plate-forme ; si sa lumière s'éteint, il peut, malgré l'obscurité, passer d'un palier sur le palier opposé, en saisissant soit la balustrade, soit des poignées fixées à hauteur d'homme, soit les tirants qu'il rencontre sous sa main lorsque l'excursion est achevée. S'il fait un faux pas, il tombe sur le palier immédiatement inférieur, c'est-à-dire au plus de 3 à 4 mètres. Enfin, toute rencontre des ouvriers ascendants et descendants étant impossible, ces deux opérations peuvent avoir lieu simultanément sans confusion et sans danger.

638. Echelles mobiles de Seraing.

Des échelles mobiles, offrant autant de sécurité et de régularité dans leur marche que les précédentes, ont été établies pour le service du puits Henri-Guillaume, dépendant de l'établissement métallurgique de Seraing, près de Liége; mais leur construction diffère de l'appareil décrit ci-dessus sous beaucoup de rapports, et se rapproche des indications données par M. Combes dans son *Traité d'Exploitation* (1).

Les paliers, réunis par des tringles, forment deux systèmes oscillants de la plus grande légèreté. Ces tringles, en fer rond de 8 mètres de longueur, sont assemblées par enfourchement et boulons. Les plates-formes, dont la figure 5 de la planche LVII est une vue latérale, la figure 6 une vue de face, les figures 7, 8 et 9 des projections horizontales de l'objet vu par-dessus et par-dessous, reposent sur les renflements produits par les assemblages; elles se composent d'un cadre en fer sur lequel sont boulonnées trois traverses recouvertes d'un

(1) Tome III, page 314.

plancher ; celui-ci, dont la partie antérieure est mobile
autour de deux charnières, cède à la moindre résistance
et se soulève dès qu'un ouvrier commet l'imprudence de
se porter intempestivement en avant. Les tringles, d'autant plus chargées qu'elles occupent une position plus
rapprochée de la surface du sol, sont divisées en quatre
séries dont les sections décroissent en s'avançant dans la
profondeur. Comme, en outre, la pression des hommes
se fait sentir non au centre de figure des paliers, mais à
leur partie antérieure, les tringles *A*, *A'* (fig. 7) sont
plus fortes que les deux autres *B*, *B'*. Celles de la division la plus rapprochée du jour ont un diamètre de 0.032
et 0.025 mètre ; celles de la quatrième, de 0.018 et 0.014,
pendant que les deux autres divisions offrent des chiffres
intermédiaires. Il semble que le fer employé dans ces circonstances offre quelque supériorité sur le bois, si facilement et si promptement détérioré par l'humidité des
puits de mine.

Chaque système oscillant se rattache par une croix *s*
(fig. 1, 2 et 3) à la partie inférieure de l'une des tiges
des pistons moteurs. Leur mouvement est rendu solidaire
et ils sont équilibrés par une chaîne *w w* passant sur deux
poulies *M*, *M'* installées au-dessus des cylindres à vapeur
et sous une troisième *O* disposée dans un plan parallèle
à celui des tirants, de manière qu'un de ceux-ci ne peut
descendre sans que l'autre ne soit sollicité à monter.

Le moteur est composé de deux cylindres *B*, *B'* conjugués, à simple effet et à traction directe ; chaque faisceau
de tiges, commandé par un piston, n'agit qu'en tirant et
jamais en poussant. L'introduction de la vapeur dans la
partie inférieure des cylindres dérive du mouvement de
va-et-vient d'une poutrelle verticale *m m* ; celle-ci, liée
d'un côté avec les pompes alimentaires *A*, et terminée de

l'autre par une crémaillère *b*, est mise en jeu par un pignon *C* calé sur l'arbre de la poulie *O*.

Les détails du mécanisme relatif à l'introduction de la vapeur dans le cylindre sont compris dans la figure 4.

a,*a'*, tiges des soupapes d'admission.

b,*b'*, virgules agissant sur le prolongement des leviers *n*,*n'* pour soulever ces soupapes.

c, modérateur d'entrée de la vapeur dont l'ouverture est réglée à l'aide d'une roue *d*.

e, boîte à glissière destinée à intercepter la communication entre les soupapes et les cylindres.

f,*f'*, leviers moteurs alternativement soulevés et abaissés, soit par la main du machiniste, soit par l'intermédiaire des taquets *t* fixés sur la poutrelle *m m*.

g,*g'*, contre-poids agissant en sens inverse des leviers *f*,*f'* et tendant à ouvrir les soupapes.

h,*h'*, leviers d'accroche des cataractes.

i,*i*, arbre horizontal mis en mouvement par un système de taquets installés sur la poutrelle. Il porte à son extrémité postérieure une aiguille *k* qui indique, à chaque excursion, si les paliers correspondent entre eux, ou si, séparés par une certaine hauteur verticale, le machiniste doit porter remède à cette irrégularité.

k k' (fig. 1ʳᵉ.) sont les deux cataractes destinées à régler le jeu des soupapes d'admission de la vapeur dans chaque cylindre, ainsi que l'intervalle compris entre deux coups de piston consécutifs.

Les appareils de sûreté (fig. 1, 2 et 3) sont :

Le comprimeur *DD*, cylindre dans lequel fonctionne un piston lié au prolongement *xx* de la tige de l'un des pistons moteurs. Les deux extrémités de ce cylindre sont mises en communication par un tuyau *E* muni d'un robinet *r*; celui-ci est, à volonté, ouvert ou fermé suivant le sens de l'impulsion donnée à la roue q, qui agit sur la tige indiquée par la ligne ponctuée pp'.

Un frein ii est établi sur la poulie O. Il se compose d'un demi-cercle en fer, sur lequel agit un système de leviers g, h, l et d'une roue u. Cet appareil est mis en jeu lorsque tous les paliers, chargés d'ouvriers, font concevoir des craintes sur l'efficacité du comprimeur; il est alors jugé seul capable d'empêcher une chute provoquée par une charge de 8 à 9,000 kilog., car tel est le poids de l'un des tirants dans cette circonstance.

Les données numériques relatives à l'effet utile sont les suivantes :

La profondeur à laquelle les mineurs doivent parvenir est de 552 mètres; le nombre des paliers de 44 sur un système et de 43 sur l'autre; leur distance de 8 mètres; l'amplitude de la course des tirants de 4 mètres; le nombre d'excursions simples de l'un des pistons est de 8 par minute, et la durée du temps d'arrêt après chaque excursion de deux secondes. Ainsi la vitesse de translation est de 32 mètres par minute; la vitesse absolue de 0.47 mètre par seconde et la durée de l'ascension de 12.4 minutes. Les cinq cents ouvriers qui constituent les postes de deux puits opèrent leur descente à 5 heures du matin et emploient environ 5 heures. La descente des 150 ouvriers des postes de nuit s'effectue, vers le soir, en deux heures et demie.

L'installation des échelles mobiles de Seraing a donné lieu à une opération remarquable et d'un grand intérêt pour l'approfondissement des excavations munies de semblables appareils. Il s'agissait de porter le puits de 512 à 552 mètres, et, par conséquent, de relever les déblais du fond de l'avaleresse au *chargeage* immédiatement supérieur. Pour effectuer ce travail, des mineurs, désignés par des numéros d'ordre, étaient installés sur chaque palier d'un même système oscillant; l'ouvrier n°. 1, porteur d'un panier en osier plein de déblais, était élevé par la machine jusqu'à la rencontre du palier correspondant de l'autre système, sur lequel il posait sa charge. L'ouvrier n°. 2 la retirait de cette plate-forme pour la déposer sur la suivante, d'où elle était enlevée par le n°. 3, et ainsi de suite jusqu'au niveau de 312 mètres. De plus, les eaux de l'avaleresse étaient élevées, par l'action des tirants, sur le même chargeage, d'où elles se rendaient dans les réservoirs de la mine.

La figure 4 de la planche LIX est un croquis des échelles mobiles installées à la mine de Gewalt, près de Steele (Westphalie). Le mouvement provenant d'une machine à vapeur horizontale est transmis à un plateau vertical. Une bielle, articulée sur un bouton placé excentriquement, fait fonctionner deux varlets liés par un tirant horizontal. A la partie supérieure des varlets sont attachées les tiges oscillantes munies de leurs paliers. Le choix de ce système ne semble pas fort heureux en présence des dispositions adoptées à Scraing et à Mariemont.

659. *Pourquoi les échelles mobiles ne tendent pas à se généraliser davantage.*

Quoique l'utilité et la sécurité offertes par ces appareils soient démontrées par une assez longue expérience et, par conséquent, généralement admises; quoique l'établissement du premier d'entre eux remonte déjà à l'année 1845, un bien petit nombre d'échelles mobiles fonctionnent actuellement dans les mines de houille (1). Quels peuvent être

----

(1) L'auteur de ces lignes ne connaît, comme application à ces mines, que les trois appareils ci-dessus décrits et celui de M. MEHU, dont il sera fait mention plus loin. Mais les exploitations métalliques d'Angleterre et d'Allemagne en possèdent actuellement un assez grand nombre.

les motifs de cette abstention si nuisible au bien-être des mineurs ?

Une construction de ce genre est non-seulement coûteuse par elle-même et par ses accessoires, tels que chaudières, bâtiments, etc., mais le prix en est encore augmenté des frais du percement d'un puits spécial propre à son installation. On peut, il est vrai, utiliser celui qui renferme les échelles ordinaires, ou tout autre, quelle qu'ait été sa destination primitive ; mais les puits dits aux échelles manquent dans beaucoup de concessions ; souvent leur percement s'est effectué suivant une ligne brisée et par une succession de tourets, ainsi que cela se pratique dans les mines du Couchant de Mons et d'Anzin, où le fonçage de nouveaux puits, à travers les morts terrains, est un objet fort onéreux.

Les anciens puits d'extraction, ou ne sont pas dans un état satisfaisant de conservation, ou sont mal placés relativement aux siéges d'exploitation en activité de service. L'exploitant se résout-il à en creuser de nouveaux, il se trouve dans une alternative fâcheuse ; car, si la concession qu'il exploite renferme un certain nombre de siéges d'extraction, adjoindra-t-il une échelle mobile à chacun d'eux ? Ou bien n'en construira-t-il qu'une seule, dont la situation soit telle que l'accès de tous les points où les mineurs doivent travailler leur soit rendu facile ? Mais alors les percements souterrains deviendront considérables. Dans les roches encaissantes ils seront longs et coûteux, et, dans le gîte lui-même, le soutenement et l'entretien des galeries pourront s'élever à de fortes sommes. Enfin, chaque fois qu'un étage d'exploitation sera épuisé et que les travaux s'enfonceront dans la profondeur, de nouvelles communications entre les échelles mobiles et les puits d'extraction devront être créées et de nouvelles galeries percées. Tels sont les motifs probables qui ont empêché jusqu'à présent cette utile machine de se répandre dans les mines de houille, comme on pouvait s'y attendre en raison des services qu'elle était appelée à rendre et de ceux qu'elle a déjà rendus.

640. *Application des principes du Fahrkunst à l'extraction de la houille. (Appareil de M. Mehu.)*

L'idée de la translation des ouvriers au moyen de deux tiges animées d'un mouvement alternatif de va-et-vient étant donnée, il n'y avait qu'un pas à faire pour substituer aux hommes les vases de transport intérieur ; mais il fallait vaincre l'inertie et l'inintelligence de la matière, et lui faire exécuter des évolutions dues jusqu'alors à la volonté humaine. Les avantages résultant de la suppression des câbles d'extraction, si coûteux et si promptement mis hors de service ; la facilité de faire parvenir la houille au jour, sans la soumettre à aucune opération de transbordement, d'en accroître la quantité extraite et de la rendre indépendante de la profondeur des puits ; la faculté de se soustraire à la rupture des câbles et aux chômages qui en sont la suite ; enfin, la certitude de pouvoir se servir du même appareil pour faire circuler les ouvriers dans les puits sans fatigue et sans danger ; tous ces motifs étaient bien propres à stimuler les exploitants pour qu'ils recherchassent les moyens d'atteindre un but si désirable. Aussi plusieurs projets ont-ils été proposés ; mais le seul qui ait été exécuté jusqu'à ce jour est celui de M. Mehu, ingénieur civil, attaché à la compagnie d'Anzin (1). C'est pour

(1) La mort a frappé cet ingénieur, encore à la fleur de l'âge, au moment où il venait d'achever la description de son appareil d'extraction. (*Annales des Mines*, 4ᵉ. série, tome XX, page 3.)

le puits Davy qu'a été établi l'appareil représenté (fig. 1, 2, 3 et 4, pl. LVIII) dans les diverses phases de ses mouvements.

Sur toute la hauteur de l'excavation règne une série de bois de refend A,A et B,B encastrés dans le roc et formant deux compartiments rectangulaires ; l'un, figure 3, a pour objet exclusif l'ascension des vases pleins, et l'autre, figure 4, la descente des vases vides. Dans chacun de ces compartiments se meuvent deux systèmes de tirants parallèles C,C et C',C' guidés dans leurs excursions par des traverses f,f et g,g. Celles-ci, liées aux tiges oscillantes, coulent dans les échancrures formées par des poutrelles e,e disposées verticalement dans le puits. D'autres poutrelles e',e' servent à guider les vases dans leurs mouvements ascendants et descendants.

Pour comprendre plus facilement le jeu de l'appareil, le lecteur doit d'abord s'occuper exclusivement du compartiment dans lequel fonctionnent les tirants affectés à élever la charge, c'est-à-dire de la figure 3 et de la partie de gauche de la figure 1re. A chaque étage, dont la hauteur est moindre que l'amplitude de la course, sont établis, tant sur les traverses f,f fixées aux tirants que sur les charpentes fixes A,A, quatre taquets ou patins a,a et a',a' articulés sur des supports ; ceux-ci (représentés sur une plus grande échelle dans les figures 5 et 6), abandonnés à eux-mêmes, prennent constamment la position horizontale; ils ne se relèvent que quand ils y sont sollicités par une force agissant de bas en haut sur leur face inférieure et portent à leur partie postérieure un talon qui les empêche de se renverser au-delà de la verticale. Les taquets a,a annexés aux tiges seront appelés, pour plus de simplicité, *taquets mobiles*, et les autres $a'a'$ *taquets fixes*. Supposant actuellement un wagon placé sur les taquets fixes, en un point quelconque du puits; les tiges descendent ; les taquets mobiles qu'elles portent, s'appuyant contre les parois du vase, se relèvent et glissent jusqu'à ce qu'ils aient dépassé ce dernier ; alors l'obstacle qui les forçait à se redresser disparaissant, leur propre poids les ramène dans un plan horizontal. Les tiges oscillantes reprenant leur mouvement ascensionnel, les taquets mobiles saisissent le wagon par dessous et l'entraînent dans leur course. Dans ce mouvement, le vase d'extraction est soulevé au-delà des quatre taquets fixes placés à l'étage supérieur, qui s'effacent pendant son passage ; mais, peu après, ils retombent dans leur position horizontale et reçoivent le wagon, qu'abandonne la tige oscillante lorsqu'elle continue sa course descendante. Alors d'autres taquets mobiles, situés au-dessus des premiers, viennent à leur tour saisir le vase pour l'élever à l'étage supérieur, et ainsi de suite jusqu'au jour, où il est reçu sur un pont à bascule.

Les organes installés à chaque étage du compartiment affecté à la descente des wagons vides sont plus compliqués et diffèrent essentiellement des précédents en raison du renversement des mouvements.

Les diverses pièces de ce mécanisme sont exprimées d'une manière générale dans la figure 2 et dans la partie de droite de la figure 1re. Les détails sont compris dans les figures 4, 7, 8, 9 et 10. La figure 4 est une projection horizontale de l'appareil, prise dans le moment où les taquets fixes sont relevés et les taquets mobiles abattus. Les figures 10 et 9, des coupes transversales indiquant ces organes, la première, dans la même position que ci-dessus ; la seconde, lorsque les taquets fixes sont abattus et les taquets mobiles relevés. Les figures 7 et 8 sont des coupes longitudinales concordant respectivement avec les figures 9 et 10. Les mêmes lettres expriment les mêmes objets.

i, i, arbres en fer battu fixés sur les bois de refend

B, B; ils réunissent deux à deux et rendent solidaires les taquets b montés d'un même côté du puits ; incessamment sollicités par des contre-poids p', p', ils maintiennent les taquets dans une position verticale constante indiquée dans les figures 4, 8 et 10.

q, q, heurtoirs en fer montés sur les mêmes arbres. Lorsque les tirants $C'C'$ arrivent à l'extrémité de leur course descendante, ces heurtoirs s'appuient sur les leviers h', h', font tourner les arbres i, i et, par suite, forcent les taquets b, b à se placer suivant un plan horizontal.

g, g, traverses fixées aux tirants; elles portent des taquets b', b' dont les queues obéissent tantôt aux contre-poids p, p, tantôt aux leviers h, h.

D, D, patins fixés contre les parois du puits ; leur position est telle que les leviers coudés h, h, venant les rencontrer à la fin de leur course ascendante, forcent les taquets b', b' à prendre une position horizontale indiquée dans les figures 4 et 8.

Les heurtoirs q, q et les leviers h', h' sont disposés alternativement vers les deux parois opposées du puits. Les leviers h, h et les patins DD sont également disposés de chaque côté des poids p, p, afin que le jeu des taquets de deux étages successifs ayant lieu dans des plans différents, les mouvements se croisent sans entraver la marche de l'appareil.

Les figures suivantes sont une représentation sur une plus grande échelle de quelques-uns des organes désignés ci-dessus. Figure 11, taquet mobile de la descente. Figure 12, levier h' attaché à l'arbre i. Figure 13, contre-poids p' fixé au même arbre. Figure 14, contre-poids p faisant fonctionner les taquets mobiles. Figure 15, supports z des contre-poids p.

Le lecteur peut supposer actuellement qu'un wagon est

engagé sur les taquets fixes de l'un des étages pendant
que les tiges oscillantes se trouvent dans leur phase ascendante. Les traverses g, g arrivent à une certaine distance
du terme de leur excursion ; les leviers coudés h, h,
butant contre les patins D, D fixés aux parois du puits,
placent les taquets dans une position horizontale ; ceux-ci
soulèvent le vase, et les taquets fixes se relèvent sous
l'influence du contre-poids p', p'. Alors les tiges redes-
cendent, et, un peu avant le moment où le vase va atteindre l'étage immédiatement inférieur, les heurtoirs
mobiles q, q pressent les leviers h', h' et forcent les taquets
de cet étage à se disposer horizontalement, prêts à recevoir le wagon descendant ; puis les tirants ayant achevé
leur course et les taquets repris leur position verticale,
un nouveau mouvement ascensionnel amène d'autres taquets mobiles, qui exécutent la même opération. Le wagon
descend ainsi d'étage en étage jusqu'au fond du puits.

La réception des vases pleins sur la margelle et l'expédition à l'intérieur des vases vides exigent l'emploi d'une
double porte k, k (fig. 1re.) qui, tournant autour d'un axe,
peut fermer à volonté l'un ou l'autre des deux compartiments. Un poids O rend plus pesante la partie située
du côté ascendant, afin de lui donner une tendance à se
fermer. Le wagon, avant d'arriver au jour, signale sa
présence par un coup de la sonnete v, reliée avec les
taquets du dernier étage par un fil de fer y y. Peu
après, le levier l, situé à environ 8 mètres au-dessous
de l'orifice, est à son tour heurté ; le secteur r, entraîné
par la tige s, force la porte à culbuter en faisant un quart
de tour, et à dégager le compartiment de la remonte.
Le wagon passe ; mais, arrivé au-dessus de la margelle,
il rencontre un levier t qui, lié avec le rochet o par la
tringle u, décroche le secteur et permet à la porte, sol-

licitée par le poids O, de retomber pour fermer le passage au vase. La voiture, venant alors reposer sur un chemin de fer incliné, se dirige spontanément vers les points de déchargement.

Pour faire descendre les wagons vides, il faut abattre la porte à l'aide du levier j et amener une voiture, dont le poids suffit pour maintenir cette porte en place après l'abandon du levier. Les taquets des tirants, qui paraissent au jour, soulèvent le vase; aussitôt la porte s'ouvre spontanément et livre un libre passage.

Les deux accrochages sont pourvus chacun de deux trappes n, n', l'une pour la remonte, l'autre pour la descente; elles sont manœuvrées à l'aide de leviers c, c et équilibrées par des contre-poids p. Quant aux trappes affectées à la remonte, les wagons y sont conduits dans l'intervalle de deux oscillations. Mais, afin d'éviter la confusion résultant du défaut d'entente des ouvriers installés aux deux étages, les trappes superposées sont rendues solidaires par des tringles $c c'$, $c c'$ disposées de manière à tenir fermée celle de l'accrochage supérieur, tandis que l'autre reste ouverte, et vice-versâ. Les trappes de la descente sont indépendantes l'une de l'autre; celle du fond est constamment fermée pour recevoir les wagons qui ne sont pas arrêtés à l'accrochage supérieur.

Le contre-poids employé par M. Mehu pour obvier aux irrégularités des efforts du moteur consiste en une caisse en tôle J (fig. 2) circulant dans une fosse rectangulaire. Cette caisse, conduite le long d'un chemin de fer $w w$, contient un poids de 2,000 kilog. Elle est suspendue à des bras de levier, dont la longueur varie à chaque instant par suite de l'enroulement de la chaine, à laquelle elle est attachée, sur deux poulies H à gorge héliçoïdale. La figure 2 ^{bis} donne le tracé de la double courbe projetée sur un plan perpendiculaire à l'axe de rotation; a est le point d'attache du contre-poids.

La transmission du mouvement se fait à l'aide de deux poulies motrices sur lesquelles s'enroulent des chaines de Vaucauson, dont les extrémités se rattachent à chaque couple de tiges oscillantes; l'arbre sur lequel elles sont fixées, de même que les deux poulies H, est compris dans le plan passant par l'un des diamètres du puits et à égale distance de chacun des quatre tirants. Il reçoit, en outre, deux roues commandées par deux autres plus petites, montées sur le même axe et placées en arrière. Ce sont ces derniers engrenages qui reçoivent le mouvement du moteur par l'intermédiaire des tiges des pistons articulées sur l'arbre.

Le moteur se compose de deux cylindres à vapeur, conjugués à l'instar des locomotives, formant ensemble une force de 30 chevaux. Ces cylindres sont établis, à quelques mètres au-dessus du sol, sur une charpente solide; leurs pistons, dont chaque excursion correspond à une fraction de la révolution des poulies motrices, marchent dans le même sens jusqu'à ce que, la course des tiges étant accomplie, il faille renverser le mouvement. C'est une fonction que la machine remplit elle-même à l'aide d'un mécanisme analogue à celui des machines à planer. Une petite poulie dentée, placée entre les deux poulies motrices, donne le mouvement à une chaine sans fin munie de deux mannetons; ceux-ci sont disposés de telle façon qu'ils viennent heurter un levier attaché aux glissières lorsque les tiges sont aux extrémités de leur course, ce qui suffit pour opérer le renversement des vapeurs et changer le sens des mouvements. Des cataractes règlent d'ailleurs la durée des temps d'arrêt ménagés après chaque excursion des tirants.

La machine de M. Mehu fonctionne pour deux accrochages situés à 135 et à 166 mètres au-dessous du sol ;
mais elle est montée pour extraire à une profondeur de
200 à 210 mètres, et l'équarrissage des tiges est tel qu'elle
peut être prolongée jusqu'à 300 mètres. La partie mobile,
composée des quatre tirants et de leurs accessoires, pèse
22,000 kilog. A la profondeur de 300 mètres, ce poids,
s'accroissant de 8,000 kilog., sera de 30,000 kilog. La
course des tiges étant de 15,408 mètres, tandis que la
hauteur d'ascension des wagons à chaque excursion n'est que
de 14^m,124, il reste un excès de course de 0.642 mètre
au-dessus et au-dessous de chaque étage. Cet excès est
considéré par l'inventeur comme une garantie contre les
accidents, parce qu'il facilite le changement de taquets et
permet à ces derniers de s'échapper après avoir pris ou
déposé les charges. Cette garantie existe aussi contre les
inexactitudes des mouvements du moteur, auxquels il est
impossible de soustraire un appareil de ce genre lorsque
la différence de charge ou de vitesse entraîne dans l'amplitude des excursions des variations de 0.10, de 0.15 et
de 0.20 mètre, ainsi qu'on l'a constaté par l'observation.
Ce procédé est aussi justifié par l'importance d'éviter les
chocs qui ne manqueraient pas de se faire sentir si,
pendant le renversement du mouvement et lorsque l'appareil est complètement isolé du moteur, il devait cesser
de se mouvoir malgré l'accumulation de forces vives dans
une pareille masse.

Il n'est pas étonnant qu'une machine sans précédents,
comme celle de M. Mehu, ait donné lieu à un assez grand
nombre d'imperfections.

Pendant l'ascension des tirants affectés aux wagons vides
et la descente de ceux qui portent les vases pleins, la
fonction du moteur se borne à vaincre les résistances pas-

sives des attirails, puisque les vases demeurent en repos
sur les taquets fixes. Puis, lorsque les wagons pleins sont
transportés à l'étage supérieur et les wagons vides à l'étage
inférieur, la charge en houille augmente la somme des
résistances à surmonter. Dans le premier mouvement, les
tiges bien équilibrées déterminent l'interruption presque
complète du travail ; dans le second, l'effet utile est produit. Mais les wagons pleins vont atteindre l'extrémité de
leur course ascendante ; puis redescendre ensuite en maintenant leur pression sur les tirants jusqu'au moment où ils
viendront reposer sur les taquets fixes ; pendant ce temps,
les vases vides sont retenus sur leurs taquets et les tirants
correspondants fonctionnent sans charge ; alors il se produit un travail qui, ajouté à celui du moteur, peut engendrer une vitesse fort nuisible. Ainsi, non-seulement l'effet
utile est nul pendant plus de la moitié des excursions et le
moteur, fonctionnant à vide, dépense inutilement sa force
à vaincre des frottements, mais encore les efforts sont
tellement irréguliers que, sans la caisse contre-poids, l'appareil ne pourrait fonctionner.

La contenance des wagons n'excède pas 2 1/2 hectolitres, quoique le diamètre du puits soit de 3.20 mètres.
Leur construction, obligée sur un modèle donné, ne leur
permet pas de se rendre aux tailles et nécessite le transbordement de la houille. L'emploi de nombreux taquets,
accompagnés ou non de contre-poids, offre des chances de
dérangement occasionnées par les mouvements du terrain
et par le défaut de verticalité des puits. Si l'un d'eux se
rompt, le wagon, guidé par les filières, en est quitte pour
prendre une position oblique ; mais, si deux de ces organes
situés du même côté se brisent simultanément, le vase
retombe nécessairement, ou, se plaçant de travers, arrête
le mouvement de l'appareil. Si, par suite de l'introduction

des poussières dans les articulations des taquets ou par
toute autre cause, le mouvement de déclic devient inerte,
l'un des vases persévère dans sa position ; ceux qui descendent viennent s'y superposer ou ceux qui remontent
le soulèvent, ce qui engendre des accidents ou tout au
moins une confusion telle qu'il est fort difficile d'y porter
remède. Telle est l'origine des chômages d'extraction
assez fréquents et des grandes dépenses de réparations
dont se plaint la Compagnie d'Anzin. Mais on ne doit
pas oublier que cet appareil est le résultat d'une première
inspiration, dont le temps et les réflexions auraient peut-
être contribué à faire disparaître les imperfections.

641. *Machine d'extraction à double effet.*

M. Bource, directeur des ateliers de réparations de
Mariemont, a fait connaître, lors de l'Exposition provin-
ciale du Hainaut (1851), un appareil qui rappelle les
échelles mobiles de M. Warocqué et la machine de
M. Mehu.

Deux compartiments du puits sont affectés, l'un à la
descente, l'autre à la remonte. Chaque système oscillant,
composé d'un seul tirant en bois, est muni d'une série
de crochets destinés à saisir des anneaux fixés à la partie
supérieure des vases ; ceux-ci, suspendus latéralement aux
tiges, sont de simples caisses de wagons indépendantes
de leurs trains. Les crochets, disposés pour la remonte et
la descente, sont mis en jeu par des organes semblables
à ceux de l'appareil Mehu. Comme ils sont tous mobiles,
c'est-à-dire installés sur les tiges oscillantes, les vases ne
restent jamais stationnaires, mais sont toujours animés d'un
mouvement continuel ascendant ou descendant, en sorte
que la machine est à *double effet*. L'intermédiaire entre

le moteur et les tiges oscillantes est un balancier hydraulique de M. Warocqué, quelque peu modifié.

Cet appareil, soumis, quant aux efforts réclamés du moteur, aux mêmes irrégularités que la machine de M. Mehu,
présente d'ailleurs les mêmes inconvénients.

642. *Appareil du même genre proposé par M. Guibal.*

Cet appareil n'a malheureusement pas encore été construit sur une grande échelle. Il se compose de deux
systèmes de tiges oscillantes suspendues à des pistons plongeurs qui, fonctionnant dans des cylindres, reçoivent du
moteur un mouvement de va-et-vient vertical. Cette partie,
désignée par M. Guibal sous le nom d'*outil*, se lie avec
un cylindre dans lequel un piston fait mouvoir des colonnes
d'eau qui, alternativement, pressent la base des plongeurs
ou leur permettent de céder à l'action de la gravité. La
tige du piston est elle-même liée, par des manivelles et
des roues d'engrenage, avec une machine à vapeur, origine de tout mouvement.

Chaque système oscillant, animé d'un mouvement alternatif inverse, porte à divers étages équidistants des paliers
destinés aux hommes et des rails propres à recevoir les
vases qu'il s'agit de faire circuler. Ces rails étant soulevés
à la fin de chaque oscillation, les wagons, placés sur un
plan incliné, passent alors d'un système sur l'autre; leur
marche est analogue à celle des hommes sur les échelles
mobiles, malgré le défaut de spontanéité de ces objets
inanimés.

Les figures 1 et 2 de la planche LIX sont des coupes
verticales, l'une, longitudinale, l'autre transversale, de la
partie de l'appareil installée dans le puits et à son orifice.

La figure 5 en est la projection horizontale. Dans toutes ces figures, les mêmes lettres désignent les mêmes objets.

A, A, A, diverses pièces d'une charpente construite sur la margelle du puits pour recevoir les organes mécaniques de l'appareil et guider les attirails pendant leur course. Elle se compose de montants, de semelles, de moises, de contre-fiches, etc., et s'élève à 10 mètres au-dessus du sol.

C, C, C, C, cylindres assujettis entre les six montants de la charpente. Semblables en tout aux corps des pompes foulantes, ils sont munis, à leur extrémité supérieure, d'une boîte à bourrage, et communiquent, par leur partie inférieure, avec les tuyaux d'entrée et de sortie de l'eau.

P, P, P^1, P^1, pistons que le liquide soulève et laisse retomber alternativement. Ils sont réunis deux à deux par des sommiers en fonte T, pourvus, vers le milieu de leur longueur, de nervures saillantes b, b; dans ces nervures viennent se fixer, à l'aide d'écrous, quatre fortes tiges en fer tt, tt constituant les systèmes oscillants. Ces tiges, assemblées à vis et à douille taraudée, comme les tiges de sonde, reçoivent alternativement et tous les six mètres les rails r destinés aux wagons vides qui descendent et les rails q des wagons pleins qui remontent; en sorte que les paliers affectés au même service sont disposés à des distances de 12 mètres les uns des autres. Les plates-formes h, h, servant à l'introduction des hommes dans les travaux, sont intercalées entre les précédentes. Lorsque, après chaque oscillation, les paliers se trouvent au même niveau, les ouvriers et les wagons passent d'un système sur l'autre, les premiers, par un mouvement de marche; les seconds, par un mouvement de bascule, ou plutôt, par l'inclinaison que prennent les rails au moment où ils doivent rejeter leur charge sur les chemins de fer des plates-formes opposées.

Les paliers des wagons (fig. 3 et 4, pl. LX) se composent chacun de deux semelles transversales en bois *a,a*, fixées en place par des écrous serrés au-dessus et au-dessous. Des contre-rails *c,c* complètent le cadre et préviennent toute chance de déraillement des wagons.

M. Guibal, prévoyant le cas où, par suite de l'extensibilité des tirants en fer, les paliers cesseraient de correspondre entre eux, a trouvé une disposition fort ingénieuse pour racheter leur défaut de coïncidence verticale.

Les rails *r,r*, formés de bandes de fer plat recourbées en arrière, s'articulent sur de petites potences en fer faisant saillie de 0.22 mètre vers le centre du puits ; c'est sur cet organe qu'ils s'appuient et se soulèvent. Leurs extrémités ne viennent pas se placer bout à bout, mais se croisent sur une longueur de 0.40 mètre et sont déviées de leur direction pour se livrer mutuellement passage ; d'où il résulte que, si l'un d'eux reste à un niveau plus bas que le rail correspondant, ils se font réciproquement ciseau ; leur point d'intersection chemine en avant ou en arrière et n'occupe la position du milieu que dans le cas de niveau exact. Cette disposition permet de racheter les défauts de coïncidence verticale moindres de 0.06 mètre.

Les deux tiges oscillantes, quoique librement suspendues dans le puits, sont cependant liées l'une à l'autre, et assujetties à occuper une position relative invariable pendant les mouvements de va-et-vient. Cette disposition, visible dans les figures 3 et 4 de la planche LX, consiste en une barre de fer en forme de T, placée sur l'un des tirants, tandis que l'autre tirant reçoit, de distance en distance, des griffes qui embrassent la barre ; en sorte que, tout en conservant le glissement nécessaire au jeu de l'appareil, les déplacements horizontaux sont prévenus et aucun écartement des tiges ne peut avoir lieu.

Le soulèvement des rails est provoqué par quatre tringles disposées à l'arrière de chaque système et qui s'étendent sans interruption sur toute sur la hauteur du puits. Deux d'entre elles ss, ss (fig. 1 et 2, pl. LIX) correspondent aux voitures vides et les deux autres uu, uu aux wagons pleins. Il suffit d'agir sur ces tiges pour imprimer un mouvement convenable à tous les rails avec lesquels elles sont liées.

Les figures 1 et 2 de la planche LX donnent le détail des organes nécessaires à la communication de ces mouvements. La partie des dessins située à gauche du lecteur se rapporte aux wagons vides, et celle de droite, aux vases pleins. Quelques tringles ont été supprimées afin d'éviter la confusion. Les tiges s, s sont suspendues à une traverse x assise sur l'extrémité de deux leviers l, l; ces leviers sont calés sur un même axe, qui repose, par les entretoises e, e, sur les quatre tiges de suspension; ils sont, en outre, liés par des barreaux à une autre traverse z, dont les extrémités, formant douille, glissent le long des deux tirants d'arrière. Au-dessous, et à une distance égale à la course des pistons plongeurs, se trouve une disposition analogue affectée aux wagons pleins, mais qui tend à renverser le sens du mouvement. Cette disposition est visible dans les figures d'ensemble de la planche LIX et dans la partie de droite des figures 1 et 2 de la planche LX. Elle consiste en tiges de soulèvement u, u, également suspendues à une traverse x' qui s'appuie sur l'extrémité de deux petits leviers l', l'; ceux-ci reposent sur un axe que supportent les traverses e', e' fixées aux tirants de suspension; z' est une seconde traverse également liée avec les leviers l', l'.

Entre ces pièces correspondantes au haut et au bas de la course des pistons sont installés divers organes fixes, consistant en balanciers B, B' assujettis sur leurs axes, et en deux manivelles M, M' mises en rapport, par deux bielles d, d', avec la tige f du piston plongeur d'une pompe foulante animée d'un mouvement de va-et-vient vertical. Ce mouvement est communiqué, par les bielles et les manivelles, aux balanciers B, B'. Le premier soulève la traverse z et, par suite, x, à laquelle sont suspendues les tiges s, s, qui agissent par soulèvement sur tous les rails chargés de wagons vides. Le balancier B' abaisse la traverse z'; celle-ci, par l'intermédiaire des leviers l', l', soulève la traverse x', les tiges u, u qui y sont suspendues et, par conséquent, tous les rails chargés de wagons pleins. C'est ainsi que les vases passent réciproquement d'un système oscillant sur le système parallèle.

Les organes de la transmission de mouvement sont : un cylindre horizontal CC (fig. 5 et 6, pl. LX), dans lequel se meut un piston P, auquel un système de bielles BB' et de manivelles M imprime le mouvement alternatif; deux roues d'engrenage R, R', placées en porte à faux sur leurs axes et commandées par des pignons Q, Q', reçoivent le mouvement d'une machine à vapeur par l'intermédiaire de la roue S et du pignon V. Des tuyaux A, A, qui ont leur origine aux deux extrémités du cylindre CC, établissent une communication entre celui-ci et les cylindres des pistons plongeurs (fig. 2, pl. LIX), de manière que l'eau, dont tout l'appareil est rempli, provoque l'ascension ou la descente de ceux-ci dès que le piston moteur se met en mouvement.

L'inventeur obtient le repos absolu à la fin de chaque excursion et le soulèvement des paliers pendant ce temps d'arrêt, au moyen des organes suivants :

La traverse uu (fig. 5 et 6) porte un manchon D (représenté sur une plus grande échelle dans les fig. 7 et 8). Ce manchon, doublement fileté, fait écrou pour la tige T'

et vis pour la traverse uu. Il est accompagné d'un levier curseur E qui se meut dans une rainure F pratiquée au-dessus des glissières. Il résulte de cette disposition que, pendant le temps où le levier curseur est maintenu dans la partie rectiligne de la rainure, le manchon D ne peut tourner autour de son axe, et que, par conséquent, tout le mouvement des bielles transmis à la traverse uu est intégralement transmis au piston. Mais, aux extrémités de la course, la direction de la rainure permettant au curseur de dévier de la ligne droite, le manchon tourne sur lui-même, chemine dans la traverse, en entraine la tige du piston dans le même sens, si, toutefois, le mouvement circulaire est interdit tant à cette dernière qu'à la traverse. Or, si les choses ont été combinées de telle façon que le mouvement de rotation du manchon produise un chemi-nement égal à celui des bielles, mais dirigé en sens in-verse, les deux mouvements s'annihilant mutuellement, il en résulte un repos absolu à la fin de chaque excursion. Les figures 5 et 6 indiquent le milieu du moment de repos.

Quoique le piston P cesse de cheminer pendant un cer-tain laps de temps, la traverse uu, poussée par les bielles, n'en a pas moins continué sa route. C'est pendant cette prolongation de mouvement qu'a eu lieu le soulèvement des tiges auxquelles sont attachés les rails des paliers. Dès que la force du moteur devient disponible en raison de l'état de repos absolu dans lequel se trouvent les systèmes oscillants, la traverse uu rencontre l'un des leviers l ou l', qu'elle incline en les poussant devant elle; ce mouvement, transmis aux pièces d'un parallélogramme d'Olivier Evans, entraine la descente du piston d'une pompe foulante K; alors la colonne d'eau, sur laquelle presse le piston, soulève l'autre piston de la pompe k (fig. 2, pl. LIX), qui agit sur les balanciers B, B (fig. 1 et 2, pl. LX), placés à l'orifice du puits. Cet effet se produit, d'ailleurs, à chaque demi-révolution ou à la fin de chaque excursion du piston moteur. Actuellement, voici le jeu de l'appareil :

Si le pignon *V* est animé d'un mouvement de rotation dans un sens quelconque, mais continu, ce mouvement est transmis à la roue *S*, aux deux pignons *Q*, *Q'* et aux roues *R*, *R'*; celles-ci agissent par les bielles sur la traverse *u u*, à laquelle elles communiquent un mouvement de va-et-vient qui se reporte sur le piston *P*, sauf modification. L'eau du cylindre, expulsée par l'un des orifices *A* et attirée par l'autre *A'*, soulève l'un des tirants pendant que l'autre descend. Le curseur *E*, après avoir parcouru la partie rectiligne de la rainure *F*, pénètre dans la partie en hélice, ce qui lui permet, en s'avançant, de tourner autour de l'axe de la tige du piston, ainsi que le manchon *D* avec lequel il est lié. Le piston reste en repos parce que la quantité dont sa tige pénètre dans le manchon est égale au cheminement de la traverse *u u*, et que ces deux mouvements, ayant lieu en sens inverse, se détruisent. Ainsi, pendant le parcours de l'arc *N N'*, il y a repos du piston moteur et, par suite, des pistons soulevants et des tiges oscillantes; mais, pendant ce temps, le levier *l* est poussé par la traverse *u u* et le parallélogramme d'Evans abaisse le piston de la pompe *K*, qui soulève le piston de l'autre pompe *k*, avec laquelle elle est en communication. La traverse revient sur ses pas, de même que le manchon *D* et le curseur *E*; le piston persévère dans son état de repos; puis le curseur s'engage dans la partie rectiligne de la rainure; le piston redevient solidaire du mouvement des manivelles; l'eau expulsée par *A* rentre par *A'* et les pistons plongeurs renouvellent leur ascension et leur descente respectives. Ce mouvement se continue jusqu'à ce que les manivelles atteignent la position diamétralement opposée où les mouvements se reproduisent comme ci-dessus, mais en sens inverse.

La sortie des wagons pleins de l'appareil et l'introduction des wagons vides sont l'objet des deux dispositions indiquées dans la figure 1re. (pl. LIX) par les lettres G' et G. Les rails du premier palier G' sont articulés à leur partie postérieure; au-dessous, des leviers t sont liés par une de leurs extrémités à la tige u et avec les rails par un point intermédiaire; v est un levier portant une tige conductrice. Au moment où les tiges u,u reçoivent leur mouvement ascensionnel, elles soulèvent les leviers t, inclinent les rails du premier palier du dedans au-dehors et provoquent la sortie du wagon de l'appareil. L'introduction des wagons vides a lieu par le procédé indiqué en G. Les rails de la margelle, également articulés à leurs extrémités les plus rapprochées du puits, sont liées par deux petites tringles k à deux leviers h; ceux-ci sont soulevés par la traverse de suspension des tiges u,u de soulèvement des wagons pleins; le wagon s'engage dans l'appareil par suite de l'inclinaison des rails sur lesquels il repose au moment où, dans toute la hauteur du puits, les wagons vides sont soumis au même mouvement. Un levier w, placé au-dessous des rails, est muni de deux heurtoirs contre lesquels les roues des wagons, venant buter, préviennent la chute de ceux-ci dans le puits au moment où ils en sont rapprochés. Ces heurtoirs s'effacent, par suite de l'inclinaison des rails, lorsque le wagon doit trouver un libre passage (1).

L'appareil, n'occupant qu'une partie de la section d'un puits de moyenne grandeur, laisse de chaque côté un

_____

(1) Ces détails sont extraits d'un Mémoire inédit de l'auteur du projet.

espace suffisant pour l'installation d'échelles verticales ordinaires, pour la descente des chevaux, des longues pièces
de bois et de tous les objets d'un volume un peu considérable. C'est dans le but d'opérer ces manœuvres que
M. Guibal a placé, à la partie supérieure de la charpente
(pl. LIX), une poulie sur laquelle passe un câble rond.

Si le lecteur, pour se faire une idée des ressources
qu'offre un appareil de ce genre, se place dans les conditions les plus restreintes, s'il suppose que la vitesse
moyenne du mouvement soit de 0.30 mètre par seconde,
y compris les temps d'arrêt, il verra qu'après chaque
intervalle de 40 secondes un wagon arrivera au jour et
qu'en 12 heures l'extraction s'élèvera à 1080 vases; si la
contenance de ceux-ci est seulement de 5 1/2 hectolitres,
ce seront 5,780 hectolitres extraits dans ce même laps
de temps, quelle que soit la profondeur du puits. Cette
quotité, déjà considérable, dérivant d'une aussi faible vitesse, peut être augmentée considérablement, ainsi qu'on
le verra plus loin; mais, dans l'état actuel des choses,
elle est suffisante, car peu de travaux intérieurs pourraient
subvenir à une extraction pareille.

Quant aux poids des échelles, l'auteur du système, admettant 67 paliers pour les wagons et 66 pour les hommes,
détermine le diamètre des tiges de suspension qu'il fait
décroître de 60 en 60 mètres; il trouve, pour une profondeur
de 400 mètres, un poids de . . . . Kilog. 25,824
Pour 34 wagons pleins, il serait de . . » 38,744

Enfin, en ajoutant le maximum du
nombre d'ouvriers que peuvent porter les
paliers spéciaux, savoir deux hommes par
palier, il s'élève à . . . . » 43,504

Les inconvénients signalés dans la machine de M. Mehu
n'existent pas dans celle de M. Guibal. De même aussi

le poids des systèmes oscillants peut être moindre parce que, pour un même nombre de wagons extraits, chaque tirant n'en porte que la moitié. Le travail est constant pendant la durée des oscillations contraires. La suspension du mouvement pendant le passage des wagons fournit une force disponible utilisée pour incliner les paliers, en sorte que la dépense en reste toujours sensiblement la même. Cette machine n'admet la possibilité d'aucun conflit entre les wagons, car, si l'un d'eux reste stationnaire sur un palier, il fait, il est vrai, obstacle au passage du vase qui doit prendre sa place, mais il reste tranquillement en repos, sans causer aucun trouble, jusqu'à ce qu'il lui soit permis de continuer sa route. Elle offre l'avantage de tirants isolés dans le puits, sur lesquels les mouvements des parois ne peuvent avoir d'influence. Enfin, la circulation des ouvriers et des contre-maîtres dans l'excavation est praticable à chaque instant, même pendant l'extraction des produits, pourvu que le nombre des personnes ne soit pas assez grand pour influer sur la marche de l'appareil.

643. *Application des norias à l'extraction de la houille.*

Il y a trente-cinq ans que des essais ont été tentés, dans une mine des environs de Charleroi, pour élever la houille à l'aide de deux chaines sans fin fonctionnant entre deux engrenages. Les chaines portaient des crochets régulièrement espacés pour recevoir les tourillons des vases ascendants et descendants. Ce procédé, semblable à celui qu'emploient les métallurgistes pour élever au gueulard les charges des hauts-fourneaux, a dû être abandonné parce qu'il provoquait les oscillations saccadées des vases, l'usure fort prompte et même la rupture des chaînes sous leur propre poids.

M. Sadin, ingénieur de la mine des Produits (Couchant de Mons), a repris ce système en 1850 avec des modifications tendant à supprimer les inconvénients signalés. Il divise la hauteur du puits en un certain nombre de parties égales ; à chacun de ces points de division il applique une roue d'engrenage dans le but de décharger la chaîne du poids de la partie située au-dessous ; puis il transmet le mouvement à chaque engrenage à l'aide d'une seule et longue bielle commandée par le moteur. Dans ces circonstances, le poids de la chaîne peut être considérablement réduit ; mais il sera difficile d'éviter les oscillations des vases sans multiplier outre mesure le nombre des engrenages. La bielle, agissant par traction et par pression, exigera, pour dépasser les points morts, l'application d'un volant à chaque étage. L'usure prompte des maillons et des boulons qui les unissent finira par détruire la solidarité des engrenages et de la chaîne, dont le poids, se portant sur quelques-uns des organes seulement, troublera l'agencement de l'attirail. Enfin les chaînes, dont la construction exige du fer de première qualité, seront un objet fort coûteux.

644. *Avantages et inconvénients dérivant de l'emploi des nouveaux appareils d'extraction.*

Dans ces appareils équilibrés, les uns par eux-mêmes, d'autres par des contre-poids ou des balances hydrauliques, la force motrice n'a d'autre effort à vaincre que celui du fardeau, des frottements et des résistances passives. Comme, en outre, ces résistances sont à peu près constantes, il s'ensuit que le travail du moteur est propor-

tionnel à la quantité de houille extraite et à la hauteur
de l'ascension, qui elle-même est sans aucune influence
sur le poids du combustible extrait.

La charge maximum qu'il est possible d'élever au
moyen des câbles, d'une profondeur de 400 mètres,
moyenne actuelle, pourrait s'élever, dans les circonstances
les plus avantageuses, à 6 ou 7 mille hectolitres pour une
journée de douze heures. Mais cette quotité se réduit à
mesure que les travaux s'avancent dans la profondeur,
sans que la puissance du moteur puisse porter remède à
cet état de choses.

Il n'en est pas de même avec les nouveaux appareils,
dont la puissance extractive, indépendante du poids de la
corde et de la vitesse à imprimer aux vases, peut satisfaire, pendant un espace de temps illimité, aux exigences sans
cesse croissantes de l'exploitation. Supposant, par exemple,
l'appareil de M. Guibal en fonction : sa course est de
6 mètres ; la vitesse, y compris les arrêts, de 0.60 mètre
par seconde ; le tirant d'ascension amenant au jour un
wagon après un laps de temps de 10 secondes, si le vase
contient 4 hectolitres, ce sera un volume de 17,280 hectolitres extraits en douze heures de travail. Cependant la
vitesse et la capacité des vases peuvent s'accroître ; un
ou deux paliers peuvent être interposés entre ceux qui
existent et l'extraction peut être considérée comme sans
limites pour l'époque actuelle.

Outre ces avantages, les nouvelles machines permettent,
comme les cages, le transport direct des houilles des ateliers d'arrachement aux magasins de la surface, considération qui, ainsi qu'on l'a vu, est d'une importance com-
merciale fort grande.

Probablement aussi ces appareils, soustrayant les exploitants aux chances de rupture des cordes, à leur usure

et à leur fréquent remplacement, seront moins coûteux que les machines actuellement en usage. Leurs résistances passives, moindres aussi, permettront d'élever des charges plus fortes avec la même puissance motrice.

Quel que doive être le chiffre de l'extraction, les wagons pourront conserver leurs faibles dimensions, vu le grand nombre de ces vases qu'il est possible d'élever au jour dans un temps donné. Cette circonstance est fort avantageuse dans l'exploitation des couches minces, où les galeries à grande section ne peuvent dériver que de l'arrachement des roches encaissantes, opération toujours fort coûteuse.

Enfin, le lecteur a vu combien est désastreuse l'influence des échelles et meurtrier l'emploi des câbles; il a également apprécié les dépenses considérables de l'application des échelles mobiles à la circulation exclusive des ouvriers dans les puits et les difficultés de les faire parvenir sur les différents niveaux d'une mine fort développée. Les nouveaux appareils, devant être appliqués à chaque siége d'exploitation, conduiront les mineurs à tous les accrochages sans avoir à pratiquer aucun percement spécial. Ils fourniront les moyens de descendre dans les puits et d'en sortir sans danger et sans dépenses accessoires en dehors de celles que réclame l'extraction des produits. Enfin, ils contribueront au bien-être des ouvriers, tout en permettant aux exploitants de réaliser de notables économies. Aussi, nul doute que, dans une époque donnée, ces machines, ou d'autres basées sur les mêmes principes, ne soient généralement substituées aux appareils actuellement en usage.

Les reproches qui leur sont adressés sont : D'apporter des difficultés à la réparation des parois des excavations. Mais les puits destinés à l'épuisement, souvent bien plus encombrés encore par les pompes et leurs accessoires, sont

cependant tenus en bon état sans qu'il en résulte aucun
inconvénient. Ces appareils ne se prêtent pas à l'introduction
dans la mine des chevaux , des bois de grande longueur et
des matériaux volumineux. Cependant , si la section des
puits est assez grande , il est toujours possible , ainsi que le
propose M. Guibal , de réserver un compartiment où ces
manœuvres puissent s'effectuer à l'aide d'un treuil. Si la
section est trop étroite, pourquoi n'aurait-on pas recours à un
autre puits? Il est si peu de concessions qui n'en possèdent
un certain nombre. Enfin, ces appareils, dit-on , ne sont
pas toujours compatibles avec les niveaux à attribuer aux
diverses chambres d'accrochage. En effet , lorsque l'appareil
est construit , le sol de ces excavations doit correspondre
avec l'extrémité de la course des tirants. Mais, d'abord ,
il n'est pas nécessaire que celle-ci soit aussi considérable
que dans la machine d'extraction de M. Mehu. En outre ,
la position d'une chambre d'accrochage n'est pas si invariablement déterminée par le gisement qu'elle ne puisse
être percée quelques mètres au-dessus ou au-dessous du
point désigné , puisqu'une petite galerie à travers bancs
peut toujours conduire le mineur dans le sein des couches
qu'il doit exploiter.

Xᵉ. SECTION.

**CRIBLAGE DE LA HOUILLE ; TRANSPORT EXTÉRIEUR ;
CHARGEMENT DES BATEAUX.**

645. *Triage de la houille.*

Il est rare que les produits d'une mine de houille soient
livrés au commerce dans l'état où ils sortent du puits.
La plupart du temps, les plus gros blocs sont séparés et
emmagasinés dans un lieu spécial et deux qualités de houille
sont formées ; souvent les divers morceaux sont assortis par
ordre de grosseur ; enfin, dans les districts du nord de
l'Angleterre, le charbon menu est retiré des produits de
l'exploitation afin de donner une plus grande valeur à la
marchandise. Lorsque les mineurs belges ne forment, relativement à la grosseur des blocs, que deux qualités de
houille, le triage des plus gros quartiers s'exécute à la
main ; le reste est composé de menus charbons et de
morceaux dont le poids n'excède pas 6 à 8 kilogrammes
dans certaines localités et atteint 15 kilogrammes dans
d'autres. Cette règle varie d'ailleurs suivant les nécessités
de la vente.

La qualité généralement friable de la houille des mines
de Charleroi et le manque de voies de fer à la surface
du sol n'ont permis jusqu'à présent, aux abords des puits,
que le triage des plus gros morceaux. La séparation des
gailletteries, ou blocs moyens, s'effectue sur les places
d'embarquement au moyen de rateaux dont les dents

sont plus ou moins écartées, suivant les exigences de la vente.

Dans les mines du Centre du Hainaut, l'emploi de cribles dispense quelquefois l'exploitant d'avoir recours au triage à la main. Ces cribles sont établis entre le puits et la porte principale de sortie, au-dessus d'un chemin de fer construit pour l'expédition des produits de la mine aux magasins du canal. Les wagons appelés à circuler sur cette voie, se placent au-dessous de la grille et reçoivent directement les charbons qui passent à travers les barreaux. Les gros blocs, retirés à la main et transportés hors du bâtiment, sont l'objet de chargements particuliers.

Une disposition toute spéciale, employée pour les cribles de l'un des puits de la mine du Bois-du-Luc, permet de retirer les gros morceaux dans la chambre d'accrochage elle-même, circonstance concordante avec la nature des vases appliqués au transport de la houille du fond du puits au canal, et au déversement de leur contenu dans les bateaux. Ces vases (fig. 5 et 6, pl. LXII) sont déposés dans le *pas de cuffat*, ou encaissement pratiqué en avant de l'accrochage. Deux grilles, tournant sur des charnières à la manière des trappes, prennent une position verticale si la manœuvre des caisses l'exige, ou horizontale lorsqu'il s'agit d'effectuer le criblage des charbons. L'ouvrier accrocheur lève et baisse les grilles au moyen de cordeaux passant sur des poulies, retire les gros blocs restés au-dessus des barreaux; puis il en remplit une caisse spéciale chaque fois qu'il en a accumulé une quantité suffisante.

L'usage du Couchant de Mons de diviser la houille en trois qualités réclame des modifications dans la manière d'opérer. Le gros, désigné sous le nom de *gaillettes*, se trie à la main ou à l'aide d'une première grille, tandis que d'autres appareils, dont les barreaux sont plus rapprochés, ne laissent passer que le *menu* et retiennent à leur surface supérieure les fragments moyens ou *gailletins*.

Les figures 1, 2 et 3 de la planche LXI suffisent pour donner une idée de la manière dont les cribles sont disposés dans cette localité. La première est une projection horizontale du bâtiment construit au-devant de l'un des puits de la mine dite le *Couchant du Flénu;* les deux dernières sont des coupes transversales et longitudinales de l'appareil. Une simple légende fera comprendre le but de ces dispositions.

G, crible dont les barreaux de 25 millimètres d'épaisseur laissent entre eux des intervalles de 0.05 mètre et retiennent les gaillettes. *H*, *H*, deux autres cribles qui, placés au-dessous du premier, ne livrent passage qu'au *poussier* dirigé directement dans le wagon *V*. Les gaillettes réunies en *C*, *C'*, passent par les ouvertures *J*, *J*, pour être transmises à la main dans les voitures de transport extérieur. Le gailletin est projeté à l'escoupe à travers les ouvertures *K*, *K*.

Il est rare que les puits d'extraction des districts houillers du nord de l'Angleterre ne soient pas accompagnés d'un système de cribles d'une étendue assez considérable. La marge du puits (fig. 10, pl. LXI) est portée à une hauteur de 5 à 6 mètres au-dessus du sol, hauteur nécessitée par l'espace que réclame le libre passage des wagons et par l'installation des cribles dans une position inclinée. A ce niveau, règne sur toute l'étendue du bâtiment, un plancher recouvert de plaques en fonte dans lequel sont ménagées des ouvertures rectangulaires correspondant à la partie supérieure des cribles. Ceux-ci sont composés d'un certain nombre de grilles en fonte de 1.80 mètre de longueur sur environ 0.30 mètre de largeur accolées les unes aux autres et dont les extrémités soutenues par des barres de fer constituent un appareil assez large et d'une lon-

gueur de 5 à 6 mètres. La partie supérieure en est recouverte de vieux câbles plats destinés à prévenir le casse
de la houille et les parois sont formées de feuilles de tôle.

Lorsqu'un vase plein arrive à la margelle, un enfant
le conduit à l'ouvrier (*screeneman*) chargé du criblage ;
celui-ci s'en empare et le pousse vers l'une des ouvertures
dans laquelle il verse son contenu. Vers le bas se
trouvent des jeunes gens occupés à trier les produits des
intercalations schisteuses et pyriteuses; ils doivent aussi
provoquer la chute de la houille dans les wagons.

646. *Procédé de M. Thomas Young-Hall pour le criblage des houilles.*

Dans le crible pour lequel M. Thomas Young a obtenu
un brevet d'invention, les barreaux sont attachés sur des
tringles mobiles, disposées entre elles de manière à offrir
la forme de la lettre *V* ou *W* plus ou moins ouverte.

La figure 8 de la planche LXI, projection du crible
suivant un plan horizontal, indique simultanément les deux
positions extrêmes des barreaux. La figure 6 est une
section longitudinale de l'appareil et les figures 7 et 9 sont
deux coupes exprimant ce même objet lorsque les barreaux
comprennent des espaces vides de 0.01 mètre et qu'ils
sont à leur maximum d'écartement. Les mêmes lettres se
rapportent aux mêmes organes.

a, a, cadre de support en bois.

b, b, entretoises d'écartement boulonnées sur les pièces
longitudinales de ce cadre.

c, c, barreau principal portant sur les entretoises et fixé
invariablement au milieu du cadre par des boulons.

d, d, traverses attachées par leurs extrémités au barreau cc, et aux pièces ee dont la section a la forme d'une équerre.

g, g, g, barreaux du crible liés aux tringles d, d. Les points d'attache consistant en pivots, tous ces organes sont mobiles les uns sur les autres.

f, f, pièces de tôle disposées verticalement; elles préviennent le déversement latéral de la houille et la forcent de glisser sur toute l'étendue du crible.

Les traverses d, d sont libres de se mouvoir en tout sens, excepté aux points v, v, v, autour desquels elles ne peuvent que tourner; elles forment entre elles des angles variables suivant le cheminement auquel sont assujettis les écrous k, k fixés au-dessous des fers en équerre e, e. Ce mouvement résulte d'une manivelle l, appliquée à une tige cylindrique hh, dont les deux extrémités, filetées en sens contraire, traversent les écrous mobiles k, k. D'après cette disposition, il est évident que, suivant le sens donné à la rotation de la manivelle, les barreaux du crible seront écartés ou rapprochés, sans que leur parallélisme soit troublé. Cette manœuvre très-rapide économise le temps perdu par l'arrangement, d'ailleurs peu uniforme, des barres qui composent les grilles ordinaires. L'exploitant peut aussi déterminer le classement des houilles avec exactitude et conformément aux demandes du commerce.

Au-dessous du crible se trouve une claie mm, formée de tringles en fer très-rapprochées; elle livre passage aux poussiers (*dust* ou *duff*) seulement, et retient tous les morceaux de moyenne grosseur. Les plus gros blocs de houille qui n'ont pas traversé le crible parviennent sur un plancher en tôle H (fig. 6 et 10), d'où ils sont transportés à bras dans les wagons V. Les fragments moyens et les poussières s'écoulent respectivement par les conduits J et K dans les wagons qui leur sont affectés.

647. *Transport extérieur.*

Le lecteur a déjà vu de quelle manière peuvent être utilisés quelques vases du transport intérieur pour conduire la houille dans les magasins de la surface, lorsque ceux-ci ne sont pas situés à une trop grande distance de l'orifice des puits. Mais lorsque les besoins de la consommation exigent que les dépôts soient établis sur les rives d'un canal, d'une rivière navigable ou à proximité d'une grande route, le parcours étant la plupart du temps trop considérable pour que ce mode de transport, par petites quantités, ne soit pas inefficace ou fort coûteux, on a recours à l'emploi de vases d'une grande capacité, à des voies de fer larges, solides et établies sur une grande échelle et à des moteurs énergiques et puissants.

L'exécution des routes en fer de la surface, quoique entreprise fréquemment par les exploitants eux-mêmes, ne ressort cependant pas des travaux du mineur; mais doit être attribuée aux ingénieurs des ponts et chaussées. Comme ce qui a été dit sur les voies perfectionnées de l'intérieur peut donner une idée suffisante de ce travail, objet d'ailleurs de nombreux traités spéciaux, il convient de s'abstenir ici de tout détail à ce sujet. Il en sera de même des moteurs, c'est-à-dire, des chevaux de trait, et des locomotives, dont la construction concerne spécialement les ingénieurs mécaniciens. Il ne reste donc à traiter que des vases de transport et des appareils employés pour le chargement des bateaux parce que le mineur, souvent appelé à les exécuter, est toujours appelé à s'en servir et à les réparer. Le lecteur trouvera dans les paragraphes suivants la description de quatre espèces de voitures, qui, étant, par leur construction et la manière de s'en servir, fort dissemblables entre elles, peuvent être considérées comme les types des nombreuses variétés qui existent à ce sujet.

648. *Wagons liégeois, et dispositions employées pour les vider.*

La figure 5 de la planche LXIII représente une des voitures de cette espèce employées à la mine de Wandre pour transporter sur les rives de la Meuse le charbon déposé auprès de l'orifice des puits. Les roues en fonte et les essieux en fer forgé supportent une caisse en bois, avec laquelle ils sont invariablement liés. Cette caisse est formée de trois cadres horizontaux et d'un certain nombre de pièces verticales, réunies par des boulons. Des planches sont clouées à l'intérieur, soit sur les parois latérales, soit sur le cadre inférieur et sur les pièces transversales qui y sont assemblées. A l'extrémité antérieure est une porte suspendue par de fortes pentures à charnières; des chevilles en fer, attachées à l'extrémité d'une chaînette, l'empêchent de s'ouvrir avant le moment convenable. A l'une des extrémités se trouve une chaîne et un crochet, et, à l'autre, un anneau pour lier les wagons les uns aux autres et en former un convoi. La contenance des caisses arasées, c'est-à-dire remplies jusqu'au niveau des bords supérieurs, est de 12 hectolitres; il est possible d'en introduire 14 et même 15, en la comblant au moyen d'une bordure de blocs de houille.

Le transbordement dans les bateaux du contenu de ces wagons, exige la disposition indiquée dans les figures 5, 6 et 6bis de la planche LXIII. Au dehors du quai et au-dessus d'un point où la hauteur des eaux permet aux bateaux de venir prendre leur chargement, sont établis deux sommiers horizontaux, m, m', encastrés dans la

muraille, réunis par une traverse et soutenus par des
poteaux k et des contre-fiches n,n'. Entre ces deux sommiers,
un cadre O, recouvert de planches, forme un tablier mobile autour de deux tourillons $p\,p'$. Sur ce tablier sont
fixés les rails q, q', prolongement du chemin de fer établi
à la surface; les extrémités en sont recourbées suivant un
arc de cercle pouvant embrasser les roues des voitures.
La partie postérieure de la plate-forme porte une chaine r, et
un crochet; deux leviers s, s', disposés latéralement, servent
à lui imprimer le mouvement de bascule. En avant, un
déversoir en planches Q conduit la houille dans le bateau.
Les ouvriers, dès que le wagon arrive sur le tablier,
introduisent le crochet dans l'anneau qu'il porte à sa partie
postérieure et saisissent les leviers qu'ils soulèvent; le centre
de gravité se transporte au-delà des tourillons et le système ferait entièrement la culbute, sans une chaine t qui,
accompagnée d'un contre-poids R, en limite l'excursion.

649. *Wagons cylindriques de M. Colson.*

Cet ingénieur mécanicien a fait essayer tout récemment
des wagons de transport extérieur d'une simplicité telle
que leur construction ne réclame le secours d'aucune figure
pour être facilement comprise.

Le lecteur aura une idée exacte de cet appareil, s'il
imagine deux roues d'un grand diamètre, installées en
face l'une de l'autre sur les deux rails d'un chemin de fer,
et s'il les réunit par un cylindre en tôle forte. Il ne lui
restera plus qu'à supposer la caisse pourvue d'une ouverture rectangulaire destinée à l'introduction des matières à
transporter et d'une porte qui, serrée sur ces matières,
à l'aide de vis de pression, en prévient le ballottage, et

les chocs. Un certain nombre de wagons sont réunis par des pièces de bois ou de fer, à l'aide de boutons qui, placés sur les axes de rotation, font saillie au-dehors des cylindres. Le diamètre des roues doit nécessairement excéder celui de la caisse, afin que celle-ci ne soit jamais en contact avec le sol de la voie ou avec les objets qui peuvent l'encombrer accidentellement.

Ces vases, dans lesquels est supprimée la résistance si énergique du frottement des roues sur les axes, tournent facilement sur les courbes à petits rayons des voies perfectionnées. Ils se sont fort bien conduits dans les essais effectués sur le chemin de fer de Mons à Manage (Hainaut); la houille dont ils étaient chargés, mélange de gros et de menu, n'a subi aucune détérioration; mais on ignore comment se serait comporté un chargement exclusivement composé de gros blocs. Il semble que ce procédé, si avantageux sous le rapport de l'effet utile et de la grande masse des produits qu'il est possible de faire circuler par un seul convoi, doive produire une véritable révolution dans le transport des matières encombrantes et pondéreuses, surtout si leur réduction en fragments n'en peut diminuer la valeur.

650. *Emploi des wagons à caisses indépendantes pour l'entassement des houilles et leur chargement dans les bateaux.*

Ces voitures, qui facilitent singulièrement la mise en tas de la houille et son chargement sur les bateaux, sont en usage pour transporter à l'extérieur les produits des mines de Mariemont, du Bois-du-Luc et de Sart-Long-champs. Elles consistent (fig. 5, 6 et 7, pl. LXII) en

un train dont les essieux, invariablement liés avec les
moyeux des roues (fig. 9), tournent dans des crapaudines,
et deux ou trois caisses indépendantes, en bois, dont le
fond et les arêtes verticales sont armés de ferrures. Ces
caisses V, V, placées sur les trains et retenues par des
clavettes en fer, ne peuvent céder aux mouvements latéraux. Elles sont munies, sur deux de leurs côtés opposés,
d'une bande de fer verticale portant deux tourillons t, t';
ceux-ci sont fixés, soit aux extrémités d'une ligne horizontale située directement au-dessus du centre de gravité,
soit sur une ligne prise au-dessous de ce même centre,
mais écartée du milieu de la caisse de 0.02 à 0.03 mètre
(fig. 5). Dans ce dernier cas, la bande de fer porte en
outre, à sa partie supérieure, un bouton de même métal
u, u, dont l'usage sera expliqué plus loin.

La contenance de ces caisses étant de 10 et quelquefois
12 hectolitres, une seule voiture peut transporter simultanément 20, 24, 30 ou 36 hectolitres.

Dans les localités où, en attendant l'époque de la vente
des produits, ceux-ci doivent être accumulés en quantités
considérables sur les rives des canaux, l'exploitant cherche
à donner aux tas qu'il en forme une assez grande hauteur, en concentrant, autant que possible, le charbon
sur le bord des quais, parce qu'alors il se trouve mieux à
portée des points d'embarquement qu'il ne le serait s'il
occupait une surface d'une trop grande largeur.

Les caisses ci-dessus décrites se prêtent fort bien à l'emmagasinage des houilles en grande masse; mais cette
opération exige l'emploi de grues semblables à celles dont
on se sert à Denain. Celles-ci (fig. 1 et 2, pl. LXII),
roulant sur un chemin de fer $G G$, établi parallèlement au
canal, élèvent la charge à une hauteur de 7 à 8 mètres.
La plate-forme $A A$ qui lui sert de base, et dont la figure

indique suffisamment la construction, repose sur quatre roues à bourrelet d, d, représentées en face et de profil dans la figure 4. L'arbre B, assujetti par des arcs-boutants C, C', porte deux bras D, D' liés par des entretoises $E E'$ et protégés, contre leur tendance à s'écarter l'un de l'autre, par des tiges f, f' horizontales et inclinées, en fer rond. Des boîtes à vis et des écrous de rappel g, g sont ajustés sur les cinq principales tiges, afin de les raccourcir, si accidentellement elles viennent à se relâcher, et de les rappeler dans leur état normal de tension. Sur chaque face latérale de l'extrémité supérieure des bras sont fixées des poulies de renvoi H, H', mobiles sur un axe unique ; deux autres poulies de conduite h sont attachées au sommet de la pièce qui forme le prolongement de l'arbre. Les treuils (fig. 3), composés de deux pignons, deux grandes roues, un tambour et un frein, impriment au fardeau une vitesse plus ou moins grande suivant que l'on adapte la manivelle en a ou en b. Au moyen d'une grue ainsi construite, on peut, en faisant descendre le vase vide suspendu à l'un des bras pendant que l'autre sert à enlever le vase plein, augmenter la somme du travail aux époques où une grande abondance de charbon, provenant des puits d'extraction, nécessite cette double manœuvre. Dans les cas ordinaires, il suffit de mettre en jeu l'un des deux treuils seulement.

L'extrémité de la corde de la grue est armée de quatre tiges en fer (fig. 8), accouplées deux à deux et réunies par un anneau ; les deux crochets des tiges inférieures servent à saisir les tourillons des caisses. Lorsque ceux-ci sont fixés au milieu des parois et sur une ligne prise au-dessus du centre de gravité, le vase, en état de stabilité, n'a aucune tendance à changer de place. Mais lorsqu'il est suspendu par les points extrêmes d'une droite horizontale, passant au-dessous et à côté de ce même centre, il culbuterait spontanément, si les boutons *u* (fig. 6), fixés à sa partie supérieure, ne venaient, en s'appuyant contre les tiges, l'empêcher de se porter du côté où l'entraîne sa partie la plus pesante. Le premier mode de suspension des caisses est plus stable que le second ; mais il exige, de la part des manœuvres, un effort plus grand pour les faire basculer. Cependant la caisse mise en mouvement par le treuil s'élève et arrive bientôt à un niveau convenable ; les bras de la grue décrivant un arc de cercle, l'amènent au-dessus du point de déversement ; alors un ouvrier, imprimant au vase un mouvement autour de son axe de suspension, en provoque la culbute et le charbon qu'il contient tombe sur le tas.

Les wagons à caisses indépendantes se prêtent également bien au chargement des bateaux. La disposition employée pour cet objet, à l'embarcadère de la mine du Bois-du-Luc, est d'une grande simplicité. Elle consiste (fig. 7 et 7 bis, pl. LXIII) en une charpente construite sur le quai pour supporter, à une hauteur de 3.50 mètres au-dessus du sol, un chemin de fer qui s'avance de quelques mètres au-delà du mur de soutenement. Sur cette voie circule un treuil à double engrenage (fig. 8, 8 bis et 8 ter), dont la corde est munie d'une couple de tiges semblables à celles dont il vient d'être parlé. Le transbordement de la houille est alors une opération fort simple : le wagon étant placé sous le hangard, un ouvrier ajuste les crochets des tiges aux tourillons de l'une des caisses ; cette dernière, soulevée par le treuil, s'élève à une hauteur suffisante, puis est transportée au-dessus du bateau, où d'autres ouvriers la saisissent et lui font faire la culbute. Les excursions du treuil sont d'ailleurs limitées par la courbure de l'extrémité des rails du chemin de fer suspendu.

M. Javal (1) vient de publier la description d'un *chargeur mécanique* dont il propose la construction pour le chargement des bateaux. Cet appareil, reproduction de celui du Bois-du-Luc, en diffère, toutefois, en ce que les bois de la charpente ont été remplacés par la fonte de fer et l'action des hommes par celle de la vapeur.

651. *Wagons de Newcastle.*

Les wagons des districts du nord de l'Angleterre ont des formes peu variées. Les figures 10 et 11 de la planche LXII représentent en élévation les plus usités de ces vases de transport ; la figure 12 est une vue du train prise par dessous. Les roues en fonte sont fixées sur la fusée des essieux à l'aide de coins en bois et en fer chassés à refus, et les essieux eux-mêmes tournent dans des crapaudines (fig. 16). Les caisses destinées à contenir la houille sont formées d'un cadre horizontal, sur les longs côtés duquel quatre montants sont assemblés à mortaises, tandis que les petits côtés en reçoivent chacun d'eux ; tous ces montants sont liés à leurs extrémités par des traverses. Ce squelette est garni à son intérieur de planches de deux à trois centimètres d'épaisseur, doublées de tôle mince ; et l'ensemble est enduit d'une peinture à l'huile. Quelquefois la caisse, entièrement composée de plaques de tôle forte, est plus légère, mais aussi moins solide et d'une moindre durée. Quoi qu'il en soit, ces wagons sont toujours pourvus de planches de rehaussement i,i, qui augmentent leur hauteur de 0.20 à 0.25 mètre. Au fond de la caisse est une trappe horizontale k, s'ouvrant de dedans en dehors et soutenue par deux barres de fer l,l. L'une des extrémités m de ces

(1) *Annales des travaux publics de Belgique*, tome XI, page 280.

dernières, repliée sur elle-même, passe sur deux agrafes et fait fonction de charnière, tandis que l'autre *n,n*, munie de deux anneaux, est maintenue par une broche et une chaîne. Lorsque les broches sont retirées et que les barres deviennent libres, la trappe cède sous le poids du charbon et toute la charge tombe au-dessous du wagon. A chaque extrémité du train sont fixés les crochets d'attelage *o,o*. Les plaques en fer *q,q*, percées d'un trou rond, servent à lier deux wagons à l'aide d'une double fourchette (fig. 14) et d'une broche (fig. 13), qui traverse simultanément la plaque et les deux branches de la fourchette. Ce mode d'attache est bien préférable aux chaînes ordinairement en usage, car la roideur de l'ajustement empêche les wagons de s'entrechoquer ; et le conducteur du convoi, auquel ces organes servent de siége, s'y trouve à l'abri des contusions si fréquentes dans l'emploi des chaînes. Le frein (fig. 13) a pour mâchoires des blocs de bois fixés sur un levier en fer.

La contenance de ces wagons est ordinairement d'un chaldron de Newcastle, ou 2,790 kilogammes. Ils pèsent 1,420 kilog. avec des caisses en bois.

652. *Machines en usage pour l'embarquement de la houille dans les districts du nord de l'Angleterre.*

Les collines voisines de la Tyne, sur les flancs desquelles se trouvent les orifices des puits, sont sillonnées de chemins de fer aboutissant à des machines élevées de 10 à 20 mètres au-dessus des plus hautes eaux. Ces appareils, à l'aide desquels la houille peut être déposée sur le pont même des navires, sont les *spouts* ou *trunk staiths* (embarcadères à coffre) et les *drops*, beaucoup plus commodes et plus avantageux sous tous les rapports. Des moyens semblables sont employés près de Sunderland pour franchir les escarpements de calcaires magnésiens, gisant le long de la Wear, où ils ne laissent qu'un espace fort restreint entre la rivière et les parois presque perpendiculaires du rocher.

Les spouts consistent simplement en un plancher soutenu à une certaine hauteur au-dessus du niveau de la grève ; de ce plancher, la houille est transmise aux vaisseaux en coulant dans un coffre ou déversoir en bois.

Les figures 1 et 2 de la planche LXIII se rapportent à un spout établi dans les environs de Newcastle, pour le service de la mine d'Elswick (1). *a a*, pièces principales de la charpente maintenues par des arcs boutans ; *c*, plancher portant un chemin de fer situé à un niveau de 9 à 10 mètres au-dessus des hautes eaux ; *d*, déversoir fixe (*trunck*) formant un plan incliné sur lequel la houille glisse et se rend dans le navire ; les surfaces intérieures en sont garnies de tôles et de vieux câbles plats ; *e*, *e'*, ouvertures rectangulaires au-dessus desquelles viennent se placer les wagons. Une trappe en fonte, mobile autour d'un axe horizontal, retient la houille et la force de s'accumuler dans le coffre ; de temps en temps elle est soulevée en agissant sur le treuil *g* et le charbon s'écoule dans le navire; c'est le moyen d'éviter la casse qui ne manquerait pas de se faire sentir, si le parcours du combustible devait s'effectuer d'un seul trait sur toute l'étendue du coffre. *h*, déversoir mobile dont l'inclinaison est modifiée par le raccourcissement ou l'alongement d'une chaine; celle-ci passe sur la poulie *i*, et s'enroule sur le treuil *k*; *l* est un plancher sur lequel montent les ouvriers chargés de la manœuvre.

(1) *Annales des Mines*, 4ᵉ. série, tome 1ᵉʳ., page 305.

Les spouts offrent une grande variété dans leurs dispositions. Quelques-uns sont composés de 3 ou 4 coffres superposés, et qui, par conséquent, débouchant à des hauteurs différentes, offrent la facilité d'embarquer le charbon quel que soit le niveau des eaux.

Les drops inventés par M. William Champman, de Newcastle, ont été en 1807, l'objet d'un brevet d'invention peu fructueux pour son possesseur, les exploitants anglais ayant attendu qu'il fût tombé dans le domaine public, pour s'emparer de cet ingénieux appareil et en élever une multitude sur les bords de la Tyne.

Les figures 9, 10 et 11 de la planche LXIII sont les projections horizontales et verticales de l'un des drops employés à South Shields par la Compagnie du chemin de fer Stanhope à la Tyne (1). *A,A*, mur du quai construit au bord de la rivière. *BB*, maçonnerie en forme de pyramide tronquée s'élevant jusqu'à la plate-forme où sont installés les chemins de fer. *a, a'*, extrémités de la double voie qui relie entre eux les huit drops construits parallèlement et se rattache à la voie générale venant des mines de houille. *b, b* plate-formes tournantes destinées à changer la direction des wagons suivant un angle droit. *D, D*, montants verticaux encastrés dans la maçonnerie du quai, liés entre eux par des boulons et consolidés, en outre, par des pièces horizontales; ils constituent la cage de l'appareil et forment un hangard dans lequel sont montés les divers organes du mou-

---

(1) Le lecteur peut consulter à ce sujet le mémoire publié par M. Thomas E. Harrison dans les *Transaction of the Institution of civil engineers*, vol. II, page 69. La 4ᵉ. série des *Annales des Mines* contient la traduction des paragraphes les plus remarquables de ce mémoire (tome 1ᵉʳ., page 308).

vement ; ils servent en outre à l'installation du plancher c, c et de la toiture d.

Le cadre vibrant (*vibrating frame*), principal organe de l'appareil, est appelé à faire descendre les wagons de la plate-forme sur les navires. Il se compose de deux poutres C, C', liées par des traverses horizontales g, g et des croix de St.-André h, h ; de deux jambes de force i, i, servant à la consolidation latérale du cadre. F, F, arbre en fer forgé, à section carrée, autour duquel a lieu le mouvement de rotation ; les pièces du cadre vibrant s'y rattachent par le moyen indiqué dans la figure 16. Cet arbre tourne dans des crapaudines et des coussinets en bronze (fig. 15). E, axe de suspension ajusté au sommet du cadre (fig. 12). F, plateau sur lequel se place le wagon à décharger ; c'est un cadre en bois dont les deux pièces longitudinales, disposées sur le prolongement du chemin de fer, sont recouvertes de tôle ; des tiges de fer, liées deux à deux à un fer à cheval (fig. 13), servent à l'accrocher à l'axe de suspension. De cet ajustement dérive un mouvement oscillatoire d'avant en arrière et réciproquement. Pour que le plateau, sur lequel passe un wagon, ne s'écarte pas du plancher fixe, ces deux objets sont réunis par une pièce m percée d'un trou accompagnée d'un anneau et d'une clavette m' ; on emploie aussi les pédales exprimées dans la figure 17. Une solive horizontale n, contre laquelle viennent buter les roues, s'oppose au cheminement du wagon d'arrière en avant. Son retour en arrière est prévenu au moyen de cales mobiles autour d'un axe vertical qui, d'abord mises de côté pour laisser passer le wagon, reçoivent ensuite une impulsion du pied de l'un des ouvriers et viennent s'appliquer contre les roues postérieures.

H, H, câbles plats attachés à l'axe de suspension des plateaux ; ils passent sur les poulies de renvoi l, l (repré-

sentées sur une plus grande échelle dans la figure 14)
et s'enroulent sur d'autres poulies k, k à gorges cylindriques
assez profondes pour contenir tous les tours nécessaires.
L'axe sur lequel sont montées ces deux poulies en porte
une troisième o, disposée pour l'enroulement de la corde
du contrepoids P, chaine en fonte de 2,500 à 3,000
kilogrammes. Les maillons de cette chaine s'accumulent
au fond d'un puits au moment où le cadre vibrant se
relève ; ils se suspendent à la corde lorsqu'il se rapproche
de la position horizontale. Une grande roue $q q$, fixée sur
l'arbre des poulies d'enroulement, reçoit à sa circonférence un frein circulaire semblable à plusieurs appareils
de cette espèce décrits ci-dessus.

La manœuvre d'un drops est fort simple : lorsqu'un
wagon plein de houille a passé de la plate-forme sur le
plateau, un ouvrier cale les roues de derrière, enlève
la clavette m' et se place à côté du wagon, les pieds
appuyés sur un bout de planche. Un autre ouvrier desserre le frein, et comme l'équilibre de l'appareil a été
établi de telle sorte que le moment tendant à entraîner
le wagon plein dans son mouvement de descente soit plus
grand que celui de la résistance exercée par le contre-
poids, les câbles attachés au cadre se déroulent ; celui-ci
descend et fait décrire un arc de cercle au plateau qui
vient se déposer sur le pont du navire amarré à une
distance de la grève égale à la longueur du bras de levier,
point où l'on a la certitude de trouver 4 à 5 mètres
d'eau, même à la marée basse. L'ouvrier ouvre la trappe ;
puis, armé d'une pelle, il provoque la chute du charbon.
Pendant ce temps les maillons du contrepoids se sont
successivement relevés et son poids s'est accru de la même
manière que l'effort exercé par le wagon.

Ces drops sont considérés comme les plus remarquables

entre tous ceux qui ont été construits sur les rives de la Tyne. On peut, avec leur secours, embarquer un chaldron de houille (2,700 kilog.) en une minute; mais il suffit, pour les besoins ordinaires, que cette opération se fasse en un temps double.

La machine représentée dans la figure 3 est la combinaison d'un drop et d'un spout servant à embarquer le charbon sur les bateaux, qui peuvent se rapprocher suffisamment du rivage. Il est établi sur deux poutres de 18 mètres de hauteur et de 0.30 mètre d'équarrissage à la base, et qui se rapprochent légèrement à leur sommet. Les pièces transversales du cadre *l* doivent être disposées de telle manière qu'elles ne puissent interrompre le service du spout *k*. Enfin, le contrepoids *g*, composé de disques cylindriques en fonte, est attaché simultanément au câble *h* et à l'extrémité d'une longue poutrelle *i*, mobile autour d'un axe. Ce dernier ajustement est représenté en détail par la figure 4.

CHAPITRE VI.

ASSÈCHEMENT DES MINES.

———

653. *Procédés employés pour démerger les mines et les préserver des eaux affluentes.*

Les eaux, rencontrées dans les travaux en quantités variables, mais à toutes les profondeurs, sont un des obstacles les plus énergiques offerts par la nature aux efforts des mineurs. Tantôt elles gisent sous forme de vastes nappes ou *niveaux* dans les formations secondaires et tertiaires qui recouvrent accidentellement le terrain houiller; tantôt celui-ci les recèle à l'état de sources plus ou moins abondantes, qui finissent toujours par submerger les excavations abandonnées, quelle que soit leur étendue. Il importe donc à l'exploitant de se procurer des moyens d'assèchement proportionnés à la masse d'eau qui tend à pénétrer dans la mine, en se ménageant la facilité d'augmenter leur énergie à mesure que les excavations, en se développant, reçoivent dans leur sein un plus grand

nombre de sources ou de venues d'eau. De même il ne
doit pas négliger de se préserver des eaux contenues dans
les cavités souterraines lorsque, par malheur, les travaux
viennent en contact avec ces dernières.

Les procédés d'assèchement connus jusqu'à présent sont :

1°. La répulsion des eaux ou les procédés propres à les
contenir et à les empêcher de pénétrer dans les travaux.

2°. Leur écoulement naturel sur les galeries de démergement.

5°. Enfin, leur épuisement au moyen de tonnes ou
de pompes.

PREMIÈRE SECTION.

RÉPULSION OU ENDIGUEMENT DES EAUX.

654. *Serrements et plates-cuves.*

Les eaux sont refoulées au-dehors des excavations à l'aide d'ouvrages d'art variables quant à leur forme et à la nature des matériaux employés. Ces ouvrages sont :

Les cuvelages, déjà décrits à l'occasion du creusement des puits, auxquels ces constructions se rattachent, puisque, sans eux, le fonçage des premiers serait la plupart du temps impraticable.

Les serrements (1), digues en bois ou en maçonnerie construites dans les galeries, afin de refouler les eaux rencontrées en trop grande abondance dans un quartier de la mine, qui est alors sacrifié pour exploiter plus facilement les autres.

Enfin, *les serrements horizontaux* ou *plates-cuves*, barrages établis dans les excavations, afin d'empêcher les eaux des strates supérieures de tomber au fond des puits ou de s'opposer à l'ascension des sources inférieures au-dessus d'un niveau déterminé. De même qu'un cuvelage peut être comparé à une cuve sans fond, de même aussi une plate-cuve peut être regardée comme la partie plane ou comme le fond d'un tonneau.

(1) L'expression de serrement semble venir du mot wallon *serrer*, c'est-à-dire *fermer*, *obstruer*.

Comme actuellement il existe peu d'exploitations qui ne soient pourvues d'une machine d'exhaure suffisante à l'assèchement des travaux, ces constructions sont moins usitées qu'elles ne l'étaient autrefois; cependant elles rendent encore de grands services par la diminution du volume des eaux à extraire mécaniquement; il importe donc d'en bien connaître les procédés d'exécution, d'où dépendent souvent la conservation des travaux et quelquefois la vie des ouvriers.

Les serrements et les plates-cuves sont particulièrement applicables aux localités renfermant des parties de couches anciennement exploitées et dont les cavités sont submergées; car si la rencontre fortuite de ces excavations par des galeries ou des coups de sonde détermine l'inondation des travaux, il ne reste que le choix de la surcharge à imposer à la machine d'exhaure ou le recours à des moyens extraordinaires d'épuisement (1).

Ces constructions ne peuvent être établies au hasard dans tous les points d'une galerie ou d'un puits; il faut, au contraire, choisir ceux dont les parois présentent un rocher solide, compact, sain et sans fissures, tel, en un mot, qu'il puisse résister à la charge qui lui incombe. Le mineur les explore donc avec le plus grand soin; il juge, par là

---

(1) Dans les mines du Couchant de Mons, l'emploi des plates-cuves portantes devient indispensable lorsque le cuvelage d'un ancien puits en non activité de service est assez dégradé pour livrer passage aux eaux du mort terrain, circonstance qui, dans les concessions par couches de cette localité, a souvent pour résultat l'inondation d'une ou de plusieurs mines voisines. C'est pour de semblables motifs que l'administration a contraint, dans le cours de l'année 1843, la Société de la Cossette à fermer l'un de ses puits au moyen d'une plate-cuve, afin de préserver les mines établies dans les couches inférieures des inondations auxquelles elles étaient continuellement exposées.

sonorité des schistes sous le coup de marteau, du degré de compacité qu'ils possèdent; il examine attentivement si les coups de mine appliqués au creusement de l'excavation n'ont pas donné naissance à des fentes qui, imperceptibles d'abord, finissent par s'agrandir et compromettent l'avenir d'un barrage. Enfin il ne néglige rien pour constater l'état de la roche, car si une plate-cuve ou un serrement sont détruits, ce n'est pas toujours par suite de la rupture des pièces qui les composent, mais bien plus souvent parce que le terrain contre lequel ils s'appuient, n'offrant pas assez de résistance, se trouve entraîné avec eux par le poids, ordinairement considérable, de la colonne d'eau qu'ils supportent.

L'efficacité des serrements construits dans le gîte lui-même est fort douteuse. Dans les roches encaissantes ils réussissent plus souvent; mais les deux parois, ou le sol et le faîte, doivent jouir d'une assez grande solidité.

655. *Des diverses espèces de serrements.*

Tout serrement en bois est installé dans des entailles rectangulaires pratiquées sur les quatre faces de la galerie qu'il s'agit d'obstruer. La disposition fort variable des pièces doit être telle qu'elle interdise tout accès aux infiltrations. La forme d'un serrement et l'agencement de ses diverses pièces dépend uniquement de la solidité des roches constitutives des excavations et de la section de ces dernières. Sous ce rapport, les barrages se divisent comme suit :

1°. *Les serrements droits* en usage dans les galeries de section ordinaire, c'est-à-dire dont la hauteur ou la largeur n'excède pas 2.50 mètres. Les pièces sont disposées *horizontalement* ou *verticalement*, suivant que les parois ou le faîte et le sol offrent la plus grande résistance.

2°. *Les serrements busqués*, dont chaque assise est formée de deux pièces horizontales jointes bout à bout, à la manière des portes d'écluse. Ils étaient autrefois assez fréquemment appliqués dans la province de Liége aux galeries de grande largeur dont les parois étaient fort solides.

3°. *Les serrements cintrés à pièces verticales*, usités avantageusement dans les galeries larges dont le plafond et le sol offrent une consistance plus grande que les parois.

4°. *Les serrements en voûte, en bouchons* ou *sphériques*, qui se construisent de plusieurs manières et semblent être les seuls convenables dans les galeries où le rocher des quatre faces présente une égale résistance.

A ces diverses espèces de barrages, il faut ajouter les charpentes plus légères à l'aide desquelles les petites galeries sont obstruées et transformées en réservoirs, et, enfin, les serrements en maçonnerie, qui jouent actuellement un grand rôle dans les mines de houille.

Lorsque le mineur du district de Newcastle rencontre dans une stratification, d'ailleurs imperméable, quelques fentes laissant échapper de l'eau en quantité notable, il les bouche à l'aide d'un artifice spécial qui, sans être un serrement, se rattache nécessairement à cet objet. Il entaille à la pointerolle la roche avoisinant la fissure, de manière à lui donner une section rectangulaire d'environ 0.05 mètre de largeur et 0.15 à 0.20 de profondeur. Puis, après avoir arrondi les arêtes extérieures de cette cavité, il la comble de planchettes de sapin, dont il picote avec soin tous les interstices (fig. 5, pl. LXIV).

656. Opérations préliminaires concernant la construction d'un serrement, quelle que soit sa forme et la disposition de ses pièces.

Il s'agit en premier lieu de se débarrasser des eaux qui coulent sur le sol de la galerie, afin qu'elles ne puissent troubler l'exécution des travaux ultérieurs. A cet effet (fig. 6 et 7, pl. LXIV), à une distance de 3 ou 4 mètres en arrière du point projeté pour l'établissement du barrage, est établie une digue ou batardeau *k* en argile fortement tassée entre deux cloisons de planches maintenues en place par des solives verticales ou horizontales. Un chenal en bois *q*, *q*, placé à 0.40 ou 0.50 mètre au-dessus du sol, reçoit les eaux affluentes et les transporte au-delà d'une autre petite digue *r*, établie à un ou deux mètres en avant de l'emplacement du serrement, pour les empêcher de revenir sur le lieu de la future construction. La place étant ainsi complètement asséchée par ces dispositions, le mineur procède à l'entaille des parois contre lesquelles doivent porter l'extrémité des pièces. Cette opération se fait à la pointe, c'est-à-dire avec le pic ou la pointerolle, selon les usages locaux, mais jamais à la poudre qui, non-seulement ébranle le rocher et la fissure, mais encore produit des surfaces irrégulières. Il fait disparaître avec soin les dépressions et les renflements, en conservant toutefois les aspérités de la roche qui, par leur pénétration dans les pièces du barrage, empêchent celles-ci de glisser et forment, entre les parties, une union telle qu'il ne peut se produire d'infiltrations.

Pendant ces travaux préparatoires, les pièces de bois ont été façonnées au jour, assemblées et marquées pour qu'il soit facile de reconnaître leur position relative. Les

exploitants emploient ordinairement l'essence de chêne,
excepté dans la province de Liége, où, par mesure d'économie, ils choisissent le hêtre. L'épaisseur des pièces doit
être telle qu'elles soient en état de supporter une charge
quintuple au moins de celle qu'elles devront subir en réalité.
La détermination de la force de résistance résulte plus
souvent de l'expérience et de l'analogie que du calcul ;
dans tous les cas, il vaut mieux pécher par excès que
par défaut.

Lorsque la nature du serrement impose au mineur
l'obligation de travailler à la face postérieure du barrage,
c'est-à-dire du côté d'où vient la source, il doit préparer
les moyens de s'assurer une ventilation locale facile et
suffisante à l'aide d'un soufflet, d'un ventilateur à bras, etc,

657. *Construction des serrements droits, à pièces horizontales, dans la province de Liége* (1).

Cette forme semble la plus ancienne, puisque la première elle a été employée dans les mines du bassin de Liége,
où ce genre de construction a probablement pris naissance. Les entailles pratiquées dans les parois sont évasées
à leur partie postérieure, afin de faciliter le picotage.
L'une d'elles est coupée de manière que les pièces puissent
se placer en pivotant autour de leurs extrémités comme
centre, tandis que l'autre extrémité décrit un quart de
cercle. Malheureusement, les épaulements indispensables

(1) Les figures 1 et 2 de la planche LXIV, quoique se rapportant à un barrage exécuté dans les mines de Huelgoat, peuvent
contribuer à éclaircir la description des serrements liégeois, les
différences qui existent entre eux ne se rapportant qu'à des objets
de détail. Les dessins des serrements de ces deux localités auraient
engendré une complication tout-à-fait inutile.

à ce genre de barrage, provenant d'une coupure dirigée perpendiculairement à l'axe de la galerie, n'opposent pas toujours à la pression une masse de rocs assez solide pour les empêcher d'éclater sous la charge.

Les pièces, auxquelles est attribuée une épaisseur comprise entre 0.40 et 0.70 mètre, sont en hêtre conservé dans l'eau et séché. Elles ne sont pas rabottées, mais planées à la hache sur trois de leurs faces, dans l'espoir que la mousse employée ultérieurement pour boucher les joints sera retenue par les aspérités du bois, et que sa compression produira une imperméabilité plus grande que tout autre ajustement analogue. Deux des pièces qui doivent être placées à 0.50 ou 0.75 mètre au-dessus du sol sont échancrées et forment, lorsqu'elles sont réunies, une ouverture rectangulaire, légèrement évasée du côté de la venue d'eau ; cette ouverture est destinée à ménager la sortie des ouvriers après l'achèvement du travail à effectuer derrière le serrement. La seconde ou la troisième pièce, dont la hauteur doit être assez grande, est percée d'un trou rond par lequel s'écoulent les eaux affluentes ; le chenal est alors coupé en deux parties séparées par le barrage. Comme l'air accumulé derrière le serrement et comprimé par la colonne d'eau ne manquerait pas d'agrandir les moindres interstices des joints ou du picotage, on lui donne issue par un trou de 0.01 à 0.02 mètre de diamètre foré à travers la poutre la plus rapprochée du plafond. Les pièces de serrement sont toujours plus courtes que la distance comprise entre les deux épaulements d'environ 0.08 à 0.10 mètre, afin de réserver l'espace nécessaire aux lambourdes et au picotage. Les lambourdes sont des planches de peuplier, ou autres essences de bois tendres, d'une épaisseur de 0.025 à 0.050 mètre, un peu plus larges que l'épaisseur des sommiers.

Le mineur commence d'abord par établir une de ces lambourdes sur le sol avec interposition d'un lit de mousse ; puis il place successivement au-dessus toutes les pièces du barrage, qu'il a le soin de maintenir de niveau et dans le même plan vertical. Il réserve entre chacune de leurs extrémités et les parois de l'entaille un vide égal de chaque côté. La dernière pièce est ajustée sur place, parce qu'il est difficile de prévoir d'avance la hauteur et la forme de l'espace qui restera libre vers le plafond ; il recoupe sa face supérieure de telle façon qu'après avoir placé la lambourde, il puisse interposer entre elle et le rocher un lit de mousse débarrassée de tout corps étranger. Introduisant alors les lambourdes verticales, il chasse de la mousse entre elles et le terrain, la tasse à l'aide d'un ciseau jusqu'à ce qu'elle résonne comme du bois ; puis il procède au calfatage. Cette opération consiste à introduire dans les joints horizontaux, après les avoir préalablement écartés avec des coins en fer, toute la mousse qu'il est possible d'y accumuler, à l'aide d'un instrument appelé *calfat*, semblable au ciseau des menuisiers, mais plus large et plus mince. Le picotage, opération fort délicate, ainsi que le lecteur l'a déjà appris, se fait de la manière décrite (179), à l'occasion des cuvelages en bois, avec des coins de saule ou de peuplier séchés au four ou sur les chaudières des machines à vapeur. Les premiers mis en place ont environ 0.30 mètre de longueur, 0.10 mètre de largeur et 0.025 mètre d'épaisseur à la tête ; à ceux-ci succèdent d'autres coins plus étroits et plus minces, entre lesquels sont ensuite enfoncés des picots à base quadrangulaire en chêne ou en hêtre, dont la place est préparée à l'aide du picoteur. Cette opération s'effectue toujours derrière le serrement, en commençant au milieu de la hauteur des deux parois latérales, en s'avançant

alternativement vers le sol et vers le faîte, et en parcourant
des chemins égaux. Les coins sont simultanément enfoncés des deux côtés du barrage, afin que les pièces
ne dévient pas de leur position primitive. Le picotage
au plafond et au sol se fait aussi en même temps et de la
même manière.

L'ouverture rectangulaire, ou le trou de l'homme, se
ferme à l'aide d'un tampon formé d'un bloc de bois taillé en
biseau. Il est traversé dans toute sa longueur par un boulon,
muni, à sa partie postérieure, d'un écrou qui, recouvert
d'un étrier, ne peut tourner avec la vis. Le boulon est
terminé à sa partie antérieure par un anneau dans lequel
passe une chaîne. A quelque distance en avant du barrage, se trouve un poteau traversé par une vis ; celle-ci,
munie, d'un écrou, se rattache à la chaîne par l'une de
ses extrémités. Le tampon, placé en arrière sur un échaffaudage, est introduit dans l'ouverture rectangulaire évasée ; puis, au moyen de l'écrou et de la vis, il est rappelé en avant et forcé à pénétrer dans l'épaisseur du bois.
Si les circonstances le réclament, les interstices qui se présentent sur son contour sont bouchés au moyen d'un léger
picotage La fermeture du trou de l'homme avec un tampon a l'inconvénient de présenter la direction des fibres
du bois normalement à la pression, en sorte que les
tubes, compris entre ces fibres, quoique capillaires, laissent
suinter des quantités d'eau quelquefois assez notables. Sous
ce rapport les clapets, décrits dans le paragraphe suivant,
sont plus avantageux.

Les mineurs, après avoir enlevé la vis, retirent le
boulon, en tournant à gauche, le dégagent de son écrou
qui, ne pouvant tourner, tombe à l'intérieur. Ils en obstruent ensuite le trou, de même que celui du chenal,
avec des broches en saule fort sec ; puis ils agissent de

même à l'égard du petit canal supérieur, après en avoir
laissé sortir l'air pendant quelques jours et s'être assuré
que l'excavation ne renferme plus aucun gaz. Lorsque la
colonne liquide est assez élevée pour opérer une forte
pression, l'eau s'introduit dans tous les pores du serrement et dans ses moindres interstices, et suinte sur la
face antérieure, qu'elle recouvre d'un liquide mousseux.
De petits jets d'eau se dénotent çà et là; mais des picots
sont chassés dans les fissures; le bois se gonfle; les pores
s'obstruent et les infiltrations cessent graduellement.

Pour consolider le serrement et résister à la flexion des
pièces, les mineurs établissent des charpentes disposées suivant l'état des lieux; souvent elles consistent en deux ou
trois solives verticales, arc-boutées par des étrésillons contre
de forts poteaux encastrés dans le rocher et raffermis,
eux-mêmes, par des jambes de force.

Si les serrements sont construits dans le gîte lui-même,
l'eau se frayant une route à travers les intercalations
schisteuses, ordinairement fort perméables, détruit promptement l'efficacité des barrages. Pour s'opposer autant que
possible à cet effet, il convient de percer, perpendiculairement à l'axe de la galerie, un certain nombre de trous
de 1.50 mètre de longeur et d'un diamètre un peu plus
grand que l'épaisseur du *houage*. Les broches de saule,
que l'on y introduit ensuite, mettent obstacle à la circulation de l'eau, raffermissent les schistes et empêchent
la couche d'être minée. Cette circonstance fâcheuse rend
quelquefois les serrements, placés dans ces conditions,
tout-à-fait illusoires. Du reste, les barrages établis dans
les couches de houille réussissent rarement, quelles que
soient les précautions dont ils sont l'objet.

658. *Serrement de même espèce, construit à la mine de plomb de Huelgoat (Département du Finisterre) (1).*

Le barrage exécuté à Huelgoat, concession de Poullaouen (fig. 1 et 2, et 2 bis), est une imitation des serremens liégeois, avec quelques modifications de détail, assez avantageuses. Les pièces *a*, *a*, *a*, débitées dans du chêne sec, sans nœuds et sans gerçures, sont aussi hautes que possible, afin de diminuer le nombre des joints. Leurs arêtes sont arrondies, afin d'en faciliter le calfatage. L'ouverture rectangulaire *b*, servant de trou d'homme, a 0.44 mètre de longueur sur 0.30 mètre de hauteur. La seconde pièce, à partir du sol, est percée de deux trous ronds, munis, à leur partie antérieure, de tuyaux courts *c*, *c'*, destinés à faciliter l'écoulement des eaux dans le chenal extérieur.

· Après avoir desséché les parois des entailles avec une éponge et les avoir saupoudrées de chaux vive pour mieux en absorber l'humidité, les lambourdes, ou planches de 0.025 mètre d'épaisseur, sont appliquées, en interposant entre elles et le rocher, non de la mousse, mais une bande de toile, enduite d'un mastic hydrofuge, composé d'huile de lin siccative (par l'addition de $1/10^e$ de litharge avec laquelle elle est mise en ébullition), de chaux vive éteinte à l'air, et de chanvre haché. La première pièce est alors placée sur la lambourde, l'une de ses extrémités portant contre la planche verticale de gauche, tandis que l'autre extrémité laisse entre elle et la planche de droite un espace de 0.02 mètre, réservé pour le picotage. Les deux premières

(1) Notice de M. NAILLY, insérée dans le tome VIII (1830) de la 2e. série des *Annales des Mines*.

pièces, étant placées, sont maintenues à l'aide d'étais. verticaux appuyés contre le faîte ; puis le picotage a lieu derrière le serrement et à l'une de ses extrémités seulement ; l'opération s'effectue d'abord avec des coins de sapin de 0,009 mètre d'épaisseur à la tête, sur 0.035 mètre de largeur, ensuite avec des coins et des picots de chêne de moindres dimensions. Les autres pièces placées successivement, en ayant le soin d'introduire dans chaque joint une toile enduite de mastic, sont également picotées vers la même paroi. La dernière pièce, ajustée sur place comme ci-dessus, est taillée de manière qu'il reste, entre la lambourde et le rocher, un espace de 0.02 mètre destiné à l'introduction des coins. Cette opération est en même temps difficile et pénible, parce que les ouvriers ne peuvent agir que les bras tendus et levés au-dessus de leur tête. Ainsi, le serrement n'exige que deux picotages, l'un suivant un plan vertical, l'autre au plafond.

Le calfatage s'effectue avec des étoupes goudronnées, chassées à refus dans les joints ; ceux-ci sont recouverts, en outre, de bandes de toile mastiquée et clouée sur deux pièces consécutives ; alors, après avoir rempli de béton hydraulique (ciment romain) les cavités pratiquées au sol, on ferme l'ouverture rectangulaire affectée au passage des ouvriers. Cette dernière opération s'accomplit au moyen d'une pièce de hêtre (fig. 2 ^{bis}) de 0.64 mètre de. longueur, 0.42 de hauteur et 0.12 d'épaisseur. Trois boulons, e,e,e, serrés sur deux plaques de fer, la traversent dans toute sa hauteur ; elle est suspendue à un axe en fer d, qui lui permet de s'ouvrir et de se fermer à volonté. Sur sa face intérieure est appliquée une garniture en cuir, formée des deux lanières cousues l'une sur l'autre, afin que la saillie des clous n'empêche pas le contact des deux objets. Ce clapet est d'abord fermé par deux tiges en fer, puis ensuite par la pression de la colónne d'eau qui ne lui permet plus de s'ouvrir spontanément.

Le clapet, de même que le tampon, laisse échapper l'eau, si les pièces fléchissent, celles-ci n'offrant alors qu'une surface gauche sur laquelle il ne peut s'appliquer exactement; mais il offre l'avantage de permettre la rentrée dans la cavité située au-delà du serrement, s'il survient quelque accident réclamant cette manœuvre.

Pour consolider la construction et prévenir la tendance des pièces à fléchir, on ajoute des étais verticaux, i, i, i, arc-boutés par des jambes de force, qui prennent leur point d'appui en arrière contre des poteaux f, f, encastrés dans la roche.

659. *Serrements busqués.*

Ces serrements diffèrent des autres barrages à pièces horizontales, en ce que chaque assise se compose de deux poutres réunies bout à bout au milieu de la galerie; ces poutres formant un angle obtus, du côté où la pression de l'eau doit se faire sentir, présente l'aspect d'une écluse fermée.

Les figures 3 et 4 de la planche LXIV se rapportent à une construction de cette espèce exécutée à la mine de houille de la Chartreuse, près de Liége, dans une galerie d'alongement de la couche Diamant, exploitée par l'ancien puits de la prairie.

Les roches encaissantes de la couche offrent si peu de consistance qu'il ne fut pas jugé prudent d'y loger l'extrémité des pièces; tandis que le gîte lui-même fut regardé comme assez solide pour recevoir les entailles et supporter le picotage. Comme, en outre, un barrage horizontal ordinaire était impraticable dans une galerie d'une

aussi grande largeur (4.70 mètres), puisqu'il aurait exigé
l'emploi de bois d'un équarrissage extraordinaire pour une
aussi grande portée, on résolut de construire un serrement busqué, en procédant de la manière usitée de temps
immémorial dans la province de Liége.

Les entailles pratiquées dans la houille, sur les parois
latérales de la galerie, ont leurs faces normales aux plans
de stratification dont l'inclinaison est comprise entre 45
et 50 degrés. Les premiers bancs du toit et du mur,
trop déliteux et fissurés, ont été enlevés, afin de
mettre en évidence une roche propre à être entaillée
suivant des surfaces planes et parallèles. Les pièces g,g,
au nombre de huit, disposées deux à deux en quatre
assises, ont leurs extrémités coupées en biseau, de manière à former, derrière le barrage, un angle dièdre assez
obtus, dont le sommet est tourné du côté de la venue
des eaux. A leur point de contact, les pièces laissent, en
amont, un intervalle d'environ 0.05 à 0.06 mètre, afin
que la pression de la colonne liquide achève de fermer
le barrage. Deux lambourdes seulement son appliquées,
l'une au toit, l'autre au mur, avec interposition d'un
fort lit de mousse ; ces planches de sapin sont taillées
en forme de coins, c'est-à-dire, que la section normale
à leur longueur est triangulaire ; la tranche la plus épaisse
se place à la partie antérieure du serrement. Pendant la
pose, les mineurs enfoncent des coins de bois tendre entre
l'extrémité des pièces et les parois de la houille, ils introduisent dans chaque joint un lit de mousse ; puis, procèdent au picotage de la manière ordinaire, c'est-à-dire,
au sol et au faîte, entre les pièces et les lambourdes, et
latéralement entre les extrémités de celles-ci et les parois
de la houille. Les deux pièces supérieures sont munies
d'anneaux, h,h', dans lesquels est introduite l'extrémité

d'un levier servant à les rappeler à leur place. Le treuil est également employé lorsque la pose réclame un plus grand effort.

La pression supportée par la digue est représentée par une colonne d'eau d'environ 50 mètres, ce qui, en raison de la surface pressée, forme un poids d'environ 380 tonneaux métriques. Mais ces serrements sont tombés en désuétude.

660 *Serrements droits à pièces verticales* (1).

Cette disposition, fort convenable en beaucoup de circonstances, est attribuée à M. Piedebœuf, maître-charpentier de la mine de la Chartreuse (près de Liége), où treize serrements de cette espèce ont eu tous un résultat très-satisfaisant. Les figures 6 et 7 indiquent la disposition des lieux pendant la construction, et les figures 8 et 9, après l'achèvement du barrage. Les entailles latérales ont leurs faces parallèles à l'axe de la galerie; sur le sol et au plafond, elles sont obliques et leur inclinaison est d'environ 34 degrés ou 34 à 35 %. Les pièces sont en hêtre, d'après l'usage liégeois; leur épaisseur est de 0.53 mètre et leur largeur moyenne de 0.44 mètre.

Comme il n'est guère possible d'obtenir des entailles rigoureusement planes et parallèles, les ouvriers recoupent les pièces, avant la pose, dans la galerie même. En procédant à cette opération, ils ont le soin de laisser entre la roche et les pièces de bois un espace vide qui vient se profiler à la face antérieure du serrement, tandis que les poutres, en contact avec les parois par leurs arêtes posté-

(1) Déjà décrits par M. GONOT, ingénieur en chef de la première division des mines (Hainaut). Troisième série des *Annales des Mines*, tome IX, page 137.

rieures, bouchent complètement la galerie. Une ouverture
ronde sert au passage des eaux pendant le travail ; son
orifice antérieur, muni d'un tuyau de cuir cloué sur le
barrage, débouche dans un chenal. L'air s'échappe par
un trou ménagé à la partie supérieure de l'une quelconque
des pièces.

La pose a lieu comme suit. Après avoir nettoyé le sol,
l'avoir asséché et recouvert d'un lit de mousse au-dessus
duquel est installée une lambourde de peuplier bien sec
d'environ 0.025 mètre d'épaisseur et d'une largeur plus
grande que l'épaisseur du barrage, quatre hommes armés
de leviers et de crics dressent la première pièce, l'appliquent sur la paroi de gauche, et passent à la seconde
qu'ils établissent du même côté ; puis ils relèvent successivement celles de droite, dans l'ordre indiqué par les
numéros de la projection horizontale, en laissant toutefois
un intervalle de 0.020 à 0.025 mètre entre la roche et les
pièces les plus rapprochées des parois latérales où doit se
faire le picotage. Dès qu'une pièce est placée, ils l'étayent
au moyen d'arcs-boutants i, i, qui, reposant contre la face
postérieure de l'entaille, empêchent le barrage de reculer
sous la pression du picotage.

La pose de la clef 6, accessible sur une seule de ses faces,
offre quelque difficulté ; l'ouvrier agit à son égard de la
manière décrite ci-dessus pour l'introduction des tampons
dans les trous d'hommes. Ainsi, après en avoir établi le
pied dans l'intervalle compris entre la deuxième et la cinquième pièce, il la couche dans une situation inclinée
sur une solive transversale établie derrière le serrement,
puis la ramène à l'aide d'une chaîne b et d'un boulon
traversant un pilier vertical o.

Les figures 6 et 7 représentent le moment où la clef
vient d'être mise en place. Les huit pièces étant alors

solidement assujetties, soit par la vis et la chaîne, soit par les étais intercalés entre leur pied et le sol, on procède au calfatage. La mousse est introduite dans le joint compris entre la première pièce de gauche et le rocher; entre chacune des pièces, écartées successivement les unes des autres, à l'aide de coins de fer; entre la dernière pièce et la paroi de droite, et aux entailles du sol et du faîte entre les lambourdes et le rocher. Puis, enfin, des ouvriers placés en avant du serrement enfoncent dans le pourtour des coins de peuplier ou de saule et des picots de hêtre jusqu'à ce que la mousse, fortement comprimée, devienne partout imperméable à l'eau. Alors le boulon est retiré de la clef, les trous d'air et de déversement de l'eau sont bouchés, et, en avant du serrement, est établie une charpente qui, dans le cas actuel, consiste en trois poteaux l, l, en deux pièces transversales m, m, et en douze étais n, n, appuyant deux à deux contre chaque pièce dont ils préviennent la flexion. Les figures 8 et 9 expriment la construction dans un état de complet achèvement.

Un serrement de cette espèce, visité par celui qui écrit ces lignes, supportait une colonne liquide de 80 mètres de hauteur et résistait à une pression excédant 500 tonnes métriques.

661. *Serrements ceintrés.*

Ces barrages, à pièces verticales disposées en arc de cercle, représentent une voûte couchée dont l'extrados ou la partie convexe est tournée du côté de la pression. Ils se construisent de la même manière que les serrements droits de la Chartreuse; leur flèche de courbure est ordinairement très-petite relativement au rayon. Ils ont été employés à la mine du Sart-au-Berleur, près de Liége,

pour intercepter les eaux abondantes qui affluaient dans
le puits à travers une galerie dont la largeur était telle que
l'emploi de toute autre disposition devenait impraticable.

En général, les serrements verticaux sont très-applicables aux galeries larges et d'une hauteur médiocre,
puisque le nombre des pièces et non leur portée augmente
avec la largeur des excavations. Le picotage, ayant lieu sur
la face antérieure, donne l'avantage d'éviter la pose d'un
tampon ou d'un clapet dont on a vu les difficultés et les
inconvénients. L'ouverture préparée pour la sortie des
hommes dans les autres serrements n'existant pas ici, les
pièces ne devant pas être échancrées, aucune d'elles ne
perd de sa force de résistance. Cette disposition permet,
en cas de besoin, d'enfoncer de nouveaux picots dans les
points où se décèlent des infiltrations. Enfin, les entailles
du sol et du plafond étant obliques à l'axe des galeries,
la roche offre plus de résistance à la rupture que si elle
était coupée perpendiculairement aux parois.

662. Serrements sphériques.

Ces ouvrages d'art sont originaires d'Allemagne, où
ils sont désignés sous le nom de *Keil*, *Klotz* ou *Kœtzel-*
dœmme (*serrements à coins*), parce que leurs pièces
constituantes sont des coins ou troncs de pyramides
à base rectangulaire. Les Anglais en construisent depuis
la fin du siècle dernier, et la Belgique peut actuellement en offrir quelques exemples. L'emploi de ces barrages semble avantageux dans la plupart des cas, surtout
lorsqu'il s'agit d'obstruer des excavations de moyenne
section, dont les parois ne sont pas assez solides pour
maintenir en place l'un des serrements décrits ci-dessus. La
pression de la colonne d'eau sur la voûte se décompose

alors en deux forces, dont l'une tend à resserrer les voussoirs, tandis que l'autre, agissant normalement aux parois, éprouve une résistance qui peut être considérée comme infinie, vu l'épaisseur du rocher.

Ces barrages peuvent, suivant le mode d'exécution employé, se diviser en deux catégories distinctes : ceux qui, pendant leur construction, doivent être accessibles à leur face postérieure et, par conséquent, dans lesquels une ouverture doit être ménagée pour la sortie des ouvriers et ceux pour lesquels cette disposition devient inutile, parce qu'il suffit de travailler à leur face antérieure.

Le lecteur aura une idée complète de ces divers objets par la description successive des serrements de ce genre exécutés dans le district de la Wurm ou de Bardenberg, à Freyberg et dans la province de Liége.

663. *Serrement sphérique dans lequel il est inutile de ménager une ouverture pour la sortie des ouvriers.*

Les figures 10 et 11 de la planche LXIV représentent un barrage de cette espèce exécuté dans une galerie à travers bancs de la mine de *Spanbruck*, afin de se débarrasser d'une assez grande quantité d'eau rencontrée dans la couche dite *Steinknipp*.

Après avoir choisi un point de la galerie où le schiste, compact et solide, est exempt de toute fissure, les parois ont été entaillées et dressées sur une longueur d'environ un mètre; cette cavité a reçu la forme d'un tronc de pyramide quadrangulaire, dont les quatre faces latérales convergent à une distance d'environ 12 à 13 mètres en avant de la surface antérieure du serrement. L'épaisseur de la digue ou la longueur des pièces a été

fixée à 0.94 mètre. Les dimensions de la galerie sont,
à la face postérieure, de 1.88 mètre, et à la face antérieure de 2.03, tant en largeur qu'en hauteur. Les voussoirs ou coins (*Keilstücke*), coupés dans du chêne sec et
très-sain, ont la même hauteur dans chaque assise; mais
la hauteur de ces mêmes assises peut varier, afin de
diminuer le déchet résultant du débit des bois. La largeur
des coins varie également suivant l'équarrissage primitif
des pièces d'où ils sont extraits; toutefois, il convient de
s'arranger de manière que les joints verticaux d'une assise
ne correspondent jamais avec ceux des assises en contact.
Ils sont, d'ailleurs, coupés de telle sorte que leurs
faces, suffisamment prolongées, viennent converger au
sommet de la pyramide déterminée par les parois des
entailles pratiquées dans la galerie; à l'exception des clefs
qui, s'enfonçant d'avant en arrière, ont leurs côtés inclinés
en sens contraire des voussoirs, et ont 0.013 mètre
d'équarrissage de moins du côté de la pression qu'à l'in-
trados. Chaque assise a une clef, et à la moitié de la
hauteur du serrement se trouve une rangée horizontale de
coins w, formant la clef générale de la digue.

Avant la pose des pièces, trois étançons verticaux x, x, x
ont été encastrés dans le faîte et le sol de la galerie;
sur ces étais sont cloués des madriers destinés à empêcher
les voussoirs de reculer, lorsque les mineurs enfoncent les
clefs de serrage. Le sol et les parois latérales étant recouvertes de mortier hydraulique mélangé de mousse, ils
placent la première assise, dont toutes les pièces sont
fortement serrées par l'introduction de la clef, puis successivement les assises supérieures. A la moitié de la
hauteur est établie la rangée de coins formant clef générale, insérée dans le barrage, jusqu'au premier tiers de
leur longueur, et au-dessus de celle-ci les assises supérieures,

dont la dernière vient en contact avec le faîte, préalablement enduit de mortier et de mousse. Enfin, c'est à grands coups de masse que l'assise, formant clef, est enfoncée de manière à produire une tension considérable sur le faîte et le sol de la galerie. Pendant l'opération, l'eau s'écoule à travers un trou percé dans l'une des pièces inférieures.

Lorsque le serrement est achevé, un ouvrier place audevant de l'assise formant clef une pièces de 0.20 à 0.25 mètre d'équarrissage, consolidée à l'aide de deux étrésillons, et enfonce une broche dans l'ouverture réservée à l'écoulement provisoire des eaux. Quelques jours après, celles-ci s'élèvent derrière la digue, se fraient un passage à travers les joints et les pores du bois ; on voit une écume visqueuse couvrir la surface antérieure du barrage, et le liquide jaillir en différents points. C'est alors que des picots de hêtre sont introduits partout où le besoin s'en fait sentir, jusqu'à ce qu'il ne paraisse plus que quelques gouttelettes d'eau filtrant le long des fibres longitudinales des bois.

Ce barrage, dont la construction a duré trois semaines, supporte une colonne d'eau de 56.50 mètres de hauteur et une pression de 284 tonnes métriques.

Plus tard, dans le but de se prémunir contre toute éventualité de rupture et pour obstruer plus complètement le passage aux eaux, on construisit un second serrement semblable au premier, et dans l'intervalle de 0.30 mètre compris entre les deux digues fut entassée de la terre glaise. Si ce remplissage n'a pas contribué à la solidité des constructions, au moins l'argile, soumise à une forte pression, a dû pénétrer dans les joints et autres interstices de la seconde digue et la rend imperméable au moindre filet d'eau.

Les mines de Kerkrade, situées au nord du district
de Bardenberg, offrent l'exemple d'un serrement analogue
au précédent. Les coins, dont la longueur est de 1.18,
sont en hêtre et chaque assise renferme deux clefs; la
surface supérieure de l'assise clef est plus basse de 0.013
mètre à la partie postérieure qu'à la face antérieure, position qui contribue à maintenir cette assise en place malgré
l'action incessante de la pression. Enfin, les parois de
l'entaille, offrant une cavité plus large et plus haute de
0.10 mètre en aval qu'en amont, ont été recouvertes
d'un mortier composé de chaux, de fromage mou et de
mousse fine (1).

664 Serrements sphériques en usage dans les mines de Freyberg, en Saxe.

Ces barrages, appelés *Keil Verspünden* (*serrements à
coins*), exigent une ouverture qui permette aux ouvriers
de se porter à leur face postérieure, où ils sont appelés
à travailler pendant tout le temps de la construction.
L'exemple choisi se rapporte à la mine dite Churprinz-
Friedrich-August-Erbstollen, en Saxe; la figure 14 de la
planche LXIV représente la face antérieure du barrage;
la figure 15 en est une coupe longitudinale, et la figure 16,
le dessin du tampon sur une grande échelle.

La digue est formée d'une voûte sphérique, couchée et
placée normalement à la direction de la galerie. Son épaisseur est de 1.71 mètre : elle a été décrite avec un rayon
extérieur de 6.86 et un rayon intérieur de 5.15 mètres.
Après avoir établi deux batardeaux en gazon, l'un en

(1) *Archiv von Karsten*, Band XIV, Seite 79.

avant, l'autre en arrière de l'emplacement choisi, afin de
n'être pas inquiétés par les eaux pendant leur travail, les
ouvriers procèdent à l'entaillement des parois de l'excavation,
dont les quatre faces doivent converger au centre de la
sphère ; à ce point précis, situé dans l'axe de la galerie,
à 5.15 de la face antérieure du barrage, ils fixent un
clou sur une traverse en bois ; ils attachent à ce clou un
cordeau destiné à diriger l'exécution de l'entaille, et qui,
lorsqu'il touche le contour postérieur de cette dernière,
doit s'appliquer en même temps sur toute la surface de la
roche déjà entaillée. Comme, en outre, les parois sont
recouvertes d'une couche d'ocre rouge, ils peuvent, par
l'application d'une pièce de bois bien dressée et comprimée
fortement par des étrésillons, reconnaître toutes parties de
la surface où des irrégularités empêchent le bois de s'appliquer exactement et y porter un remède immédiat.

Les coins ou voussoirs, préparés à l'avance, sont formés
d'un bois tendre, facile à picoter, tel que le pin ou le sapin
bien sec et sans gerçures ni défauts quelconques : ce sont
des troncs de pyramides quadrangulaires, de 1.71 mètre
de hauteur, travaillés et assemblés au jour d'après une
épure de grandeur naturelle et numérotés avant leur descente. Toutes les pièces composant une même assise sont
de même hauteur, et leurs joints verticaux correspondent
aux pleins des pièces en contact.

Après avoir nettoyé les parois de l'entaille et s'être assuré,
à l'aide d'un cordeau, si les faces verticales concourent au
centre de la sphère, la première assise est posée provisoirement. L'ocre rouge, dont la roche est recouverte,
permet de reconnaître les coins qui ne coïncident pas entièrement avec cette dernière ; ceux dont les surfaces doivent
être retouchées, sont retirées, puis présentées plusieurs
fois jusqu'à ce que leur contact avec les parois soit complet

dans toute leur étendue. La clef, dressée sur place, a une épaisseur de 0.015 à 0.020 mètre plus grande que le vide restant, afin d'obtenir un plus fort serrage. Si la dépression est grave, si elle résulte, par exemple, d'un éclat de la roche détaché de la masse, la cavité travaillée à la pointerelle reçoit une forme régulière pour être comblée ensuite avec un morceau de bois de même forme qu'elle.

Pendant ces diverses opérations, les mineurs ont appliqué l'un sur l'autre deux fragments de toile grossière et très-forte, entre lesquels ils ont interposé une couche de goudron ou de mastic. Ils retirent les pièces dont la coupe a été rectifiée et appliquent sur le sol cette double toile; celle-ci, dont la largeur est telle qu'elle occupe toute l'épaisseur du serrement, est, en outre, assez longue pour être repliée sur les parois latérales et les recouvrir jusqu'au tiers environ de leur hauteur, où elle est maintenue à l'aide d'étais placés horizontalement. Une autre toile, appliquée ultérieurement à la partie supérieure des parois et au faîte de la galerie, complètera l'enveloppe du serrement.

Ils procèdent alors à la pose définitive de l'assise inférieure, en commençant par les deux parois et en s'avançant vers l'axe de la galerie, jusqu'à la clef qu'ils introduisent la dernière et à laquelle ils donnent une longueur de 0.15 à 0.16 mètre de plus qu'aux autres voussoirs; en sorte que, après l'achèvement du barrage, ils peuvent l'enfoncer à grands coups de masse et obtenir ainsi une forte tension de toutes les parties. Les autres pièces s'élèvent sur la première assise, en modifiant sur place la coupe des coins contigus aux parois.

Au-dessus de la première rangée se trouve un voussoir d'environ 0.34 mètre de hauteur sur 0.40 de largeur, percé suivant son axe d'un trou conique pp', destiné à l'écoulement des eaux pendant le travail ; ce petit canal sera bouché ultérieurement avec un tampon de même forme introduit par la face postérieure du serrement.

Vers le milieu de la hauteur de la galerie se trouve le trou d'homme *A* (*Spündrohr* ou *Fahrrohr*), formé par un tuyau en fonte d'un diamètre (0.41 mètre) suffisant pour livrer passage aux ouvriers. Il est d'abord cylindrique sur la moitié de l'épaisseur de la digue, puis il s'évase et se transforme en un cône à base circulaire d'un diamètre de 0.46 à 0.47 mètre, et se termine de ce côté par une bride appliquée contre la face postérieure du barrage. Ce tube, dont le poids est d'environ 575 kilog., est enveloppé d'une toile goudronnée, puis placé au milieu des voussoirs entaillés exactement suivant son contour extérieur. Entre les parois de la galerie et le tube se trouvent des pièces plus fortes qui, formant clef, permettent de serrer avec plus d'énergie les voussoirs qui enveloppent ce dernier.

L'avant-dernière rangée contient un coin d'un équarrissage suffisant pour recevoir un trou longitudinal, affecté au dégagement de l'air comprimé derrière le serrement ; ce trou est muni, à son orifice postérieur, d'un tuyau en tôle $q q'$, ou d'une simple baguette de sureau.

Les deux ou trois dernières assises ne sont d'abord placées que provisoirement, afin de pouvoir retoucher les voussoirs de la rangée en contact avec le faîte et leur donner la hauteur et la forme rigoureusement nécessaires. Lorsqu'après quelques tentatives, le contre-maître a acquis la certitude d'une coïncidence suffisante entre la dernière assise et la surface du rocher, il fait appliquer au faîte une toile goudronnée, il la cloue sur des broches en bois contenues dans des trous de fleuret, et fait achever le montage des pièces du serrement.

Après avoir forcé les clefs des diverses assises à pénétrer de nouveau dans la digue, en frappant leur partie posté-

rieure à coups de masse, on procède au picotage des joints
formés par les voussoirs et les parois de la roche, des joints
compris entre les pièces, et de ceux qui résultent du contact des dernières avec le tube en fonte. Les coins en bois
tendre (*Klotzkeile*), ordinairement en sapin desséché au
four, sont les premiers mis en usage ; ils ont une longueur de 0.65 à 0.70 mètre ; leur épaisseur à la tête est
de 0.024 mètre et leur largeur de 0.048 mètre. Ils sont
à section lenticulaire, c'est-à-dire que, coupés perpendiculairement à leur axe, ils offriraient la forme de deux arcs
de cercle coïncidant par leur corde. Ils sont enfoncés en
procédant de bas en haut et dirigés suivant un plan légèrement oblique à celui du joint ; leur place est préparée
à l'aide d'un ciseau de menuisier. Les premiers pénètrent
jusqu'à une profondeur de 0.50 à 0.60 mètre ; mais
celle-ci décroît peu à peu, et l'opération se termine par
l'emploi de coins de bois dur, dont la longueur est de
0.40 mètre, l'épaisseur et la largeur à la tête de 0.02 mètre
et 0.048 mètre ; ces derniers sont entassés les uns sur
les autres jusqu'à ce qu'ils se brisent sous le coup de
marteau. C'est alors que des coins plats en fer, de dimensions variables, doivent pénétrer principalement dans les
assises inférieures; puis lorsqu'il n'est plus possible de dis-
tinguer les joints, la face postérieure du barrage est
enduite d'un mastic composé de vieux oing, de chaux
éteinte et de goudron. L'assise inférieure est consolidée
par une solive couchée sur le sol et encastrée dans les
parois ; l'espace qu'elle laisse entre elle et le serrement
(0.05 mètre) est rempli d'étoupes enduites du mastic
indiqué ci-dessus.

Pendant que ces travaux s'achèvent, un ouvrier se prépare à boucher le trou de dégagement des eaux et celui
d'entrée et de sortie des ouvriers. Il emploie, dans ce but,

deux tampons coniques (*Spunde*) en hêtre. Le premier, d'une longueur de 0.68 mètre, a un diamètre de 0.085 au petit bout et 0.107 au gros bout ; il est consolidé avec des frettes et picoté dans le sens des fibres du bois. Le second (fig. 16), destiné au trou de l'homme, est également un cône tronqué ayant les dimensions suivantes :

Diamètre inférieur . . . . Mètre 0.525
Idem supérieur . . . . . » 0.440
Hauteur . . . . » 1.000

Il est traversé suivant son axe par une tige de fer rr', terminée à l'une de ses extrémités par un écrou et à l'autre par un crochet auquel s'adapte la chaîne destinée à entraîner le tampon dans le tube. Après avoir consolidé le bloc de hêtre au moyen de trois frettes et avoir enveloppé les deux extrémités de la tige de chanvre goudronné, la base du cône est soigneusement picotée par l'introduction de rangées circulaires et concentriques de coins lenticulaires de 0.20 mètre de longueur, d'abord de bois tendre, puis de bois dur et enfin de fer. Des disques circulaires de même métal sont appliqués sur les deux bases, où ils sont maintenus par des écrous.

A la distance d'environ 0.40 mètre de la grande base du cône, c'est-à-dire à l'endroit où ce dernier doit se trouver en contact avec l'orifice du tube, le mineur creuse une gouttière de 0.012 mètre de profondeur, 0.06 mètre de largeur, dans laquelle il loge un bourrelet de chanvre ss imbibé de suif, faisant saillie de 0.024 mètre au-dessus de la surface du cône. Il recouvre le tampon d'une toile grossière fixée à l'aide de clous dont les têtes sont entièrement noyées dans le bois ; puis il l'enduit de suif, qu'il fait pénétrer, à l'aide de la chaleur, aussi profondément que possible.

Le tampon est placé sur un support de manière que

son axe et celui du tuyau coïncident; les ouvriers sortent, se portent au treuil, tendent la chaine et forcent le cône à pénétrer jusqu'à une profondeur d'environ 0.60 mètre. Alors le niveau de l'eau s'élève, l'air est expulsé par le trou ménagé à la partie supérieure du barrage, et lorsqu'il ne sort plus que de l'eau, une broche y est enfoncée, puis recouverte d'une pièce de tôle clouée sur le bois. Enfin, dans tous les points où se dénotent des fuites, un picotage est soigneusement exécuté, mais d'une manière partielle, en employant successivement les coins de pin, de bois dur et de fer.

Ce serrement, qui soutient une colonne d'eau de 138 mètres de hauteur, supporte une pression de 415 tonnes métriques.

Une autre digue de même espèce, établie dans la même mine, ayant été soumise à la pression d'une colonne d'eau de 240 mètres de hauteur, céda sous la charge et s'avança dans la galerie :

Après 7   ou 8 minutes de . . 0.071 mètre.
 »   12   heures. . . » . . 0.330 »
 »   10   jours . . . » . . 0.603 »

Et enfin 1,252 jours (3 ans 5 mois). 0.686. »

Mais M. Gœtzschmann (1) observe que la précipitation apportée à l'exécution de ce barrage, ne permit pas d'employer des bois suffisamment secs, et il propose, dans tous les cas, de prolonger les entailles du côté de la face antérieure, afin de préparer à la digue un emplacement

(1) Ces serrements, exécutés dans les mines de Freyberg par M. Brendel, directeur des machines, ont été décrits, pour la première fois, par M. le secrétaire des mines Schellewitz, de Eisleben (*Archiv von Karsten*, Band XIV, seite 84); puis par M. le professeur Gœtzschmann; *Jahrbuch für den berg und hutten mann.* (Annuaire des mines de Freyberg) auf das jahr 1841, seite 25.

où elle puisse se loger définitivement, lorsque, cédant sous le poids de la colonne liquide, elle se porte en avant.

665. *Imitation du procédé saxon dans les mines de la province de Liége.*

M. Rossius, ingénieur des mines de Selessin, ayant fait exécuter trois barrages sphériques, avec des modifications conformes aux usages de la province de Liége, a pu constater la solidité de ce mode, et la manière satisfaisante dont il se comporte sous tous les rapports. Les figures 12 et 13 se rapportent à l'un de ces travaux d'art construit dans une galerie de la mine des Artistes, dépendante des établissements de Selessin.

Les parois sont entaillées, comme ci-dessus, suivant quatre plans concourant au centre de la sphère, dont le rayon intérieur est de 5.50 mètres. Les voussoirs en hêtre, mesurés sur le milieu de leur longueur, ont un équarrissage qui varie entre 0.32 et 0.38 mètre, leur longueur est de 0.80 mètre. Des lambourdes et un lit de mousse, interposé entre elles et le rocher, enveloppent entièrement la digue. L'objet principal du picotage n'est pas la partie postérieure de cette dernière, où il est insignifiant ; mais la face antérieure, où il s'effectue à la manière liégeoise, c'est-à-dire, exclusivement entre les voussoirs et les lambourdes, d'abord avec des coins de bois blanc ou de sapin refendu suivant les fils, et dont la longueur égale l'épaisseur du barrage, ou 0.80 mètre; puis, après un jour de repos, avec d'autres plus courts; enfin, avec des coins en saule et même en hêtre.

La clef *t* placée à la troisième assise, a 0.44 mètre de largeur et 0.30 mètre de hauteur; elle est entourée de six voussoirs disposés de telle façon que, quoique

la place en reste inoccupée, la construction puisse être
serrée à coups de masse, sans anéantir l'espace vide que
plus tard elle doit venir occuper. Lorsqu'enfin elle doit
être mise en place, elle s'établit sur un petit échafaudage
installé derrière le serrement; celui-ci la maintient de
niveau avec l'ouverture rectangulaire, dans laquelle elle
est introduite, en la tirant par l'intermédiaire d'une chaine
et d'une vis à écrou.

Cette construction résiste à une colonne d'eau de 50
mètres de hauteur et à une pression de 288 tonnes. Les
deux serrements de la mine du Grand-Bac, construits de
la même manière, sont placés à 200 mètres au-dessous du
niveau des eaux de la Meuse, origine probable des sources
qu'il s'agit de repousser.

666. Serrement en maçonnerie construit dans les travaux du puits dit Grand-Trait de l'Agrappe, à Frameries, près de Mons.

Le serrement (fig. 28), exécuté vers la fin de l'année
1839, avait pour objet d'obstruer une galerie à travers
bancs, percée à une profondeur de 109 mètres au-dessous
du sol; cette excavation, formée de deux compartiments
superposés, destinés au transport des produits et au retour
du courant ventilateur, n'avait pas moins de 2.90 mètres
de hauteur. Après avoir choisi, pour l'emplacement du
barrage, un point où la galerie avait recoupé une couche
de 1.20 mètre de puissance, il fut procédé à la régularisation des parois; à l'entaillement du faite et du sol
sur une profondeur d'environ 0.70 mètre; puis à l'établissement, en arrière de la digue projetée, d'un batardeau *a* dont le trop plein s'écoulait à travers un tuyau
en fonte, *b,b,* traversant la partie inférieure de la maçon-

nerie dans toute sa longueur, ff' étant le tuyau de dégagement de l'air.

Cette muraille de 5.40 mètres d'épaisseur, encastrée dans la roche, n'offrant de résistance que par son propre poids dùt être mise en harmonie avec celui de la colonne d'eau. L'opération commença par la construction simultanée de deux murs, l'un C de trois briques d'épaisseur, et l'autre C' de deux briques seulement; ces murs sont séparés par un intervalle de 0.40 mètre, dans lequel est tassé avec soin un béton hydraulique, composé de chaux fusée et de briques écrasées; chacun d'eux, à sa partie supérieure, fut serré fortement avec des carreaux de poterie introduits vers le faîte à grands coups de marteau. Le reste du massif fut l'objet d'une construction toute ordinaire; seulement, pour faciliter le serrage des briques contre le plafond, les assises de la maçonnerie furent disposées en gradins droits, tels que e, e de l'arrière à l'avant et des parois vers l'axe de la galerie; en sorte que, pendant le cours du travail, la partie la moins avancée du massif se trouva au faîte, et que, dans une rangée quelconque, la brique la plus rapprochée de l'axe fut toujours placée la dernière. Ainsi que précédemment, on cherche à exercer une forte tension des matériaux par l'introduction de carreaux ou de tuileaux dans tous les interstices.

Ces constructions réclament des ouvriers de choix, attentifs à soigner particulièrement les joints parallèles à la direction de la galerie; ils ont le soin, dans la crainte que l'eau ne filtre à travers les pores des briques, de ne placer celles-ci qu'après les avoir trempées dans un bain de mortier liquide.

La confection du mortier exige également beaucoup d'attention : il consiste en chaux fusée et tamisée et en cendres provenant de la combustion de la houille sur les grilles des chaudières, auxquelles les débris de schistes brûlés communiquent des propriétés assez hydrauliques. Ces deux substances, fortement triturées ensemble avec une légère addition d'eau, sont amenées à l'état de pâte molle capable de durcir dans les lieux humides après un court espace de temps.

Le massif étant achevé, les eaux s'écoulent à travers le tuyau de décharge pendant que la maçonnerie sèche, c'est-à-dire pendant environ un mois. Alors un tampon en bois, attaché à une longue tige de fer préalablement installée dans le tube de dégagement bb, est introduit dans son orifice postérieur, où il est fixé à l'aide d'un écrou serré sur la partie antérieure de la tige.

Ce barrage, depuis sa construction, a constamment résisté à une colonne d'eau de plus de 100 mètres de hauteur.

667. Serrements de la mine de Belle-Vue sur Élouges (Couchant de Mons) (1).

Ces serrements, au nombre de cinq, ont pour but d'isoler le siége d'exploitation des Andrieux de celui de la grande machine à feu de Dour. La description d'une seule de ces digues (fig. 17 et 18) suffira, puisque toutes ont été construites de la même manière.

Les entailles pratiquées dans le grès houiller ont six mètres de longueur, mesurés suivant l'axe de la galerie; le vide compris entre leurs faces forme deux pyramides tronquées, réunies par leurs grandes bases rectangulaires. A leur point de contact, la galerie a été excavée de 0.70

_____

(1) Mémoire de M. G. LAMBERT, aspirant au corps royal des mines. — Annales des travaux publics en Belgique., t. IV, p. 551.

mètre sur chaque paroi latérale et de 0.50 mètre au faîte
et au sol. La poudre a été le premier agent de ce travail, achevé à l'aide du pic et du gros ciseau.

La maçonnerie est composée d'une série de rouleaux
d'une brique et d'une demi-brique d'épaisseur alternant
entre eux et formant des voûtes surbaissées et concentriques, dont l'axe est vertical. La partie convexe est naturellement tournée du côté de la pression.

La disposition des lieux a permis que quatre de ces
serrements fussent établis en allant de l'avant à l'arrière,
c'est-à-dire en travaillant du côté de l'extrados des voûtes,
en sorte que l'ouvrage a été plus facile. Mais il est également praticable dans le sens contraire, ainsi que l'expérience l'a prouvé par le cinquième serrement construit
de l'arrière à l'avant.

Les briques, choisies avec le plus grand soin, étaient
posées à bain de mortier. Celui-ci, confectionné comme ci-
dessus et surtout corroyé avec de faibles quantités d'eau, servait à revêtir l'extrados de chaque rouleau d'une couche de
0.01 à 0.02 mètre d'épaisseur. En outre, on coulait régulièrement sur chaque assise un lait de chaux assez épais.
Enfin, un lit de béton C de 0.50 mètre d'épaisseur fut
interposé entre deux rouleaux successifs, et le dernier de
ceux-ci en reçut une couche de 0.15 mètre.

Il était inutile que les eaux pussent traverser les barrages pendant leur construction ; mais l'un d'eux, celui
qui a été établi en commençant par la partie postérieure,
était muni d'un tuyau de fonte pour livrer passage au
courant ventilateur nécessaire à la respiration des ouvriers.
Ce tuyau, indiqué dans la figure, se compose de fragments
d'un mètre de longueur et 0.10 mètre de diamètre assemblés à l'aide de boulons. Les joints en étaient convenablement lutés avec du mastic de fer ou pâte formée de vinaigre,

de limaille et de soufre pulvérisé ; enfin, chacun de ces joints était enveloppé après sa pose d'un manchon de béton de 0.25 mètre d'épaisseur. Le travail étant achevé, les mineurs remplirent de mortier le tube devenu inutile ; boulonnèrent, à ses extrémités revêtues d'un collet, un disque en fer dont les joints furent rendus étanches par l'interposition d'une rondelle de plomb. Enfin, ils entassèrent sur le sol et jusqu'au-dessus du tuyau une quantité de béton suffisante pour en préserver les extrémités des éboulements du faîte de la galerie. Il est évident que l'opération aurait été la même si, pendant la construction, le serrement avait dû livrer passage à l'eau.

Depuis longtemps les barrages en maçonnerie sont en usage aux mines d'Eschweiler, près d'Aix-la-Chapelle. Leur construction résulte de la combinaison des deux modes ci-dessus indiqués. En effet, ils se composent, à leur partie postérieure, d'un massif de briques, encastré dans la roche et lié avec un mortier de tras de Cologne, et à la partie antérieure, d'une voûte surbaissée, à axe vertical, composée de deux rouleaux d'une brique d'épaisseur. L'espace compris entre la muraille et la voûte est rempli de béton tassé fortement, afin de communiquer à la première la force de résistance de la seconde.

668. *Plates-cuves ou serrements horizontaux.*

Les digues de cette espèce sont établies dans les puits, comme les serrements dans les galeries, pour les obstruer et s'opposer au passage des eaux, avec cette seule différence que leur position est horizontale dans le premier cas, et verticale dans le second. Si l'exploitant, pour se dispenser de l'épuisement des eaux contenues dans la partie inférieure d'une mine, s'oppose à leur ascension au-dessus d'un point donné, et les refoule vers le bas, la digue prend le nom de *plate-cuve foulante* ; s'il veut interdire l'accès des travaux aux infiltrations provenant des cavités supérieures, le barrage destiné à les retenir pour ainsi dire suspendues s'appelle alors *plate-cuve portante*.

Les plates-cuves de la première espèce, plus rarement employées que celles de la seconde, permettent d'exploiter les couches supérieures par les puits où se trouve le barrage, tandis que les plates-cuves portantes interdisent l'usage des excavations où elles sont construites. Lorsqu'il est possible d'exploiter les couches inférieures, il faut, pour en extraire les produits, avoir recours à un puits voisin.

Ces digues, dont la construction repose sur les mêmes principes que les serrements, se composent ordinairement de pièces de bois disposées horizontalement ou verticalement en forme de voûte. Il en existe aussi de fort efficaces en maçonnerie. Enfin l'emploi des pierres de taille a été proposé à plusieurs reprises; mais il ne semble pas que cette idée ait été, jusqu'à présent, mise à exécution.

669. *Plate-cuve foulante, à pièces horizontales, établie dans un puits de la mine d'Eschweiler* (fig. 21 et 22, pl. LXIV).

La section du puits étant un carré de 2.10 mètres de côté, il est indifférent dans quel sens seront placées les pièces horizontales, qui cependant, en règle générale, doivent être disposées parallèlement aux petits côtés, afin de leur donner la plus petite portée.

L'entaillement des parois détermine un tronc de pyramide, dont la grande base est à la partie inférieure ; là le rocher forme une saillie *s s*, destinée à supporter les pièces

pendant le travail. Vers le milieu de l'une des parois du
puits, la banquette est abattue, afin de permettre la facile
introduction des pièces qui, sans cela, ne pourraient pénétrer entre les entailles. Ces pièces, en hêtre, ont 0.50
mètre de hauteur; elles sont ajustées avec soin, de manière à remplir l'espace compris entre les quatre parois;
leurs têtes, coupées en biseau, laissent cependant entre
elles et la roche un espace suffisant pour le picotage,
effectué par dessus.

Les ouvriers, installés sur un plancher de service *u* établi
au-dessous de l'emplacement réservé au barrage, introduisent successivement deux pièces, en les faisant passer
par l'entaille *t* pratiquée dans la banquette; ils les repoussent
contre les deux parois opposées, et intercallent entre elles
et ces dernières une lambourde et un lit de mousse fine
convenablement nettoyée; ils placent ensuite les autres
sommiers, alternativement à droite et à gauche, jusqu'à
la clef qui, munie d'un fort crochet *v*, est maintenue en
place avec des cordes et des leviers. Le picotage a lieu au
moyen de coins en bois blanc et de picots en chêne. L'ouvrier commence par les joints compris entre les lambourdes
et les grandes faces des deux premières pièces latérales, afin
de mettre toutes les surfaces longitudinales en contact entre
elles, ce qui ne pourrait avoir lieu si le serrage se por-
tait d'abord sur les têtes alors invariablement fixées. Il
picote ensuite les joints que les pièces laissent entre elles;
puis enfin les intervalles compris entre les têtes et le rocher.

Un trou pratiqué à travers l'un des sommiers reçoit le
tuyau d'une pompe à bras, destinée à empêcher les eaux
de se porter contre la plate-cuve pendant l'opération.
Le travail achevé, ce trou est bouché par une broche
soigneusement picotée.

La pression instantanée à laquelle fut soumise le bar-

rage (550 tonnes métriques) était beaucoup plus considérable qu'on ne s'y attendait; aussi, vit-on les pièces fléchir
sous la charge et quelques autres accidents se déclarer
simultanément. Pour y porter remède, la pompe fut
remise en place, et la digue fut consolidée au moyen d'une
poutre horizontale x, maintenue elle-même par des arcs-
boutants y, logés, par l'une de leurs extrémités, dans la
roche. Cette armure fut efficace, et la cuve a résisté dès
lors à tous les efforts de la colonne liquide, dont la hauteur est de 125 mètres.

670. *Plates-cuves portantes à pièces horizontales,
construites à la mine de Bonne-Fin, près de
Liége, dans les puits de la Vigne et du Vieux-
Baneux* (1).

La section du puits de la Vigne est un parallélogramme
irrégulier de 5.20 sur 5.34 mètres (fig. 24). Les parois
sont entaillées au pic de manière à former une banquette
horizontale, assise des sommiers $k k$ de la plate-cuve. Un
cadre $i i$ en chêne de 0.12 d'épaisseur prévient les dégradations de la roche et facilite le déplacement et le glissement
des pièces pendant le picotage. Celles-ci ont de 0.45 à 0.55
de hauteur; leur longueur, variable suivant l'irrégularité
de l'excavation, est toujours telle qu'il reste entre leurs
extrémités et les parois un vide de 0.04 à 0.05 mètre. Les
sommiers, placés parallèlement aux petits côtés, sont suivis

(1) Ces travaux, exécutés sous la surveillance de M. DE VAUX,
inspecteur général des mines en Belgique, alors ingénieur du 5e. district, ont été décrits par M. WELLEKENS, dans les *Annales des Mines*,
3e. série, tome XII.

de la clef, dont la mise en place doit être accompagnée de
quelques frottements durs. Pour forcer cette charpente à se
resserrer sur elle-même, les mineurs introduisent deux coins
entre le rocher et les pièces latérales en contact avec lui ;
cette opération tend à repousser les sommiers vers le milieu
du puits et à créer un vide latéral dans lequel s'exécute le
picotage à la manière liégeoise, c'est-à-dire par l'introduction simultanée sur les deux faces de coins de bois blanc
placés la tète en bas, d'un lit de mousse entre ceux-ci et
la roche, d'une autre rangée de coins la tète en haut,
puis, enfin, de coins de saule desséché et de picots en
chêne ayant la forme d'une pyramide quadrangulaire. Après
avoir également picoté les deux autres côtés de la plate-
cuve, les joints des pièces sont calfatés avec de la mousse
d'abord, puis avec des étoupes goudronnées. L'ensemble
de la charpente est ensuite consolidé par des étrésillons l,l,
appuyées, d'un côté, sur les extrémités des sommiers, et, de
l'autre, contre le faîte de l'entaille ; enfin, les trous affectés à
l'évacuation des eaux pendant le travail, sont bouchés avec
des broches de hêtre bien sec. Lorsque les pièces ont une
trop grande portée, leur flexion est prévenue au moyen
d'une poutre horizontale m, maintenue par des jambes de
force $n\,n$; des contre-fiches horizontales et inclinées sont
destinées à lier ces dernières entre elles et avec le terrain.
Cette armure, qui détruit en partie les points d'appui de
la banquette, ne peut être mise en usage que dans les
terrains très-solides. On doit ajouter que, dans les circonstances actuelles, elle n'a rempli qu'imparfaitement le but
que se proposait le constructeur.

671. *Plate-cuve foulante sphérique de la mine de Spanbruch (District de la Wuhrm) (1).*

Cette construction est semblable au serrement établi dans cette localité, serrement qui a déjà été l'objet d'une description à laquelle il reste peu de chose à ajouter pour que le lecteur ait une connaissance complète du procédé.

Ce barrage (fig. 25) est établi dans un puits à section rectangulaire de 2.10 mètres sur 1.88 mètre. La partie supérieure du vide compris entre les entailles a les mêmes dimensions que le puits, tandis qu'à la partie inférieure elles sont de 2.35 mètres sur 2.03 mètres, la roche faisant ainsi une saillie de 0.075 mètre. Un plancher $o\,o'$, formé de trois poutres d'un équarrissage de 0.31 mètre et de madriers de 0.079 mètre d'épaisseur, sert à porter les ouvriers et à donner aux diverses pièces une assiette solide pendant la construction. Les parois, bien régularisées, sont soigneusement enduites d'un mortier hydraulique, composé de chaux fusée à l'air, de cendres de bois et de mousse fortement triturées ensemble; alors on procède à la pose des voussoirs, dont la longueur est de 0.94 mètre, de la manière indiquée précédemment à l'occasion du serrement de Spanbruch. Au-dessus de l'assise des clefs est placée une poutre horizontale p, encastrée dans le roc par ses deux extrémités et fixée à l'aide de coins. Les eaux, qui pourraient gêner les ouvriers pendant leur travail, sont provisoirement épuisées sur un autre point de la mine.

(1) *Archiv von Karsten.* Band XIV, seite 81.

672. *Plate-cuve portante en maçonnerie construite*
à la mine de la Cossette (Couchant de Mons) (1).

La dégradation, de jour en jour plus considérable, d'un
cuvelage établi au puits N°. 8 de la Cossette, en nécessita
l'abandon, afin de pouvoir interdire l'accès des eaux du
mort terrain dans les travaux de cette mine, d'où elles se
répandaient dans les concessions voisines, avec lesquelles
cette dernière est en communication. (Fig. 25 et 26,
pl. LXIV.)

Le serrement horizontal consiste en deux voûtes surbaissées, séparées par un intervalle d'environ 2.75 mètres
de hauteur. Ces voûtes, dont les axes sont réciproquement
perpendiculaires, et dont, par conséquent, les naissances
ne se trouvent pas sur des parois correspondantes, sont
formées chacune de huit rouleaux de briques placées de
champ.

Dans la crainte que des éboulements, survenant à la
partie inférieure du puits, ne compromettent l'assiette du
barrage, des remblais sont entassés jusqu'à la naissance
de la première voûte, ces remblais sont traversés sur toute
leur hauteur par des tuyaux en fonte *cc* destinés à l'évacuation des eaux, qui peuvent s'écouler librement sur une
galerie inférieure.

Les ouvriers, lors de l'entaillement de la roche, forment sur deux des parois opposées, des talus à 45 degrés
pour recevoir la naissance de la voûte, tandis qu'ils cou-
pent les deux autres parois suivant une inclinaison de
75 à 80 degrés, afin que la pression à laquelle la maçon-

(1) TOILIER, *Annales des travaux publics en Belgique*, tome IV,
page 341.

nerie doit être soumise, porte celle-ci en contact immédiat
avec la roche, ce qui n'aurait lieu que plus imparfaitement avec des parois verticales.

Des cendres de chaudière tassées sur les remblais,
et dont la surface est réglée à l'aide d'un *gabarit*, ou
profil en planches, sert de ceintre pour la construction de la voûte. Après l'achèvement de cette voûte,
le massif qui lui est superposé se prolonge jusqu'au-
dessous de la seconde voûte, disposée de manière que
son axe soit perpendiculaire à celui de la précédente. Les
reins étant garnis et la maçonnerie arasée, le reste du
puits est comblé de béton jusqu'au niveau où les fissures
du terrain cessent de livrer passage aux eaux. Afin que
ces dernières ne délaient pas le mortier et n'incommo-
dent pas les ouvriers pendant le travail, elles sont évacuées
par une buse en fonte qui, ainsi qu'on l'a déjà vu, traverse
11 mètres de remblais, vient déboucher au-dessus de la
première voûte, reçoit les eaux recueillies dans des che-
naux en bois, et s'alonge, à mesure que les maçonneries
s'élèvent, par l'addition de nouveaux fragments de tuyaux.
Le constructeur se proposait de fermer cette buse de
décharge, en introduisant, dans son extrémité supérieure
convenablement alésée, un fort tampon en fonte tourné
et rodé; mais comme il s'aperçut que le béton projeté
dans le puits, pendant le travail, l'avait déjà complètement
obstrué à une époque où cette circonstance n'offrait aucun
inconvénient, cette opération n'eût pas lieu. Depuis 1843,
cette digue est achevée, et le niveau des eaux n'ayant varié
que dans une circonstance accidentelle dont il a été facile
de se rendre compte, ce travail peut être considéré comme
ayant pleinement atteint le but que l'on se proposait.

Les deux plates-cuves qui, dans la mine des Andrieux, accompagnent les serrements verticaux décrits

ci-dessus, ont été disposées, quant aux détails, d'une
manière un peu différente. Ainsi, les puits n'étant pas
remblayés, les voûtes ont été construites sur des ceintres
en charpente ; l'intervalle qui se trouve entre elles est
rempli de béton; enfin, les eaux, réunies par des toits
en planches, étaient introduites dans le tuyau de déversement à travers les nombreuses ouvertures latérales dont
le pourtour était criblé. Ce tuyau, prolongé jusqu'au
dessus du niveau le plus élevé auquel les eaux du mort-
terrain puissent atteindre, a été conservé entièrement libre,
afin de laisser une issue aux gaz, qui peuvent se dégager
des travaux situés en-dessous du barrage.

673. *Petits serrements ou batardeaux, destinés à transformer en réservoir une galerie quelconque.*

Une galerie percée dans le gîte ou dans les roches encaissantes, est transformée en un réservoir, au moyen d'un
batardeau, dont la force de résistance est plus ou moins
considérable, suivant la hauteur de la colonne liquide qui
doit presser sur lui. Parmi ces serrements, les uns, devant
complètement barrer la galerie, s'élèvent du sol au plafond; les autres laissent entre eux et le faîte un espace
libre dont les mineurs se servent pour pénétrer dans le
réservoir.

Tous ces barrages se construisent d'une manière analogue. Ainsi, après avoir entaillé la roche et y avoir réservé
des épaulements, les ouvriers placent un cadre rectangulaire, dont les dimensions soient telles qu'il reste entre
la roche et chacune de ses quatre faces extérieures un
vide de 0.05 à 0,06 mètre. Ils engagent des poutrelles
horizontales dans les feuillures du cadre, autour duquel
ils picotent, après avoir interposé des lambourdes et des

lits de mousse; puis ils procèdent au calfatage de tous les joints. Lorsque (fig. 19 et 20) de simples madriers de 0,03 mètre d'épaisseur suffisent pour résister à la pression des eaux, ils les introduisent dans une feuillure pratiquée sur le milieu des rainures du cadre, après les avoir assemblés à rainures et languettes. La planche de dessus, formant clef, est munie de deux poignées, et comme la feuillure est évidée vers la partie postérieure du cadre, le mineur n'a autre chose à faire que d'attirer le dernier madrier à lui pour fermer le barrage.

Si le serrement ne doit pas s'élever jusqu'au plafond, c'est ce dernier mode qui est employé, puisque la pression est alors très-minime. Le cadre ne consiste plus dès lors qu'en une semelle et deux montants.

Le châssis peut aussi être supprimé. Dans ce cas, le sol et les deux parois sont entaillés, ces dernières assez profondément pour que les poutrelles soient d'environ 0.30 mètre plus longues que la galerie n'est large. La première pièce est assise dans un bain de béton et les autres simplement superposées. Le picotage s'effectue perpendiculairement à l'axe de la galerie, avec mousse et lambourdes, et la clef se place au faîte en arrachant quelques schistes du plafond. Ces barrages, plus difficiles à construire et surtout à défaire que les précédents, sont en usage quand la pression de la colonne liquide réclame une assez grande résistance.

Pour faire évacuer les eaux de ces divers réservoirs, une ouverture d'environ 0.10 mètre de diamètre est pratiquée dans la pièce la plus rapprochée du sol de la galerie; l'orifice en est muni d'un robinet en bois ou en fonte, auquel s'adapte quelquefois un tuyau en cuir assez long pour plonger dans la tonne qui doit élever les eaux au jour. Lorsque les orifices de sortie sont d'un grand diamètre, les robinets sont remplacés par des glissières. Ces réservoirs, désignés dans la province de Liége par les noms de *carihou* et de *pahages*, sont d'une grande importance en exploitation. Ils contribuent à retenir près de la surface du sol une grande partie des eaux d'infiltration, qui, sans cela, tomberaient dans les niveaux inférieurs de la mine, d'où elles ne seraient élevées au jour que par un travail long et coûteux.

II°. SECTION.

DE L'ÉCOULEMENT DES EAUX ET DE LEUR ÉPUISEMENT
A L'AIDE DE TONNES.

674. *Avantages résultant du percement des galeries d'exhaure.*

L'objet des excavations pratiquées dans le sein des collines est de recueillir les eaux provenant de la surface, de les conduire au jour en un point situé au fond d'une vallée et de les déverser dans une rivière, un ruisseau ou dans tout autre cours d'eau naturel. Ce procédé, fort simple, offre, sous le rapport de la dépense, une grande supériorité sur les moyens mécaniques d'exhaure.

Dans les mines de houille, ce but peut être atteint d'une manière complète pour les couches stratifiées au-dessus du plan passant par le sol de la galerie. Telles sont les conditions dans lesquelles se trouvent la plupart des mines de Silésie et de Saarbrücken, qui, dès lors, n'ont pas d'autre moyen d'exhaure. Mais si l'exploitation de la houille doit s'effectuer au-dessous du dit plan, les galeries d'écoulement, quoique retenant et déversant à la surface la majeure partie des eaux supérieures, n'en laissent pas moins échapper des quantités assez notables, en sorte que l'exploitant est quelquefois forcé d'avoir recours aux procédés mécaniques, afin de parvenir à leur complète évacuation. Cependant les avantages dérivant d'une galerie de cette espèce n'en sont pas moins incontestables.

En effet : supposant un gîte houiller renfermé dans le sein d'une colline assez élevée au-dessus des terrains avoisinants ; si une galerie à travers bancs, débouchant au niveau le plus bas d'une vallée voisine, recoupe les couches, tout ce qui se trouve au-dessus du plan de délimitation, étant asséché, s'exploitera sans frais d'exhaure. Le fait même de l'exploitation est l'origine d'excavations qui reçoivent les eaux d'infiltration et les conduisent dans la galerie. Si d'ailleurs, lors de l'arrachement de la houille en-dessous du niveau de démergement, les travaux inférieurs ont été soigneusement séparés des premières cavités par des massifs assez épais pour intercepter le passage des eaux, il n'y en aura qu'une très-faible partie qui puisse descendre au-dessous du plan d'assèchement, et ainsi sera réalisée une grande économie sur la machine d'exhaure, dont la force devra être d'autant moindre que la quantité d'eau débitée par la galerie sera plus grande. En outre, les eaux pouvant être déversées sur cette dernière, l'espace vertical, compris entre elle et la surface du sol au point où se trouve le siége d'exploitation, diminue d'autant la hauteur d'action du moteur. Cette dernière considération est d'une importance assez grande, car si, par exemple, les eaux que des pompes doivent ramener d'une profondeur de 350 mètres au-dessous du sol sont projetées sur une galerie située à 50 mètres de profondeur, l'économie de la force motrice ne sera pas de moins d'un septième sur la force totale. S'il existe à surface du sol un ruisseau, une source ou un courant quelconque dont les eaux soient réunies dans un bassin, il en peut résulter une chute en faveur des mines pourvues d'une galerie d'écoulement. Or, cette chute peut activer une machine à colonne d'eau servant à l'épuisement de la partie inférieure des couches ; c'est une force motrice disponible pour mettre en mouvement des balances hydrostatiques ; enfin , cette chute d'eau peut être appliquée à une trompe ou à tout autre moteur de la ventilation.

Les galeries d'exhaure , indépendamment de leur objet direct , servent à la reconnaissance du gîte ; elles sont utilisées comme voie de transport pour l'extraction du combustible , ainsi que cela se pratique généralement dans les mines de Saarbrücken ; elles peuvent même se transformer en galeries navigables , ce qui , toutefois, est une circonstance exceptionnelle.

Si le fonçage des puits devant s'effectuer à travers des stratifications aquifères et ébouleuses , le mineur peut disposer d'une galerie d'écoulement située à peu de distance de l'avaleresse , il suffira d'un coup de sonde pour se débarrasser des eaux et faciliter considérablement le travail de foncement. C'est ainsi qu'agissent les mineurs du district du Centre (Hainaut), où des terrains tertiaires et des sables mouvants rendent quelquefois fort difficile l'accès de la formation carbonifère. Sans l'existence d'une galerie d'écoulement , le fonçage du premier puits qui a traversé le *torrent* , sable désaggrégé qui, comme on le sait , remplace le tourtia sur une partie de la concession d'Anzin , eût été une opération impraticable.

Souvent une galerie d'écoulement débouche à travers les sables ou autres terrains aquifères ; mais , après un certain parcours, elle atteint la formation houillère. A partir de ce point seulement elle devient efficace ; car, tant qu'elle n'est pas enveloppée de stratifications compactes et imperméables , elle facilite, il est vrai , le creusement des puits dans la partie supérieure du terrain , mais devient complètement inutile au-dessous de la galerie où toutes les difficultés subsistent.

Il est impossible de songer au creusement de semblables

excavations si la surface du sol n'est accidentée, si celui-ci n'est sillonné de vallées assez profondes, en sorte que les éminences situées au-dessus du plan horizontal, passant par le sol du percement, laissent au-dessus de la tête du mineur une hauteur assez considérable. Il faut aussi que l'orifice de la galerie ne se trouve pas à une distance beaucoup trop considérable des siéges d'exploitation. Or, ces hauteurs et ces distances, variables suivant les circonstances, combinées avec les difficultés de percement et les différents avantages que le mineur pense devoir retirer d'une semblable entreprise, sont les éléments des calculs qu'il est appelé à faire pour rechercher s'il doit aborder ou non un semblable travail.

Les Allemands ne négligent jamais ce moyen d'exhaure quand il est praticable. Les mines du pays de Galles en fournissent de nombreux exemples. Chaque charbonnage du Centre (Hainaut) possède au moins un *conduit*. Les anciennes mines du district de Charleroi étaient pourvues de *sewes*, dont l'inefficacité actuelle ne peut être attribuée qu'à la rupture des massifs sur lesquels elles reposent. Enfin, les exploitations des environs de Liége possèdent un grand nombre de galeries d'écoulement appelées *areines* ou *xhorres*; et telle était autrefois l'importance attachée à ces excavations que les entrepreneurs de ces moyens d'exhaure (*arniers*), substitués aux possesseurs de la surface quant au droit d'extraire la houille, furent considérés comme ayant acquis *le droit de conquête*, en rendant accessibles des couches noyées et, par conséquent, inexploitables auparavant. Ces galeries et surtout celles de la rive gauche de la Meuse rendraient encore d'éminents services si elles n'eussent été mises en communication avec les travaux établis au-dessous de leur niveau; de là l'origine de ces *mers d'eau* ou *bains* si dangereux pour l'exploitation des gîtes renfermés dans les collines situées au nord de la ville.

Il serait peut-être avantageux, dans la disposition des galeries d'écoulement, d'imiter ce que font les Allemands pour leurs mines métalliques, en perçant à frais communs le tronc principal de la galerie destinée à assécher simultanément plusieurs concessions, et en y rattachant chaque mine au moyen de quelques embranchements pratiqués en grande partie dans les couches elles-mêmes. Mais, comme en Allemagne, l'intervention de l'administration des mines ou celle de toute autre autorité serait indispensable pour aplanir les difficultés qui ne manqueraient pas de surgir de cette communauté.

675. *Principes sur lesquels repose la construction d'une galerie de démergement.*

Une galerie de cette espèce doit déboucher dans une vallée et son orifice occuper l'un des points les plus bas de cette dernière. Comme dans le voisinage se trouve ordinairement une rivière, un ruisseau ou un cours d'eau quelconque, il faut que le sol se trouve au-dessus du niveau des plus hautes eaux connues, afin qu'en cas de débordement, celles-ci ne puissent affluer dans la mine et l'inonder accidentellement.

Une direction rectiligne est la plus convenable afin d'éviter un percement trop coûteux et un développement préjudiciable ; cette observation s'applique principalement aux excavations destinées simultanément à l'extraction des produits de la mine. Mais le mineur est quelquefois exposé à rencontrer des terrains tellement difficiles à traverser ou à soutenir qu'il juge avantageux, quant aux dépenses d'entretien et de premier établissement, de renoncer à la ligne droite pour faire dévier la galerie à travers des roches douées de quelque solidité. Il acquiert cette connaissance anticipée de la nature des stratifications à l'aide de quelques sondages qui, n'étant jamais très-profonds, peuvent se multiplier suffisamment et offrir une coupe du terrain sur différentes directions. Les débris de la sonde lui faisant reconnaître la nature des roches stratifiées sur la direction projetée, il peut éviter d'attaquer celles qui, offrant des difficultés trop grandes, pourraient l'entraîner dans des dépenses bien supérieures à la valeur de la fouille préalable du terrain à traverser. Toute exécution d'une galerie de démergement doit être précédée d'un nivellement fort exact de la surface du sol, du point de départ au point d'arrivée, en suivant les sinuosités de l'excavation future; ce nivellement, combiné avec la connaissance de la situation relative des stratifications, permet d'établir un profil, base de toute l'opération.

Le sol des galeries dont l'objet exclusif est l'assèchement du terrain sur la plus grande hauteur possible, n'est incliné que de la quantité strictement nécessaire à l'écoulement des eaux. Cette inclinaison varie suivant les circonstances : la plus légère pente (1 à 2 millimètres par mètre) suffit pour imprimer aux liquides un mouvement qui les dirige vers l'orifice de sortie ; mais si l'excavation doit servir simultanément à l'extraction, les parcelles de houille qui tombent des voitures de transport, les boues que les ouvriers entraînent avec leurs pieds, etc., forcent à donner aux eaux un cours plus rapide et, par conséquent, une plus forte inclinaison, réclamée d'ailleurs par les nécessités du roulage.

Les règles relatives aux conditions de percement et de ventilation des galeries d'exhaure, sont les mêmes que celles des galeries ordinaires. Elles sont dépourvues de revêtements si la roche est d'une grande solidité ; boisées ou muraillées dans le cas contraire ; toutefois, comme leur durée doit être très-grande, ce dernier mode est préféré comme étant définitivement le moins coûteux. Un sol offrant une surface plane facilite l'écoulement de la vase provenant des nettoyages ; son imperméabilité prévient les infiltrations à travers les fissures du rocher et leur introduction dans les travaux exécutés au-dessous du niveau de démergement. C'est dans ce but qu'il est revêtu d'un corroi d'argile, d'un bétonnage ou d'un radier en briques, et que, dans les circonstances difficiles, l'eau est conduite dans un canal en bois ou dans des tuyaux en fonte.

La section de ces excavations doit être telle que les ouvriers chargés des réparations puissent y travailler à leur aise. Une galerie trop étroite ou trop basse est d'un entretien fort difficile et par fois impossible ; si elle est d'une assez grande étendue, une trop faible section la rend d'un accès difficile ; elle est promptement obstruée par les éboulements dont la recherche constitue un travail aussi pénible que dangereux et coûteux. Quelquefois le mal est si grand qu'on est obligé de pratiquer latéralement un nouveau percement pour franchir l'espace envahi par les éboulis, et pendant ce temps les travaux sont submergés. Ainsi, cette faible section, considérée primitivement comme une source d'économie, devient la cause de pertes considérables.

Lorsque l'écoulement des eaux est lié avec le transport souterrain, la galerie est disposée de manière à concilier cette double destination. Quelquefois, revêtue d'un boisage (fig. 24 et 25, pl. X), elle est divisée en deux compartiments par un plancher de roulage, au-dessous duquel les eaux s'écoulent, soit par une rigole creusée sur le sol, soit directement sur ce dernier. Souvent (fig. 14, pl. XII) la galerie est sans revêtement, mais le sol fissuré a reçu un bétonnage et un radier, et des solives servent à recevoir les madriers de roulage. Quelquefois (fig. 12) le muraillement étant elliptique ou en anse de panier, la partie destinée à l'évacuation des eaux a été séparée du compartiment affecté au transport par une voûte en briques. Enfin, lorsque la galerie est assez large et les eaux peu abondantes, la rigole est creusée sur l'un des côtés de la galerie, et le reste du sol sert au transport des produits. Tel est la disposition la plus usitée dans les grandes galeries du pays de Galles et de Saarbrücken.

Une galerie de démergement de grande étendue peut être attaquée par ses deux extrémités. Une plus grande rapidité peut encore être imprimée aux travaux par le fonçage de puits intermédiaires jusqu'aux profondeurs indiquées par le profil du terrain ; chassant alors, du fond de chacun d'eux, des tailles dirigées, les unes vers l'orifice, les autres vers le point d'arrivée, l'exploitant crée ainsi un nombre d'ateliers en rapport avec le temps accordé pour l'exécution du travail. Comme pendant ces percements le mineur a dû se débarrasser des eaux à mesure qu'elles se présentaient, la moitié des tailles ont reçu, sinon une pente inverse de celle qu'elles doivent définitivement recevoir, au moins une direction horizontale ; il doit, lorsque toutes les percées communiquent entre elles, reprendre le sol de la galerie et lui donner une inclinaison définitive du côté de l'orifice, ce qui lui permet en même temps de détruire les dépressions et les saillies résultant d'une exécution rapide.

On cite un grand nombre de galeries de démergement dans les mines métalliques d'Allemagne, qui ont de dix à seize kilomètres de longueur. L'une d'elles (Tiefe George Stollen, au Hartz) a été attaquée par dix-sept points ; son percement a donné lieu à trente ateliers et a exigé dix-neuf années de travaux incessants.

676. *De l'épuisement des eaux en général.*

L'épuisement proprement dit consiste à réunir les eaux sur quelques points déterminés de la mine, à les élever au jour à l'aide de certains appareils et à les faire écouler à la surface du sol. Cette réunion des eaux en des points donnés de la mine exige le creusement de *puisards*, prolongements des puits au-dessous des étages d'exploitation, et de *réservoirs*, excavations disposées latéralement au puits, dans le gîte ou dans les roches encaissantes.

Les appareils usités pour les amener à la surface se divisent en deux catégories. Ce sont : tantôt des seaux, des tonnes ou autres vases analogues à ceux dont on se sert pour l'extraction de la houille, qui, contenant l'eau, s'élèvent au jour avec elle ; tantôt diverses espèces de pompes offrant une série de canaux traversés par le liquide dans son mouvement ascensionnel.

Les moteurs de l'épuisement sont les bras des hommes, la traction des chevaux, les roues hydrauliques, les machines à vapeur, les machines à colonne d'eau et les turbines. Les paragraphes suivans auront pour objet les procédés d'épuisement à l'aide de seaux, de tines et de tonnes ; les pompes, les moteurs des pompes et les intermédiaires entre ces deux derniers objets. Quant aux réservoirs, il ne reste que peu de chose à ajouter à ce qui a été dit dans le second chapitre, si ce n'est de signaler leur grande importance relativement à l'épuisement, quel que soit le moteur employé. En effet, ces excavations permettant de retenir, aux étages supérieurs, les eaux d'infiltration qui, sans cela, tomberaient au fond du puits, font bénéficier le moteur de toute la hauteur comprise entre les réservoirs et le niveau le plus bas des travaux ; en sorte qu'en beaucoup de circonstances, l'épuisement à la tonne reste pendant longtemps dans des conditions favorables, tandis qu'il deviendrait promptement impraticable, si les eaux d'infiltration pouvaient s'échapper et tomber dans les étages inférieurs.

Les réservoirs de grande capacité sont utiles, en ce que, pouvant contenir toutes les eaux d'une mine pendant un laps de temps plus ou moins grand, il est toujours possible de faire au moteur toutes les réparations nécessaires et de renouveler les pièces défectueuses, usées ou brisées. Dans beaucoup de circonstances, si le réservoir est en rapport avec le volume des eaux affluentes dans la mine, on peut aussi réaliser quelque économie sur la main-d'œuvre relative aux machinistes et aux chauffeurs. Dans tous les cas, il importe que le mineur connaisse la capacité des réservoirs dont il dispose, afin d'être en mesure de régler la durée des chômages de la machine, d'après le temps pendant lequel ces excavations peuvent servir à l'emmagasinage des eaux.

677. De l'épuisement à l'aide des seaux, des tines et des tonnes d'extraction.

Ce mode, employé d'une manière temporaire pour faciliter le creusement des puits, l'est aussi d'une manière permanente pendant l'exploitation de la houille ; mais les eaux, peu abondantes, ne doivent pas être extraites d'une trop grande profondeur. Dans ces circonstances, les vases d'extraction sont aussi les vases d'assèchement, dont la capacité est en rapport avec les efforts du moteur. Ce sont des seaux de 0.50 à 1 hectolitre, pour l'épuisement à bras d'homme, pendant le fonçage des puits ; de 1.00 à 4.00 hectolitres, lorsque le moteur est une machine à molettes ; et enfin des tonnes ou cuffats dont la capacité atteint 10 et quelquefois 20 hectolitres, si la puissance de la machine à vapeur est assez considérable.

Lorsque les eaux à élever sont contenues dans un ré- servoir, le point de jonction de ce dernier et du puits est disposé ainsi que le lecteur l'a déjà vu dans les figures 25 et 26 de la planche XVII. Pour le vider, un ou deux ouvriers, suivant la capacité des vases, descendent dans la cavité latérale, appelée en Belgique *pas de cuffat*, recueillent les tonnes, y font plonger le boyau en cuir et livrent passage à l'eau. Si le boyau a été supprimé, ils ouvrent simplement le robinet, et l'eau est projetée dans la tonne, par suite de la force d'impulsion que lui im- prime la hauteur de la colonne liquide. Le vase étant rempli, ils l'accrochent au câble d'extraction, après avoir recueilli la tonne vide qui y était suspendue, et le moteur amène le premier au jour. Quelquefois, ainsi que cela se pratique dans les avaleresses d'Anzin, l'absence du pas de cuffat force à suspendre la tonne à une chaine en fer fixée à l'origine de la galerie.

Si l'épuisement a lieu dans un puisard, la tonne, arrivée à la surface de l'eau, se couche et se rem- plit par son orifice, en vertu du mouvement de bas- cule que lui imprime la distension du câble ; ce dernier, relevé ensuite par les efforts du moteur, entraine le vase, qui ne se redresse qu'en partie au moment où, soumis au mouvement ascensionnel, il s'élève au jour. Sortant de l'eau obliquement, il acquiert de suite un mouvement de pendule en vertu duquel il heurte alter- nativement les parois opposées du puits, dont il dégrade les revêtements, en se détruisant lui-même avec une grande

promptitude. Ces effets désastreux sont d'autant plus intenses que les tonnes ont des dimensions plus considérables.
Le lecteur verra dans le paragraphe suivant les moyens
d'anéantir ce grave inconvénient.

Les tonnes, à leur arrivée au jour, ne sont pas détachées du câble ; mais elles basculent sur une traverse
mobile , comme les vases affectés à l'extraction de la
houille. Il convient d'empêcher les eaux de revenir vers le
puits dans lequel elles pourraient se déverser en partie ;
aussi, la partie de la margelle sur laquelle elles doivent
être projetées, est-elle disposée d'une manière particulière.
Un encaissement triangulaire est placé en contre-bas du
sol; sa base est appliquée contre l'un des côtés du puits,
et son sommet, dont le niveau est au-dessous de celui de
la base, est muni d'un canal destiné à conduire les eaux
hors du bâtiment. Quelquefois un simple plancher, légèrement incliné en avant, les transporte à une-distance telle
qu'elles ne puissent revenir s'infiltrer dans le puits.

Dans les mines en exploitation où le peu d'abondance
des eaux favorise l'épuisement par tonnes, les réservoirs
et les puisards peuvent n'avoir que de faibles dimensions.
S'ils contiennent celles qui affluent pendant la journée,
leur épuisement s'effectue immédiatement après l'extraction de la houille; s'ils sont assez grands pour emmagasiner les eaux de toute une semaine, l'enlèvement n'en
a lieu que le dimanche.

678. *Vases spécialement destinés à l'épuisement des eaux.*

Le lecteur a vu ci-dessus les inconvénients inhérents
à l'emploi des vases ordinaires d'extraction, appliqués à
l'épuisement des eaux. En outre, les tonnes de forte capa-

cité appelées à basculer sur la margelle des puits, ne peuvent être manœuvrées qu'à grand renfort de bras d'hommes; et comme pendant leur culbute, elles tombent du côté de leur orifice, celui-ci s'ovalise et le vase est promptement détruit. Ces inconvénients peuvent être supprimés par l'emploi de vases spéciaux dont le fond est muni de soupapes ou de clapets; ces derniers, venant en contact avec la surface de l'eau renfermée dans le puisard, sont soulevés et permettent au liquide de se répandre à l'intérieur. Le moteur rappelle les vases au jour; mais l'eau pressant de tout son poids sur les soupapes, les ferme et la tonne s'élève sans avoir dévié un instant de sa position verticale.

Les figures 29 et 50 de la planche LXIV représentent le fond d'un cuffat, sur lequel ont été ajustés quatre clapets; chacun d'eux est formé d'une pièce de cuir comprise entre deux plaques de tôle; le cuir forme la charnière et s'attache immédiatement sur les bords des orifices. La plupart des vases de cette espèce doivent être vidés par renversement, en sorte que la moitié des inconvénients subsistent encore; mais on leur substitue des caisses en tôle, parallélipipédiques ou cylindriques, munies de deux clapets de grande dimension; ceux-ci, construits comme les précédents, peuvent être soulevés de bas en haut à l'aide d'une chaîne et déterminer ainsi l'écoulement de l'eau contenue dans le vase.

Les figures 51 et 52 se rapportent à une tonne, dont le fond est pourvu d'une soupape conique. La broche fixée au centre de celle-ci traverse deux œillets qui la guident dans ses mouvements de va-et-vient verticaux, tandis que sa queue, dépassant le fond du cuffat, la force à se soulever dès qu'elle heurte contre le sol. Le lecteur a déjà eu l'occasion de voir un vase de ce genre lors de la description des procédés d'extraction usités à la mine du Piéton (fig. 7 et 8, pl. LXIX).

Le déversement des eaux au jour, à l'aide des deux derniers appareils, réclame l'emploi des ponts volants, munis d'un encaissement dont le fond soit incliné du côté où les eaux doivent s'écouler. La manœuvre est alors des plus simples. Lorsque le vase arrivant au jour dépasse le plan de la margelle, l'ouvrier recouvre l'orifice du puits avec le pont volant sur lequel le vase vient porter; s'il emploie une caisse en tôle, il tire la chaîne de bas en haut et les clapets s'ouvrent; s'agit-il d'une soupape, celle-ci se soulève dès que la broche est en contact avec le fond de l'encaissement; et dans les deux cas, l'eau s'écoule librement. Le vase remonte; le pont est retiré et le vase descend sans avoir dévié de sa position primitive et verticale.

L'épuisement à la tonne est peu coûteux quant aux appareils; il est toujours praticable quelque soit le degré de pureté des eaux, qu'elles soient claires, boueuses ou mélangées de terres; enfin les vases peuvent suivre l'abaissement progressif du niveau dans les puisards. D'un autre côté, ce procédé est incompatible avec de grandes profondeurs ou avec une affluence d'eau trop considérable; car, non-seulement la contenance des vases est limitée, mais encore le volume d'eau extrait en un certain espace de temps, de profondeurs données, est à peu près en raison inverse de cette profondeur. En outre, la main-d'œuvre réclamée par les différentes manœuvres exécutées à la surface, et l'usure très-prompte des câbles constamment exposés à l'humidité, rendent ce mode d'assèchement fort coûteux.

Il reste à ajouter que l'épuisement des eaux réunies au fond des galeries descendantes, ou vallées, s'effectue, si leur volume n'est pas trop considérable, avec des tonnes installées sur des traineaux ou des voitures. Les vases sont remorqués suivant la pente du sol , soit directement par des traineurs , soit par l'intermédiaire de treuils , si l'inclinaison est assez forte pour réclamer ce mode de transport. Les eaux sont déversées sur une galerie qui les conduit dans un réservoir, d'où elles sont enlevées ensuite par d'autres appareils.

IIIe. SECTION.

POMPES APPLIQUÉES A L'ÉPUISEMENT DES EAUX DE MINES.

679. *Des diverses espèces de pompes.*

Les premiers appareils de ce genre établis par les Allemands pour l'assèchement des travaux intérieurs ont été des pompes *basses*, dans lesquelles la colonne d'eau n'excédait pas dix mètres ou la hauteur qui fait équilibre à la pression atmosphérique. Plus tard, les mineurs s'apercevant que, par l'adjonction d'un tuyau placé au-dessus du corps de pompe, l'eau, après avoir traversé le piston, s'accumulait au-dessus de la soupape, comprirent que dix mètres ne constituaient pas une limite pour la hauteur de la colonne d'eau, mais qu'elle pouvait s'élever beaucoup au-delà. Telle fut l'origine des pompes *hautes*, les seules actuellement en usage. Le bois, remplacé par la fonte de fer, qui est d'un meilleur usage, rend ces appareils d'un entretien moins coûteux.

Les pompes destinées à l'épuisement des mines peuvent être divisées en deux classes générales.

Celles dans lesquelles le moteur soulève, non-seulement l'attirail intermédiaire destiné à mettre en communication la machine motrice et les divers organes de l'appareil, mais encore toute la colonne d'eau : ce sont les *pompes élévatoires ou soulevantes*. Leur piston est creux ou plein, selon la catégorie à laquelle elles appartiennent.

Celles dans lesquelles l'attirail intermédiaire agit seul ou vient en aide au moteur pour soulever la colonne d'eau, sont appelées *pompes foulantes ;* elles se subdivisent en deux espèces, suivant que le piston est ou n'est pas en contact avec les parois du corps de pompe. Dans le premier cas, ce sont des *pompes foulantes proprement dites ;* dans le second, des *pompes foulantes à pistons plongeurs.*

On emploie encore des pompes à double effet, dans lesquelles le même piston aspire, soulève et refoule les eaux, et d'autres encore où deux pistons, aspirant et foulant alternativement la colonne liquide, produisent un jet continu.

Quant aux pompes de petites dimensions, mues à bras d'homme et destinées à l'assèchement de la partie inférieure des galeries descendantes ou des puits en creusement, elles sont en tout conformes aux grandes pompes ; il en sera fait mention à l'occasion des moteurs.

680. *Pompes élévatoires ordinaires à pistons creux.*

Les figures 1 et 2 de la planche LXV représentent les pompes établies dans la mine de Guley, district de la Wurm ; c'est à ce type que se rapportent la plupart des appareils d'épuisement installés dans les anciennes mines de houille de la Belgique, de la Prusse rhénane, de l'Angleterre et du département du nord. Une pompe de cette espèce se compose :

1°. D'un tuyau alésé *T* appelé *corps de pompe* ou *travaillante,* dans lequel fonctionne un piston creux muni de deux clapets à ailes de papillon.

2°. D'une chapelle composée de deux tuyaux courts d'un diamètre plus grand que le précédent ; l'un, *C,* placé au-dessus du corps de pompe, sert à enlever le piston ;

l'autre, *C'*, la soupape à clapets lorsque ces organes, en mauvais état, doivent être remplacés par d'autres.

3°. *La colonne ascendante A*, dont la hauteur est en rapport avec celle de la colonne d'eau à soulever.

4°. D'un tuyau *aspirateur B*, terminé à sa partie inférieure par un renflement percé de trous. Sa hauteur n'excède jamais 3 à 4 mètres ; elle est quelquefois moindre.

5°. D'une *soupape dormante, d'aspiration* ou *de retenue s* ; elle est fixée sur un siége établi à la partie inférieure de la chapelle, immédiatement au-dessus du tuyau aspirateur.

6°. D'un piston *p* en cuivre jaune ou en bronze, muni de deux clapets à sa surface supérieure ; il est attaché à une tige en bois ; cette tige, placée dans l'axe de la colonne montante, règne jusqu'au-delà de l'orifice de dégorgement ; elle occupe une assez grande partie de la section des tuyaux, en sorte que le débit d'eau est presque le même en descendant et en remontant.

Voici les effets produits par la marche d'un appareil soulevant : Après quelques excursions du piston, l'eau du réservoir, soumise à la pression atmosphérique, a envahi le tuyau aspirateur, soulevé les clapets et rempli l'intérieur de la chapelle. Le piston monte ; l'eau se précipite à sa suite en remplissant l'espace qu'il abandonne, tandis que la pression de l'atmosphère, continuant à agir sur le réservoir, force un nouveau volume d'eau à remplacer celle qui s'est élevée dans la pompe. Le piston descend ; les clapets qui y sont attachés s'ouvrent ; la soupape de retenue se ferme et s'oppose au mouvement rétrograde de l'eau, dont un volume égal au cylindre engendré par l'excursion du piston traverse les clapets. Il remonte de nouveau ; les clapets se ferment en soulevant un volume d'eau égal au précédent. Lorsqu'enfin la colonne est complètement remplie, l'eau sort par l'orifice supérieur de cette dernière à chaque mouvement alternatif. Pendant la descente, le volume qui se déverse est égal à celui de la tige qui pénètre dans la colonne ascendante, et pendant l'excursion ascendante, à celui qu'engendre la course du piston, moins celui de la partie immergée de la tige.

La hauteur d'action d'une pompe étant limitée, les mineurs ont dû avoir recours à un artifice particulier pour porter à la surface les eaux du puisard ; ce moyen fort simple consiste à disposer en répétition ou en étages, les unes au-dessus des autres, un certain nombre de pompes ; celles-ci portent alors en Belgique le nom de *jeux* ou de *reprises*. Le dernier jeu, placé au fond du puits, aspire l'eau du puisard, la fait parvenir à l'orifice de la colonne ascendante ; là se trouve un *dégorgeoir D*, ou canal par lequel les eaux s'écoulent dans un *bac*, *bache* ou *citerne E*, où la pompe suivante vient les aspirer pour les porter à son tour à un niveau plus élevé. Chaque jeu déversant ses eaux dans une bâche, d'où la pompe suivante les extrait, l'eau s'élève de réservoir en réservoir jusqu'à la surface. Les pistons des diverses reprises, liés à des tiges spéciales ou *tireboutes F*, se rattachent à une *maitresse-tige* ou *maitre-tirant G*, qui règne sur toute la hauteur du puits. Le moteur, installé à la surface du sol, agit sur cette pièce intermédiaire et lui communique le mouvement nécessaire à la production de l'effet utile.

681. *Détails relatifs à quelques pièces constitutives des pompes étagées.*

Les organes suivants sont coulés en fonte de fer ; leur épaisseur doit être suffisante pour résister au poids de la colonne liquide.

Le corps travaillant doit être soigneusement alésé ; il

réduit alors au minimum le frottement du piston contre
les parois et maintient les garnitures en bon état pendant
un long espace de temps. La hauteur de la partie alésée
excède la course du piston, mais de quelques centimètres
seulement; plus haute, la rouille, qui recouvre la partie
non soumise au frottement, ferait obstacle à la sortie du
piston lorsqu'il s'agit de l'extraire hors du corps de pompe.
Les regards des chapelles destinées à faciliter la réparation des clapets sont fermés avec des portes de fonte
liées avec les brides par des boulons à écrous. Elles doivent
avoir une largeur suffisante pour faciliter, en cas d'usure,
l'enlèvement et le remplacement des soupapes et des pistons.
Comme ces portes doivent offrir une grande résistance à
cause des pressions alternatives en sens contraire auxquelles
elles sont soumises, leur épaisseur est assez grande; en
outre, elles sont renforcées par des nervures croisées suivant les deux diagonales.

Une série de tuyaux, ajustés les uns sur les autres,
forment une colonne verticale, dont la base repose sur la
chapelle et dont l'orifice est couronné par un dégorgeoir.
Leur diamètre, quelquefois plus grand que celui du corps
de pompe, tend à diminuer la somme des frottements de
l'eau contre les parois. La longueur de ces tuyaux est
ordinairement comprise entre 2.50 et 3 mètres; plus longs,
ils engendreraient des difficultés dans la pose; plus courts,
les joints ou surfaces de contact seraient trop multipliés.

Les tuyaux aspirateurs ne peuvent avoir une grande
longueur; car, dans les premiers moments où la pompe
fonctionne, l'eau, ne parvenant à la soupape qu'après
quelques excursions du piston, donne lieu à des *arrêts*
d'autant plus fréquents que l'espace compris entre le piston
et la surface de l'eau dans le réservoir est plus considérable. Lorsque les tuyaux d'aspiration sont courts, l'eau

s'élève promptement à la suite du piston qu'elle presse à sa surface inférieure et dont elle facilite ainsi l'ascension. L'emploi, pour cet objet, d'un seul tuyau permet d'éviter les joints et rend, par conséquent, impossible l'introduction de l'air qui empêche l'appareil de fonctionner ou tout au moins donne lieu à des *arrêts*. Dans la crainte que des graviers, des débris de schistes, des copeaux ou autres corps légers après avoir pénétré dans les pompes ne se logent dans les clapets et n'interrompent leur action, il convient de fermer l'orifice inférieur de l'aspirante. Les trous (*narines*) percés en cet endroit suffisent à l'introduction de l'eau, mais ils doivent être constamment recouverts de ce liquide, afin de prévenir l'aspiration de l'air. Toutes les pièces qui précèdent sont assemblées par leurs *collets* ou *brides*, que traversent des boulons à vis et à écrous.

Les *dégorgeoirs D, D'* sont des caisses rectangulaires en bois ou en fonte privées de leur partie supérieure et de l'une des parois latérales. Les mécaniciens en construisent en tôle ; elles sont alors composées d'un gobelet cylindrique muni latéralement d'un tube ou d'un canal de déversement. Les dégorgeoirs recouverts offrent l'avantage de prévenir l'introduction des pierres, des morceaux de bois, qui tombent ensuite dans les tuyaux de la colonne ascendante et peuvent empêcher la pompe de produire ses effets.

La *bâche E, E'* est une caisse dans laquelle plonge le tuyau d'aspiration, ou qui, placée latéralement, communique avec ce dernier. Elle est formée de fonte, de tôle ou de bois. Dans ce dernier cas, ce sont des madriers de chêne dressés sur leurs tranches et dont les joints sont calfatés avec des étoupes goudronnées.

682. *Construction des clapets dormants et des soupapes.*

Les clapets dormants ordinaires (A, A', A'', A''', fig. 1, pl. LXVI) reposent sur un manchon de cuivre jaune ; cette boîte, en forme de cône tronqué et renversé, est évidée suivant une surface cylindrique, à l'intérieur de laquelle est ménagée, sur l'un des diamètres, une paroi de même métal a.

Les clapets ou valves b, b' sont formés d'un disque circulaire taillé dans un cuir de 0.006 à 0.008 mètre d'épaisseur et recouvrant presque toute la base supérieure de la boîte conique. Sur ce cuir sont appliqués quatre segments de tôle ; les deux plus grands, à la face supérieure ; les deux petits, à la face inférieure ; ces pièces, reliées avec des rivets, sont ajustées sur le manchon conique au moyen d'une traverse en fer $e\,e$ et de deux boulons serrés par des écrous. Il résulte de cette construction deux ailes de papillon reposant, par leur circonférence, sur le pourtour de la boîte et qui ont pour charnières le cuir laissé à nu suivant le diamètre. Les manchons, exactement tournés et cannelés à leur surface extérieure, s'emboîtent dans un siège alésé, sans autre intermédiaire qu'un léger enduit de minium et d'huile siccative. Le bon ajustement des pièces rend les joints complètement imperméables à l'eau.

Lorsque les clapets en s'ouvrant décrivent un arc de cercle trop développé, ils se renversent en arrière et ne peuvant se refermer avec assez de promptitude, ils laissent ainsi échapper de notables quantités d'eau, immédiatement refoulées dans le réservoir. Cet inconvénient est prévenu par l'ajustement entre les deux clapets d'oreilles ou de branches d'arrêt en fer (fig. 2), destinées à limiter les excursions des ailes et à ne leur permettre de s'ouvrir que d'une quantité donnée.

Les valves, sans trop s'écarter de leurs siéges, doivent cependant offrir des ouvertures suffisantes pour que l'étranglement de la veine fluide ne crée pas des frottements trop considérables. Cette considération a engendré une modification consistant dans l'emploi d'une aile unique de grand diamètre, qui, sans s'élever à une plus grande hauteur, livre aux eaux un passage plus facile et plus large. La figure 3 B, B' offre l'exemple d'une semblable disposition, employée dans les pompes des mines d'Anzin. Le clapet c est un segment demi-circulaire, formé, comme ci-dessus, de valves en cuir consolidées par des plaques de fer et réunies par des rivets ; il est mobile autour d'une charnière et vient buter contre une verge de fer d, qui l'empêche de se renverser au-delà d'un point donné.

L'usure très-prompte du cuir employé comme charnière a engagé les exploitants à employer d'autres soupapes entièrement métalliques.

Les clapets des pompes de Cornwal (fig. 4 C, C'), récemment appliqués à plusieurs appareils du district de Charleroi, ont pour objet des tuyaux d'un assez grand diamètre. Ce sont deux disques demi-circulaires i, i, également en cuir et en tôle, sur lesquels sont boulonnées deux pentures k, k', dont les extrémités, terminées par des anneaux, se rattachent à un axe placé sur le pourtour de la boîte. Le but de l'inclinaison donnée aux valves est de créer, avec la même hauteur de soulèvement, une plus grande section pour le passage de l'eau et de rendre plus facile la levée de ces organes.

Les soupapes à ailes de papillon, évidemment les meilleures, sont aussi l'objet d'une préférence presque universelle. Cependant l'emploi des soupapes sphériques ou coniques est avantageux lorsque les eaux entraînent avec elles des sables, des graviers ou d'autres corps durs. Elles sont exclusivement métalliques.

Les premières (fig. 7) consistent en un segment sphérique , appliqué sur un anneau creux de même forme. Ce segment est guidé dans son mouvement vertical par une tringle en fer, dont les extrémités traversent un étrier et un appendice venu à la fonte , ajustés au-dessus et au-dessous de la boîte creuse. L'usage de ces soupapes est fort restreint.

D'autres soupapes (E , E' , fig. 5) sont formées de disques en cuivre qui, régulièrement planées à leur surface inférieure , s'appliquent sur le contour d'une boîte conique creuse. Les joints en sont rendus étanches par un ajustement soigné et quelquefois par l'interposition d'une rondelle de cuir.

Les soupapes coniques ou à coquille employées dans les pompes de Huelgoat (Département du Finisterre) sont en bronze (fig. 6 D, $D'D''$); elles s'appliquent sur les rebords également coniques d'une boîte avec laquelle elles sont soigneusement rodées ; leur surface supérieure est renforcée par des nervures ; elles portent à leur centre une tige coulant dans un œil cylindrique percé au point de croisement de deux traverses. Les saillies $s\,s$, ménagées sur le pourtour de la boîte , servent à intercaler l'organe entre les brides de deux tuyaux consécutifs. Elles sont également ajustées sur le fond de la chapelle et fixées à l'aide de trois coins enfoncés dans le pourtour du joint, revêtu lui-même de mastic.

La figure 8 représente une autre soupape conique, reposant sur un siège z,z ; elle est guidée par une tige verticale traversant une ouverture cylindrique pratiquée au milieu d'une traverse horizontale y ; la course en est limitée par une clavette.

Les soupapes inventées par Hornblower pour les machines d'épuisement du Cornwall ont été appliquées avec
succès aux pompes d'un grand diamètre de l'établissement
hydraulique d'Oldford, à Londres. Elles ont été modifiées
dans leurs détails de manière à se lever et à s'abaisser
par l'effet combiné de leur propre poids et du jeu du
piston. (1)

Ces soupapes, destinées à soustraire les pompes aux
chocs et aux vibrations qui se font si vivement sentir par
l'emploi de tuyaux d'un grand diamètre, sont représentées
dans la planche **LXVI**. La figure 9 bis est une projection
horizontale de l'appareil vu par dessus; la figure 9, une
section par un plan vertical de la soupape soulevée. Les
figures 10 et 11 sont une coupe et une élévation de cet objet
séparé de son siége, et les figures 10 bis et 11 bis une élévation et une coupe du siége. Les mêmes lettres correspondent aux mêmes organes dans les six figures ; a, a, a,
siége en fonte ou en bronze formant la partie fixe de l'appareil ; b b, valve ou partie mobile, ordinairement en bronze ;
c c, c' c', d d, d' d', surfaces annulaires soigneusement
dressées par lesquelles, la soupape et son siége étant mis
en contact, les communications entre le dessus et le dessous
sont interrompues. Lorsque la partie mobile est soulevée,
le contact cesse et l'eau circule ainsi que l'indiquent les
flèches de la figure 9 ; e e, canal annulaire dans lequel
se loge une lanière en cuir, destinée à prévenir les fuites
d'eau qui, sans cela, pourraient survenir entre la base
du siége et la paroi sur laquelle elle est fixée ; f f, cylindre servant de guide à la valve ; g, saillie ménagée

(1) Spécification du brevet d'invention de MM. Harvey et West,
mécaniciens à Hayle (Cornwall), publié par M. Wicksteed. *Traité
d'Exploitation des Mines* de M. COMBES, tome III, page 377.

sur le cylindre qui, s'engageant dans une entaille correspondante de la partie mobile, prévient les mouvements de
rotation de cette dernière ; *h h,* disque destiné à limiter
les excursions ; et *o,* surface annulaire déterminée de manière que la valve soit promptement soulevée par la pression de l'eau ascendante.

Les soupapes qui viennent d'être décrites s'appliquent
aussi bien aux pompes élévatoires qu'aux pompes foulantes et aux autres appareils d'épuisement.

En général, ces organes doivent être assez solides pour
supporter, sans se détériorer ou se déformer, tout le poids
de la colonne d'eau ; elles doivent se fermer hermétiquement ; leur forme et leur pesanteur doivent être telles
qu'elles retombent promptement sur leur siége, dès qu'elles
ont été traversées par le courant liquide.

683. *Pistons destinés aux pompes élévatoires.*

La construction des pistons creux, les plus usités pour
les pompes élévatoires de la Belgique et du nord de la
France, est analogue à celle des premières soupapes dormantes, décrites dans le paragraphe précédent. La surface
extérieure et cylindrique du corps du piston (fig. 12 et 13,
pl. LXVI) est enveloppée d'une garniture en cuir, dont
l'épaisseur est réduite de moitié à sa partie inférieure ; ce
manchon est maintenu en place par un cercle de fer feuil-
lard qui, s'effaçant et se noyant dans le cuir, ne peut
frotter contre le corps de pompe, et dont les glissements
de haut en bas sont prévenus par une saillie cylindrique
ménagée à la partie inférieure du piston. L'imperméabilité
de ce dernier à son pourtour, pendant les excursions
ascendantes, dérive du poids de la colonne d'eau qui,
agissant de toute sa hauteur, tend à écarter la garniture

du métal et à la presser contre les parois. Mais cet effet
ne se produit pas à la descente, où il engendrerait d'ailleurs des frottements inutiles, car l'eau devant nécessairement traverser le cylindre, la route qu'elle suit est
indifférente.

Des clapets analogues à ceux des soupapes dormantes
sont fixés sur la face supérieure de la paroi k ménagée
à l'intérieur du cylindre creux ; cette paroi est traversée
par l'extrémité méplate d'une tige en fer ll, armée d'une
branche horizontale mm, dont la surface inférieure s'applique sur le cuir des clapets, suivant l'un des diamètres
du piston. Enfin l'extrémité de la tige est introduite dans
l'ouverture rectangulaire d'une traverse nn maintenue en
place à l'aide d'une clavette. Un triple trait de Jupiter
et deux anneaux de serrage relient la tige ll avec une
autre tringle plus longue servant d'intermédiaire entre le
piston et la tige.

Les pistons à un seul clapet (fig. 14 E, E' et 15
F, F') (1) ont pour but de diminuer l'intensité de la contraction de l'eau traversant les ouvertures comprises entre
ces derniers et leurs siéges. Ils ne diffèrent des précédents
que par la construction de la charnière formée d'une pen-
ture et d'un axe métalliques, et par la forme extérieure
du piston ; celui-ci comprend une surface conique oo qui
se raccorde avec une autre surface cylindrique pp, sur
laquelle s'applique également un manchon en cuir. La
tige est terminée par une fourche w dont les deux branches
sont introduites dans des ouvertures rectangulaires ménagées vers le pourtour du cylindre ; son extrémité supérieure
est armée d'une mortaise q et d'un tenon r correspondant

(1) Les figures E' et F' sont des vues de la soupape prises par
dessus et par dessous.

à de semblables ajustements pratiqués sur l'autre tige , à
laquelle elle se rattache. L'application de ces deux bouts
de tige forme un renflement auquel s'adapte un anneau
de serrage.

Une autre disposition en usage pour quelques pompes
du district de la Wuhrm est indiquée dans la figure 16.
Une tige filetée sur un certain point de sa longueur traverse le corps du piston , dont la surface extérieure cylindrique porte à sa base un bourrelet métallique uu. Un
disque en cuivre jaune t, formant soupape, coule sur la
tige et s'applique sur la partie supérieure du siège ; le
joint de ces deux organes est étanche , lorsque les deux
surfaces en contact ont été soigneusement planées et rodées
l'une sur l'autre. Une corde en chanvre , provenant de
câbles d'extraction hors d'usage, enveloppe le cylindre et
peut être comprimée par un procédé qui rappelle les boites
à bourrage (*Shuffing-box*). Cet ajustement consiste en un
cercle vv surmonté d'un étrier xx, dont la partie supérieure , percée d'un œillet , est traversée par la tige et
peut être serrée par un double écrou y. Ce mode de
garniture est avantageux si le corps de pompe a été bien
alésé ; car , à mesure que le chanvre s'use, il suffit de
serrer les écrous pour comprimer la corde entre le cercle
et le bourrelet , la forcer à s'appliquer contre les parois
du tuyau et rendre le piston étanche. L'emploi d'un
deuxième écrou a pour objet d'empêcher le premier de
se dévisser.

En général , les pistons des pompes élévatoires doivent
satisfaire aux conditions suivantes : Pouvoir être détachés
promptement et facilement de leurs tiges, si le mauvais
état des clapets ou des garnitures force à les enlever
pour en substituer d'autres pendant la période consacrée
à l'épuisement. Les cuirs ou autres garnitures interposées

entre leurs contours et les parois du corps de pompe,
doivent s'appliquer contre ces dernières avec exactitude,
et intercepter toute infiltration des eaux, sans, cependant,
que les frottements leur fassent éprouver une trop grande
difficulté à se mouvoir. Les clapets, dès le commencement
des excursions descendantes, doivent s'ouvrir instantanément et livrer un passage tel que la contraction de la
veine fluide ne soit pas trop considérable et que l'eau,
traversant les orifices, ne soit pas animée d'une trop
grande vitesse.

684. *Tiges des pistons.*

Les tiges sont quelquefois entièrement construites en
fer malléable : ce sont alors des cylindres ou des primes
hexagonaux bien rectilignes, et assez solides pour soulever
le poids de la colonne d'eau et prévenir leur propre flexion,
en cas de résistance accidentelle, ou par suite de leurs
frottements contre les parois intérieures de la colonne ascendante. On fait un usage beaucoup plus ordinaire de tiges
en bois bien sain, dont les diverses pièces sont assemblées entre elles à traits de Jupiter; ces tiges sont armées,
à leur point de jonction et sur deux de leurs faces opposées, de bandes en fer, reliées par une série de boulons à écrous.

Les deux extrémités de la tige en bois, ainsi construite,
sont terminées par des pièces en fer, qui s'y rattachent
de deux manières différentes. En Belgique (fig. 2,
pl. LXV), un enfourchement en fer *w* embrasse la tige
et s'applique sur deux de ses faces; une ligne de boulons à vis, traversant le bois et l'armure, consolide
l'ensemble. En Angleterre et en France (fig. 2 bis), l'extrémité de la tige, forgée en coin, est introduite dans le

bois, préalablement ouvert à la scie dans le sens de sa
longueur ; puis deux bandes de fer sont appliquées sur
deux faces correspondantes, et le tout est relié au moyen
de boulons et d'écrous.

La partie inférieure des tiges se rattache à la tringle en
fer du piston, à l'aide d'un double et même d'un triple
trait de Jupiter et de deux anneaux de serrage ; ou, ce
qui vaut mieux, par une simple juxtaposition des deux
extrémités, réduites à une moindre épaisseur, mais munies de deux tenons, de deux mortaises et d'un anneau
de serrage recouvrant la partie renflée de la tige (fig. 14
et 15, pl. LXVI).

Les limites de la section des tiges dépendent des considérations suivantes : que son poids total, y compris
celui du piston, soit au moins égal à celui du volume
d'eau qu'elle déplace ; que la quantité d'eau débitée par
la pompe pendant l'excursion descendante du piston n'excède pas celle qui s'échappe pendant son mouvement
ascendant. Si l'équarrissage en est trop faible, elle rompt
sous le poids de la colonne liquide ajoutée à son propre
poids, ou tout au moins fléchit à la descente sous l'influence de la plus petite résistance ; s'il est trop fort,
l'eau, n'ayant qu'une petite section pour circuler, prend
une vitesse telle que les frottements en sont considérablement augmentés.

685. *Pompes élévatoires installées au fond des puits, dans certains cas spéciaux.*

Si la capacité du puisard n'est pas jugée suffisante pour
rassurer le mineur contre une subite invasion des eaux ;
s'il peut redouter de voir les chapelles recouvertes par ces
dernières, et tout accès à la soupape et au piston interdit

au moment même où leur état exige une réparation urgente, il emploie des pompes analogues à celles de la figure 3, planche LXV. La soupape qu'elles contiennent est mobile; sa construction est telle qu'il est toujours possible de la retirer et de la mettre en place, en la faisant passer par l'orifice supérieur de la colonne ascendante. Pour cela, elle est munie d'une anse *r* qu'un crochet (descendu à travers les tuyaux) saisit et ramène au-dehors de l'appareil. Lorsqu'on la remet en place, elle est guidée dans son mouvement descendant par un faisceau conique *s* composé de trois ou quatre tiges en fer, qui la conduit spontanément sur le siége, dans la position qu'elle doit occuper. Le poids de la soupape étant, d'ailleurs, assez considérable, elle persiste à rester à sa place, malgré les chocs produits par l'aspiration de l'eau. Quelquefois elle est fixée au moyen de saillies correspondantes à des échancrures pratiquées à la circonférence de la soupape. Toutefois, cette opération ne peut s'effectuer qu'après avoir préalablement enlevé le piston à l'aide de sa tige. Pour faciliter la sortie de ce dernier, de même que celle de la soupape, le diamètre intérieur des tuyaux de la colonne ascendante excède de quelques centimètres celui du corps de pompe; les deux cylindres sont d'ailleurs raccordés par une surface conique.

La figure 4 exprime une pompe soulevante très-convenable aux avaleresses des puits à travers les sables aquifères ou autres roches désagrégées, dont les débris, entraînés par les eaux, ont une tendance à se porter aux clapets, qu'ils empêchent de fonctionner.

Le piston métallique est formé d'un manchon en fonte de fer d'une longueur un peu plus grande que la hauteur de la course et d'un diamètre plus petit que celui du corps de pompe; il est tourné à sa surface extérieure et

reçoit à son orifice supérieur une soupape conique *u*,
rodée sur son siége. A l'intérieur de la chapelle se trouve
un presse-étoupes ou boîte à bourrage; c'est un simple
bout de tuyau cylindrique *v v*, muni d'une cavité annulaire, dans laquelle se trouve une tresse en chanvre; celle-ci
est surmontée d'une bride ou collier métallique *x x*, destiné à comprimer la garniture et à la presser contre le
piston, en serrant les écrous des boulons qui traversent
simultanément le collet et le fond de la chapelle. Une
fourche *y*, entre les deux branches de laquelle fonctionne
la soupape, sert à réunir la tige et le piston.

Cette disposition est avantageuse : le piston et son clapet
n'exigent aucune réparation; il suffit de resserrer de temps
en temps les écrous placés à l'extérieur de la chapelle et
de renouveler les garnitures d'étoupes, mais seulement à
de longs intervalles de temps.

686. *Pompes soulevantes du puits de l'Ouche,*
mine du Creuzot (fig. 1 à 4, pl. LXVIII).

Le corps de pompe *A A*, surmonté de la chapelle et
de la colonne ascendante *B*, porte à son extrémité inférieure un presse-étoupes renversé *i i*, à travers la garniture duquel glisse un piston creux en cuivre *C*. Ce piston
a son orifice supérieur recouvert d'une soupape métallique *o* (fig. 4); il est lié par le bas au tuyau d'aspiration *D D*, qui l'accompagne dans toutes ses excursions
sans cependant sortir entièrement d'une cuvette *G G*, faisant
fonction de réservoir; l'eau que contient cette dernière
est soumise à la pression atmosphérique. Le fond de la
chapelle est muni d'une soupape *o'* (fig. 5), de même
forme que celle du piston, mais d'un diamètre plus grand,

afin que toutes deux, en cas de réparations, puissent être placées et retirées par la même chapelle, sans démonter aucune partie de la pompe.

Le piston creux *C* porte à sa surface extérieure deux saillies cylindriques formant des espèces de tourillons diamétralement opposés, dans chacun desquels s'engagent les œillets percés au milieu d'une traverse en fer *a a* (fig. 1 et 2). Celles-ci se lient par leurs extrémités au moyen de broches et de clavettes avec les tringles *b b*, *b'b'*, qui règnent sur toute la hauteur du puits et se rattachent au balancier d'une machine à vapeur.

Pour se faire une idée de la manière dont cette pompe fonctionne, le lecteur supposera le piston au haut de sa course. L'excursion descendante s'effectue, la soupape *o'* se ferme et *o* s'ouvre, en laissant passer un cylindre d'eau, dont la base est la section intérieure du piston, et la hauteur, celle de la course, c'est-à-dire de 1.35 à 1.40 mètre. Le piston remonte, *o'* s'ouvre et *o* se ferme; le même volume d'eau, pénétrant dans la chapelle, soulève la colonne liquide ascendante et en rejette une partie dans la cuvette située au-dessus, où un autre jeu de pompe vient l'extraire pendant l'excursion suivante.

M. Bourdon, ingénieur-mécanicien du Creuzot, l'inventeur de cette disposition ingénieuse, a installé ainsi cinq pompes en répétition les unes au-dessus des autres. Les quatre premiers jeux ont 35 mètres de hauteur et le dernier seulement 16 mètres. Ces appareils, de petit diamètre, ne peuvent épuiser que de faibles volumes d'eau; mais l'espace qu'ils occupent est des plus restreints, puisqu'il se borne à un compartiment rectangulaire d'environ 0.60 mètre de largeur.

687. *Pompes élévatoires à pistons pleins de la mine de Silberseegener-Richtschacht, près de Clausthal, district du Hartz* (fig. 11, 12, 13 et 14, pl. LXV.)

Le corps de pompe en bronze (1) H, H est terminé par le tuyau J qui, constamment rempli d'eau, intercepte le passage de l'air à travers les joints des garnitures du piston pendant les excursions ascendantes; il est surmonté d'une boite à cuir $q\,q$, traversée par la tige. Une tubulure r, à large section, le met en communication avec les chapelles latérales K, K'. Celles-ci contiennent deux soupapes s, s', placées à l'aplomb l'une de l'autre, leurs siéges étant pincés par les joints que forment les trois pièces. Ces divers organes reposent sur des sommiers en fonte $o\,o, o'o'$, appuyés eux-mêmes sur des pièces d'assises P, P, entre lesquelles passent les tuyaux aspirateurs proprement dits Q.

Pour supporter plus efficacement la colonne des tuyaux ascendants, ceux-ci sont divisés en séries dont le poids est compris entre 900 et 1,800 kilogrammes. A la base de de chaque série est un tuyau portant, vers le milieu de sa hauteur, un bourrelet saillant $t\,t$, qui repose sur deux poutrelles en fonte et celles-ci sur des traverses en bois de chène p, p'.

Quelques manchons ou mouffles de raccordement en bronze sont répartis sur la hauteur de la colonne de tuyaux, afin de la diviser en fractions indépendantes ; cette disposition a pour objet de permettre au métal de se dilater et de se contracter librement, et aux tassements, d'avoir lieu sans apporter ni trouble ni dislocation dans l'ensemble. Dans cet ajustement, représenté en R, les

(1) Alliage de cuivre et d'étain.

extrémités de deux tuyaux consécutifs, dont l'épaisseur est augmentée, sont coiffées de cuirs ramollis par l'action de l'eau, puis repliés par emboutissement. La garniture est fixée à l'aide d'un disque en métal et de vis pénétrant dans les surfaces supérieure et inférieure des tuyaux, séparées entre elles par un intervalle de 0.26 mètre. Le manchon, qui les enveloppe, est supporté par deux tiges dont les crochets saisissent deux anses, tandis que leur extrémité supérieure est retenue par un écrou serré sur les sommiers en fonte.

Ces pompes fonctionnent de la manière suivante : Pendant l'excursion descendante, la soupape d'ascension se ferme et le piston tend à créer le vide dans les tuyaux aspirateurs; l'eau du réservoir, cédant alors à la pression atmosphérique, se répand dans la chapelle en soulevant la soupape d'aspiration et occupe l'espace abandonné par le piston. Celui-ci élève en montant la colonne contenue dans le corps de pompe, force la soupape d'ascension à se soulever et l'eau à se porter dans le tuyau ascendant.

Une grille placée horizontalement dans le puisard prévient l'aspiration des corps qui, en raison de leur légèreté, se portent à la surface de l'eau.

La boîte à cuirs qq est composée d'un vase cylindrique dont la base est liée avec le collet supérieur du corps de pompe, et d'un manchon serré par des vis de pression contre des rondelles en cuir formant garniture (fig. 13 bis) ; entre ces dernières sont interposés deux demi-tores adossés par leur convexité ; ils s'opposent, l'un aux infiltrations de l'eau pendant la levée, l'autre à l'introduction de l'air pendant l'inspiration. Ces demi-tores, également en cuir, sont placés entre deux anneaux métalliques qui maintiennent leur forme primitive. Toutes les boîtes des pompes et du moteur sont rendues étanches par le même procédé.

Les presses destinées à lubréfier les cuirs (fig. 11
et 12) se composent d'un petit cylindre métallique u de
0.015 mètre de diamètre et 0.22 mètre de hauteur ; à
sa base est lié d'équerre un canal v aboutissant à un trou
foré à travers la boîte à cuirs ; ce canal met en communication
les disques de la garniture et le petit cylindre. A l'intérieur de ce dernier joue un piston sur lequel agit un
contre-poids x par l'intermédiaire de la tige et d'un châssis
en fil de fer y. La matière lubréfiante renfermée dans le
cylindre au-dessous du piston est comprimée par ce dernier et chassée à travers les rondelles au fur et à mesure
des besoins. Pour ajouter de la graisse, il faut enlever
le piston, et comme il est à craindre que, pendant cette
opération, celle qui s'y trouve déjà ne soit repoussée
au-dehors de la boîte, la base du cylindre est pourvue
d'une petite soupape ; celle-ci, s'ouvrant du dehors au
dedans, se ferme par suite de la pression qu'exerce la
matière qui a déjà pénétré à l'intérieur. L'introduction du
piston dans le cylindre force l'air à s'échapper par un trou
foré suivant l'axe du premier ; ce trou sert, en outre, à
prévenir la succion de la substance oléagineuse qui, sans
cette précaution, aurait lieu au moment où le piston est
retiré du cylindre. La matière lubréfiante en usage est un
composé de suif, de saindoux et d'huile d'olive ; la propor-
tion de cette dernière varie suivant le degré de température
que lui communiquent les organes auxquels l'appareil est
appliqué, et d'où résulte le degré de fluidité du mélange.

Les soupapes sont sphériques ; leur broche directrice,
implantée à leur partie supérieure, coule dans un œillet
foré au point d'intersection de deux traverses disposées en
croix et fixées sur le siége. Celui-ci est percé d'une ouverture circulaire qui, s'évasant par en bas, forme un
entonnoir renversé destiné à faciliter l'ascension de la co-

lonne d'eau. Tous ces objets sont en bronze ; il en est de même du piston, muni à sa surface de deux canaux circulaires renfermant une garniture composée de disques en cuir bien calibrés avec interposition de rondelles en laiton.

Les joints en usage seront décrits dans le paragraphe spécialement consacré à cet objet.

Deux pompes de cette espèce (1) sont accolées dans un même puits, et leurs tiges s'équilibrant mutuellement, élèvent, d'un seul jet, les eaux de la mine de Silbersee-gener à une hauteur d'environ 104 mètres. Les tuyaux de la colonne ascendante ont 0.168 mètre de diamètre intérieur ; la course du piston varie de 1.52 à 1.58 mètre. Le moteur est une machine à colonne d'eau.

688. *Pompes élévatoires à pistons pleins, établies dans le puits David de la mine de Himmelfahrt, district de Freyberg* (2).

Dans ces appareils (fig. 7 et 8, pl. LXV), dus à M. Brendel, directeur des machines à Freyberg, le moteur est une roue hydraulique dont l'action se fait sentir aussi

(1) Les pompes de la mine de Huelgoat, décrites, de même que leur moteur, dans les *Annales des Mines*, 3e. série, tome VIII, offrent la plus grande analogie avec celles de Clausthal. Cette circonstance n'a rien d'étonnant, puisque les constructeurs de ces deux appareils, M. JUNCKER, d'une part, et M. JORDAN, de l'autre, ont puisé leurs renseignements à la même source, c'est-à-dire auprès du célèbre Reichenbach, chez lequel il se sont trouvés à la même époque et où ils ont combiné les appareils qu'ils se proposaient de mettre à exécution. Il semblerait même que M. JUNCKER a emprunté à M. JORDAN les principaux détails de son projet. Telles sont, du moins, les assertions du constructeur allemand. (*Archiv von Karsten, Band* X.)

(2) Jahrbuch fur den berg und hütten mann (*Annuaire des Mines de Freyberg*), auf das Jahr 1844.

bien à la descente qu'à la levée. Ce double effort a été utilisé par l'installation dans le puits de deux tiges en fer, faisant fonctionner autant de séries de pompes; ces tirants, liés au moteur de telle sorte que l'un monte pendant que l'autre descend, se font mutuellement équilibre. Les pompes sont disposées alternativement de chaque côté du puits; les pistons des appareils impairs sont mus par l'une des tiges, et ceux des appareils pairs par l'autre tige.

Les soupapes sont placées dans une caisse prismatique HH, divisée, par des cloisons en fonte, en trois compartiments a, b, c. Le premier est en communication avec le corps de pompe dd; le second, avec la colonne ascendante, et le dernier, entièrement ouvert, avec la bâche placée latéralement. Les cloisons de séparation sont percées d'ouvertures rectangulaires; sur les bords de ces ouvertures sont fixés, au moyen de vis noyées dans l'épaisseur du métal, des cadres en cuivre jaune qui forment le siége des soupapes. Les clapets g, g' sont des pièces de cuir également rectangulaires, serrées entre deux plaques de tôle, l'une plus grande, l'autre plus petite que l'ouverture à recouvrir. La charnière est formée par le prolongement du cuir au-delà de l'orifice. Au-dessus de chaque clapet, se trouve un regard fermé par un tampon ou porte e, e, qui est enlevée lorsqu'il s'agit de visiter ou de réparer les soupapes. Le piston ff est un cylindre creux en fonte; il traverse une boîte à cuir, logée dans l'évasement de la partie inférieure du corps de pompe, et laissant entre elle et ce dernier un espace dans lequel viennent se réunir les corps étrangers provenant du puisard, tels que débris de schistes, sables, etc. Le couvercle ou chapeau ii, alésé intérieurement, presse, par sa tranche, sur une garniture formée d'une bande de cuir de 0.14 mètre de largeur; cette bande, graissée avec du suif, puis pliée en deux parties suivant sa longueur, est contournée en cercle et introduite dans la boîte, le pli tourné du côté du couvercle. Les brides de l'évasement, une rondelle de plomb, la boîte à cuir et son chapeau sont ensuite réunis par des boulons $kk, k' k'$ renflés sur une partie de leur longueur; le renflement est formé de deux cônes opposés par leur base, dont l'un est noyé dans l'épaisseur de la boîte, et l'autre dans le couvercle. Ce dernier, indépendant alors des pièces supérieures invariablement liées entre elles, peut être enlevé chaque fois que le besoin le requiert. Les deux extrémités filetées des boulons reçoivent des écrous au moyen desquels tout le système est serré. Deux trous, percés (dans un même diamètre) à travers la boîte à cuir et son chapeau, correspondent à l'intervalle ménagé dans l'évasement du corps de pompe; ils sont fermés au moyen de vis à tête carrée $n n$, et servent à l'expulsion des matières étrangères qui se logent dans l'espace compris entre la boîte et la partie inférieure du cylindre.

L'usure des garnitures en cuir peut être considérée comme insignifiante, puisqu'après 18 mois de travail elles peuvent encore fonctionner. Enfin, lorsque les écrous des boîtes à bourrage sont bien serrés, ce n'est qu'après un laps de temps de 16 semaines qu'on est appelé à les serrer de nouveau.

L'épuisement, dans le puits David, s'effectue à une profondeur de 231 mètres avec des jeux de pompe dont la hauteur varie entre 27.60 et 44.20 mètres. Les pistons, dont la course est de 1.15 mètre, font quatre excursions complètes en une minute.

689. *Pompe élévatoire double de Schemnitz,*
en Hongrie.

Cet appareil, établi dans le puits Léopold d'après les dessins de M. Schitko, conseiller des mines, est muni de deux tiges mues par une machine à colonne d'eau. Les moteurs à double effet, placés dans de semblables conditions, offrent toujours des avantages incontestables.

Deux pistons pleins g, g' (fig. 7, pl. LXVII), dont les tiges traversent des boîtes à cuir h, h', jouent dans deux corps de pompe A, A'; ceux-ci, ouverts à leurs bases et mis en communication directe avec le puisard, suppléent à la fermeture du fond du cylindre; car les rondelles de cuir employées primitivement pour cet objet laissaient pénétrer l'air dans l'appareil et amoindrissait son effet utile. Entre les deux cylindres sont installés les tuyaux aspirateurs B et la colonne ascendante C. La caisse des soupapes (fig. 12) est composée de deux tuyaux $D D'$ et $E E$, se recoupant à angle droit et contenant à leur point d'intersection quatre compartiments séparés entre eux par des parois venus à la fonte avec elle. Ces parois sont percées d'orifices rectangulaires de 0.31 mètre de longueur sur 0.07 mètre de largeur; les bords en sont dressés sur une largeur de 0.04 à 0.05 mètre, et c'est contre eux que viennent battre les clapets i, i, k, k', formés d'un cuir fort, compris entre deux lames de tôle, dont l'une placée au-dessous est plus petite que l'orifice à obturer, et l'autre, attachée au-dessus, est plus grande; le cuir fixé, à l'aide de vis, sur les porte-clapets, sert de charnière. Les deux soupapes du bas (k, k') servent à l'aspiration, et les deux autres (i, i') à l'ascension de l'eau.

Un regard circulaire o o', placé latéralement, donne accès aux soupapes et permet de les visiter toutes à la fois.

Les pistons employés dans ces pompes (fig. 15) sont nécessairement des pistons pleins; leur noyau offre à sa surface supérieure une dépression servant de gîte à trois disques en cuir embouti p p, superposés et serrés à l'aide d'un anneau en cuivre et de quatre boulons m, m, qui traversent ces divers objets dans toute leur épaisseur.

Pour comprendre la manière dont la double pompe fonctionne, il ne faut pas oublier que les deux pistons marchent en sens inverse l'un de l'autre, c'est-à-dire que quand l'un remonte l'autre descend, et vice-versà. Ainsi g', pendant son excursion descendante, soulève la soupape d'aspiration k, et l'eau se répand dans la cavité qu'il abandonne. Pendant ce temps g remonte en soulevant l'eau précédemment aspirée, qui, passant à travers les clapets de retenue i', se porte dans la colonne des tuyaux ascendants. Le mouvement est interverti, les deux soupapes k et i se ferment, les deux autres k' et i s'ouvrent, et le piston g' soulève à son tour la colonne liquide, pendant que g aspire l'eau du réservoir.

Ces pompes sont avantageuses sous quelques points de vue particuliers : les réparations des soupapes et des pistons s'effectuent facilement et avec promptitude, et les deux corps de pompe ne réclament qu'une seule colonne montante, par l'orifice supérieur de laquelle l'eau s'échappe d'un jet continu.

690. *Anciennes pompes foulantes.*

Depuis l'introduction des pistons plongeurs, les anciennes pompes foulantes sont tombées en désuétude et ont été supprimées dans la majeure partie des mines de houille. Cependant, comme un assez grand nombre de ces appareils sont encore en activité dans les bassins houillers belges et allemands, il importe que le mineur les connaisse pour procéder à leur réparation, si de semblables appareils viennent en sa possession.

Les pompes représentées dans les figures 1 et 2 de la planche LXVII ont été anciennement établies dans le puits d'exhaure de la mine de Guley (district de la Wuhrm). Le piston, destiné à circuler dans le corps de pompe alésé, n'est autre que celui des pompes élévatoires analogues (fig. 16, pl. LXVI); mais le noyau en est plein et les soupapes, devenues inutiles, ont été supprimées. Les garnitures en cuir ou en chanvre sont aussi entièrement identiques. La soupape d'aspiration v est située verticalement au-dessous du piston; celle d'ascension ou de *refoulée* v' se trouve au fond d'une chapelle latérale, surmontée par la colonne ascendante SS. Le piston aspire l'eau pendant sa levée et la refoule dans son excursion descendante, la forçant ainsi à traverser la soupape supérieure et à s'élever dans le tuyau montant. A Guley, les bâches et les déversoirs ordinaires sont remplacés par un tuyau coudé Y, qui établit la communication entre la cavité située au-dessous de la soupape aspiratrice et l'extrémité supérieure de la colonne ascendante X, immédiatement inférieure. La dernière est prolongée au-dessus du tuyau coudé Y au moyen d'un *gobelet* Z d'environ un mètre de hauteur, qui empêche les eaux, lorsqu'elles affluent avec trop d'abondance, de se répandre dans le puits. Cette disposition occupe moins de place que les bâches et les déversoirs.

La résistance au mouvement descendant du piston, abstraction faite des frottements, est égale au poids d'une colonne d'eau, ayant pour base la section du corps de pompe et pour hauteur la distance verticale comprise entre le plan inférieur du piston et l'orifice d'écoulement des tuyaux ascensionnels. Ici, le poids des attirails ne s'ajoute pas à celui de la colonne liquide pour former la résistance, comme dans les anciennes pompes élévatoires ; mais, au contraire, ces deux efforts, dirigés en sens opposé lors des oscillations ascendantes, tendent à se détruire mutuellement, ou plutôt, le poids des seconds vient en aide au mouvement ascensionnel de la première.

Les Allemands emploient une assez grande variété de pistons pleins, dont voici les deux plus remarquables.

Le premier (fig. 18, pl. LXVI) se compose de trois pièces en laiton $a, a'a'$ et a'', dont les deux surfaces concaves de l'une correspondent aux surfaces convexes des deux autres et comprennent entre elles deux rondelles de cuir b, b' fortement imbibés d'huile ou de suif. Ces cuirs, emboutis en segments sphériques, s'appliquent contre les parois du corps de pompe et préviennent les infiltrations, soit pendant la levée, soit pendant la descente. Quatre boulons fortement serrés réunissent ces divers organes, que traverse d'ailleurs la partie filetée de la tige.

Une autre construction, fort avantageuse, est la suivante. Le corps du piston (fig. 17) est formé de deux disques métalliques c, c' ; chacun d'eux, recouvert d'un chapeau en cuir d, d', embouti à angle droit, est placé de telle façon que les rebords des deux garnitures prennent une direction opposée. Une rondelle en cuir très-fort $e\ e$ est interposée entre les deux chapeaux ; enfin, la tige qui traverse les cuirs et le métal comprime ces divers objets entre un talon et un écrou serré contre la surface inférieure du noyau.

691. *Pompes à pistons plongeurs.* (*Plunger pump, plunging lifts.*)

C'est dans les mines de cuivre et d'étain du Cornwall, où l'épuisement des eaux a été l'objet d'une étude toute

particulière, que ces appareils ont été primitivement introduits. Les avantages qu'on leur a reconnus sur les
anciennes pompes foulantes ont été tels qu'ils se sont
promptement répandus dans les divers bassins du continent.

Les figures 3 et 4 de la planche LXVII représentent
les pompes de cette espèce construites dans les ateliers
de Seraing, où elles ont subi quelques légères modifications. Dans un corps de pompe en fonte non alésé G,
fonctionne un piston ou manchon cylindrique $a\,a$ en fonte
ou en bronze, évidé à son intérieur et soigneusement
tourné. Sa hauteur excède de quelques centimètres celle
de la levée du piston, plus l'épaisseur du presse-étoupes ;
sa section étant plus petite que celle du corps de pompe,
il ne peut toucher les parois de ce dernier.

La boîte à étoupes b, à travers laquelle se meut le
cylindre, est installée dans un évasement de la partie
supérieure du corps de pompe. Au fond de cet évasement a été ménagé à la fonte un bourrelet saillant, qui
se rapproche du piston sans cependant le toucher ; entre
ce bourrelet et le chapeau c est placée une tresse de chanvre
fortement imbibée de suif ou d'huile ; celle-ci est comprimée par l'action d'une clef sur les écrous des boulons $e\,,e$
qui traversent simultanément les brides de la boîte et le
chapeau. Le conducteur de l'appareil est chargé de lubréfier la garniture, en versant de l'huile dans la cavité
ménagée à la surface supérieure du couvercle ; il doit
aussi veiller à ce que les écrous des boulons soient toujours suffisamment serrés. La communication entre les
tuyaux aspirateurs et la colonne ascendante est établie par
une double chapelle $H\,H'$, contenant : l'une, la soupape
d'aspiration f, et l'autre, la soupape de refoulée ou
d'ascension f'.

L'action produite par les excursions alternatives de l'appa-

reil est des plus simples : pendant la levée, l'eau est
aspirée par le vide que tend à produire le piston; puis,
pendant la descente, déplacée par ce dernier, elle est
forcée d'affluer dans la colonne ascensionnelle. L'effet produit par chaque oscillation double consiste dans l'élévation
d'un cylindre liquide de même base que la section du
piston et d'une hauteur égale à sa course.

Dans les pompes du Cornwall, le tuyau ascendant $J J$
étant prolongé jusqu'en $d d'$, la chapelle inférieure et le
tuyau latéral offrent dans leur ensemble la forme de la
lettre capitale H, dont ils portent le nom (*H pièce*). La
suppression de ce prolongement par les constructeurs des
ateliers de Seraing n'a eu d'autre motif que de simplifier
cette partie de l'appareil.

L'équarrissage de la tige en bois K est en raison du poids
de la colonne d'eau à refouler. En Belgique (fig. 4 bis),
cette pièce est liée au piston de la manière suivante.
Après avoir choisi pour tige un bois sain et très-sec, dont
l'une des deux extrémités est entaillée cylindriquement,
deux rainures sont creusées suivant les lignes génératrices
du cylindre et sur deux parties diamétralement opposées;
puis, dans ces rainures, sont engagées les deux branches $f f$
d'un enfourchement en fer, terminé à sa partie inférieure
par un bout de tige filetée g; des boulons $h h'$, dont les
têtes et les écrous sont entièrement noyés dans les échancrures, relient les deux objets. Alors la tige, armée de
sa fourche, est introduite à frottement dur dans l'intérieur
du piston creux; l'écrou, placé sur la vis, est serré, et
lorsque l'humidité a fait gonfler le bois, la tige et le manchon sont irrévocablement solidaires.

En d'autres localités, les deux extrémités du plongeur
(fig. 8, pl. LXVII) sont fermées par des rondelles métalliques i, i', percées à leur centre d'un trou circulaire.

Une tige cylindrique en fer k le traverse suivant son axe et se rattache à la tige en bois à l'aide d'un enfourchement ou de tout autre procédé; elle s'appuie par une embase plate sur la rondelle supérieure et reçoit à son extrémité inférieure un écrou serré contre l'autre rondelle.

Les soupapes les plus ordinaires sont celles des figures 1, A, A', A'', A''', c'est-à-dire de simples clapets en cuir et en tôle.

M. Juncker, dans la construction des pompes de Huelgoat, leur a substitué des soupapes métalliques qu'il a appelées *soupapes-pistons* et exécutées d'après les indications de M. Frimot (1). Leur siège offre une ouverture cylindrique, alésée et rodée, qui s'évase légèrement vers le bord supérieur. La soupape elle-même est formée d'un disque tourné et muni, à sa surface supérieure, d'une garniture en cuir embouti; celle-ci est fixée au moyen de boulons dont les écrous portent sur des anneaux plats. Lorsque l'appareil se ferme, la partie métallique se loge entièrement dans l'orifice cylindrique; la pression de l'eau agit sur les rebords du cuir, qu'elle renverse en arrière et s'interdit ainsi à elle-même tout passage à travers le joint. Deux étriers, placés l'un au-dessus, l'autre au-dessous du siège, portent des œillets dans lesquels coule la tige, dont le jeu est limité par des renflements ménagés sur deux points de sa longueur. M. Juncker regarde ces soupapes comme les plus avantageuses de toutes celles qu'il a eu l'occasion de mettre en usage.

692. *Modifications apportées dans ces derniers temps aux pompes à pistons plongeurs.*

Les pompes à pistons plongeurs ont une incontestable supériorité sur les anciennes pompes foulantes. Les pis-

(1) *Traité d'Exploitation* de M. COMBES, tome III, page 375.

tons d'une plus grande solidité n'exigent aucune réparation. Ils sont préservés des atteintes de l'oxidation et de l'action corrosive de certaines eaux, par l'huile ou la couche de matière graisseuse dont ils se couvrent en traversant incessamment la garniture en chanvre de la boîte à bourrage, toujours maintenue dans un état satisfaisant de lubréfaction. La surface intérieure du corps de pompe, restant dans l'état où elle se trouve au sortir de la fonderie, est moins attaquable par les eaux acidulées. Le mineur reconnaît immédiatement les fuites d'eau et y porte un prompt remède, en serrant les écrous des boulons qui réunissent le couvercle et les brides de la boîte. Enfin, comme aucune tige n'encombre le tuyau ascensionnel, on évite ainsi les résistances provenant de l'étranglement de la veine fluide et de la vitesse que l'eau doit acquérir dans son ascension.

Cependant ces pompes ont été l'objet de quelques critiques de détail. Les reproches qui leur ont été adressés sont relatifs aux difficultés du coulage de certaines de leurs parties assez compliquées ; à celles de leur installation dans les puits, où ils réclament deux sommiers placés à des niveaux différents, à moins que l'exploitant ne consente à faire reposer le corps de pompe seul sur une pièce d'assise, en abandonnant à elle-même la colonne ascendante, ce qui est peu prudent. Un autre inconvénient, moins grave que ne le pensent quelques constructeurs, mais qui n'en est pas moins réel, consiste dans l'accumulation de l'air aspiré accidentellement par la pompe. Cette circonstance peut se présenter lorsque le niveau de l'eau baisse assez dans la bâche pour laisser à découvert quelques narines du tuyau aspirateur ; cet air, venant se loger dans l'espace compris entre le piston et la partie supérieure du cylindre, forme en ce lieu un matelas ten-

dant à troubler la régularité du volume d'eau extrait et
influe quelquefois sur l'effet utile produit. Un robinet,
placé immédiatement au-dessous de la boîte à étoupes, peut,
il est vrai, déterminer la sortie de l'air comprimé; mais
cette manœuvre qu'il s'agit de répéter chaque fois que les
pompes recommencent à fonctionner, est très-gênante et
donne lieu à de nombreuses négligences.

Pour obvier à ces divers inconvénients, les ingénieurs
belges ont introduit des modifications, dont un coup-d'œil
jeté sur les figures 5, 6 et 7 de la planche LXVIII (1),
suffira pour faire apprécier toute l'importance.

D'après ces nouvelles dispositions, les diverses pièces,
se réduisant à de simples tuyaux sans coudes ni retours,
se coulent avec la plus grande facilité. L'appareil,
muni d'une double base $E E'$, s'assied solidement sur
une seule pièce d'assise, sans qu'on doive avoir recours à deux sommiers placés à différentes hauteurs. La
bâche J, retirée de dessous le tuyau d'aspiration et
reléguée dans une niche latérale, peut être changée et
réparée sans donner lieu au démontage d'aucune pièce.
Le niveau de l'eau dans la bâche et dans le corps de
pompe, étant le même, l'aspiration est presque nulle et
l'air ne pénètre dans la pompe que quand le réservoir
est presque vide. Mais cette circonstance ne peut se présenter qu'au moment de la mise en activité des pompes,
après un chômage plus ou moins prolongé, ou quand le
jeu immédiatement inférieur cesse de débiter de l'eau;
alors, la disposition de la tubulure H est telle que l'air,

(1) Ce sont les dessins des pompes établies par l'auteur de
cet ouvrage dans le puits d'exhaure de la mine de Houssu (Centre
du Hainaut).

trouvant une communication facile entre le corps de pompe et les chapelles, s'échappe avec l'eau à travers le clapet et les tuyaux de la colonne montante.

La disposition tendant à prévenir l'accumulation de l'air dans le corps de pompe est due à M. De Vaux, inspecteur-général des mines belges, et l'agencement des diverses parties de l'appareil, à M. Colson, ingénieur-mécanicien.

695. *Pompes simultanément soulevantes et foulantes.*

Cinq jeux de pompes, semblables à celui que représentent les figures 5, 5 bis et 6 de la planche LXVII, ont été installés autrefois en répétition dans l'un des puits de la mine de houille de Colladios, située à Hollogne-aux-Pierres, près de Liége.

Le piston plein *m* est formé de deux disques métalliques comprenant entre eux deux chapeaux en cuir embouti, adossés par leur convexité. La tige du piston traverse une boîte à bourrage. Le bout de tuyau *K* constitue la partie supérieure de la colonne ascendante du jeu qui précède, et le tuyau *L* est la base de la colonne sur laquelle s'installe le jeu suivant. Quatre clapets rectangulaires *o*, *o'*, *p*, *p'*, en cuir et en tôle, forment un angle aigu avec le plan vertical, afin de faciliter leur application contre les bords des orifices; ils sont attachés à l'aide de boulons, dont la vis pénètre dans l'épaisseur de la fonte. Les visites et les changements s'effectuent en ouvrant les portes *l*, *l'* des regards correspondants.

Pour comprendre la manière de fonctionner de cette pompe, il suffit de la supposer en activité au moment où tous les tuyaux en sont remplis d'eau. Le piston monte, les clapets *o* et *o'* s'ouvrent, l'eau soulevée pénètre dans la colonne ascensionnelle *K*, tandis qu'au-dessous, les effets

TOME III.   30

de l'aspiration provoquent les eaux à passer du tuyau *L* dans le corps de pompe à travers l'orifice du clapet *o*'. Le piston descend : les clapets *p, p*' s'ouvrent, *o, o*' se ferment ; l'eau venant de *L*, traverse le tuyau latéral *s*', et se porte au-dessus du piston, tandis que celle de dessous, obéissant au mouvement de refoulement, arrive dans la colonne ascendante après avoir traversé l'autre tuyau latéral *s*.

Le lecteur verra plus tard les inconvénients de l'application des efforts du moteur sur la tête des tiges pour presser sur les pistons et leur imprimer un mouvement vertical de haut en bas. Excepté ce vice radical, ces pompes se sont assez bien comportées et n'ont présenté d'autre inconvénient que celui d'occuper un assez grand espace, ce qui, du reste, est de peu d'importance pour la plupart des puits de la province de Liége, dont les sections sont généralement fort grandes.

694. *Des joints.*

Les tuyaux d'une pompe se lient entre eux au moyen de leurs *colliers* ou *brides*. L'espace compris entre les surfaces de deux tuyaux en contact est un *joint* qu'il est de la plus haute importance de rendre complètement étanche, afin d'interdire tout accès à l'air et de prévenir les fuites d'eau. La garniture, interposée dans ce but entre deux tuyaux, est toujours, quelle que soit sa nature, comprimée par les écrous des boulons qui traversent les deux brides.

Les tuyaux, dont les colliers restent dans l'état où ils sortent de la fonderie, sont ordinairement revêtus d'un disque plat en fer battu, enveloppé de chanvre ou d'une lanière de flanelle ; celle-ci est enduite d'un mastic demi-liquide d'huile et de minium, ou simplement plongée dans un bain de goudron liquéfié par la chaleur. Le diamètre intérieur de la couronne ainsi préparée est égal à celui du tuyau, et sa largeur, telle qu'elle n'empêche pas les boulons de pénétrer dans les trous correspondants des deux brides. Ces joints, peu coûteux, sont fort défectueux ; la main-d'œuvre réclamée par leur fréquent renouvellement dépasse de beaucoup l'excédent du prix dépensé pour obtenir, dès l'origine, des garnitures plus parfaites.

Souvent l'opération consiste à prolonger la paroi du tuyau en lui donnant une saillie de quelques millimètres au-dessus du collier, à planer exactement cette proéminence et à interposer entre les deux surfaces une rondelle en cuir fortement imbibée de suif ou plusieurs doubles de toile grossière trempée dans le goudron. La flanelle, revêtue d'une couche d'un mastic de minium, peut aussi être substituée à la toile.

Les garnitures métalliques sont préférables aux précédentes. Les plus simples (fig. 19 et 19 bis, pl. LXVI) sont formées d'une couronne de plomb ; celle-ci, enduite d'une peinture de minium délayé dans l'huile siccative, est interposée entre les deux bouts de tuyaux convenablement dressés et sur lesquels ont été creusées deux ou trois gouttières annulaires et concentriques. Le plomb, cédant à la pression des boulons et des écrous, s'écrase, pénètre dans les rainures circulaires et s'oppose à la filtration des eaux.

Les joints des pompes de Silberseegener et de celles de Huelgoat sont munis de manchons fort minces en cuivre rouge (fig. 20) ; leur surface extérieure porte, vers le milieu de la hauteur, un bourrelet saillant produit par la retraite du métal sous le marteau, et qui, lors du montage, est pincé entre les brides de deux tuyaux consécutifs.

Après avoir enveloppé le manchon de quelques brins de chanvre, il est enduit d'un ciment fort répandu dans les mines métalliques d'Allemagne, savoir : d'un composé de chaux fusée à l'air, d'huile de lin siccative et de menus fils de chanvre haché en bouts de 0.03 à 0.04 mètre de longueur; ce mélange, battu à plusieurs reprises, doit prendre une consistance pâteuse, mais sans viscosité. L'ouvrier qui veut s'en servir le pétrit avec les mains; il devient alors assez tendre pour pouvoir être étendu sur les surfaces qu'il s'agit de mettre en contact; il peut aussi le faire durcir par l'addition d'un peu de minium. Les manchons revêtus de ce mastic obstruent convenablement les joints; ils sont d'un excellent usage et résistent à de grandes pressions.

Les garnitures des tuyaux de pompes de la mine de Houssu (bassin du Centre), exécutées d'après les indications de celui qui écrit ces lignes, sont également d'une grande efficacité. Ce sont des anneaux en cuivre jaune (fig. 21 et 21 [bis]), dont la surface extérieure est tournée suivant deux troncs de cône adossés par leur grande base; l'extrémité intérieure du tuyau, alésée sur une hauteur de 0.04 à 0.05 mètre, offre une surface conique de même dimension que la couronne en laiton. Celle-ci, recouverte d'une peinture de minium, se loge par moitié dans chacun des deux tuyaux contigus, et, comprimée par les boulons, elle bouche toutes les fissures avec une telle précision que, depuis 1844, aucune fuite d'eau ne s'est dénotée sur toute la colonne de pompes, dont la hauteur est de 300 mètres.

Ces joints auraient été plus parfaits si l'anneau eut été noyé tout entier (fig. 20 [bis]) dans l'épaisseur de la fonte, ainsi que le réclamait le projet primitif, au lieu de faire saillie sur la paroi intérieure des tuyaux; mais un alésage plus profond et la formation d'une cavité en retraite aurait entraîné des frais plus considérables, auxquels le mécanicien a désiré se soustraire.

Enfin, quelques constructeurs se sont assurés récemment que l'application à nu des deux surfaces des brides, rendues préalablement bien planes, suffisait pour rendre les joints complètement étanches.

La réparation des garnitures défectueuses s'exécute avec facilité et promptitude par le procédé usité dans les mines du Couchant de Mons (fig. 8 et 8 bis, pl. LXXI). Quelle que soit la position de la partie à renouveler, l'extrémité du dernier tuyau de la colonne ascendante est saisie à l'aide d'une *botte a a*, c'est-à-dire de deux pièces de bois échancrées en demi-cercle, réunies et serrées par deux boulons. Les boulons du joint *c c*, objet de la réparation, sont d'abord enlevés ; puis la partie supérieure de la colonne montante est soulevée au moyen de deux vis de rappel *b, b'* attachés à la botte, et de leurs écrous, qui pressent sur un sommier *o o* encastré dans les parois du puits. La garniture étant renouvelée, de longues vis *d, d'*, introduites dans les œillets correspondants des brides, servent à guider, pendant leur descente, les tuyaux situés au-dessus et à les replacer dans leur position normale.

Si les garnitures de toute une série de tuyaux doivent être l'objet d'une réparation, les ouvriers commencent par celui de dessous ; puis ils placent les grandes vis, non-seulement aux brides du joint *e e* qui vient d'être renouvelé, mais encore à celles du joint *c c*, pour lequel ils se préparent à procéder. Ils desserrent ensuite les écrous dont ces vis sont munies et déterminent ainsi, sans choc, la descente d'un tuyau ou de toute la partie de la colonne comprise entre deux joints sujets aux réparations. En agissant ainsi de proche en proche et de bas en haut, ils arrivent à la partie supérieure après avoir rétabli, si cela est nécessaire, toutes les garnitures d'un jeu de pompes.

695. *Hauteur à donner aux jeux d'un appareil d'épuisement.*

Les pompes élévatoires et les pompes foulantes peuvent théoriquement élever les eaux à une hauteur indéfinie ; mais pratiquement il n'en est pas ainsi. Il convient de se tenir dans de certaines limites, variables suivant la nature de l'appareil et qu'il serait dangereux d'outrepasser.

D'un côté, une trop faible hauteur des jeux et, par conséquent, un trop grand nombre d'étages multiplie les corps de pompe, les clapets, les pistons, d'où résulte une majoration de la dépense occasionnée par l'établissement de ces organes, de leur pose et leur entretien ; des résistances et des frottements de plus ; l'emploi d'une force motrice plus grande, et, enfin, l'augmentation de la hauteur totale à laquelle il faut élever l'eau, augmentation égale à la somme des hauteurs comprises entre la prise d'eau d'un jeu et le fond du déversoir du jeu immédiatement inférieur.

D'un autre côté, des colonnes de grande hauteur exigent des tuyaux plus épais, des ajustements plus parfaits ; on peut craindre l'énergie des chocs produits par la fermeture des soupapes ; enfin, les clapets et les pistons, soumis à la pression d'une colonne d'eau considérable, ne présentent plus les mêmes garanties de résistance et d'imperméabilité.

Les constructeurs belges pensent que la hauteur d'action d'une pompe élévatoire doit être comprise entre 40 et 50 mètres et celle des pompes à pistons plongeurs entre 60 et 70 mètres. Dans les mines du département de la Loire, cette action est quelquefois portée jusqu'à 100 mètres ;

mais plusieurs parties de ces appareils sont sujettes à de fréquentes réparations, tandis que dans les mines de la Belgique et du nord de la France, où la plupart des pompes n'ont que 45 à 50 mètres de hauteur, ces réparations sont rares et les organes fonctionnent pendant plusieurs semaines sans interruption, si toutefois les ajustements ont été exécutés avec soin.

Les jeux d'une grande hauteur sont toujours le résultat de circonstances provenant de la disposition des lieux ou de la nature du moteur adopté. Ainsi les pompes de Huelgoat sont une exception justifiée par la profondeur moyenne d'où les eaux doivent être aspirées (155 mètres), qui permettait de les faire jaillir d'un seul jet ; par l'économie qu'entraîne la suppression de diverses pièces, d'ailleurs encombrantes, des pompes étagées, et, surtout, par la perfection des divers détails de ces appareils. Des circonstances particulières ont aussi engagé les ingénieurs des mines de sel de la Bavière à prendre des hauteurs d'action considérables. L'une des pompes qui fonctionnent dans cette localité élève l'eau salée, d'un seul jet, à une hauteur de 370 mètres, ce qui, vu la substance en dissolution, représente une pression de 46 atmosphères.

696. *Épaisseur des tuyaux relativement à la charge qu'ils supportent.*

Dans l'expression de la résistance de la fonte, l'usage des constructeurs est de considérer cette substance comme pouvant être soumise pratiquement à une pression de 40 kilogrammes par centimètre carré de section (1), sans qu'il

(1) La résistance absolue de la fonte de fer à la rupture varie, suivant sa qualité, de 1,797 à 5,800 kilogrammes par centimètre carré.

en résulte aucun inconvénient. Si donc d représente le diamètre des tuyaux, h, la hauteur de la colonne d'eau, c'est-à-dire la distance verticale comprise entre le lieu où se trouve un tuyau dont on recherche l'épaisseur et l'orifice de dégorgement, l'épaisseur de ce tuyau, pour les limites de hauteurs attribuées ordinairement aux pompes d'épuisement, sera donnée par la relation :

$$e = \frac{d \cdot h}{800}. \quad (1)$$

A la mine de Houssu, les tuyaux ascensionnels ont une hauteur de 60 mètres ; leur diamètre intérieur est de 0.28 mètre.

$d = 0.28$; $h = 60$, d'où $e = \dfrac{16.80}{800} = 0.021$ mètre.

---

(1) Cette formule, empruntée à M. COMBES (*Traité d'exploitation*, tome III, page 406), se déduit des considérations suivantes :

La section des tuyaux étant exprimée par $\pi \left(\dfrac{d}{2}\right)^2$, le poids d'une colonne d'eau de h mètres de hauteur est de $\pi \left(\dfrac{d}{2}\right)^2 \times \dfrac{h}{10}$ kilogram^{mes}.

L'effort auquel doit résister le tuyau, se composant du poids de la colonne, plus la force qui la soulève, sera double du précédent, c'est-à-dire,

$$2 \pi \frac{d^2}{4} \times \frac{h}{10} = \pi \frac{d^2}{2} \times \frac{h}{10}.$$

Chaque centimètre carré de la fonte pouvant être chargé de 40 kilog., la surface de la section annulaire devra offrir autant de centimètres qu'il y a de fois 40 dans l'expression précédente, ou

$$\pi \frac{d^2 \times h}{20 \times 40}.$$

Comme, d'un autre côté, cette section peut être exprimée d'une manière approchée par $\pi \, d \, e$, l'équation :

$$\pi \, d \, e = \frac{\pi \, d^2 \times h}{20 \times 40} \quad \text{donne } e = \frac{d \, h}{800}.$$

La valeur de e, ainsi déterminée, convient aux pompes étagées or-

Comme la pression exercée sur les tuyaux est d'autant moindre qu'ils sont plus rapprochés du tuyau de décharge, la colonne a été divisée en trois séries, auxquelles ont été données, à partir du bas, des épaisseurs décroissantes exprimées par les nombres :

0.019 ; 0.021 et 0.023 mètre ;

le chiffre de la formule étant attribué, pour plus grande sûreté, aux tuyaux exposés à la pression moyenne.

A Huelgoat, la hauteur de la colonne d'eau étant d'environ 155 mètres et le diamètre des tuyaux de 0.275 mètre, on a :

$$d = 0.275 \text{ mètre}; \ h = 155; \ \text{et } e = \frac{45.10}{800} = 0.055 \text{ mètre}.$$

Les tuyaux, divisés en cinq séries, suivent, quant à leur épaisseur, la progression exprimée par les nombres : 0.056 ; 0.048 ; 0.040 ; 0.032 et 0.024 mètre, en sorte que l'épaisseur de la fonte de la série inférieure n'excède que de quelques millimètres la valeur donnée par la formule ; mais celles-ci indiquant, pour les charges de grande hauteur, des épaisseurs plus fortes que cela n'est nécessaire, ces pompes se trouvent encore au-dessus des conditions de résistance requises.

---

dinaires ; mais elle est trop forte pour les hautes charges. Cette exagération vient de ce que, pour simplifier le résultat, le diamètre d a été substitué à $d + e$, dans la détermination de la section annulaire de l'épaisseur du tuyau.

La valeur exacte de cette épaisseur se déduirait de l'équation du deuxième degré, $\pi \, e \, (d + e) = \dfrac{\pi \, d^2 \times h}{800}$;

qui donne $e = -\dfrac{d}{2} \pm \dfrac{d}{20} \sqrt{\dfrac{h + 200}{2}}$.

Si l'on faisait $h = 200^m$ et $d = 0.30^m$, on aurait, dans le premier cas, $e = 0.075$ mètres, et, dans le second, $e = 0.06$ mètres.

Le mineur, à la réception des tuyaux, s'assure d'abord
si l'épaisseur de la fonte est partout sensiblement la même.
Il les essaie en foulant de l'eau dans leur intérieur à
l'aide d'une presse hydraulique dont la soupape, chargée
de poids, se soulève quand la pression est triple de celle
qu'ils doivent supporter en fonctionnant, c'est-à-dire lorsque
chaque centimètre carré de la section éprouve une tension
de 120 kilogrammes. Par ce moyen, il reconnaît les dé-
fectuosités si fréquentes de la fonte ; il rebute les tuyaux
auxquels il ne juge pas possible de remédier ; il met en
œuvre ceux qui ont résisté et qu'une pression de 120 kilogrammes par centimètre carré n'a pas altérés.

L'exploitant doit aussi, dans le contrat intervenu entre
lui et le fondeur, stipuler le poids des tuyaux de chaque
série, calculé à l'avance par leurs dimensions et par le
poids spécifique de la fonte (7,207 kilogrammes), en
accordant une tolérance de 5 à 6 p. c. S'il négligeait cette
clause, il pourrait craindre que les tuyaux, fournis pour
une somme globale, n'eussent pas l'épaisseur voulue, ou
que, si le prix en était fixé à raison des mille kilogrammes
de fonte, ils ne fussent, au contraire, trop épais.

Les corps de pompe, les chapelles et surtout les portes
de chapelles sont aussi plus épaisses que ne l'exige la
charge d'eau que ces objets ont à supporter, parce que plusieurs causes concourent à leur ébranlement. La fermeture
des soupapes produit des chocs désastreux ; et chaque
oscillation alternative détermine, sur chacune de ces pièces,
des pressions directement opposées ; ainsi, pendant l'aspiration, la pression est dirigée du dehors au dedans ; puis
aussitôt elle change, pendant la refoulée, et agit du dedans
au dehors avec tout le poids de la colonne d'eau comprise
entre la soupape d'aspiration et l'orifice de dégorgement.
Pour les jeux de 60 à 100 mètres de hauteur, une épais-

seur double de celle des tuyaux suffit à ces organes, mais
ils doivent, en outre, être renforcés par des nervures
disposées diagonalement en croix de Saint-André.

697. *Moyens préservatifs contre l'action corrosive des eaux.*

La décomposition des pyrites rend quelquefois les
eaux d'une mine assez acides pour que leur action incessante sur les surfaces des pistons et des tuyaux les cor-
rode après un espace de temps plus ou moins long (1).
La fonte perd alors sa couleur, sa force de cohésion et
sa dureté pour prendre l'apparence de la plombagine, et
se laisser entamer comme elle par un couteau. Cet effet
s'observe rarement dans les mines belges ; mais il est assez
fréquent dans les districts de Newcastle et dans le bassin
de la Loire. Il importe donc de connaitre les moyens à
employer pour préserver les pompes contre les attaques
de cet agent destructif.

Dans les mines de Cornwall, où cette action se fait
sentir d'une manière fort énergique, les pistons sont en
bronze, et si le corps de pompe n'est pas composé de
la même substance, sa surface intérieure, de même que
celle des tuyaux, est revêtue de douves en bois de sapin
de 0.015 mètres d'épaisseur et de 0.05 à 0.08 mètres
de largeur, suivant le diamètre du tuyau, et de même
longueur que ce dernier. L'introduction des deux dernières
pièces formant clef est la seule partie de l'opération digne
de fixer l'attention. Toutes deux, coupées, suivant leur

---

(1) La décomposition des pyrites produit du sulfate de fer, qui
se transforme en sous-sel et en sel acide ; c'est ce dernier qui a
de l'action sur le fer.

longueur, en forme de coins, sont introduites, chacune
par l'un des orifices opposés du tuyau, dans le vide qui
reste à remplir; elles sont enfoncées à coups de marteau
et déterminent ainsi le serrage de toute la garniture intérieure. Cet ajustement est souvent d'une assez longue durée.

A la mine de Huelgoat, M. Juncker s'est servi d'un
moyen fort simple pour préserver les tuyaux de l'action
des eaux corrosives. Il consiste à fouler à l'aide d'une
pompe, agissant à grande pression, de l'huile de lin li-
thargirée, jusqu'à ce que la soupape se lève. Aucun
suintement ne s'aperçoit à l'extérieur; mais les surfaces
intérieures se recouvrent d'une couche de vernis graisseux
très-adhérente, capable de garantir la fonte contre les effets
des eaux acidulées. Des tuyaux ainsi préparés offrent, en
outre, l'avantage de s'opposer aux fuites malgré la hauteur de la charge, et quoique, pendant les essais, l'eau
chassée par la pompe de compression suinte abondam-
ment à travers les pores de la fonte.

698. *Comparaison entre le débit théorique et le débit pratique des pompes.*

Les pompes les plus parfaites, sous ce rapport, sont
celles dont le volume d'eau élevé se rapproche le plus du
volume théorique, c'est-à-dire du volume engendré par le
piston pendant sa course ascendante ou descendante. La
différence entre ces deux volumes est *le déchet* de l'appareil.

Assez fréquemment les garnitures des pistons, défectueuses dès l'origine ou par suite d'usure, se laissent traverser par les eaux; les soupapes, mal ajustées, ne se
ferment pas hermétiquement; gênées dans leurs mouvements, elles ne s'ouvrent ou ne se ferment pas avec assez
de promptitude et en temps utile. Ces circonstances, qui

toutes produisent la chute d'une partie de l'eau déjà soulevée, constituent une perte d'autant plus grande que la hauteur de la colonne est plus considérable (1).

Les pompes dans lesquelles plusieurs des conditions défavorables énoncées ci-dessus sont réunies, peuvent donner lieu à une différence de 25 p. c. entre le débit pratique et le débit théorique, calculé par la course et la section du piston. Mais des joints défectueux produisent quelquefois un déchet énorme et en dehors de toute prévision. On estime qu'en général des pompes ordinaires font éprouver une perte comprise entre 1/10°. et 1/12°. Lorsque les ajustements sont bien soignés et l'appareil en bon état, elle peut n'être que de 1/20°.; quelquefois même elle se réduit, ainsi qu'on le voit à Huelgoat, à 1/30°. D'après M. d'Aubuisson, le minimum de déchet correspond à une certaine vitesse du piston, variable selon la nature et l'état des appareils; les pertes par les clapets des soupapes dormantes et des pistons creux sont en raison inverse de l'amplitude des excursions.

Les pompes offrent, quoique rarement, des anomalies fort remarquables. Quelques personnes, entre autres M. Burat (2), ont eu l'occasion de constater que, dans certaines d'entre elles, le volume d'eau fourni par l'oscillation d'un piston creux excède, d'une certaine quantité, le volume théorique engendré par la course. C'est ainsi que, par diverses observations faites sur les pompes élévatoires des mines de Bruille (département du Nord), il s'est convaincu

---

(1) Dans ce cas, il convient de ne pas laisser retomber les eaux au fond du puisard, mais de les retenir au bas de chaque jeu et les diriger dans les réservoirs correspondants, afin de se soustraire à la perte résultant de toute la hauteur comprise entre ces divers points et le fond du puits d'exhaure.

(2) *Géologie appliquée*, page 433.

qu'elles produisaient $1/12^e$. de plus d'eau que ne le comportait leur débit théorique. Ce fait remarquable est attribué au rapide courant d'eau déterminé par l'ascension du piston dans la chapelle ; car les clapets, maintenus ouverts par ce courant, livrent passage au liquide, même après que le piston s'est arrêté dans sa course. Probablement des effets analogues se produisent aussi dans les pompes à pistons plongeurs, et c'est à une circonstance de cette espèce que doivent être attribués les résultats trouvés par M. Diday (1) aux mines du Rocher-Bleu (lignites des Bouches-du-Rhône), où le débit pratique est, pour chaque coup de piston, de 0.450 mètre, tandis que le produit théorique n'est que de 0.452 mètre. Cette différence nulle est évidemment le résultat d'un ordre de choses exceptionnel.

699. *Vitesse convenable aux pistons.*

La vitesse imprimée aux tiges et aux pistons dépend en grande partie de l'amplitude de leur course ; elle doit être telle que le moteur ne soit pas appelé à trop multiplier ses excursions dans un temps donné. Les pompes foulantes, et principalement celles à pistons plongeurs, réclament une différence de vitesse entre le mouvement d'élévation de la colonne d'eau et celui qui tend à ramener le piston dans une position telle qu'il puisse renouveler son action utile. Dans la première période, les frottements de l'eau contre les parois de la colonne ascendante imposent l'obligation de ne communiquer à celle-ci qu'une vitesse modérée, tandis que, dans la seconde, rien ne s'oppose à ce qu'elle soit plus considérable.

(1) *Annales des Mines*, 4e. série, tome II, page 21.

Les pistons plongeurs des appareils d'épuisement de Houssu, dont la course est de 5 mètres, sont soulevés avec une vitesse de 40 mètres par minute; mais le refoulement ne fait parcourir à l'eau qu'un espace de 20 mètres, c'est-à-dire la moitié du précédent.

Dans les mines du Cornwall, la vitesse des pistons plongeurs pendant les excursions ascensionnelles est de 78 à 84 mètres par minute; mais, à la descente, elle n'est plus que de 27 mètres. Cette vitesse, correspondant à 7 ou 8 oscillations doubles par minute, peut être considérée comme une moyenne fréquemment modifiée par l'affluence des eaux dans le puisard.

Les pistons des pompes élévatoires de Himmelfahrt, dont la course est de 1.13 mètre, emploient le même laps de temps dans leurs oscillations ascendantes et descendantes, et parcourent un espace de 9.04 mètres en une minute.

Dans les pompes élévatoires à pistons creux, la vitesse est la même à la levée et à la descente, parce que, dans ce dernier mouvement, le liquide, contracté par son passage à travers le noyau, éprouve des frottements aussi intenses que pendant le mouvement ascensionnel. La vitesse est ordinairement de 10 à 14 mètres par minute.

Il importe que les excursions du piston soient séparées entre elles par un temps d'arrêt qui donne aux soupapes le temps de se fermer, en vertu de leur excès de poids sur pareil volume d'eau. S'il en est autrement, si, à l'instant où le piston commence son excursion descendante, la soupape est encore soulevée, la brusque fermeture de celle-ci, qui en est la conséquence naturelle, est accompagnée de la réaction de la colonne d'eau; de là un choc, un *coup de bélier* d'autant plus intense que les valves ont une surface plus considérable et qu'elles sont chargées d'un plus grand volume d'eau. Les effets de ces chocs sont la courbure des clapets, la destruction de leurs charnières et l'ébranlement, sinon la dislocation, des principaux organes de l'appareil.

700. *Réparations et renouvellement des soupapes et des pistons.*

Lorsque le conducteur de l'appareil s'aperçoit, par les irrégularités du moteur ou par un moindre volume d'eau débité, qu'il existe un dérangement quelque part, il ne s'occupe pas des joints, puisque dans ses fréquentes descentes il a dû en vérifier l'état ; mais il examine successivement tous les jeux pour reconnaître celui qui est affecté d'une perturbation quelconque. Si le dégorgeoir de l'un d'eux ne déverse pas la quantité d'eau voulue, c'est un premier indice que confirme fréquemment l'aspect de la bâche alimentée par la pompe défectueuse ; celle-ci se trouve alors à sec ou moins bien remplie, tandis qu'il voit l'eau, affluant dans la bâche située au-dessous, s'extravaser par-dessus les bords.

Quelle que soit l'espèce de la pompe, il s'assure d'abord si aucune matière étrangère n'est venue obstruer les narines des tuyaux aspirateurs. Puis, si les appareils sont à pistons creux, il recherche à quelles excursions, ascendantes ou descendantes, correspond l'abaissement du niveau d'eau dans la bâche. Si ce dernier concourt avec les levées, il en conclut le mauvais état des clapets ou des garnitures du piston ; si, au contraire, le niveau d'eau baisse pendant les oscillations descendantes, il attribue le mal à la soupape dormante. Il peut aussi, en collant l'oreille contre la paroi extérieure des tuyaux aspirateurs pendant le refoulement de l'eau, entendre la chute du liquide à travers les valves. Dans tous les cas, il enlève la porte de la chapelle. L'inertie de la soupape a-t-elle pour cause l'interposition entre elle et son siége de débris schisteux, de copeaux ou d'autres corps étrangers qui l'empêchent de se fermer ? il les écarte. Les clapets sont-ils en mauvais état ; le cuir est-il rompu à la charnière, ou les disques en tôle faussés, etc. ? il enlève la soupape et lui en substitue une nouvelle. S'il n'y observe rien de défectueux, il s'occupe immédiatement du piston, dont il trouve la garniture en cuir décousue par l'usure ou séparée de son cercle de serrage ; il s'aperçoit que les tresses en chanvre sont usées et livrent passage aux eaux, etc. Dans le second cas, il resserre les écrous de pression ou change la garniture ; dans le premier, il remplace le piston défectueux par un autre en bon état. Quant aux pistons plongeurs, le conducteur des pompes visite d'abord la boîte à étoupes, serre les écrous et renouvelle le bourrage, si cela lui semble nécessaire ; puis, après avoir vérifié l'état de la soupape d'aspiration de la manière indiquée ci-dessus, il passe à la soupape d'ascension qui, contrairement aux précédentes, ne peut perdre ses eaux que pendant l'excursion ascendante du piston.

Lorsque, dans les pompes élévatoires à pistons creux ou pleins, des matières étrangères telles que des copeaux, des filasses ou des morceaux de schiste, amenés par l'aspiration, s'intercalent entre le corps de pompe et le piston, ou bien, lorsque la garniture en cuir se replie sur elle-même ou se chiffonne en abandonnant sa position normale, il résulte de ces accidents, d'ailleurs fort rares, un frottement intense, dont un machiniste expérimenté s'aperçoit, même de la surface, à l'aspect des efforts du moteur cherchant à vaincre cet excès de résistance. Il reconnaît, en descendant dans le puits et par la tension de la tige correspondante au piston dont la course n'est pas libre, le point où il peut apporter un remède facile. Il n'en serait pas de même pour un piston plongeur qu'il faudrait enlever, afin de nettoyer le cylindre; mais cet accident est excessivement rare, parce que, dans ce cas, les débris qui forment l'obstacle sont broyés, pulvérisés et entrainés par les eaux.

Les portes des chapelles étant fort lourdes, exigent, pour leur déplacement, l'emploi d'un moyen mécanique quelconque. C'est dans ce but qu'elles sont munies à leur partie supérieure d'un ou de deux anneaux dans lesquels est introduit le crochet de l'une des poulies d'un palan; l'autre crochet s'attache à l'un des bois de revêtement du puits ou à une corde enveloppée au-dessus de la bride de l'un des tuyaux de la colonne ascendante. Le changement d'un clapet ou d'un piston exige le concours de deux ouvriers; l'un d'eux tient la corde du palan, tandis que l'autre dévisse les boulons de la porte, la retire, visite les soupapes ou les enlève. L'extrémité de la corde est pourvue d'un nœud tel qu'il ne puisse traverser la gorge de la poulie, si la première venait à échapper accidentellement de la main de l'ouvrier; car alors la porte, retombant d'une grande hauteur, pourrait causer beaucoup de dégâts. Les machinistes se servent aussi, pour déplacer les portes des chapelles, d'une chaine, d'une poulie et d'un contre-poids. Ils emploient également une chaine fixée à l'un des bois supérieurs; celle-ci se termine vers le bas par une vis et un écrou, destinés à lui donner une tension suffisante entre ses deux points d'attache, et à faire coïncider la porte et la chapelle lorsqu'il s'agit de remettre la première à sa place.

IVᵉ. SECTION.

INTERMÉDIAIRES ENTRE LES POMPES ET LES MOTEURS.

701. Des maîtresses-tiges en général.

La *maîtresse-tige* (*maître-tirant*, ou simplement *tirant*), affectée aux pompes étagées les unes au-dessus des autres, se compose de pièces de bois ou de barres en fer forgé, assemblées bout à bout. Elle règne sur toute la hauteur du puits d'exhaure et se lie avec la machine motrice par son extrémité supérieure. Les pistons, placés latéralement et alternativement à droite et à gauche de cet organe, se relient avec lui par des ajustements indiqués plus loin.

La maîtresse-tige des pompes élévatoires fonctionne en tirant dans le sens de sa longueur; celle des pompes foulantes agit aussi par compression. Dans ce dernier cas, un moteur à double effet imprime au tirant, pendant l'excursion descendante, un mouvement vertical de haut en bas, qui, ajouté au poids de l'appareil, produit le refoulement. Si la machine est à simple effet, le refoulement dérivant du poids seul de la maîtresse-tige constitue, ainsi qu'on le verra ultérieurement, la condition la plus avantageuse à la régularité de la marche et à l'effet utile produit par le moteur.

La surface de la section des maîtres-tirants est toujours en raison des efforts qu'ils doivent communiquer et de la substance dont ils sont formés. En général, toutes les pièces constitutives doivent être invariablement liées entre

elles sans que les assemblages laissent aucun jeu d'où
puisse résulter l'allongement successif de la maîtresse-tige,
sa dislocation et, par suite, des vibrations, des chocs
destructifs et une perte notable d'effet utile. L'attirail,
guidé dans sa course, doit se mouvoir suivant une ligne
rigoureusement verticale ; c'est le seul moyen d'éviter,
autant que possible, les inflexions locales qui ne manqueraient pas de se prononcer en divers points de la longueur
d'un organe d'un si petit équarrissage, comparativement à
sa longueur. Enfin les ajustements, destinés à lier la maîtresse-tige et le moteur, doivent être simples et exécutés
avec précision. Toutes ces considérations sont essentielles
pour que cet intermédiaire entre les pompes et le moteur
transmette sans secousse la totalité de l'effort qui lui
est confié.

702. *Maîtresses-tiges en bois.*

Autrefois les exploitants regardaient le bois de chêne
comme le seul propre à ce genre de construction ; mais
son prix élevé et les difficultés qu'ils éprouvent à se le procurer dans des longueurs convenables les ont engagé à lui
substituer le sapin de Riga ou sapin rouge (1), qu'ils
trouvent dans le commerce à des prix moins élevés que
le chêne, et à des dimensions beaucoup plus considérables.
Ils ont reconnu, d'ailleurs, que cette essence est d'un
usage au moins aussi avantageux, s'ils ont le soin de

---

(1) Il est d'usage d'extraire la résine de tous les sapins livrés
au commerce, mais en quantité plus ou moins grande. Si l'opération est poussée trop loin, les bois deviennent *blancs ;* s'ils retiennent une quantité notable de leur goudron végétal, ils conservent
leur couleur rougeâtre. Ces derniers doivent être l'objet exclusif du
choix des constructeurs.

choisir des pièces exemptes de nœuds et de défauts quelconques. Quant à la force, la supériorité du sapin sur le chêne est établie depuis longtemps par de nombreuses expériences. Ainsi la résistance à l'écrasement des fibres refoulées sur elles-mêmes est respectivement pour les deux essences de 500 kilog. et de 424 kilog. par centimètre carré de section, et la résistance aux efforts de traction dirigés dans le sens de la longueur des fibres est en moyenne, pour le chêne et le sapin, de 814 kilog. et 858 kilog. Par conséquent, les efforts de refoulement et de soulèvement, communiqués à une colonne d'eau par l'intermédiaire d'un tirant de sapin, pourront être plus grands que s'ils étaient transmis par une maîtresse-tige en chêne de même équarrissage.

Les pièces constitutives de ces attirails sont équarries, dressées, puis assemblées à trait de Jupiter (fig. 10 *A'*, pl. LXVII) ; les abouts, entaillés en biseau, sont forcés de s'appliquer contre les parois des entailles par suite de la compression qu'exercent des coins introduits dans une ouverture rectangulaire ménagée au milieu du trait ; deux de ces coins se placent contre les parois de l'ouverture et le troisième pénètre facilement entre les deux premiers, en glissant suivant les fibres longitudinales du bois. Les traits de Jupiter, dont la coupe est oblique, donnent lieu à des fentes qui se produisent par l'effet du serrage ; c'est un inconvénient auquel il est facile de remédier en faisant les traits droits, c'est-à-dire en les découpant à peu près parallèlement et perpendiculairement aux fibres du bois (fig. 10 *A*).

Quel que soit, d'ailleurs, le mode d'entaille adopté, deux des faces opposées de la tige et quelquefois toutes les quatre sont revêtues, aux divers points de jonction (fig. 10 *A''*), d'armures en fer plat d'une longueur assez

grande pour recouvrir le joint et se prolonger beaucoup
au-delà des extrémités du trait de Jupiter. Les bandes de
fer, encastrées dans le bois sur la moitié de leur épaisseur, sont percées de trous correspondants aux trous forés
sur la maîtresse-tige, puis réunies deux à deux par des
boulons ; elles sont serrées par les écrous de ces derniers.

Les armures ou platines en fer peuvent conserver une
longueur et une largeur uniforme sur toute la hauteur de
la maîtresse-tige ; leur épaisseur seule doit décroître en
s'avançant dans la profondeur. A la mine des hauts-fourneaux d'Ougrée, près de Liége, les armures d'un tirant,
fonctionnant à une profondeur de 300 mètres, ont 4.72
mètres de longueur et 0.10 mètre de largeur ; les épaisseurs suivent une progression décroissante, exprimée par
0.019, 0.018, 0.017 et 0.016 mètre. A Huelgoat, pour
une profondeur de 170 mètres et pour une tige de sapin,
les platines ont 0.12 mètre de largeur ; elles sont divisées en
séries dont l'épaisseur décroît comme les nombres 0.032,
0.028, 0.024 et 0.020.

Les assemblages représentés par la figure 11 sont d'un
excellent usage. Sur deux faces opposées des tiges partielles, placées bout à bout, sont appliquées des pièces de
même largeur que le tirant, mais d'une épaisseur un peu
moindre. Tous ces points de jonction sont étroitement serrés
par cinq étriers munis de boulons ; puis, afin de prévenir le glissement de ces surfaces les unes sur les autres,
quelques entailles pratiquées de manière à entamer simultanément deux pièces reçoivent des coins de bois dur et
bien sec enfoncés à refus. La maîtresse-tige conserve ainsi
toute sa force de résistance, par suite de la suppression
des nombreux trous dont elle est habituellement percée
d'outre en outre dans l'emploi des armures en fer. Enfin,
les tiges partielles ne perdent pas de leur longueur.

La construction de la machine d'épuisement de l'Agrappe
(Couchant de Mons) a donné lieu à l'emploi d'un procédé analogue pour les ligatures des tiges partielles (fig. 26
et 27, pl. LXVI). La moitié des pièces ont été sciées,
dans le sens de leur longueur, en deux parties égales.
L'extrémité de l'une des pièces A, restée intacte, est recouverte, sur deux de ses faces opposées, par deux demi-
pièces sciées BB, $B'B'$, qui, de leurs autres extrémités,
recouvrent également une seconde pièce entière A', et ainsi
de suite pour toute la hauteur de la maitresse-tige. Puis
chaque assemblage est lié par six étriers et consolidé
comme ci-dessus par des broches introduites dans un certain nombre de trous.

Les différents points de la hauteur d'une maitresse-tige
étant inégalement chargés, les efforts dont elle doit être
capable sont d'autant plus grands que la partie considérée se
rapproche davantage de la surface du sol. Elle devrait donc
affecter la forme d'une pyramide fort allongée, tronquée
et renversée; mais cette décroissance graduelle de la section
des tirants étant inutile et difficile à obtenir, le constructeur se contente d'en diviser la hauteur en un certain
nombre de parties dont l'équarrissage décroit, en descendant de l'une d'elles à la suivante.

Lorsque, en raison de la profondeur ou du grand
diamètre des pompes, l'effort doit être considérable, la
difficulté de se procurer des pièces d'un équarrissage suffisant, engage souvent le mineur à composer la partie
supérieure de l'organe de deux pièces juxtaposées et
réunies par des boulons, tandis que la partie inférieure
est réduite à une seule.

703. *Procédés en usage pour attacher les pistons à la maîtresse-tige et celle-ci au moteur.*

La ligature des maîtresses-tiges et des tiges de piston placées latéralement, s'effectue de diverses manières. Les figures 1 et 2 de la planche LXV indiquent l'ancien procédé usité en Belgique et en Allemagne; c'est une simple potence en fer forgé O, dont la branche horizontale *a* reçoit l'anneau de l'enfourchement, qui embrasse la tête de la tige. Une cheville maintient l'anneau et permet son déplacement, lorsque la manœuvre des pompes l'exige.

Les Allemands ont quelquefois interposé une pièce triangulaire en fonte, allégée par quelques évidements (fig. 6, pl. LXV), entre le maître-tirant, auquel elle s'attache à l'aide de boulons et la tige en fer du piston; l'extrémité supérieure de cette tige traverse un œillet de la pièce triangulaire, et reçoit une clavette qui la fixe en place. Mais cet ajustement n'est pas des plus satisfaisants.

Les Anglais emploient pour les pompes élévatoires un cadre trapézoïdal en fonte de fer (fig. 5), renforcé par une croix de St.-André. Ce cadre, fixé à la maîtresse-tige par des boulons, porte sur sa tranche extérieure deux douilles propres à recevoir l'extrémité de la tige du piston. En Belgique et en Angleterre, la tige des pistons plongeurs est réunie au maître-tirant par l'interposition (fig. 3 et 4, pl. XLVII) d'une pièce de bois d'un équarrissage tel que l'axe des premières coïncide avec celui du corps de pompe placé latéralement. Le glissement des surfaces est prévenu par une entaille *s* et toutes les pièces sont liées entre elles par des boulons et des frettes ou étriers munis d'écrous. Ce procédé est l'objet de quelques modifications, lorsque la tige du piston est en fer (fig. 8). La partie supérieure de celle-ci, offrant alors une surface plane, est appliquée sur le bois intermédiaire et traversée, de même que les autres pièces, par un certain nombre de boulons. Le constructeur ne néglige pas de creuser des échancrures rectangulaires n, n, dans lesquelles il engage des coins à frottement. Dans ce cas, des disques en fonte i, i appliqués aux deux extrémités du manchon, sont serrés entre une embase ménagée sur la tige k et une clavette m, ajustée à sa partie inférieure (1).

Les ligatures destinées à réunir la maîtresse-tige et l'extrémité du balancier de la machine motrice, se composent (fig. 1, pl. LXXII) d'un enfourchement aa embrassant la tête du tirant et de deux bandes de fer méplat b, surmontées chacune par un anneau et appliquées sur les deux autres faces. C'est dans ces anneaux et dans la courbure de l'enfourchement que passe l'une des entretoises d'écartement du parallélogramme.

D'autres fois, cette ligature est formée d'une forte pièce de fer forgée en coin, intercallée entre les fibres du bois, préalablement entaillé par un double trait de scie ; deux barres de fer méplates sont appliquées latéralement et le tout est serré par des boulons à vis. Cette pièce intermédiaire porte, à sa partie supérieure, une fourchette dont chaque branche est percée d'œillets destinés à recevoir le boulon qui la réunit au balancier.

704. Maîtresses-tiges à traction directe.

Dans les dispositions précédentes, la maîtresse-tige, placée latéralement aux pompes, éprouve, à chaque point

(1) Les figures 8 et 9 représentent l'assemblage de trois tiges de pompes en un même point de la maîtresse-tige. L'un des appareils est foulant ; les deux autres, soulevants, atteignent le fond du puits ; ils sont destinés à se suppléer l'un l'autre, en cas de réparations.

d'attache des tiges de pistons, une résistance oblique tendant
à l'infléchir, en divers points de sa hauteur, tantôt à
droite, et tantôt à gauche. Cette disposition crée nécessairement des vibrations et même des dislocations, et contribue toujours à absorber inutilement une partie de l'effort
communiqué par le moteur. Dans le but de porter remède à cet inconvénient, divers constructeurs ont imaginé de placer les pistons plongeurs les uns au-dessus
des autres, en faisant coïncider leur axe et celui de la
maîtresse-tige.

Le système mis en usage pour les tirants en bois de
l'appareil d'épuisement de la mine de Houssu est indiqué
par les figures 5, 6 et 7 de la planche LXVIII. Les corps
de pompe sont enveloppés d'un châssis rectangulaire, composé de deux pièces de bois AA, $A'A'$ solidement assemblées avec le corps de la maîtresse-tige BB', partout
où celle-ci est interrompue. Les glissements des surfaces
sont prévenus par des entailles c,c, c',c', pratiquées sur chacune des pièces de l'assemblage, dont l'adhérence résulte de
quatre étriers serrés par leurs écrous. La largeur intérieure
du châssis est rigoureusement suffisante pour embrasser
le corps de pompe; en outre, les pièces d'assise F lui
servant de guide, il ne donne lieu à aucune vibration pendant le mouvement alternatif. Enfin, le piston plongeur D
est fixé au prolongement de la section supérieure du tirant
par un enfourchement dd, un bout de tige et un écrou e.

Une semblable disposition force à démonter le cadre
pour retirer le piston. Quoique cette nécessité soit fort
rare, le constructeur a cru devoir faciliter cette opération
dans les appareils exécutés ultérieurement. Il lui a suffi,
pour cela, de ne pas engager, dans la cavité intérieure
du piston, le prolongement de la maîtresse tige, mais
une pièce de bois indépendante, dont la tête se rattache,

par des boulons, à quatre traverses horizontales, fixées deux à deux sur deux faces opposées du châssis.

Lorsque le diamètre des tuyaux est plus considérable et que les eaux doivent être épuisées à une grande profondeur, deux tirants sont disposés de chaque côté des corps de pompe, sur toute la hauteur du puits ; les pistons s'y rattachent par le même ajustement que ci-dessus.

Les pièces latérales des châssis de l'appareil d'épuisement de Houssu, coupées ainsi que l'indique la figure, proviennent de bois d'un très-fort équarrissage et sont, par conséquent, assez couteuses. Cette dépense peut être diminuée en remplaçant ces épaulements par des pièces C, C (fig. 28 et 29, pl. LXVI), intercalées entre la partie latérale du cadre et la maîtresse tige. Ce mode d'ajustement, appliqué au tirant des pompes de l'Agrappe, a été trouvé aussi solide que le précédent. Le piston s'y rattache au moyen d'une pièce de fer forgée en coin, introduite parallèlement aux fibres du bois.

705. *Déterminer l'équarrissage des tiges de pistons et des maîtresses tiges en bois.*

D'après l'expérience, non-seulement les efforts de traction auxquels peut être soumise une pièce de bois employée dans les constructions, ne doivent jamais être assez énergiques pour altérer l'élasticité de ses fibres et déterminer leur allongement permanent ; mais encore la force agissante ne peut être que le tiers environ de celle qui les déformerait d'une manière définitive (1). Or, la charge capable d'occasionner la déformation du bois tiré dans le sens de ses fibres est le quart environ de celle qui

(1) PONCELET, *Mécanique industrielle.*

en détermine la rupture, savoir : 201 kilogrammes pour le
chêne et 214 pour le sapin rouge ; en sorte que le tiers
de ces nombres sera la limite maximum du poids que peut
supporter chaque centimètre carré de la section transversale d'une tige en bois, maximum qui peut être réduit à
60 kil. en le rendant uniforme pour les deux essences. Mais
comme une tige, dont la longueur fort grande relativement
à son équarrissage, est éminemment sujette à la flexion et
aux ruptures ; comme elle doit pouvoir se soutenir elle-
même, le constructeur doit faire subir au chiffre indiqué
ci-dessus (60 kil.) de nouvelles réductions proportionnelles aux équarrissages, s'il veut que l'appareil se trouve
dans des conditions normales ; c'est ce qui sera rendu
sensible par l'exemple suivant.

Soient à déterminer les sections d'un tirant de sapin et
des tiges particlles d'un appareil élévatoire d'épuisement
composé de six jeux, ayant tous la même hauteur verticale. Les éléments du calcul sont :

Diamètre des corps de pompe . . . . . 0.30 m.

Hauteur comprise entre les niveaux d'eau de deux
bâches consécutives, ou hauteur de la colonne d'eau élevée
par chaque jeu . . . . 58 m.

Longueur totale de la tige du piston jusqu'au point
d'attache supérieur . . . . 60 m.

Colonne d'eau pressant sur le piston au moment où il
va commencer son excursion ascendante, ou partie immergée de la tige. . . . . 55 m.

Poids d'un piston et des armures d'une tige. . 520 kil.

Poids du mètre cube de sapin . . . . . 650 »

Les armures de la maîtresse tige, divisée en trois parties égales, pèsent respectivement, à partir du fond du
puits et pour les trois sections, 2,300, 2,840 et 3,160 kil.

La tige d'un piston soulevant est un prisme ordinairement à section carrée, plongé en partie dans l'eau des tuyaux ascentionnels. Les forces qui tendent à l'allonger dans le sens de ses fibres sont :

1°. Le poids de la colonne d'eau à soulever, ou $0.30^2 \times 0.7854 \times 50 \times 1000 =$ 3534.5 kil. (1)

2°. L'effort nécessaire pour vaincre les frottements, effort évalué à 0.1 du poids de la colonne d'eau (2)   353.4 »

3°. Le poids du piston et des armures de la tige   320 »

                                  4207.7 kil.

4°. Celui du bois de la tige, moins la poussée résultant de son immersion dans l'eau; car cette pression, agissant de bas en haut, diminue d'autant la charge appliquée à la partie supérieure de l'appareil. Le poids d'un mètre cube de sapin étant de 650 kilog., une pièce de 52 mètres de longueur pèsera par centimètre carré de section :

$$0.065 \times 52 = 3.38 \text{ kilog.}$$

L'action de la poussée du fluide, étant égale au poids d'un volume d'eau égal à la partie immergée de la tige, tend à soulever cet organe avec une force représentée par

$$0.1 \times 54 = 5.4 \text{ kilog.}$$

(1) On rappelle ici pour mémoire que la surface d'un cercle, exprimée en fonction de son diamètre, est $\frac{1}{4} \pi d^2 = 0.7854 \, d^2$.

(2) D'après les expériences de M. D'Aubuisson, le frottement devrait être évalué aux 0.08 du poids de la colonne d'eau. Mais ce savant indique par ce coefficient la moyenne des frottements d'une pompe en pleine activité, tandis qu'il s'agit ici de ceux qui, se faisant sentir à l'origine du mouvement, sont naturellement plus considérables.

La différence de ces deux valeurs, ou 1.22 kilog., entrant
en déduction de l'effort qui provoque la rupture, doit être
ajoutée à la résistance, puisqu'elle agit dans le même sens
qu'elle. Or, le coefficient de la résistance du sapin est
considérée comme pouvant s'élever à 600,000 kilog. par
mètre carré, ou à 60 kilog. par centimètre carré de section ;
mais c'est une valeur trop forte qui doit être réduite suivant
les circonstances. Calculant donc les sections pour des
charges successives de

$$20 , 30 \text{ et } 40 \text{ kilog.},$$

ces résistances deviendront définitivement

$$21.22 ; 31.22 \text{ et } 41.22 \text{ kilog.}$$

Les quotients de la charge 4,207.7 kilog. par ces valeurs expriment les diverses sections qu'il est possible
d'attribuer à la tige dont les équarrissages sont donnés par
de simples extractions de racines. C'est ainsi qu'on obtient
par l'emploi successif des trois coefficients :

$$S^2 = 198.2 \text{ et } S = \sqrt{198.2} = 14 \quad \text{centimètres.}$$
$$S^2 = 134.7 \quad S = \sqrt{134.7} = 11.6 \qquad \text{»}$$
$$S^3 = 102 \quad S = \sqrt{120} = 10. \qquad \text{»}$$

Le choix des praticiens se porterait sur 0.12 mètre ;
le poids de la tige serait alors de 486.7 kilog. ; le fluide
agirait pour soulever la partie immergée avec une force
égale à 662.4 kilog. et la charge totale serait exprimée
par 4,032 kilog.

Le calcul de l'équarrissage de la maîtresse-tige dérive
de sa division en trois parties égales, comprenant chacune
deux jeux de pompes. La partie supérieure de chacune
de ces sections doit donc être capable de résister au poids
de deux pistons et de leur charge, ou 4,032 kilog. ; plus,

son propre poids, celui de ses armures et celui de toute la partie de l'attirail située au-dessous d'elle.

La section inférieure de la maîtresse-tige supporte :

1°. Ses propres armures . . . . . . 2,300 kilog.

2°. Deux pistons, leurs tiges et leurs charges, ou $2 \times 4,032$. . . . . . 8,064 »

Soit un poids total de 10,364 kilog. La longueur de cette partie de l'attirail étant de 100 mètres, pèsera, par centimètre carré de section, 6.5 kilog., qui, déduits des coefficients de la résistance, donne

$$\left.\begin{matrix} 20 \\ 30 \\ 40 \end{matrix}\right\} - 6.5 = \left\{\begin{matrix} 13.5 \\ 23.5 \\ 33.5. \end{matrix}\right.$$

Ces quantités étant prises comme ci-dessus pour diviseurs de l'expression de la charge, 10,364 kilog. donnent successivement les sections (S^2) des tirants, parmi lesquels le constructeur fait un choix raisonné. Ces quotients sont,

$S^2 = 767.7 ; \; S = \sqrt{767.7} = 28$ centimètres.

$S^2 = 441 \quad S = \sqrt{441} \quad = 21$ »

$S^2 = 309 \quad S = \sqrt{309} \quad = 18$ »

Choisissant 0.20 mètre, le poids de la section inférieure de la maîtresse-tige sera . . . . 2,600 kilog.
et celui de ses armures . . . . . . 2,300 »

4,900 kilog.

Passant à la partie moyenne de l'attirail :

Charge sur les pistons des quatre derniers jeux, ou $4 \times 4,032$ . . . . 16,128 kilog.

Poids de la 3e. série du tirant . . 4,900 »

Armures de la partie moyenne . . 2,840 »

23,868 kilog.

Cette charge, divisée par l'expression de la résistance, donne

$$S^2 = 1015 \quad S = \sqrt{1015} \quad = 32$$
$$S^2 = 702 \quad S = \sqrt{702} \quad = 27$$
$$S^2 = 548.6 \ S = \sqrt{548.6} = 23 \ (1).$$

Adoptant 0.25 pour cette partie de la maîtresse-tige, on
aura pour le poids du bois 4,062
et pour celui de l'armure 2,840

_____

K. 6,902

La somme des forces agissant sur la tête de la maîtresse-tige, à son point de jonction avec le moteur, est :

Pour six jeux 6 × 4,052 . . . . . 24,192 K.
Première section du tirant 4,900
Deuxième section 6,902
Armures de la troisième section . . . 3,160

_____

39,154

d'où résulte :

$$S^2 = 1666 \ ; \ S = \sqrt{1666} = 41$$
$$S^2 = 1168 \quad S = \sqrt{1168} = 34$$
$$S^2 = 900 \quad S = \sqrt{900} \ = 30.$$

Un équarrissage de 0.30 sera, dans la plupart des cas,
jugé suffisant.

En résumé, il n'y a rien à risquer, dans les conditions actuelles, en choisissant, pour les six parties de la
maîtresse-tige correspondantes aux six jeux, les dimensions
suivantes, à partir du haut de l'attirail :

M. 0.30 ; 0.28 ; 0.26 ; 0.24 ; 0.22 ; 0.20 ;

_____

(1) Les coefficiens employés dans cette partie du calcul et dans
la suivante sont : 50, 40 et 30, pour des motifs exposés ci-dessous.

ou par l'adoption de la division en trois parties, ce qui est plus commode,

M. 0.30, 0.25 et 0.20.

Les tuyaux de la colonne ascendante de la mine de Huelgoat ont un diamètre de 0.275 mètre. Le tirant de l'une des deux pompes est formé de pièces de bois dont l'équarrissage marche suivant la progression décroissante des nombres :

M. 0.27, 0.25, 0.23 et 0.21.

Ainsi, d'après ce qui précède, un poids de 60 kilog. par centimètre carré est un maximum qui s'accorde rarement avec l'expérience; ce nombre se réduit successivement à 50, 40, 30 et même 20 kilog., suivant que la fraction de l'attirail, placée à une moindre profondeur, est l'objet de plus fortes charges. Ce résultat pouvait être prévenu d'avance; car, pour les pièces soumises à de faibles efforts de traction, l'équarrissage déduit exclusivement des considérations relatives à la résistance de ses fibres à l'extension, est insuffisant et ne les empêche pas de fléchir ou de se rompre sous leur propre poids; au contraire, des tiges sur lesquelles s'exercent des efforts considérables et dont la force a été calculée de la même manière se soutiennent facilement d'elles-mêmes, sans donner lieu à des ruptures spontanées. Ainsi, le coefficient de la résistance, faible pour les premières, doit nécessairement s'accroître avec l'équarrissage. On observe, en outre, que pour des tuyaux d'un diamètre moyen et pour des profondeurs comprises entre 300 et 400 mètres, la partie supérieure de la maîtresse-tige a, pour côté de sa section, un nombre sensiblement rapproché du diamètre intérieur de la colonne ascendante ou plutôt du piston.

Dans les pompes foulantes, lorsque le moteur, ajoutant son impulsion au poids de l'appareil, force l'eau à s'élever,

il est rare que l'effort supporté par les tiges soit compté
parmi les éléments du calcul, parce que la grande hauteur
du prisme en bois, relativement à sa section, produit l'inflexion et la rupture longtemps avant d'atteindre les limites
maximum de la charge. Mais ce mode d'application de la
force motrice est presque entièrement tombé en désuétude.

Quant aux tiges mues par une machine à simple effet,
et qui par conséquent sont appelées à élever la colonne
d'eau, en vertu de leur propre poids, leur résistance à
la rupture n'a pour objet que de se soutenir elles-mêmes;
elle reçoivent à peu près le même équarrissage que les
tiges des pompes élévatoires, en sorte que leur pesanteur
excède celle de la colonne d'eau à élever.

706. *Des patins de retenue, ou parachutes.*

Quoique la chute d'une maîtresse-tige dans un puits,
par suite de rupture, de disjonction de quelques-unes de
ses parties ou de la séparation de sa tête et du balancier,
soit un accident fort rare, il est tellement destructif,
que le mineur doit prendre les précautions les plus minutieuses pour l'empêcher de se produire. Les moyens
préservatifs en usage sont fort simples : ils consistent en
patins de retenue ou parachutes, fixés sur la hauteur de la
maîtresse-tige, à égale distance les uns des autres. Ce sont
tantôt des *corbeaux*, ou pièces de bois à section verticale
triangulaire; tantôt des pièces de même équarrissage que la
maîtresse-tige, appliquées sur deux faces opposées de cette
dernière, à laquelle elles sont solidement attachées par des
boulons ou des étriers. Ces patins, lorsque l'attirail est
arrivé au bas de sa course, ne laissent qu'un intervalle
de quelques millimètres entre leur surface inférieure et
deux sommiers de fort équarrissage, encastrés dans les

parois des puits ; les sommiers reçoivent le choc des appendices si le tirant ou l'une de ses parties vient accidentellement à retomber.

Le nombre des parachutes est ordinairement égal à celui des jeux de pompe ; on détruit ainsi plus facilement la force vive acquise par la chute de la tige, qui, dès lors, reste suspendue par autant de points qu'il y a d'arrêts ; en outre, s'il y a disjonction de l'attirail, la partie inférieure en est retenue par les patins correspondants, résultat qu'il serait impossible d'obtenir par l'installation d'un ou deux de ces appendices seulement.

Quelle que soit l'exactitude de la pose des patins, il est rare, en cas d'accident, que l'un d'eux ne porte pas avant les autres sur les sommiers de retenue ; alors il se brise ou se détache, mais le choc est amorti. Cependant M. Juncker, craignant leurs ruptures successives, a modifié les dispositions ordinaires, en établissant sur les sommiers de retenue un matelas élastique destiné à détruire la force vive que la maîtresse-tige acquiert dans sa chute (fig. 25, pl. LXVI).

Les patins ou *cruchots*, comme on les appelle à Huelgoat, sont composés chacun d'une branche horizontale m, m, de deux platines n, n' et d'un double arc-boutant o, o' en fer forgé ; ces objets sont boulonnés sur deux des faces opposées de la maîtresse-tige. Les sommiers J, J' sont recouverts de deux traverses h, de deux pièces i, i parallèles aux sommiers, et de deux autres traverses k, k'. Le matelas élastique est formé d'une pile de planches en sapin de 0.03 mètre d'épaisseur, traversée, de même que les pièces i, i et k, k, par quatre boulons r, r' placés aux angles du carré. Quatre bandes de fer, huit goujons et plusieurs coins maintiennent les piles, que recouvrent, d'ailleurs, des saumons s, s'.

M. Juncker a établi cinq appareils de cette espèce le

long de la maîtresse-tige en bois de Huelgoat, après s'être
assuré, par expérience, que la rupture des planches suffisait pour anéantir la force vive produite par un poids
de 3,000 kilog. tombant d'une hauteur de 2.50 mètres.

707. *Maîtresse-tige en fer des pompes de Silber-seegner-Richtschacht, près de Clausthal.*

Le moteur élève les eaux de la mine d'un seul jet,
par l'intermédiaire d'une maîtresse tige en fer qui, de même
que toutes celles de cette nature, est à traction directe,
c'est-à-dire que son axe et ceux des pistons de la pompe
et du moteur se confondent dans la même verticale. Ce
tirant (fig. 13 et 14, pl. LXV) est formé de tiges partielles g, g de 2.88 mètres de longueur et 0.06 mètre de
diamètre, en fer rond, appliquées bout à bout et dont
les extrémités sont percées d'un œillet rectangulaire correspondant aux œillets d'un manchon cylindrique $h\,h$.
Lorsque deux tiges consécutives, engagées dans ce dernier,
viennent en contact par leur bout, il suffit, pour com-
pléter la ligature, d'introduire des clefs i, i munies d'un
rebord et percées de trous propres à recevoir deux clavettes.
Sur la hauteur de la maîtresse-tige sont placés, à distances égales, six manchons dont les clefs, plus longues
et plus fortes que les autres, viennent reposer sur des
sommiers en bois, et servent ainsi de parachute. Les vibrations sont prévenues par l'assemblage de quatre traverses répété six fois sur la hauteur de l'attirail ; ces
traverses laissent entre elles une ouverture carrée d'une
section telle que la maîtresse-tige puisse s'y mouvoir librement, sans cependant avoir trop de jeu.

La liaison du tirant avec la tige du piston moteur et
avec celle du piston des pompes se fait aussi au moyen

d'un manchon taraudé *l*, dans lequel se vissent les extrémités des tiges ; on a soin de mettre leurs surfaces planes en contact immédiat, afin que le mouvement se communique directement de la machine motrice à l'attirail, et de celui-ci aux pompes.

La maitresse-tige est interrompue, à sa partie supérieure, par une articulation représentée par les figures 6 et 7 de la planche LXXIV. Ce sont deux genoux sphériques x, x, jouant librement sur deux plateaux en fer y, y, assemblés par six boulons z, z, filetés sur une assez grande partie de leur hauteur. Le but de cette disposition est d'établir un point où l'allongement et le raccourcissement de la maitresse-tige puisse s'effectuer suivant les besoins, et, de plus, de laisser libres les effets de la torsion résultant du mouvement spiroïdal qui se fait sentir pendant la levée de l'attirail.

L'exécution de ces diverses pièces réclame l'emploi de la meilleure qualité de fer forgé. Les trous sont percés à froid et les ajustements en sont faits avec la plus rigoureuse précision. Le poids total de l'attirail correspondant à une longueur de 199 mètres, y compris celui du piston moteur et du piston de la pompe, est de 4,968 kilog.

708. *Maîtresse-tige en fer de la mine de Huelgoat.*

Un faisceau de huit tirants (fig. 22, 22bis, pl. LXVI), assemblés d'une manière analogue aux chaines des ponts suspendus, règne sur toute la hauteur du puits. Chaque tirant $a a, a'a'$ est formé d'une série de tringles de longueur uniforme, à section carrée et percées à leurs extrémités de trous c, c' ; ces tringles sont assemblées sur des platines b, b qui non-seulement les réunissent entre elles, mais

servent encore à accoupler les tirants deux à deux. C'est
ainsi que le lecteur voit en *B* et en *B'* les extrémités de
quatre barres comprises entre trois platines qui, liées par
des boulons, constituent une demi-chaine. Deux brides en
fer *e e*, ajustées à l'intérieur des platines et fixées par des
boulons, réunissent les deux demi-chaines juxta-posées
et préviennent leur écartement, en leur laissant la faculté
de glisser l'une sur l'autre dans le sens de la longueur.
Ainsi chaque articulation comprend les extrémités de huit
tringles et six platines traversées trois à trois par six boulons; les deux boulons du milieu, destinés aux brides,
sont plus petits que ceux des extrémités.

Les mailles ont une longueur de 3,503 mètres comprise entre les milieux de deux nœuds consécutifs. Les
cinq dernières de la partie inférieure de la tige, devant
offrir une assez grande rigidité, n'ont pas d'articulation.
A et *A'* sont les boucles d'assemblage de la maille supérieure et de la tige du moteur; la même ligature sert
à réunir l'autre extrémité de l'attirail avec le piston de
la pompe.

La seule difficulté de cette construction, dit M. Juncker,
consiste à organiser la chaine de manière que ses éléments principaux soient toujours également tendus durant
le travail, ou, en d'autres termes, qu'ils soient solidaires
dans le partage de la résistance à l'effort qui leur est
opposé. Il y est parvenu en établissant des boucles de
suspension qui permettent de racheter les défauts d'égalité
de longueur de deux demi-chaines, par la nature exten-
sible du *fer à câbles* employé pour cet objet, et enfin à
l'aide de la parfaite exécution des diverses parties de la
chaine, pour laquelle des prescriptions très-sévères furent
imposées au fabricant.

Les tringles et les boulons principaux sont divisés en

quatre séries décroissantes; la section des uns et le diamètre des autres forment la progression suivante :

Mètre 0.049, 0.047, 0.045 et 0.043.

Les platines suivent un décroissement analogue, mais
les boulons des brides et les brides elles-mêmes conservent
partout la même grosseur. Ces dimensions ont été calculées
dans la supposition que chaque centimètre aurait à supporter une charge habituelle de 150 kilog. Dans les épreuves
auxquelles la chaîne a été soumise, elle a été de 1,500
kilog. par centimètre carré pendant 12 heures, sans que
le fer éprouvât aucune altération.

709. *Maîtresse-tige des pompes de Himmelfahrt.*

Le moteur à double effet est une roue hydraulique
communiquant un mouvement alternatif vertical à deux
maitresses-tiges, par l'intermédiaire de manivelles, de tirants horizontaux et de varlets ou équerres. La disposition des manivelles est telle que l'une descend quand
l'autre remonte et vice-versâ. Les tirants en fer forgé
(fig. 7 et 8, pl. LXV) sont à traction directe; ils consistent en barres *l l* renflées à leurs extrémités et juxta-
posées par leurs bouts; deux armures *m m*, également
en fer, appliquées de chaque côté du joint, sont réunies
par quatre boulons à tête ronde. L'introduction dans
une cavité pratiquée sur l'armure d'un appendice saillant
ménagé à leur tête, empêche ceux-ci de tourner pendant
le serrage des écrous. Partout où se trouve une pompe,
la tige est interrompue par un châssis destiné à embrasser
le cylindre et la boîte à soupape; ces châssis consistent
en deux triangles *n n* et *n' n'*, et en deux branches latérales *p p*, *p' p'*, dont la somme des équarrissages est égal
à celui du maître-tirant. La tige du piston est terminée

par un enfourchement $q\,q$, embrassant le milieu de la
base et le sommet du triangle. Au-dessous de chaque jeu
se trouve une pièce (fig. 9) destinée à opérer l'allongement ou le raccourcissement de la tige, afin d'amener le
piston précisément à la place qu'il doit occuper. C'est une
boucle en fer forgé M, percée, suivant son axe, de deux
trous : celui de dessus reçoit l'extrémité arrondie de la tige
sur laquelle a été forgé un renflement o qui, quoique
garantissant la réunion invariable des deux organes, leur
permet de tourner librement. Le trou de dessous est taraudé et reçoit l'autre partie de la maitresse-tige, préalablement filetée. Lorsque, suivant les besoins, il s'agit de
soulever ou d'abaisser le piston, il suffit de tourner la
boucle pour rappeler ou écarter la partie inférieure de la
tige. Une clavette traversant simultanément le pas de vis
et son écrou prévient les dévissements spontanés.

Chaque fraction du tirant, correspondante à un jeu de
pompes, est munie d'un parachute (fig. 10). C'est un talon
forgé en même temps que la tige, destiné à venir porter,
en cas d'accident, sur les traverses superposées aux sommiers; ceux-ci, encastrés dans la roche, sont en outre
soutenus, dans le milieu de leur portée, par des arcs-
boutans appuyés également contre les parois; des boulons
relient et traversent tout le système. L'attirail est enduit
dans toutes ses parties d'un corps gras propre à le garantir de l'oxidation.

La hauteur des diverses sections de la tige et l'équarrissage des parties correspondantes sont exprimées par les
chiffres suivants :

DÉSIGNATION DES ÉTAGES A PARTIR DU SOL.	HAUTEURS.	COTÉ DU CARRÉ DE LA SECTION.
1	M. 27.63	M. 0.0548
2	» 47.20	» 0.0509
3	» 35.20	» 0.0440
4	» 44.25	» 0.0376
5	» 38.06	» 0.0322
6	» 58 66	» 0,0255
	» 231.00	

710. Equilibre entre le poids de la colonne d'eau soulevée et celui de la maîtresse-tige.

Les anciens appareils d'épuisement sont composés exclusivement de pompes élévatoires mises en activité par une seule maîtresse-tige; le moteur, pendant son excursion ascendante, doit enlever la colonne d'eau, le maître-tirant et tous ses accessoires; puis, pendant la descente, l'attirail retombe en vertu de son poids presque tout entier. Or, ce poids augmentant en raison directe de la profondeur d'où les eaux doivent être extraites, il arrive une limite au-delà de laquelle le moteur devient nécessairement insuffisant. Ce terme fatal dut arrêter les mineurs dans leurs travaux d'approfondissement et fut probablement l'un des premiers inconvénients auxquels ils tentèrent de porter remède. Pour cela, ils employèrent deux procédés actuellement encore en usage dans différentes mines de houille de la Belgique et de beaucoup d'autres contrées.

Le premier consistait, lorsqu'on était sur le point d'atteindre la profondeur pour laquelle le moteur devenait insuffisant, à abandonner le puits où étaient installées les premières pompes; à percer, dans les roches encaissantes, une excavation de grandes dimensions en largeur et en hauteur, et de 15 à 18 mètres de longueur, à l'extrémité de laquelle était foncé un puits intérieur propre à loger un second appareil d'épuisement. Les deux parties de la maitresse-tige étaient alors réunies par un balancier de renvoi destiné à changer le sens du mouvement de la seconde série de pompes; en sorte que le poids de l'un des attirails venait en aide à celui qui remontait, et réciproquement. Cette disposition coûteuse et défectueuse n'a pas été fort répandue; toutefois, il en existe encore quelques exemples, entre autres à la mine de La Haye, située dans l'un des faubourgs de la ville de Liége.

Le second procédé consiste à établir au jour un contrepoids pour équilibrer la maitresse-tige et prévenir sa chute trop rapide. Il est fort en usage dans les mines de la province du Hainaut; mais il est limité dans ses effets et ne peut s'appliquer à une série de pompes exclusivement élévatoires extrayant les eaux d'une grande profondeur.

Le premier de ces modes étant très-coûteux et souvent impraticable, le second étant insuffisant, les mineurs imaginèrent d'établir l'équilibre par l'appareil lui-même; pour cela, ils intercalèrent à différentes hauteurs de la colonne un certain nombre de pompes foulantes, suffisant pour absorber en l'utilisant la force motrice développée par la chute de la maitresse-tige; mais ils réservèrent toutefois un excédant destiné à vaincre les résistances passives et à solliciter les excursions descendantes. Les avantages et la simplicité de ce moyen ont engagé les exploitants à s'en servir jusqu'au moment, encore assez récent, où une connaissance plus approfondie de la connexité qui doit exister entre le moteur à vapeur et les appareils d'épuisement et des principes qui doivent présider à leur installation, a complètement changé la face des choses.

L'adoption des pompes foulantes place le constructeur dans l'une des trois conditions suivantes :

Le poids de la maitresse-tige est plus faible que celui des colonnes d'eau à refouler, ainsi que cela arrive assez fréquemment lorsqu'on emploie le fer pour leur construction. Il suffit, dans ce cas, d'ajuster à différentes hauteurs du tirant de gros tuyaux remplis de fragments de fonte ; ou mieux, de charger directement les têtes des pistons disposés à l'effet de recevoir des poids.

La maitresse-tige et les colonnes d'eau, indépendamment des frottements, ont un poids égal. C'est une condition que quelques constructeurs belges cherchent à obtenir, et dont il sera fait mention à l'occasion des moteurs à vapeur d'épuisement.

Enfin, la maitresse-tige est plus pesante que la colonne d'eau ascendante, et l'excès de poids doit être équilibré par des contre-poids.

Les deux premières conditions sont désavantageuses relativement au moteur, ainsi qu'on le verra par la suite.

711. Des contre-poids destinés à équilibrer les attirails des pompes.

Il existe plusieurs espèces de contre-poids : les uns consistent en une poulie sur laquelle passe une chaine ou une corde plate, attachée par l'une de ses extrémités à la maitresse-tige et supportant par l'autre une caisse remplie de pierres ou de lingots de fonte. Ces appareils, fréquemment usités en Hongrie, ne peuvent convenir que quand l'équilibre est rompu par une faible différence de poids ; ils doivent, pour être efficaces, s'échelonner le long du puits, mais alors ils exigent de nombreuses excavations et ne produisent pas toujours l'effet voulu.

Les balanciers oscillants à tige rigide, ou contre-balan-
ciers, ou balanciers de contre-poids, varient quant à leurs
formes, à leurs dimensions et à la position qu'ils occupent.
Les uns, comme ceux du Couchant de Mons, se composent
d'un ou deux sommiers en bois; l'une des extrémités est
chargée d'une caisse remplie de cailloux ou de saumons
en fonte de fer, tandis que l'autre, terminée par un secteur de cercle, se rattache à la maîtresse-tige à l'aide d'une
chaîne de Vaucanson. Quelquefois aussi le balancier, dépourvu de secteur, est lié au tirant par une tige en fer
de fort équarrissage et assez longue pour ne pas imprimer
à celui-ci des déviations trop considérables. D'autres en
fonte de fer, semblables aux balanciers des machines à
vapeur, sont réunis à la maîtresse-tige, soit par l'intermédiaire d'un parallélogramme, soit par le dernier procédé
indiqué ci-dessus. L'autre extrémité porte de grands disques
en fonte enfilés par une ouverture ménagée à leur centre
dans un gros boulon qui traverse les deux flasques du
balancier.

Sur le continent, ces appareils sont presque toujours
installés à la surface du sol. Les Anglais, dans le but
de décharger la tête de la maîtresse-tige du poids de ses
parties inférieures, en établissent aussi quelquefois à différentes hauteurs du puits; mais les grandes excavations
résultant alors de ces dispositions sont fort coûteuses.

Les contre-poids à colonne d'eau, ou balanciers hydrostatiques (fig. 24, pl. LXVI) sont fort usités dans les mines
de Cornwall. Une série de tuyaux forme un siphon renversé,
à branches très-inégales; la plus longue xx est comprise
entre la surface du sol et un niveau quelconque, et la
plus courte y, composée seulement de la partie coudée
du tuyau inférieur et d'un corps de pompe, reçoit un
piston plongeur z, lié avec la maîtresse-tige par les moyens

ordinaires. Cette colonne d'eau oscillante, calculée ; suivant les exigences, pour soulever la maîtresse-tige avec une force déterminée, constitue un *contre-poids hydrostatique*. L'eau qui s'échappe par les joints est remplacée par le liquide de condensation de la machine à vapeur.

Un moyen analogue, mais plus avantageux, a été employé pour l'appareil d'épuisement de la mine dite Silberseegner. Le moteur étant installé à 21 mètres en contre-bas de la galerie d'épuisement, les eaux extraites de la mine, réunies à celles qui ont servi à l'alimentation de la machine à colonne d'eau, doivent être soulevées à ce niveau pour pouvoir s'écouler. Or, la maîtresse-tige, dans ses excursions descendantes, agit avec un poids total de 4,968 kilogrammes. Une partie de ce poids (ou environ 3,940 kilog.) est employée à refouler cette colonne, qui forme le contre-poids, jusqu'au niveau de la galerie d'écoulement, tandis que l'autre partie (1,028 kilog.), appliquée directement à la pompe, produit l'aspiration. L'équilibre s'établit ainsi, non d'une manière infructueuse, comme dans l'emploi des colonnes oscillantes, mais en utilisant l'excès de poids de la tige pour opérer l'ascension de l'eau à une hauteur de 21 mètres.

Les mêmes dispositions existent à la mine de Huelgoat, où le poids des deux tiges en bois et en fer est d'environ 12,000 kilogrammes pour une profondeur de 170 mètres et où une différence de 14 mètres entre la position du moteur et le niveau de la galerie de démergement forme une colonne contre-poids dont la résistance est de 11,440 kilog.

Le reproche adressé aux balanciers à tige rigide est d'absorber une partie de la force motrice par les frottements, les chocs et les vibrations auxquels ils donnent lieu, et d'occuper un emplacement plus considérable que les contre-poids hydrostatiques. Mais la dernière objection est nulle pour les appareils établis au jour, et c'est la place qu'ils doivent nécessairement occuper. En outre, les pertes d'effet utile qu'ils occasionnent sont largement compensées par l'impulsion qu'en reçoivent les tirants vers la fin de leur course, si la vapeur agit à détente; car, dans ce cas, les balanciers à tige rigide jouent le rôle de volants dont la grandeur est infinie. Le seul reproche fondé est relatif à l'interruption causée dans la marche des pompes, s'il vient à se détraquer, accident plus probable avec eux qu'avec les balanciers hydrauliques.

712. *Procédés employés pour communiquer le mouvement à la seconde fraction d'un même tirant.*

Quelquefois les circonstances locales contraignent les mineurs à diviser l'attirail des pompes en deux parties, et à les installer dans deux puits séparés par une certaine distance horizontale; comme alors les axes des excavations ne correspondent pas, les deux fractions des attirails sont liées par des organes capables de communiquer le mouvement alternatif de l'un à l'autre. C'est ainsi que lors de la réavaleresse du puits dit *James Grube*, près d'Eschweiler, les ingénieurs, s'étant aperçu des difficultés de cette opération à cause de l'état fissuré et perméable des roches stratifiées au-dessous du fond de l'excavation, résolurent de porter le prolongement du puits dans un terrain exempt de semblables obstacles. Les figures 3 et 5, planche LXX, indiquent les deux extrémités de l'appareil mis en usage dans ces circonstances. La figure 4 est une projection horizontale de l'une de ces extrémités exactement semblable à l'autre.

A est le fond de l'ancien puits; *B*, l'orifice de la nouvelle avaleresse; *CC'*, la galerie percée dans le rocher pour réunir les deux excavations ; sa longueur est de 40 lachter ou 83.60 mètres. Aux deux extrémités de cette galerie ont été installés deux *varlets* en fonte *D, D'*, liés, l'un avec la partie supérieure du tirant, l'autre avec sa partie inférieure : ces varlets sont d'ailleurs réunis par une bielle horizontale en fer forgé, qui, roulant sur des poulies en fonte (fig. 6 et 7), ne peut s'infléchir ou se déformer. Les articulations m, m et la manière dont cet organe est guidé, le maintiennent dans une situation constamment horizontale. Il est facile de comprendre, d'après la position de ces diverses pièces, comment les oscillations imprimées par le moteur à la partie supérieure de la maîtresse-tige, se font sentir à sa partie inférieure, par l'intermédiaire des varlets et de la bielle qui les relie.

La mine de Sart-Long-Champs (Centre du Hainaut), offre l'exemple de deux fractions d'une maîtresse-tige mises en communication de mouvement, d'une manière plus simple et plus satisfaisante sous tous les rapports.

Le puits d'extraction est situé à une distance de 20 mètres de celui d'exhaure. Tous deux étaient parvenus à une profondeur de 300 mètres, et il s'agissait de porter l'épuisement à un niveau situé à 74 mètres au-dessous de l'étage actuel d'exploitation ; et cela par le fonçage du premier de ces puits seulement, auquel fut donnée une section telle qu'il fut possible d'y ménager un compartiment spécial. Ainsi existaient deux excavations séparées par une distance horizontale de 20 mètres, et chacune d'elles contenait une partie de la maîtresse-tige qu'il fallait lier par des organes capables de communiquer, à la seconde fraction de l'attirail, le mouvement que le moteur imprimait à la première. Cette communication fut obtenue à l'aide d'un balancier hydraulique construit de la manière suivante :

FF (fig. 8 et 9, pl. LXX) est le fond de l'ancien puits, et *J* le tirant qu'il renferme.

GG, la partie supérieure du nouveau, et *K*, la maîtresse-tige qui fait fonctionner la pompe foulante destinée à élever les eaux d'un seul jet.

HH, la galerie qui réunit les deux excavations ; elle contient un tuyau *aa* de 0.30 mètre de diamètre. *b*,*b*' sont deux cylindres de 0.45 mètre, mis en relation par le tuyau *aa* et recevant deux pistons plongeurs attachés, l'un, à l'extrémité inférieure de la maîtresse-tige *J* ; l'autre, au tirant *K*.

Si les cylindres et le tuyau de communication sont remplis d'eau lorsque le moteur fonctionne, les oscillations alternatives imprimées à la tige *J* et communiquées au piston plongeur *b*, déterminent le refoulement de l'eau que contient l'appareil ; celle-ci, en vertu de son incompressibilité, agit sur l'autre piston *b*' ; le soulève d'une quantité égale à celle dont le premier est descendu, ce qui provoque un mouvement semblable dans la seconde partie de la maîtresse-tige. Lorsque le piston du cylindre *b* est soulevé, l'effet inverse est produit ; le tirant inférieur descend et refoule dans la colonne ascensionnelle l'eau qui se déverse sur la galerie *HH*, où elle est reprise par les anciennes pompes élévatoires.

La colonne d'eau de 74 mètres pèse 5,200 kilogrammes ; elle est élevée et les frottements sont vaincus par une maîtresse-tige, dont le poids est de 8,000 kilogrammes. Ainsi, le liquide du balancier hydraulique est soumis à une pression de huit atmosphères, et il n'est possible d'en réparer les pertes qu'à l'aide d'une pression au moins égale. C'est pour obtenir ce résultat qu'ont été établis les organes suivants :

cc tuyau de 0,01 mètre de diamètre et de 60 mètres de

hauteur, fixé à la base d'une colonne ascensionnelle de 30 mètres. Il alimente l'appareil d'une manière permanente et répare les pertes provenant des suintemens par les joints et les presse-étoupes. Le liquide contenu dans ce tuyau, provenant d'une hauteur de 90 mètres, agit avec une pression d'environ neuf atmosphères. Le robinet *e* est destiné à régler l'alimentation de l'appareil; il reste constamment ouvert pendant la marche.

Un autre tuyau d'alimentation *d* établit une communication avec le tuyau ascensionnel inférieur *l l ;* la pression de l'eau qu'il contient est peu considérable, mais suffisante pour en faciliter l'introduction dans les deux cylindres, lorsque l'appareil doit fonctionner après un chômage de quelques jours. Le robinet *h* est naturellement fermé pendant la marche.

Une soupape de sûreté *i*, installée sur le tuyau *a a*, est chargée de manière à se soulever dès que la pression de l'eau dans l'appareil excède dix atmosphères.

La manœuvre du robinet *e*, destiné à réparer les fuites, est une opération fort délicate, qui ne peut être livrée à la seule appréciation; car, s'il débite moins d'eau qu'il ne s'en perd, le piston du nouvel attirail, après quelques excursions, ne fournit plus sa course entière, et la maîtresse-tige retombe de tout son poids sur les sommiers de retenue. Si, au contraire, l'ouverture du robinet est trop grande, la pression de l'eau s'accroissant dans l'appareil, le même piston s'élève de plus en plus, jusqu'au moment où il vient heurter le faîte de l'excavation; alors on peut craindre la rupture des tuyaux malgré l'existence de la soupape de sûreté.

Pour régler avec précision l'alimentation permanente, le robinet est ouvert de manière à laisser pénétrer un volume d'eau plus que suffisant pour compenser les fuites.

En outre, à la partie supérieure du cylindre b', est établi
un robinet de décharge k, que peuvent ouvrir et fermer
deux taquets installés, l'un au-dessus de l'autre, sur la
maitresse tige K. Si le piston dépasse les limites de sa
course par excès d'alimentation, le taquet inférieur ouvre
le robinet, et l'eau excédante s'échappe pendant la descente;
mais la pression devenant insuffisante, le piston descend
au-dessous de la limite; alors le taquet supérieur ferme
le robinet et le piston remonte. Si, pendant l'excursion
suivante, l'alimentation a eu lieu avec excès, le taquet
inférieur ouvre de nouveau le robinet, mais moins que
la première fois, puis il est fermé de nouveau d'une moindre
quantité. Enfin, après cinq ou six excursions, la machine
est réglée et l'ouverture du robinet est rigoureusement
telle que les fuites sont égales à l'excès d'alimentation.
L'appareil conserve alors une marche uniforme; les taquets
se bornent à affleurer la queue du robinet et l'équilibre
se maintient tant qu'aucune influence extérieure ne se fait
sentir. Dans ce cas, la course varie pendant quelques
instants; mais les mêmes dispositions en rétablissent
promptement la parfaite régularité.

Cette disposition, dont l'idée première est empruntée au
balancier hydraulique de Mariemont, a été établie par
MM. Colson, ingénieur-mécanicien, et Gravez, directeur-
gérant du charbonnage de Sart-Longchamps (1).

---

(1) Mémoire publié par M. CHAUDRON, sous-ingénieur des mines,
dans les *Annales des Travaux publics de Belgique*, tome X, p. 2.

V°. SECTION.

INSTALLATION DANS LES PUITS DES POMPES ET DE LEURS ACCESSOIRES.

715. *Engins propres à manœuvrer les fardeaux dans les puits d'exhaure.*

Si les pompes sont installées dans l'un des compartiments d'un puits d'extraction desservi par une machine à
vapeur, on utilise celle-ci pour la descente des divers
fardeaux constituant le système. Chaque pièce, suspendue
au câble du moteur, étant arrivée à la hauteur convenable, est saisie par le crochet d'un palan fixé dans le
compartiment des pompes. Les divers organes passent à
travers les ouvertures ménagées dans la paroi de séparation, et la moufle les soulève ou les laisse descendre
jusqu'au point où ils doivent être posés et assemblés.
Mais, dans la plupart des cas, il est plus commode
d'employer pour cette opération un engin spécial qui, du
reste, est indispensable lorsque le puits des pompes n'est
pas en communication directe avec celui d'extraction.
L'appareil est appliqué ultérieurement au renouvellement
des pistons et des soupapes hors de service; à la réparation des joints, des pièces de bois de supports et à toute
opération qui exige le déplacement d'un fardeau quelconque.
  L'engin le plus généralement employé est un cabestan
vertical sur lequel s'enroule une corde ronde; il est muni,

à sa partie inférieure, de barres horizontales sur lesquelles
agissent les hommes et quelquefois les chevaux. L'appareil est installé à une petite distance de l'orifice du puits;
son câble passe d'abord au-dessous d'une poulie, puis sur
une molette portée par une charpente et descend dans le
puits. Les figures 1 et 2 de la planche LXIX se rapportent
à un engin de cette espèce établi temporairement pour
les avaleresses à travers les terrains aquifères du Couchant
de Mons. *a*, tambour vertical; *b b*, liaison de la flèche
et du cabestan; *c*, palonnier; *d, e*, traineau et chambrière,
s'opposant aux mouvements rétrogrades; *ff'*, cordes et
poulies de renvoi; *G G*, charpente des molettes.

Les figures 3 et 4 représentent cette même charpente
installée d'une manière définitive.

Les accidents auxquels donne lieu l'absence de freins
dans les appareils de cette nature; l'espace considérable
qu'ils occupent sur la margelle des puits et le grand développement de forces qu'ils réclament pour la descente
des pièces à une certaine profondeur, ont engagé les
exploitants à leur substituer les treuils à engrenages dont
le cadre peut être disposé horizontalement ou suivant un
plan vertical.

Les figures 5 et 6 représentent un engin de la dernière
espèce, fonctionnant à la mine de Guley (district de la
Wurm); l'espace dont on pouvait disposer dans un ancien
bâtiment était trop resserré pour qu'il fût possible de l'établir horizontalement.

A A, fort cadre en bois ou bâti de charpente, sur lequel
sont placés : une grande roue dentée *B* fixée à l'extrémité
d'un tambour en bois *C*, sur lequel s'enroule le câble
rond; un axe en fer forgé *a*, tournant sur deux crapaudines *b, b'*; sur cet arbre sont calés une roue moyenne *c*
et un pignon *d*; un autre axe parallèle *e* reçoit une petite

roue dentée f et un pignon d' ; ces deux objets peuvent glisser librement sur leur axe ou s'y fixer à volonté par l'introduction de clavettes dans des rainures à section carrée, entaillées par moitié dans l'axe et dans les organes mobiles. La corde peut recevoir ainsi deux vitesses différentes : la plus grande, lorsque les pièces sont disposés comme l'indique la figure, c'est-à-dire lorsque l'arbre a ne participe pas au mouvement et que le seul pignon d' engrène avec la grande roue. Pour obtenir la petite vitesse et, par conséquent, développer le maximum de force, la petite roue f est calée sur son axe, dans une position à pouvoir engrener avec la roue moyenne ; le pignon d' est retiré de côté et le mouvement imprimé aux manivelles est alors transmis à la grande roue par l'intermédiaire de la petite et de la moyenne roue. Une roue à rochet H et un cliquet préviennent à chaque instant les mouvements de retraite que pourrait provoquer le fardeau.

Cet appareil peut se placer dans les localités les plus exiguës ; il suffit en toute circonstance, et fonctionne au moyen de quatre ou cinq manœuvres seulement.

Le treuil établi à la mine de Houssu mérite de fixer l'attention tant sous le rapport de la sécurité que sous celui du grand effet utile produit par une dépense minime de main-d'œuvre. Sur un cadre en charpente JJ (fig. 7 et 8), lié par des boulons à la maçonnerie des fondations, est établie une bobine BB analogue à celle des machines à vapeur d'extraction ; son noyau b sert à l'enroulement d'une corde plate, en chanvre, de 0.12 mètre de largeur et de 0.015 mètre d'épaisseur ; cette bobine, dentée à sa circonférence, est commandée directement par deux pignons i, i montés sur un même axe g, dont l'une des extrémités reçoit, en outre, une roue moyenne D. L'addition d'un autre arbre h, muni de deux manivelles k, k'

et d'un pignon *l* commandant la roue moyenne, complète
l'ensemble des organes nécessaires à la production de la
vitesse la plus grande que l'appareil puisse communiquer
à la corde ; cette vitesse est cependant modérée, quoique
très-convenable dans toutes les circonstances relatives à la
pose des pompes et de leurs accessoires. C'est la seule dont
on se soit servi à la mine de Houssu, et jamais elle n'a fait
éprouver aucun retard dans le montage.

Pour augmenter l'intensité de l'effort, il suffit de faire
glisser l'axe intermédiaire *p* de *E* en *F* ; la roue moyenne *F*
et le pignon *E*, calés sur cet arbre, viennent se placer, la
première sous le pignon *G* qui la commande, et le second
sous la roue *D* ; la vitesse est alors diminuée dans le rapport des rayons de la roue *F* et du pignon *G* : mais
l'emploi de ce mouvement est fort rare.

Pour arrêter subitement la marche de l'appareil, on
emploie deux cliquets *m*, *m'*, dont l'une des extrémités
recourbées pénètre entre deux dents consécutives des
pignons *i*, *i*. Un disque cylindrique venu à la fonte avec
la roue *D*, et tourné à sa surface extérieure, est enveloppé
d'un cercle *n* en fer forgé. C'est le frein destiné à ralentir
la vitesse en opérant par pression, de haut en bas, sur
le bras de levier *o* qui réunit les deux extrémités du cercle.
Le frein est toujours serré un instant avant de rabattre
les cliquets sur les pignons, afin que le mouvement
d'arrêt ne soit pas trop brusque ; il sert aussi à modérer
la vitesse, lors de la descente des fortes charges dans
le puits ; cependant, les manœuvres ne sont pas pour cela
dispensés de mettre la main aux manivelles, soit pour
aider à l'action du frein, soit pour être tout prêts à agir
en cas d'accident.

L'emploi d'une corde plate et les divers autres moyens
de sûreté sont si efficaces que, pendant le montage

des pompes de Houssu (et, depuis ce moment, dans
les localités où cet appareil a été imité), il n'est jamais
arrivé aucun accident, quoiqu'on ait souvent descendu
simultanément trois tuyaux qui, réunis par leurs boulons,
pesaient 1,500 kilog., ou même deux pièces de la maitresse-tige revêtues de leur double armure, dont le poids
dépassait 2,000 kilog.

Le treuil a toujours fonctionné sous l'impulsion de deux
ou de trois femmes, suivant les profondeurs où se faisait
la pose : un ouvrier actif et intelligent, chargé du service du frein et des encliquetages, commandait la manœuvre. Cet appareil a donc une supériorité incontestable
sur les cabestans ordinaires, dont la mise en activité
exige quelquefois deux chevaux, leur conducteur et plusieurs manœuvres.

714. Opérations qui doivent précéder la pose des pompes.

Les figures 1 et 2 de la planche LXX indiquent chacune,
par deux sections réciproquement perpendiculaires, la disposition dans les puits des anciennes pompes soulevantes
et des pompes à pistons plongeurs. Ces dessins contribueront à la clarté des détails suivants.

Les pompes s'installent contre l'une des parois du puits,
afin de réserver une partie de la section de ce dernier pour
la circulation des ouvriers et des fardeaux. Les mineurs
commencent d'abord par vérifier l'état de ces parois sous le
rapport de la verticalité et de la solidité. La première de
ces conditions est rarement remplie, quelque soin qu'ils
aient mis au creusement de l'excavation; et l'on sait par
expérience combien le montage de certaines pompes a coûté
de temps et d'argent pour avoir négligé de prendre toutes

les précautions nécessaires à ce sujet. Le contre-maître opère
cette vérification à l'aide d'un *gabarit* en planches représentant
l'espace occupé, en section horizontale, par la maîtresse-
tige et les divers tuyaux; il le fixe à l'orifice du puits et
suspend à son contour un nombre suffisant de fils à plomb
pour reproduire cette section sur toute la hauteur de
l'excavation. Ceux-ci dénonçant les parties saillantes par
leur contact avec la paroi, il y fait porter remède, soit en
entaillant la roche, soit en reculant le revêtement. Lorsqu'il s'est assuré qu'il n'y a aucune difficulté à placer les
pompes dans la situation assignée, il examine attentivement l'état du rocher dans tous les points où doivent porter
les supports principaux ou *pièces d'assise a , a* (fig. 1 et 2,
pl. LXX), destinées à recevoir les colonnes des pompes.
Si la roche est résistante, il détermine les points où doivent
être creusées les entailles d'encastrement dont la surface
inférieure est dressée avec le plus grand soin. Si la consistance du terrain ne paraît pas suffisante, il cherche, par
un allongement ou un raccourcissement peu considérable
des divers jeux, à faire porter les supports sur des stratifications qu'il estime pouvoir résister à la pression. Il peut
aussi, si le terrain n'est pas trop disloqué, pratiquer une
entaille assez large et assez profonde au fond de laquelle
est disposé un sol artificiel au moyen de pièces de chêne
jointives perpendiculaires aux pièces d'assise. Il ne se fie
jamais aux revêtements, quelle que soit leur nature, pour
résister au poids de toute une colonne. Si le puits est
revêtu d'un boisage, il fait affermir les supports à l'aide
de coins engagés entre celui-ci et la roche; s'il est mu-
raillé, les vides sont remplis de briques et de mortier, et la
maçonnerie est resserrée contre le bois, afin de lui donner
plus de fixité. Mais comme la chaux attaque le chêne et détruit
ses fibres, il prévient cet effet en recouvrant les extrémités

encastrées des pièces d'une couche de goudron. Cette opération a lieu avant la descente de ces objets dans le puits.

Les supports doivent offrir une assiette invariable; sans
cela, la plus légère déviation du corps de pompe déter-
minerait l'usure prompte et inégale des presse-étoupes ou
des garnitures des pistons. Comme ils doivent, en outre,
résister à la flexion, ils sont composés, pour des jeux
foulans de 60 mètres de hauteur par exemple, de deux
pièces de chêne superposées, dont l'équarrissage varie entre
0.50 et 0.60 mètre. Pour les pompes élévatoires moins
pesantes et dont la pression est moins énergique, l'équarrissage des pièces est diminué; quelquefois il suffit d'en
placer une seule.

715. *Pose des pompes et de leurs accessoires.*

Pendant la descente des tuyaux, des tiges partielles et
des autres organes de l'appareil, les ouvriers sont disposés
le long des échelles afin de les guider dans les parties
du puits où des saillies pourraient les accrocher accidentellement; souvent un mineur, placé sur la pièce, descend
avec elle et la conduit du haut en bas.

Les bâches sont les premiers objets dont le mineur s'occupe; il les installe, soit immédiatement sur les sommiers
de support, et alors l'extrémité du tuyau aspirateur repose
sur leur fond; soit dans une excavation latérale creusée
dans l'une des parois du puits, suivant la consistance de
la roche. Cette excavation reste à nu ou est revêtue de
boisages ou de maçonneries. Dans le district de Newcastle,
si les stratifications sont solides, on réserve pendant le
fonçage une banquette saillante d'environ 0.90 mètre sur
laquelle vient reposer la bâche.

Lorsque les pompes doivent être placées alternativement

de chaque côté de la maîtresse-tige, la pose de celle-ci
précède celle des tuyaux. Le mineur commence d'abord
par la pièce de dessus, qu'il fixe à l'orifice du puits à l'aide
d'une *botte*, c'est-à-dire de deux poutres jumelles serrées
par des boulons, dont le frottement suffit à prévenir la
chute de l'objet compris entre elles. A l'extrémité inférieure
de cette tige partielle, suspendue dans le puits, se trouve
l'armure qui, liée provisoirement par un seul boulon,
permet l'écartement des platines de fer. Il descend alors
la seconde tige, dont la tête se loge entre les bandes de
fer de la précédente; il achève le boulonnage, puis passe
à une troisième, pour laquelle il agit de la même manière
et ainsi de suite. Quelquefois il descend simultanément
deux tiges réunies, dont la partie inférieure porte également son armure flottante.

Lorsqu'on a eu le soin d'assembler préalablement la
maîtresse-tige au jour et de vérifier si les axes des pièces
qui la composent ne forment qu'une seule ligne droite,
elle prend dans le puits, en vertu de sa pesanteur, une
position rigoureusement verticale. Pour s'opposer aux déviations et aux inflexions qu'elle pourrait subir et s'assurer
du maintien de sa verticalité, on établit à différentes hauteurs des *bois de guides* ou *prisons b, b,* dans lesquelles les
tiges passent à frottement doux. Ces prisons se composent de
deux poutrelles encastrées dans la roche ou dans le revêtement et de deux pièces transversales plus courtes, liées
avec les premières par quatre boulons. Quelquefois, dans le
but de préserver la maîtresse-tige d'une trop prompte usure,
celle-ci est recouverte sur ses quatre faces de planches de
bois blanc, ou de sapin, d'une longueur un peu plus grande
que la course de l'attirail ; ces planches amovibles sont
changées chaque fois que leur état de dégradation le réclame.

Si le tirant est à traction directe (fig. 2), c'est-à-dire interrompu par chaque corps de pompes, son montage, au contraire, n'a lieu qu'après la pose complète de tous les jeux, dont les axes doivent se confondre avec la plus rigoureuse exactitude.

Quant aux pompes elles-mêmes, le tuyau aspirateur est le premier mis en place; il s'installe sur le fond de la bâche; puis successivement au-dessus, les chapelles et chaque tuyau de la colonne ascendante. Si, comme dans les pompes de Houssu, les bâches sont disposées latéralement, le cylindre travaillant et le tuyau d'aspiration reposent immédiatement sur la pièce d'assise, avec laquelle ils se lient invariablement au moyen de quatre boulons.

Il convient de maintenir l'axe de la colonne ascendante suivant une ligne d'aplomb, ce qui est indispensable pour prévenir toute dislocation dont l'effet serait la destruction des garnitures, ou tout au moins l'écartement des joints, et, par conséquent, une perte de l'effet utile. Dans ce but, les ouvriers établissent, à des distances variables, des supports composés de deux poutrelles c, c ou étrésillons parallèles recouverts par d'autres pièces transversales; ceux-ci embrassent dans des échancrures latérales une partie de la surface convexe du tuyau et en supportent les brides ou colliers, sans toutefois les soulever, car il se produirait alors une disjonction fort nuisible. Si un espace trop restreint l'exige, ils ne placent qu'un seul étrésillon du côté de la paroi et enveloppent le tuyau, sur la moitié de sa circonférence, d'une frette ou carcan serré par deux écrous. Ils rattachent alors les pistons et leurs tiges au maitre-tirant; puis ils règlent l'écartement des deux derniers organes à l'aide du jeu qu'offrent les potences dans les élévatoires et en augmentant ou diminuant, suivant les circonstances, l'équarrissage de la pièce interposée, entre le tirant et la tige partielle, dans les pistons plongeurs.

L'assiette invariable et solide que réclame chaque pièce ;
la nécessité d'une pose précise et soignée, exécutée dans
un milieu obscur pendant que les ouvriers sont exposés
à la chute incessante des eaux ; la pesanteur des fardeaux
à déplacer ; les mesures de grande longueur prises du haut
en bas des puits d'exhaure ; enfin les précautions que
réclament la sûreté des ouvriers et des organes eux-mêmes,
font de la pose des pompes une opération des plus déli-
cates de l'art des mines, et dont, la plupart du temps, on
ne vient à bout qu'à force de temps et de dépenses.

716. *Opérations accessoires.*

Si, par suite d'un accident quelconque, le volume d'eau
enlevé par l'une des pompes est moindre que la quantité
déversée dans la bâche par la pompe immédiatement inférieure, il y a extravasement de l'eau par-dessus les bords,
ce qui rend l'accès du puits fort difficile aux ouvriers.
Le remède à cet inconvénient consiste dans l'intallation
de petits tuyaux de trop plein, en plomb ou en zinc,
ajustés à quelques centimètres au-dessous des bords supérieurs des bâches qu'ils mettent en communication ; en sorte
que, si l'une d'elle reçoit de l'eau en excès, celle-ci se
rend à travers le tuyau de décharge dans la bâche immédiatement inférieure ; si le même accident se prononce à
ce dernier étage, elle s'écoule sur la suivante et peut
ainsi, de bâche en bâche, retourner dans le puisard ou
dans le réservoir d'où elle provient. Dans tous les cas,
comme les eaux, en retombant dans le puits, compliquent
les difficultés des réparations, le mineur cherche, autant
que possible, à les réunir dans les rigoles régnant le long
des parois ; lorsqu'elles se divisent et tombent sous forme

de pluie, il les reçoit sur des planchers inclinés disposés partout où le besoin s'en fait sentir.

Une ligne d'échelles verticales placées contre la paroi opposée à celle où se trouvent les colonnes ascendantes sert à la circulation des ouvriers, à la visite des pompes, à leur réparation et au guidage des pièces descendantes en cas de placement d'un nouveau jeu inférieur. Des paliers de repos sont établis à des distances d'environ 20 mètres les uns des autres ; mais on s'arrange de façon qu'il s'en trouve un au niveau de chaque chapelle, pour supporter les ouvriers pendant le déplacement des portes et le changement des soupapes et des pistons. Enfin, une sonnette, établie au jour, est mise en communication avec les divers étages des pompes à l'aide d'un cordon en fil de fer ; elle sert à prévenir le machiniste des divers mouvements à imprimer au moteur en cas de réparations.

Le lecteur peut voir, dans les figures 14, 15 et 16 de la planche LXVII, le procédé destiné à équilibrer la corde en fil de fer qui met en jeu la sonnette des pompes de Houssu. Le cordon s est attaché à un levier t, muni d'un contre-poids cylindrique en fonte u ; la sonnette v, de son côté, est liée avec un équerre en fer x sur la branche horizontale duquel porte l'extrémité du levier t. Lorsque le mineur, placé dans le puits, tire le cordon et le lâche immédiatement, le contre-poids, d'abord soulevé, retombe sur l'équerre et met en vibration la sonnette fixée à l'extrémité d'un ressort y.

717. *Épuisement des eaux à divers étages.*

Il existe encore actuellement un assez grand nombre de mines de houille dans lesquelles les eaux des venues supérieures, quoiqu'assez considérables, sont conduites directement au puisard, d'où on les extrait en dépensant, pour les élever de toute la hauteur de leur chute, une assez grande partie de la force motrice. Pour se soustraire aux pertes résultant d'un semblable état de choses, il suffit de réunir les eaux supérieures dans un réservoir situé au-dessous de la dernière venue un peu notable, d'où elles sont amenées au jour, sans les laisser retomber dans le puisard. Les eaux du fond, élevées par les pompes inférieures, dont le diamètre est calculé pour leur épuisement, parviennent dans la bâche placée un peu au-dessous du niveau du réservoir; les eaux de celui-ci pouvant se déverser à volonté dans la même bâche en régularisant leur sortie par un robinet ou une glissière, se réunissent à celles qui proviennent du puisard; puis la série des pompes supérieures, dont la section est suffisante pour les contenir toutes, les élèvent simultanément au jour. Quels que soient les volumes relatifs des eaux accumulées dans le réservoir et dans le puisard, il est toujours possible d'établir les sections des tuyaux dans un même rapport convenable et de diriger l'épuisement de l'excavation supérieure de telle façon que son assèchement coïncide avec celui de l'excavation inférieure; alors les pistons ne fonctionnent jamais à vide, opération inutile et nuisible. Tel est le procédé le plus fréquemment employé.

A la mine de Houssu, les diverses colonnes de tuyaux ascendants ont un diamètre uniforme sur toute la hauteur du puits, quoique les sources provenant des stratifications supérieures soient fort abondantes. Mais les eaux de ces sources, réunies dans un réservoir intermédiaire, sont épuisées à part; en sorte que celui-ci et le puisard sont l'objet de deux opérations successives et distinctes l'une de l'autre. Ainsi, tout l'attirail des pompes est mis en activité lorsqu'il s'agit d'élever les eaux de l'excavation la plus profonde, tandis que la partie de la maîtresse-tige correspondante à la série des pompes supérieures est seule mise en mouvement pour les prendre dans le réservoir intermédiaire. Cette opération, si l'on veut se soustraire à l'obligation de faire fonctionner à vide les pistons du bas de l'appareil, exige la disjonction facultative du tirant des pompes en deux parties, dont la réunion puisse avoir lieu au moyen d'un procédé d'assemblage prompt, facile et offrant toute sécurité.

Cet ajustement fort simple est représenté par les figures 25 et 25 bis de la planche LXVI. Au point de jonction des deux parties de la maîtresse-tige d, d sont appliqués quatre manchons ou douilles e, e, e', e', qui s'y rattachent par des boulons à écrous. Deux pièces en fer cylindriques f, f', dont la longueur excède celle des manchons de toute la hauteur de la course de l'attirail, traversent simultanément les deux douilles dans lesquelles ils glissent librement. Lorsque les deux cylindres sont fixés en place, ils sont soutenus par les bourrelets ménagés à leur extrémité supérieure et serrés vers le bas par deux clavettes rectangulaires g, g' munies d'écrous; alors l'attirail entier établit la communication entre le puisard et le moteur établi au jour. Lorsque, au contraire, les clavettes sont enlevées, la partie inférieure de la tige, suspendue par ses patins de retenue, reste immobile, tandis que celle de dessus, seule soumise aux impulsions de la machine motrice, est guidée dans son mouvement par les pièces cylindriques qui traversent les douilles. La section inférieure du tirant doit se placer à quelques millimètres en dessous du point formant la limite extrême de l'excursion descendante, afin d'éviter les chocs qu'engendrerait infailliblement le contact des deux parties de la maîtresse-tige.

L'équilibre résulte, dans cet appareil, de l'établissement

à la surface d'un balancier de contre-poids en fonte.
Comme son chargement et son déchargement , suivant que
l'eau s'extrait du puisard ou du réservoir , serait une opération impraticable , ses fonctions se réduisent à équilibrer
la section supérieure de la maitresse-tige , plus une longueur d'environ 50 mètres ; mais un balancier souterrain
de faible dimension doit être affecté plus tard à la section
inférieure, dont le poids, en vertu de la diminution de
l'équarrissage, se rapproche d'ailleurs beaucoup du poids
de la colonne d'eau.

718. *Installation des pompes pendant le fonçage des puits à travers les terrains aquifères.*

La nature même du travail indique aux mineurs l'espèce
de pompe applicable à l'opération. Ainsi , l'espace étroit
dont ils peuvent disposer pendant le creusement des puits,
dont les moyens d'exhaure doivent être proportionnés au
volume d'eau affluente , les engage nécessairement à rejeter
l'emploi des pompes foulantes. La mobilité indispensable
à ces appareils , sujets à de fréquents déplacements et
qui doivent descendre au fur et à mesure de l'approfondissement de l'excavation ; l'impossibilité assez fréquente
de se procurer des appuis solides au milieu des stratifications ébouleuses et des sables mouvants ; la nécessité de
tenir souvent les jeux suspendus dans les puits, position
incompatible avec la nature des pompes foulantes , sont des
motifs suffisants pour accorder la préférence aux élévatoires
à pistons creux. Tels sont donc les appareils employés
constamment dans les travaux de fonçage.

Le nombre des pompes installées à chaque étage, est
en raison inverse de leur diamètre, et en raison directe
du volume des eaux affluentes : souvent une seule pompe

suffit ; quelquefois il en faut deux, trois et même quatre ; souvent aussi, le nombre en est réduit, mais leur section est fort grande. C'est ainsi que, dans le creusement de l'un des puits du Grand-Hornu (Couchant de Mons), elles n'avaient pas moins de 0.63 mètre de diamètre. En général, les pompes à grande section sont plus avantageuses que les autres ; un petit nombre de ces appareils pouvant ordinairement maintenir l'avaleresse à sec, le nombre des chances d'inondation est ainsi diminué, car celle-ci ne manque pas de survenir chaque fois que l'épuisement, suspendu par suite de la réparation des clapets et des pistons, laisse aux eaux le temps d'envahir le fond du puits. En outre, une grosse pompe est moins encombrante que deux petites dont l'effet utile est moindre.

Dans tous les cas, la longueur des jeux, ou la hauteur verticale comprise entre deux étages successifs, est de 26 à 30 mètres, sans jamais excéder 35 et au plus 36 mètres.

Dès que l'avaleresse rencontre une source assez considérable pour nécessiter l'emploi des pompes, celles-ci sont établies en nombre suffisant pour dominer facilement la venue d'eau. Le fonçage du puits continue et l'appareil d'épuisement descend avec lui. Arrivé à une profondeur de 30 à 35 mètres, le mineur s'aperçoit de la nécessité de placer un nouveau jeu au-dessous de celui qui a fonctionné jusqu'à ce moment ; il rend alors ce dernier immobile et installe la première bâche. En Belgique, on se contente d'établir une pièce d'assise, dont les extrémités reposent sur des corbeaux ou goussets cloués sur le cuvelage ; cette pièce est garantie contre la flexion en soutenant son milieu par deux arcs-boutants. La bâche, formée d'une caisse en bois, se place au-dessus ; son fond reçoit le tuyau aspirateur ; puis, toutes les parties du jeu

fixe sont consolidées par les moyens déjà indiqués pour
l'établissement des pompes permanentes. L'avaleresse du
puits est alors reprise, et l'épuisement des eaux continue
à l'aide d'une ou de plusieurs pompes appelées *jeux volants* qui, comme ci-dessus, descendent au fur et à
mesure des besoins. Lorsque le second jeu se trouve suffisamment prolongé, le mineur procède à la pose d'une
seconde bâche au-dessous de la première, et ainsi de suite
jusqu'à ce qu'il ait atteint les stratifications imperméables.

Dans le département du Nord, et notamment à Anzin,
cette opération a lieu de la même manière, sauf la bâche
dont la construction a lieu conformément aux figures 3,
4 et 5 de la planche LXXI. Quatre faces du cuvelage en
forment les côtés verticaux, tandis que le fond est composé
d'un épais plancher cloué sur trois pièces de bois a, a, a,
jointives et assemblées dans des entailles pratiquées sur
le cadre du cuvelage. Celui-ci, dans la prévision de l'établissement du réservoir, a été colleté, c'est-à-dire, serré
par des coins introduits entre le terrain et son pourtour
extérieur. Il en a été de même pour les trois ou quatre
cadres sur lesquels il repose, qui tous sont rendus solidaires par un certain nombre de pièces verticales c, c, c^1, c^1.
La face antérieure de la bâche b est composée de madriers
posés de champ, cloués sur le cuvelage et retenus par
deux montants verticaux. Enfin, le tout est consolidé par
un sommier d ajusté sur une trousse colletée inférieure
et par deux arcs-boutants e, e portant sous le milieu de la
pièce antérieure du fond.

Les niveaux à traverser excédant rarement 60 à 70
mètres, une seule bâche suffit ordinairement. Celle-ci
reçoit les eaux des pompes inférieures, qui sont ensuite
reprises par les pompes fixes. Les tuyaux aspirateurs reposent sur des croix en bois disposées au fond du réservoir;

ces croix ont pour but de préserver les narines de l'obturation produite par l'accumulation des boues.

719. *Procédé usité au Couchant de Mons pour déterminer la descente des pompes au fur et à mesure du fonçage.*

Il s'agit ici du cas où les terrains à traverser sont assez solides pour que l'épuisement se fasse à *jeu posé*, c'est-à-dire au moyen de pompes dans lesquelles le tuyau aspirateur, reposant directement sur la roche du fond de l'avaleresse, ne donne aucune crainte sur l'affaissement des stratifications sous le poids de l'appareil.

Le lecteur peut supposer le creusement parvenu à une profondeur de 30 à 35 mètres (fig. 1 et 2, pl. LXXI). Deux jeux fixes A,A' ont été disposés pour élever au jour les eaux déversées dans une bâche bb par deux autres pompes inférieures ou *jeux volants*, dont les diamètres sont respectivement de 0.35 mètre et 0.53 mètre ; ceux-ci, descendant au fur et à mesure des besoins, permettent de continuer le fonçage.

Les organes des jeux volants déjà installés dans le puits sont : les tuyaux aspirateurs c,c' (*aspirantes*), les chapelles dd', ff' (*tampons*), les corps de pompe e,e' (*travaillantes*), quelques tuyaux gg des colonnes ascendantes (*soulevantes*), et enfin les dégorgeoirs $h.h'$ (*gueules de pompe*) (1), tuyaux

(1) Tels sont les termes usités dans les mines du Couchant de Mons et du département du Nord. Cette conformité d'expressions provient, ainsi qu'on l'a déjà vu, de ce que ces dernières mines ont été primitivement exploitées par des Belges, dont les descendants travaillent encore où travaillaient leurs pères.

en cuir dont la flexibilité se prête au déversement de l'eau , malgré les variations de la hauteur comprise entre l'orifice du dernier tuyau et les rebords de la bâche du jeu fixe.

Les pompes volantes sont maintenues par deux sommiers ii, par des bottes k,k', qui embrassent le tuyau supérieur, et par des guides ajustés à tous les tuyaux impairs ; ces guides sont formés de deux supports et deux planchettes superposées et découpées suivant la convexité du tuyau contre lequel elles s'appliquent. Si le puits est revêtu d'un cuvelage, ces pièces reposent sur des patins ou goussets cloués sur les parois du revêtement; les mouvements latéraux sont prévenus par d'autres pièces verticales. L'extrémité des tuyaux aspirateurs porte dans une cavité engendrée par un coup de mine et faisant fonction de puisard. Lorsque , par suite du creusement, cette dépression du terrain est annihilée , une autre , pratiquée à peu de distance , reçoit les aspirantes. Celles-ci sont terminées par des pointes en fonte l,l' qui maintiennent les narines à une certaine distance au-dessus du sol. Comme les pompes doivent épuiser les dernières gouttes du liquide , sans aspirer l'air, on a le soin de boucher successivement avec des broches en bois toutes les narines situées au-dessus du niveau de l'eau.

Les jeux descendent en vertu de leur propre poids. Lorsque la bride du tuyau supérieur est sur le point de venir porter sur la botte, les mineurs ajustent un nouveau tuyau , auquel ils adaptent le dégorgeoir en cuir ; ils écartent les deux parties de la botte, pour laisser passer les colliers, et la referment lorsque ceux-ci en ont dépassé la surface inférieure. Quant aux guides dispersés sur la hauteur de l'appareil, le surveillant des travaux voit, en descendant dans l'avaleresse, les planchettes à écarter pour livrer passage aux brides des tuyaux.

Ces derniers avaient autrefois différentes longueurs :
ainsi ils étaient, par exemple, de 1.20 mètre, 2.40 mètres
et 3.60 mètres. Les deux petits tuyaux, primitivement
descendus, étaient remplacés par un tuyau de longueur
moyenne, et lorsque ce dernier était accolé à un petit,
on lui en substituait un de 3.60 mètres. Mais toutes ces
substitutions absorbaient beaucoup de temps, et comme
celui-ci doit être soigneusement économisé, en raison de
l'action incessante et sans cesse renouvelée des eaux, on
a jugé plus convenable de n'employer que des tuyaux d'une
longueur uniforme, réduite en moyenne à 1.80 mètre.

Dans les avaleresses où une seule pompe suffit à l'épuisement, l'extrémité de la maîtresse-tige est armée d'un
crochet, auquel se rattache la tige du piston. Mais si
l'abondance des eaux en exige deux ou un plus grand
nombre, on emploie autant de potences m (*mandrilles*)
qu'il y a de pompes. Les tiges sont suspendues à l'aide des
anneaux x qu'elles portent à leur partie supérieure ; elles
sont fixées par une clavette y (*coquet*) et une goupille z
dont les deux branches sont écartées l'une de l'autre (fig. 20).
Le remplacement d'un jeu volant par un jeu fixe fait
disparaître tous ces ajustements temporaires, et la maîtresse-
tige est prolongée, comme dans les pompes permanentes,
au moyen d'assemblages à traits de Jupiter w.

Si la hauteur de la travaillante égalait ou à peu près
la course du piston, celui-ci, par suite de la descente
insensible des pompes, jouerait la plupart du temps dans
les tuyaux ascendants. Cette difficulté disparaît par l'emploi
de corps de pompe dont la partie alésée est au moins
le double de l'amplitude des excursions portées ordinairement de 1.80 mètre ; en sorte que le piston fonctionne
d'abord au bas du cylindre, s'élève peu à peu et finit par
travailler dans sa partie supérieure. Arrivé à ce point, on

procède à l'allongement de la tige au moyen de tringles
en fer d'une longueur égale à celle des tuyaux (1.80 mètre)
et qui, toutes, peuvent s'assembler à traits de Jupiter.
Enfin, lorsque trois de ces barres étant placées, il s'agit
de pourvoir de nouveau à l'allongement de la tige, celles-ci
sont enlevées pour leur substituer une pièce de bois de
7.20 mètres de longueur. C'est ainsi que, par l'accroissement successif de la colonne ascendante et de la tige du
piston, il est possible de parvenir à la profondeur requise
pour l'installation de jeux fixes, au-dessous desquels de
nouvelles pompes volantes permettent de poursuivre le
fonçage du puits.

Resserré par l'espace, le mineur ne peut, la plupart
du temps, disposer les bâches des jeux étagés de manière
que les pompes occupent une position rigoureusement verticale. Il en est de même lorsqu'il déplace leur base pour
faire plonger les aspirateurs dans les cavités du sol, faisant fonction de puisard. Mais il se préoccupe peu de ces
irrégularités passagères, l'essentiel étant de se débarrasser
des eaux le plus promptement et le plus efficacement possible. Pour atteindre ce but, tous les moyens sont bons,
le jeu de la tige sur la potence atténuant, d'ailleurs, ce
qu'il pourrait y avoir de trop désavantageux dans ces
dispositions.

720. *Suspension des jeux volans.*

Si la nature tendre et friable des stratifications rencontrées au fond du puits fait craindre au mineur de voir
le tuyau aspirateur s'enfoncer dans le terrain, les narines
se boucher, et, par suite, l'épuisement interrompu, il a
recours à l'emploi du procédé dit à *jeux suspendus*
(Fig. 1 et 2, pl. LXXI).

Supposant d'abord les parois du puits, situées au niveau de la bâche, assez solides pour supporter le jeux fixe et les attirails de suspension du jeu volant, le fond de l'excavation offrant seule quelques stratifications qui se laissent pénétrer. On établit, parallèlement aux sommiers qui supportent la bâche, deux autres pièces $i\,i$, $i'\,i'$, encastrées dans la roche et surmontées de boîtes $k\,k'$ destinées à embrasser les tuyaux supérieurs de chaque colonne ascendante. Les deux parties de la boîte sont percées chacune d'un trou dans lequel jouent librement des vis à filets carrés v, v', dont la partie filetée a environ deux mètres de longueur. Ces vis montent ou descendent suivant le sens dans lequel sont tournés les écrous n, n. Des tringles $p\,p$, $p'\,p'$ (fig. 1 et 13) forment deux lignes de tirants; leur partie inférieure, terminée par des chaînes o, offre un nœud coulant dont le tuyau d'aspiration est enveloppé au-dessous de sa bride. Ces tringles, de 1.80 à 3.60 mètres de longueur et d'un diamètre de 0.03 mètre, s'assemblent entre elles et avec les vis par des enfourchements r à travers lesquels pénètrent les clavettes q, q'. L'effort de traction ayant lieu de haut en bas, le double talon dont ces clavettes sont munies les empêche de se détacher spontanément de la tige.

Lorsque le travail commence, les vis étant placées dans leur position la plus élevée, il suffit, pour faire descendre tout le système, d'en desserrer les écrous à mesure que le puits s'approfondit. La partie filetée arrive bientôt au bas de l'espace qu'elle peut parcourir et le collier du tuyau supérieur vient reposer sur la boîte. Le jeu étant ainsi suspendu, on continue à desserrer les vis jusqu'à ce que les talons des clavettes puissent se dégager de l'enfourchement; celles qui retiennent la dernière tringle sont enlevées; les écrous sont tournés afin de relever les vis de toute leur hauteur, puis une nouvelle tige est ajoutée à chaque tirant. Enfin, si les deux qui ont été assemblées antérieurement appartiennent à la série des tringles de 1.80 mètre de longueur, elles sont retirées pour leur en substituer une autre de 3.60 mètres. La suspension des pompes d'un grand diamètre exige quatre tirants.

Dans le cas fort rare où la qualité ébouleuse des parois du puits sur une grande hauteur ne permet pas d'y encastrer les sommiers, le mineur reporte au jour les points de suspension des pompes; il dispose alors sur la margelle deux pièces d'un fort équarrissage (0.35 à 0.40 mètre), traversées par quatre tirants dont les tiges partielles, assemblées comme ci-dessus, sont fixées aux sommiers par des écrous. Ces tirants maintiennent suspendues à la hauteur voulue dans le puits les deux pièces d'assise $i\,i$, $i'\,i'$, dont les oscillations latérales sont prévenues par leur encastrement partiel dans les parois, quelque ébouleuses qu'elles soient. Ces pièces reçoivent la bâche des jeux fixes et deux traverses comprenant entre elles les tuyaux supérieurs des jeux volans; ceux-ci sont embrassés, d'ailleurs, par des bottes à travers lesquelles jouent les vis qui, comme ci-dessus, déterminent la descente des pompes au fur et à mesure du creusement. L'impossibilité de trouver une assiette solide, capable de soutenir les guides de la colonne de tuyaux, force à les rattacher par des tirants aux pièces d'assise suspendues dans le puits.

721. Précautions employées pour prévenir les accidents et moyens d'y porter remède.

Les pertes de temps provenant du changement des pistons et des soupapes sont très-fréquentes : aussi l'attention doit-elle se concentrer sur les moyens propres à empêcher les eaux de remonter dans les puits en creusement, ou tout au moins doit-on s'arranger de telle façon que cet accident soit rare et sa durée aussi courte que possible.

La chapelle de la soupape aspirante doit se trouver à une certaine hauteur au-dessus du fond de l'avaleresse, et, par conséquent, l'aspirateur doit être assez long, si le mineur veut éviter les chances de submersion pendant le changement ou la réparation des clapets. Comme cette longueur ne peut excéder quatre ou cinq mètres, il doit, par mesure de précaution, employer un clapet volant facile à enlever et à introduire par l'orifice supérieur de la colonne ascendante. Ce clapet, dont le poids est au moins de 150 kilog., porte à sa partie inférieure une queue formée d'une tige en fer de 0.10 mètre de diamètre; il repose sur un siége conique ménagé dans le corps du tuyau lui-même et porte une anse qui permet de le saisir par un crochet.

La rupture de la partie en fer d'une tige de piston est un accident assez fréquent contre l'éventualité duquel il importe de se prémunir à l'avance. Si elle se prononce au-dessus d'un renflement conique ménagé par le forgeron sur un point de la tige très-rapprochée des soupapes, le piston est retiré à l'aide d'un outil (fig. 18) composé d'une couronne sur laquelle battent deux clapets en fer fort; cet organe, assemblé à la manière ordinaire à l'extrémité d'une tige en bois, est descendu sur la partie rompue; les clapets s'ouvrent au contact du renflement, qu'ils dépassent, puis se referment en partie; lorsque la tige est soulevée par le cabestan, ils s'arc-boutent contre la saillie; le piston est arraché et ramené à l'orifice de la pompe. Si la rupture a lieu au-dessous du point de renflement, un crochet (fig. 19), terminé par une pointe

aciérée et fort aiguë, sert à percer l'une des valves du
clapet ; alors l'appendice latéral *v*, empêchant l'instrument
de se dégager du trou qu'il a produit, ramène le piston
vers le haut de la colonne. Enfin, si aucun de ces moyens
n'est suivi de succès, et le cas n'est malheureusement pas
rare, il ne reste d'autre ressource que d'enlever les pompes
jusqu'à la bâche fixe et quelquefois jusqu'au jour. Heureux encore si, pendant les diverses tentatives, les eaux
n'ont pas submergé les bois de guides ; car, si le mineur
n'a pas le temps de les enlever ou tout au moins de les
écarter pour livrer passage aux tuyaux, il doit se résoudre
à les arracher en soulevant la pompe. Cette manœuvre
produit un grand désordre dans le puits et réclame ultérieurement beaucoup de main-d'œuvre et de temps pour
rétablir les choses dans leur état primitif.

Les appareils de petite et de moyenne section sont élevés
au jour au moyen de la corde du cabestan ; mais celle-ci
devient insuffisante pour les pompes d'un grand diamètre
qui réclament, en outre, l'interposition d'un palan à six
ou huit poulies.

Les pompes d'avaleresse n'ont ordinairement qu'une
seule chapelle, l'usage étant de retirer le piston par l'orifice
de la colonne ascendante. Si le mineur, dans le but d'utiliser celles qu'il a en sa possession, se sert de pompes
munies de deux chapelles, il n'en doit pas moins prendre
toutes les précautions nécessaires pour pouvoir enlever
également le piston par le dégorgeoir, dans la crainte que
la suspension du jeu de la machine ne provoque la submersion de la partie inférieure de l'appareil.

722. Pompes d'avaleresse en usage dans les mines d'Anzin.

La nécessité de déplacer constamment le jeu du fond, à mesure que l'on s'enfonce, a engagé les mineurs du département du Nord à substituer à la fonte des matières plus légères, telles que le bois et la tôle, en sorte que les tuyaux en deviennent plus faciles à manier. Les chapelles et le premier tuyau de la colonne, appelé *gobelet* (fig. 14), sont en fonte. Les autres tuyaux (fig. 11 et 12) sont formés de douves en bois blanc ou en sapin, consolidées par des cercles en fer. Le tuyau qui se place immédiatement sur le gobelet offre, ainsi que l'indique la figure 13, deux emmanchements : celui de dessus reçoit le pied du tuyau contigu et celui de dessous recouvre le gobelet. Le joint compris entre la fonte et le bois est rendu étanche par l'introduction de picots de bois blanc et de chêne. La partie supérieure de la colonne (*gueule de pompe*) est munie d'un déversoir également en bois (fig. 9 et 10). La longueur des tuyaux varie de 1 à 3 mètres; l'épaisseur des douves est proportionnée à la hauteur de la colonne et au diamètre des tuyaux ; ainsi, pour des hauteurs de 32 mètres et des diamètres de 0.42 mètre et de 0.19 mètre, les épaisseurs sont respectivement de 0.06 et 0.035 mètre. Les figures indiquent suffisamment la manière dont s'emmanchent deux organes consécutifs; le pied est entaillé coniquement, mais suivant une ligne génératrice légèrement courbe; en sorte que la jonction se fait suivant l'une des circonférences. Il a été reconnu que les fuites étaient ainsi moins à craindre que pour des surfaces en contact sur toute leur étendue. Les joints sont calfatés avec des étoupes goudronnées introduites à l'aide d'un brandissoir.

Les tuyaux en bois ont été remplacés ultérieurement par d'autres en tôle dont la construction est indiquée dans les figures 22 et 23. A la partie inférieure de chacun d'eux est ajusté à frottement un manchon ss en tôle forte, qui en déborde l'extrémité de 0.08 à 0.10 mètre ; des rivets fixent invariablement les deux objets. A la partie supérieure, à environ 0.14 mètre du bord, est placé un anneau en tôle d'une faible hauteur, recouvert d'un manchon de même matière tt ; enfin, l'ensemble est lié par une ligne de rivets, traversant simultanément le manchon, l'anneau et le tuyau. L'espace annulaire compris entre la surface extérieure de ce dernier et le manchon tt est rempli d'étoupes goudronnées, au milieu desquelles pénètre le manchon ss, appliqué à la partie inférieure du tuyau contigu ; puis le tout est comprimé par trois boulons u,u, traversant chacun deux oreilles en fonte w,w', attachées par des rivets. Le premier tuyau de la colonne ascendante est assemblé sur le gobelet, en ajustant à la partie supérieure de ce dernier un manchon et un anneau jouant le même rôle que ci-dessus. Le dernier tuyau porte un dégorgeoir et peut tourner horizontalement autour de son axe, afin de déverser les eaux vers des points variables suivant les circonstances. On obtient ce mouvement, en substituant aux oreilles un cercle en fer d'une épaisseur assez forte, qui s'appuie sur l'extrémité du dernier tuyau et dans lequel ce dernier joue assez librement (1).

La force de résistance de la tôle étant vingt fois plus grande que celle de la fonte, c'est-à-dire de 800 kilog. par centimètre carré, il semble qu'il doit suffire, pour connaître l'épaisseur des tuyaux ainsi composés, de remplacer dans la formule (696) le dénominateur 800 par 16,000, d'où résulte : $e = \dfrac{d\,h}{16,000}$.

(1) *Annales des Mines*, 4e. série, tome III, pages 133 et 154.

Mais les épaisseurs ainsi calculées sont trop faibles, et les tuyaux ne peuvent résister aux déformations dérivant de leur simple déplacement ; c'est ainsi que, trouvant, par exemple, 0.002 mètre pour une colonne ascendante de 64 mètres et d'un diamètre de 0.50 mètre, il est impossible de s'en tenir à cette épaisseur, même pour des hauteurs et des diamètres bien inférieurs à ces termes.

723. Système de suspension employé dans les mines d'Anzin.

L'épaisseur du mort terrain n'exigeant ordinairement que deux étages de pompes, les sommiers de suspension des jeux volants s'établissent à la surface du sol : ce qui serait souvent impraticable en Belgique, où les creusements à des profondeurs de 100 mètres ne sont pas rares et atteignent quelquefois la hauteur de 125 mètres.

Le lecteur a vu de quelle matière sont formés les tuyaux et comment la bâche est construite dans le puits ; il reste à parler des manœuvres et des appareils de suspension qui, sauf quelques exceptions de détail, sont les mêmes que dans les mines du Couchant de Mons.

Dans l'exemple représenté par les figures 3, 4 et 5, l'affluence des eaux est supposée assez considérable pour nécessiter l'emploi de six pompes distribuées en deux étages ; trois d'entre elles sont fixes et les autres volantes.

Les tiges des pistons se rattachent au maître-tirant à l'aide de potences exprimées par les lignes ponctuées m, m (fig. 5). L'appareil de suspension est également composé de tringles reliées à un sommier installé au jour par l'intermédiaire de vis (fig. 16), dont la longueur totale est de 3.72 mètres, et la partie filetée de 3 mètres ; ces vis se terminent à leur partie inférieure par un anneau dans lequel s'engage

le crochet de la première tringle. Celles-ci , de longueur
variable , se combinent entre elles de manière à suffire à
toutes les nécessités de la descente des jeux de pompes.
Les unes sont en fer ; leurs longueurs sont de 0.60 ,
3.00 et 5.00 mètres , et leurs extrémités sont contournées
en forme de crochet. Les autres , en bois , sont terminées
par un enfourchement et un crochet en fer ; elles ont
11 mètres de longueur et 0.11 d'équarrissage. Les premières tiges (fig. 17) se réunissent au moyen de leurs crochets $x'x'$, dont le désassemblage est prévenu par une maille
en fer y et une clavette à deux branches z. Un collier S,
composé de deux demi-cercles réunis par deux boulons ,
embrasse le corps de pompe immédiatement au-dessous
de l'un des bourrelets extérieurs dont il est muni ; deux
anses , fixées par les mêmes boulons , servent de point
d'attache aux crochets inférieurs du double système de
tirants. Enfin , ces derniers et la colonne ascendante sont
liés avec des cordes goudronnées , afin de prévenir en partie
les effets des oscillations résultant du jeu de l'attirail.

La disposition des écrous employés pour faire descendre
l'appareil mérite d'être observée en raison de la facilité de
leur mouvement. Sur la surface supérieure du sommier
(fig. 16), des *flottes s* ou disques circulaires en fonte sont
noyées dans l'épaisseur du bois et fixées par quatre vis ;
les écrous n , arrondis à leur partie inférieure , portent
sur les flottes creusées en forme de cuvette ; l'huile ou
le suif introduits dans la cavité lubréfient les deux surfaces
en contact , préviennent leur usure et rendent le frottement fort doux. Les trous percés dans le sommier et dans
les disques en fonte sont évasés vers le bas , afin d'éviter
l'usure des filets de la vis et de faciliter les déviations que
doivent fréquemment subir les jeux de pompes.

Quelquefois certains motifs ne permettent pas de changer

les clapets d'aspiration devenus défectueux. Lorsque cette circonstance se présente, une soupape volante est descendue à travers la colonne ascendante en la suspendant à la corde du cabestan. Ce *postillon* (fig. 21) pèse 410 kilog. ; il est composé d'un noyau *a a* sur lequel battent deux valves ordinaires *c, c'*, d'une anse pour le descendre et le remonter, et d'une masse de plomb *d d*, qui l'empêche de danser. Après avoir retiré le piston , cette soupape est introduite dans le corps de pompe ; elle s'appuie sur une traverse en fer ajustée à la partie inférieure de la chapelle ; puis le piston est remis en place, mais à une hauteur telle que, dans son excursion descendante , il ne puisse heurter le postillon.

Les pompes à grande section exigent des efforts considérables lorsqu'il s'agit de retirer le piston pressé par une colonne d'eau d'une certaine hauteur. Les mineurs d'Anzin rendent cette manœuvre praticable en préparant à la partie supérieure du corps de pompe une ouverture fermée par une broche ou un robinet ; la colonne d'eau , en s'écoulant par cette ouverture, exonère le piston , qui dès lors peut être facilement retiré.

724. *Descente des pompes dans le district de Newcastle.*

Quoique l'épaisseur des terrains mouvants et aquifères soit rarement assez grande pour réclamer l'emploi de jeux volants (*Sinking set*) à une grande profondeur, cependant des fonçages, placés dans ces conditions , ont été exécutés plusieurs fois à l'aide de l'un des deux procédés suivants :

Les pompes d'une moyenne section et d'un poids peu considérable sont suspendues à deux forts câbles ronds ; ceux-ci, dont les extrémités inférieures sont liées au-dessous des brides de jonction de la chapelle et du corps de pompe, s'élèvent au jour en s'appliquant sur les deux côtés opposés de la colonne ascendante. Leurs frottements contre les brides sont prévenus par des enveloppes en bois ajustées au-dessus et au-dessous de chaque joint et par la ligature de ces cordes et de la colonne ascendante au moyen de cordelettes goudronnées, qui rendent ces objets solidaires l'un de l'autre. Les câbles se replient au jour sur deux molettes disposées à droite et à gauche de l'orifice du puits et s'enroulent un peu plus loin sur deux cylindres horizontaux en bois. Pour faire descendre la pompe, il suffit de détendre les deux bouts du câble en les faisant couler sur le cylindre.

Les ingénieurs du district de Newcastle ont remplacé ce procédé un peu suranné par le suivant, qui s'applique également aux pompes d'un grand diamètre.

L'appareil de suspension (fig. 7) se compose de deux oreilles ou ailes en bois $a\,a'$, appliquées contre le tuyau aspirateur avec lequel elles se lient au moyen de boulons ou de cercles en fer; leur partie supérieure est découpée en biseau, afin d'offrir une grande surface de contact avec le tuyau. Les tirants de suspension, placés de chaque côté de la colonne de la pompe, sont formés de tiges en bois $b\,b, b'\,b'$, (*spears*) d'un équarrissage de 0.15 à 0.17 mètre, assemblées entre elles comme les tiges des pistons. Elles se terminent à leur partie inférieure par des tringles en fer, qui traversent les oreilles a et s'y fixent au moyen de clavettes ou de boulons; à leur partie supérieure elles sont armées d'un enfourchement et d'un anneau c, c', qui saisit le crochet d'une mouffle G. Enfin, des ligatures de cordes goudronnées $d\,d$, établies de distance en distance, préviennent les dislocations. Les deux bouts de câble, au sortir de la mouffle, se replient d'équerre sur deux molettes *e*, *e'*, (*pulleys*) suspendues à la charpente, et vont s'enrouler sur les arbres de deux cabestans placés un peu en arrière de la margelle du puits. On empêche le déroulement spontané de la corde sous l'influence du poids de la colonne des pompes, en attachant, à l'un des leviers horizontaux du cabestan, un traineau chargé d'un fardeau variable suivant les conditions d'équilibre, de telle sorte qu'un seul ouvrier puisse déterminer la descente de l'appareil.

La manœuvre s'exécute avec la plus grande simplicité. Lorsque, par suite de la descente des pompes, les chappes des moufles se sont suffisamment écartées les unes des autres, l'ouvrier fait reposer sur un sommier la bride du dernier tuyau de la colonne ; il ajoute une tringle partielle à chaque tiran de suspension, tourne le cabestan pour faire remonter les chappes inférieures, puis il accroche celles-ci dans les anneaux des dernières tiges. On comprend combien il est facile, en cas d'accident, de relever les pompes au jour.

L'aspirateur, muni de narines comme à l'ordinaire, est en outre percé d'une ouverture assez grande pour qu'un ouvrier puisse, en y passant la main, dégager l'intérieur du tuyau des boues, des copeaux et de tous les objets susceptibles de gêner l'aspiration. Il est garanti contre les effets destructifs des coups de mine par une enveloppe de vieilles cordes ou une doublure composée de douves en bois.

C'est par l'emploi de ce procédé que les mineurs Anglais suspendent des jeux de 0.40 à 0.45 mètre de diamètre, dont la longueur excède quelquefois 90 mètres ; mais plus fréquemment ils simplifient l'opération en installant une bâche à une profondeur de 50 à 55 mètres au-dessous du sol, ce qui diminue d'autant la hauteur du jeu suspendu.

725. *Drivage des pompes dans la province de Liége.*

Si l'affluence des eaux au fonds d'un puits, où des pompes permanentes ont été établies, est considérable; si les réservoirs ne sont pas assez vastes ou s'ils sont déjà remplis d'eau, il peut arriver que l'on reconnaisse l'état défectueux de la soupape dormante du dernier jeu, au moment où il n'est plus temps de la remplacer; les eaux alors s'élèvent, recouvrent la chapelle, et la pompe est mise hors de service, ou, suivant l'expression des mineurs liégeois, *le ster est encloué*. Ceux-ci peuvent, il est vrai, s'ils ont eu le soin d'installer au fond du puits un second jeu à côté du premier, accrocher promptement la tige du piston à la maîtresse-tige, en sorte que l'épuisement n'éprouve que peu de retard. Mais fréquemment les machinistes ayant négligé de visiter cette double pompe en temps utile, la trouvent en mauvais état au moment même où elle devrait fonctionner. Quelles que soient d'ailleurs les causes de l'accident, il n'est possible d'y porter remède que par l'emploi d'un jeu descendant au fur et à mesure de l'abaissement des eaux. Ce procédé, usité de temps immémorial dans la province de Liége, a été également appliqué à l'épuisement des eaux pendant le creusement de l'un des puits des salines de Vic (département de la Meurthe). Il porte le nom de *drivage*, et se trouve indiqué dans la figure 6 de la planche LXXI.

Au-dessus du niveau des eaux et en un point du puits où elles ne puissent atteindre les travailleurs, est établi un plancher au-dessus duquel sont encastrées deux pièces de bois *g,g*. Ces pièces laissent entre elles un espace suffisant pour le passage des divers tuyaux à *driver*, c'est-à-dire à faire descendre. Chacune de ces pièces est enveloppée

de chaînes h, h dont la longueur est telle que, quand le
tuyau aspirateur touche le fond du puits, il reste encore
sur les cylindres 4 à 5 tours dont le frottement fait équilibre au poids de la pompe. L'engin sert à la descente
des divers organes, jusqu'au point où le drivage doit
avoir lieu.

Le tuyau aspirateur, par lequel les mineurs commencent,
s'attache aux extrémités des chaînes repliées en forme de
nœuds coulants $h' h'$; ils l'installent au-dessous des pièces
de suspension et ajoutent successivement, au-dessus la chapelle, le corps de pompe et le tuyau de dégorgement,
auquel le câble de l'engin reste attaché. Alors ils procèdent à la descente de ces divers objets avec prudence et
lenteur. Ils soulèvent d'abord la partie de la chaîne qui
retombe en liberté dans le puits, afin de relâcher le dernier tour et d'y faire passer deux ou trois mailles de plus
qu'il n'avait dans sa première position; puis, frappant la
chaîne avec la paume de la main, ils font passer successivement les mailles excédantes, de tour en tour jusqu'au
premier; celui-ci les cède à la partie de la chaîne à laquelle
l'appareil est suspendu, ce qui en détermine la descente.
Cette manœuvre est répétée jusqu'au moment où l'aspirante plonge dans l'eau; alors ils introduisent le piston,
l'accrochent à la potence que porte la maîtresse-tige et l'épuisement recommence. A mesure que les eaux s'abaissent,
la pompe les suit; des tuyaux sont successivement ajoutés
à la colonne montante et la tige du piston est progressivement allongée. Des cordes $i i$ lient les tuyaux et les
chaines, afin d'en consolider l'ensemble.

VIᵉ. SECTION.

DES MOTEURS D'ÉPUISEMENT.

726. *Nomenclature des divers moteurs appliqués à l'épuisement des eaux de mines.*

Les moteurs de l'épuisement dans les mines sont :

1°. Les bras des hommes ;
2°. La force développée par les chevaux ;
3°. L'action de la vapeur ;
4°. Les effets produits par la dépression de l'air ;
5°. Les machines à colonne d'eau ;
6°. Les turbines.

Les deux premiers moteurs ne sont jamais que temporaires ; mais les quatre derniers sont permanents. Les roues hydrauliques et l'action du vent servent également à l'épuisement des mines ; mais il serait superflu d'en faire une mention plus développée, les règles de leur construction et de leur installation étant l'objet d'un grand nombre de traités spéciaux. En outre, ces moteurs ne sont que rarement en usage et d'une manière exceptionnelle dans les mines de houille, auxquelles sont appliquées presque exclusivement les machines à vapeur.

727. *Emploi des hommes.*

Les hommes ne peuvent être utilisés que pour de faibles profondeurs et d'une manière tout-à-fait temporaire, en attendant l'époque où les sources rencontrées seront mises en relation avec les grandes pompes permanentes que réclame l'exploitation des mines de houille.

Les pompes à bras sont en bois ou en fer, presque toujours aspirantes élévatoires ; le diamètre de leurs tuyaux et la hauteur de leur colonne d'ascension sont généralement assez faibles ; la course du piston est ordinairement comprise entre 0.30 et 0.40 mètre. Un ou deux manœuvres impriment à ce dernier un mouvement alternatif, au moyen d'un levier transversal fixé sur la tige, au-dessus de l'orifice du tuyau de dégorgement, ou d'un balancier analogue à ceux dont se servent les ménagères pour tirer des puits l'eau nécessaire aux usages domestiques. Dans ce dernier cas, les dimensions des tuyaux peuvent être plus considérables que dans le premier, parce que les efforts de trois ou de quatre manœuvres peuvent être appliqués simultanément à imprimer le mouvement au balancier.

Il existe encore d'autres dispositions, parmi lesquelles la suivante semble simple et efficace, l'homme agissant avec plus d'énergie à l'aide d'une manivelle que par l'intermédiaire de tout autre organe (fig. 24, 25 et 27, pl. LXXI).

Sur un bâti en bois EE, un arbre gg est mis en jeu par des manivelles ; cet arbre coudé en k transforme le mouvement circulaire en un mouvement rectiligne alternatif. Un volant ll compense les différences de force développée par les bras des hommes dans les diverses positions de la manivelle. L'appareil se place, soit dans la section même du puits ; soit dans une excavation latérale, comme par exemple, au bord d'une chambre d'accrochage. Dans le second cas, relatif aux figures désignées ci-dessus, une tige m faisant fonction de bielle, s'articule, d'un côté, sur la manivelle, et s'attache de l'autre, à l'une des branches d'un levier coudé nn', dont la seconde branche supporte la tige *o* du piston. Celle-ci a une course déterminée par le rapport existant entre le rayon de la manivelle et la longueur des bras du levier coudé ; elle porte en outre, à sa partie supérieure, une articulation *o'* destinée à la maintenir suivant une ligne verticale, afin qu'elle ne vienne pas frotter contre les parois du dégorgeoir.

Si l'appareil est installé dans le puits lui-même, la bielle prend une position verticale, et reçoit directement la tige du piston à son extrémité inférieure, sans l'intermédiaire du levier coudé.

La pompe dont le piston descend pendant l'aspiration et soulève la colonne d'eau dans son excursion ascendante, comprend les organes représentés en détail dans la figure 26 : *p* corps de pompe ; *g*, boîte à soupape ; *r* et *r'* soupapes d'aspiration et d'ascension ; *s* et *t* (fig. 25) sont les tuyaux d'aspiration et d'ascension.

Quel que soit le moyen employé pour communiquer le mouvement, les épuisements à bras d'hommes sont toujours fort coûteux, en raison du minime effet utile produit et du peu de durée de leur action.

728. *Application des chevaux à l'épuisement des mines.*

Les chevaux peuvent être employés à l'épuisement des mines avec l'intermédiaire d'un manège. La figure 28 est l'expression d'un appareil simple et peu couteux, qui, quoique défectueux sous plusieurs rapports, convient cependant aux épuisements des travaux de recherche et des exploitations peu profondes (1).

_____

(1) *Journal des Mines.* Frimaire, an III, 3°. numéro.

Un arbre vertical u est maintenu sur deux semelles disposées en croix, par quatre contre-fiches; il reçoit un pivot en fer, capable de supporter les deux flèches ou bras de levier ww réunis par deux frettes, et à l'extrémité desquelles s'attèlent les chevaux. Un gros boulon x traverse les deux bras et forme le bouton d'une manivelle dont le levier d'action est égal à la distance qui le sépare du pivot.

Les attirails d'épuisement, au nombre de deux, sont mis en mouvement par deux varlets ou leviers coudés, Y, Y^{ι}. L'un des bras porte un secteur de cercle Z, Z^{ι} sur lequel se plie une chaîne de Vaucanson W, tandis que l'autre se relie au bouton de la manivelle par deux bielles ou tirants horizontaux y, y^{ι}. Les flèches, entraînées par les chevaux, font tourner le bouton qui imprime aux bielles un mouvement de va et vient horizontal; le mouvement se transmet verticalement aux deux maîtresses tiges, mais de manière que l'une descende pendant que l'autre remonte.

La direction des frottements est telle que la stabilité du manège n'exige d'autre charpente que les pièces indiquées dans la figure; aussi peut-il être facilement déplacé et transporté d'un lieu dans un autre. Le seul reproche qu'on puisse adresser à cet appareil est relatif aux différences d'efforts développés par les chevaux dans les divers points de la circonférence décrite; ainsi, lorsque les bras des leviers du manège et les tirants horizontaux sont compris dans le même plan vertical, la résistance ne consiste que dans les frottements des organes; mais dès que le moteur quitte cette position, ses efforts doivent s'accroître jusqu'au moment où les flèches, perpendiculaires aux bielles, donnent le maximum de résistance.

729. Machines à vapeur.

Avant l'invention des machines à vapeur les mineurs gaspillaient les richesses souterraines et préparaient à leurs successeurs de graves difficultés et même d'épouvantables catastrophes. En effet, la configuration du terrain ne leur permettait pas toujours de percer des galeries d'exhaure; souvent ils négligeaient ce moyen, ou ne l'employaient que d'une manière partielle; et si, en creusant ces excavations, ils parvenaient à provoquer l'évacuation d'une partie des eaux, la mine n'était pas pour cela entièrement asséchée.

Les seuls moteurs dont ils pussent disposer étaient les hommes et les chevaux. Ils les appliquaient à l'épuisement à l'aide de seaux ou de tonnes, mode peu énergique et souvent inefficace, même pour des profondeurs assez minimes. Ils avaient les roues hydrauliques; mais les effets utiles de ces appareils, applicables d'ailleurs à un fort petit nombre de localités, varient suivant le volume des cours d'eau de la surface, volume ordinairement en désharmonie avec l'époque de l'accroissement des eaux souterraines. Enfin, ils connaissaient les moulins à vent, dont l'action variable et intermittente manque totalement d'énergie (1). Les exploitants, ainsi dénués de moyens d'exhaure suffisants, abandonnaient leurs travaux dès qu'ils ne pouvaient dominer les eaux d'infiltration; ils se portaient sur d'autres points de la mine, en laissant des massifs pour les retenir dans les cavités abandonnées. Mais la

_____

(1) L'emploi des moteurs à colonne d'eau est postérieur à celui des machines à vapeur, auxquelles les premiers ont emprunté leurs principales dispositions.

brillante invention de Papin (1), appliquée par Newcomen à l'épuisement des mines, vint enfin les délivrer des difficultés, jusqu'alors insurmontables, que leur suscitaient les eaux souterraines. A dater de cette époque, partout où ce moteur fut appliqué, les mines, facilement et complètement asséchées, furent portées à des profondeurs que les anciens mineurs auraient considérées comme inabordables. Des exploitations abandonnées furent reprises fructueusement. Il ne fut plus question de laisser en massifs d'immenses richesses minérales pour isoler les travaux en activité des anciennes excavations submergées, et même l'exploitation eut pour objet plusieurs de ces anciens massifs regardés antérieurement comme définitivement perdus. Enfin les travaux, jusqu'alors restreints dans des limites fort étroites, prirent une grande extension, malgré l'accroissement proportionnel des eaux affluentes, et les mineurs se trouvèrent désormais en mesure de produire toute la houille réclamée par le développement successif de l'industrie. Tels furent les services rendus par l'application de la force expansive de la vapeur (2).

Les machines appliquées à l'épuisement des mines de houille sont à simple ou à double effet. Elles offrent, en outre, une grande variété dans leur construction. Les dispositions adoptées dans le Cornwall, connues depuis longtemps, sont généralement considérées comme fort convenables; cependant il existe encore un grand nombre de mines de houille dans lesquelles les anciennes machines de New-

(1) Notice de M. ARAGO, insérée dans *l'Annuaire du Bureau des Longitudes pour l'année* 1836.

(2) Un fait digne de remarque, c'est que deux des leviers les plus énergiques de la civilisation de notre époque, les chemins de fer et l'emploi de la force élastique de la vapeur d'eau, ont pris naissance dans les mines et pour les besoins de ces dernières.

comen ont été conservées jusqu'à présent, malgré le chiffre
élevé de la dépense en combustible. Cette circonstance
doit être attribuée au peu d'importance attachée dans les
houillères à l'économie du combustible, ordinairement choisi
dans les qualités inférieures impropres à la vente, et à
ce que le bénéfice réalisé sur la consommation n'est pas
en rapport avec l'intérêt du capital qu'exige le remplacement de ces anciennes machines par des appareils de
construction plus récente.

730. Machines d'épuisement dites de Cornwall.

Le prix élevé de la houille rendue aux exploitations de
cuivre et d'étain du Cornwall, la grande abondance des
eaux que renferment ces mines, et la profondeur d'où elles
doivent être élevées, ont pour ainsi dire forcé les constructeurs de cette localité à perfectionner les machines
d'épuisement et les pompes sous le rapport de la consommation, de l'effet mécanique produit, et de l'agencement
des divers organes entre eux. Ces appareils, introduits en
Belgique dès 1835, ont été l'objet de quelques changements
par suite de leur application aux mines de houille et des
modifications de détail introduites par les mécaniciens des
ateliers de Seraing.

La figure 1ʳᵉ. de la planche LXXII est une coupe par
un plan vertical de la machine d'épuisement construite
pour la mine de l'Espérance, à Seraing. De même que
toutes celles du Cornwall, elle est à simple effet, à
moyenne pression, à condensation et à détente.

Le lecteur reconnaîtra facilement les divers organes
communs à toutes les machines à vapeur, tels que le cylindre AA, le piston B, dont la tige C traverse une boîte
à bourrage EE et se rattache au balancier de transmission

de mouvement ; le balancier lui-même *G G*, divisé par son
point d'appui en deux bras de levier dont les longueurs
sont comme 4 est à 3 ; la poutrelle *P,P'*, attachée à l'un
des parallélogrammes par son extrémité supérieure, destinée à régler l'ouverture et la fermeture des soupapes et
à imprimer le mouvement alternatif vertical au piston
creux de la pompe à air ; la pompe alimentaire *J J'* et
sa tige *H* ; le régulateur de la condensation *L*, etc.

Le condensateur *FF* est placé dans une bâche où affluent
sans cesse les eaux froides extraites de la mine. L'injection
ne devant avoir lieu que pendant les excursions descendantes du piston, est réglée par une soupape qui s'ouvre
et se ferme en temps utile.

La soupape *a d'admission* de la vapeur (*top seam valve*)
est placée dans une boîte communiquant d'un côté avec
le cylindre et de l'autre avec le tuyau adducteur. Au-dessous
de cette soupape se trouve un canal *b b* destiné à établir
une communication directe entre les deux extrémités du
cylindre.

La soupape *d'équilibre c* (*equilibrium valve*) est ajustée
à la partie inférieure de ce canal. Lorsqu'elle est fermée,
les deux cavités du cylindre, situées au-dessus et au-dessous
du piston, sont isolées l'une de l'autre ; lorsqu'elle est
ouverte, ces deux espaces n'en forment plus qu'un seul.

La soupape *d'exhaustion d* (*exhaustion valve*) est placée
au-dessous du cylindre, qu'elle met en rapport avec le
condenseur.

La marche de l'appareil est réglée par le jeu de ces
diverses soupapes. Ainsi, supposant que la machine soit
en repos et que le piston étant au haut du cylindre, les
soupapes d'admission et d'exhaustion viennent à s'ouvrir,
le vide se forme dans la partie inférieure du cylindre
pendant que la vapeur, pressant sur le piston, le force

à descendre pour soulever la maîtresse-tige ; mais cette pression est supprimée avant que le piston ait atteint le bas de sa course, la vapeur motrice devant agir par détente dès qu'elle a vaincu la force d'inertie de l'appareil et de la maîtresse-tige. L'excursion descendante achevée, la soupape d'exhaustion se ferme, celle d'équilibre s'ouvre et les deux faces du piston sont mises en relation ; celui-ci, pressé en sens contraire par deux forces égales, remonte entraîné par l'excès de poids du maître-tirant sur les colonnes d'eau refoulées, et la soupape d'équilibre se ferme lorsque le piston arrive au haut de sa course.

731. *Soupapes de Hornblower.*

Ces soupapes supportent sur leurs deux faces des différences de pression telles qu'elles exigeraient des contre-poids fort pesants pour être équilibrées et absorberaient, par conséquent, une notable partie de l'effet utile si l'on n'avait recours à la disposition due à M. Hornblower, ingénieur-mécanicien du comté de Cornwall.

Les figures 2 et 4 de la planche LXXII représentent l'une de ces soupapes en projection horizontale et en élévation latérale. La figure 3 est une section par un plan vertical (1). Elle se compose de deux pièces : l'une, fixe $abb'a'$, en est *le siège* ; l'autre, mobile $cd\,d'c'$, destinée à recouvrir la première, est *le chapeau*. Le siège est entièrement coulé en cuivre jaune ou en bronze ; son noyau aa', cylindrique à l'intérieur et légèrement conique

---

(1) Le dessin offert au lecteur se rapporte aux soupapes telles qu'on les construit à Seraing ; elles sont conformes, quant au principe, à celles de Cornwall, mais elles en diffèrent par quelques dispositions de détail.

à sa surface extérieure, est tourné, puis introduit à frottement dans une cavité pratiquée sur la base de la boîte à soupapes ; au-dessus de ce noyau sont fixées quatre cloisons b, b' qui, disposées à angle droit, se réunissent sur la surface extérieure d'une douille f f servant à guider la tige g du chapeau ; enfin, un disque e e, muni à sa circonférence d'une surface conique n n, bien dressée et polie, recouvre les quatre cloisons et forme le dessus du siége. Une seconde zone conique m m dérive de la suppression de l'arête intérieure de l'anneau cylindrique a a'.

Le chapeau de même métal est un solide annulaire creux c c', en contact par deux de ses zones avec les surfaces coniques du siége. Ces diverses parties n n et m m sont soigneusement rodées les unes sur les autres, afin d'en détruire les aspérités et d'anéantir les interstices capables de donner lieu aux fuites de vapeur. Quatre nervures d, d', disposées en croix, soutiennent les deux parallélipipèdes h, h', entre lesquels vient s'engager l'extrémité inférieure de la tige i ; la ligature de celle-ci consiste en un boulon s s' et son écrou. Ainsi le siége, fermé par-dessus, ouvert latéralement et par-dessous, laisse en tout temps un libre passage à la vapeur. Mais lorsque le chapeau, qui, au contraire, est fermé latéralement et ouvert à sa partie supérieure, recouvre le siége, toute communication est supprimée entre le dessus et le dessous de la soupape. La tige est-elle soulevée, les surfaces en contact se séparent, la communication est établie et la vapeur a toute liberté pour traverser les deux espaces annulaires.

Ces soupapes, quoique soulevées à une hauteur fort minime, déterminent de larges ouvertures et n'offrent à la pression qu'une faible partie de leur surface mobile.

732. *Leviers régulateurs du mouvement des soupapes.*

La figure 1re. renferme les principales pièces du jeu régulateur des soupapes. Dans les figures 5, 6, 7 et 8, ces divers organes, exprimés plus en détail, sont désignés par les mêmes lettres.

Le bâti $E E$, formé de deux châssis triangulaires en fonte liés par des entretoises d'écartement, supporte les pièces suivantes :

e, g, arbres mobiles articulant sur tourillons ;

h, arbre fixe ;

i, i, i, système de leviers destinés à ouvrir et à fermer la soupape d'exhaustion, dont la tige est embrassée par une fourche k comprise entre deux embases.

m, levier de la soupape d'équilibre, agissant sur cette dernière par l'intermédiaire d'une bielle m' et d'un levier coudé n.

l, levier de la soupape d'admission, qui, lié avec la tringle $p p'$, soulève et abaisse cette soupape installée vers le haut du cylindre par l'intermédiaire d'un autre levier V. La tringle est terminée à son extrémité inférieure par un parallélipipède o (fig. 8), percé d'une ouverture rectangulaire dans laquelle est introduit le levier l; la position variable de cette pièce permet de déterminer la hauteur plus ou moins grande de la levée de la soupape; elle est d'ailleurs fixée au point voulu par une vis de pression.

K, N, grands leviers moteurs mis en jeu par la poutrelle P, munie de deux taquets s, t, convenablement espacés. Lorsque le levier K est en K' dans sa position la plus élevée, le taquet s descend, presse sur lui et le fait descendre en K. Le taquet t agit en sens contraire sur le levier N qu'il soulève dans ses excursions ascendantes, pour le porter en N'. Ces divers mouvemens, communiqués aux arbres g et e, sont l'origine du jeu de l'appareil.

f, f', leviers placés en dehors du bâti et à l'extrémité desquels sont attachés des contre-poids D, D', composés de disques en fonte, faciles à déplacer, afin de pouvoir établir l'équilibre par tâtonnement. Le premier de ces contre-poids détermine le soulèvement des soupapes d'admission et d'exhaustion; le second, celui de la soupape d'équilibre.

q, q' (fig. 7) sont les virgules d'accroche de ces contre-poids.

r, encliquetage articulant librement sur l'entretoise h entre deux bagues de rapport; il accroche alternativement les deux virgules q, q', et s'oppose au mouvement des arbres sur lesquels elles sont placées. Cet encliquetage, sollicité par un contre-poids Q, tend constamment à venir au-devant de la pointe des virgules. La tringle de suspension du contre-poids se lie avec une pédale placée sur le plancher et dont le machiniste se sert pour faire marcher la machine à la main.

Les pièces s, t, h (fig. 8) dépendent de la cataracte, objet du paragraphe suivant.

Le lecteur comprendra facilement le rôle des diverses pièces décrites ci-dessus, s'il considère le piston pendant sa marche et au moment où il se trouve au milieu de l'une de ses excursions descendantes. La soupape d'équilibre est fermée; celles d'admission et d'exhaustion sont ouvertes. Le piston continue sa route; il est sur le point d'atteindre l'extrémité de sa course; le taquet supérieur s de la poutrelle agit sur le levier K, qui descend en entraînant avec lui l'arbre mobile a. Celui-ci, abaissant à son tour le levier t et soulevant la bielle $i\,i$, détermine la fermeture des soupapes d'admission et d'exhaustion.

Pendant ce temps, la virgule q fait basculer l'encliquetage r; la virgule q' se décroche et tombe, sollicitée par
l'action du contre-poids D; l'arbre g tourne et, par l'intermédiaire du levier m, il soulève la soupape d'équilibre
et le levier moteur est ramené de N' en N. La vapeur
alors, pressant également les deux faces du piston, celui-ci
remonte en vertu de l'excédant de poids de la maîtresse-
tige; mais au moment où il est sur le point d'atteindre
la limite de son excursion ascendante, le taquet inférieur t
de la poutrelle heurte le levier N et le repousse en N';
alors l'arbre g, auquel est imprimé un mouvement de
rotation, réagit sur le levier m, ferme la soupape d'équilibre et force la virgule q' à faire basculer l'encliquetage r,
dans le mentonnet duquel elle s'accroche. En même temps,
la virgule q, devenue libre et sollicitée par le contre-
poids D', retombe et entraîne les leviers i, l, qui provoquent
l'ouverture des soupapes d'exhaustion et d'admission.

La machine marche à expansion si la soupape d'admission se ferme avant l'arrivée du piston au bas de sa
course; cette circonstance dépend de la position relative
des deux taquets, dont la hauteur et la distance sont
réglés d'après la fraction de la course pendant laquelle la
vapeur doit être admise.

733. *Des cataractes.*

Il est rare qu'une mine de houille en exploitation ne
soit pas pourvue de réservoirs ou de puisards destinés à
emmagasiner les eaux pendant un certain espace de temps.
Celles-ci sont alors épuisées périodiquement et d'une manière continue, sans laisser d'intervalles entre les coups
de piston, excepté les temps d'arrêt que réclame un bon
régime dans le mouvement des pompes. L'opération ter-

minée, l'appareil cesse de fonctionner, jusqu'à ce que les
cavités, remplies de nouveau, exigent un nouvel assèchement. Mais si le temps d'établir des réservoirs a fait défaut,
ou si l'épuisement doit avoir lieu au fond d'un puits en
creusement, il importe de régler le nombre de coups de
piston sur le volume des eaux affluentes, afin que les
pompes ne soient jamais exposées à aspirer l'air. L'appareil employé pour diminuer le nombre des excursions du
piston dans un temps donné, ou plutôt pour régler l'intervalle de temps qui doit s'écouler entre deux oscillations
consécutives, est une *cataracte*, dont l'usage réclame l'intervention de l'air ou de l'eau.

Les cataractes à air agissent avec moins de sûreté et
d'exactitude que celles pour lesquelles on fait usage de
l'eau ; cependant, comme elles accompagnent toutes les
machines d'épuisement construites à Seraing, l'auteur ne
peut se dispenser de les décrire ici, d'autant plus qu'il aura
ultérieurement l'occasion de s'occuper des cataractes hydrauliques du Cornwall. Dans un cylindre *M* (fig. 1 ,
pl. LXXII) en fonte, alésé à l'intérieur, se meut un
piston, muni d'un clapet, dont les valves s'ouvrent du
dehors au dedans ; la tige de ce piston, chargée d'un
poids variable suivant les besoins, est soulevée par une
fourchette *w* fixée sur la tige de la pompe alimentaire.
Le cylindre porte à sa partie inférieure un robinet *x* mis à
la portée de la main du machiniste, qui en règle l'ouverture ; c'est la seule issue par laquelle puisse s'échapper l'air
renfermé dans le cylindre. Les autres organes consistent
en deux leviers coudés, liés par une tringle horizontale *z ;*
en une autre tringle verticale *v* (fig. 8), attachée au
levier *s* en un point variable, suivant l'effet à produire, et,
enfin, en une virgule *n*, pouvant s'accrocher dans un
mentonnet *t*.

Voici actuellement comment fonctionne la cataracte dont
les effets consistent simplement à retarder l'instant de l'ouverture de la soupape d'équilibre : La tige de la pompe
alimentaire, dans ses excursions ascendantes, soulève le
piston de la cataracte ; le clapet s'ouvre de haut en bas,
et l'air extérieur pénètre dans le cylindre. Le mouvement descendant se produit ; le piston moteur est sur
le point d'atteindre le bas de sa course ; la virgule q
(fig. 7) fait basculer l'encliquetage r, et, en s'accrochant, elle décroche la virgule q' ; mais cette dernière ne
retombe qu'en partie parce que la virgule n (fig. 8),
rencontrant le mentonnet t, arrête subitement la marche de
l'appareil. Cependant le piston de la cataracte, livré à lui-
même, refoule l'air que contient le cylindre ; il le force
à s'échapper par l'orifice du robinet x (fig. 1), et finit par
atteindre le bas de sa course ; le poids k heurte la branche
coudée y', et le mouvement, en se propageant, détermine
le soulèvement de la tige verticale v (fig. 8), à la suite
duquel le levier s, appelé à décrire un arc de cercle ascendant, permet à la virgule n de se décrocher et de reprendre
sa liberté. De là résultent l'ouverture de la soupape d'équilibre et la dispersion de la vapeur sur les deux faces du
piston moteur.

Évidemment il suffit d'étrangler plus ou moins l'orifice
du robinet de sortie de l'air pour retarder ou accélérer la
descente du piston de la cataracte, et, par suite, pour augmenter ou diminuer la durée de l'intervalle qui sépare les
excursions du piston moteur.

734. *Organes propres à régulariser la marche de la machine et à prévenir les accidents.*

Les appareils modérateurs mis à la disposition du machiniste sont assez nombreux pour qu'il soit en état de

modifier convenablement la marche de l'appareil dans les diverses circonstances relatives à l'épuisement des eaux. Outre la cataracte, au moyen de laquelle il fait varier à volonté l'espace de temps qui sépare deux coups de piston consécutifs, et les taquets dont l'écartement détermine la fraction de la course pendant laquelle la vapeur agit par expansion, il peut encore faire manœuvrer deux modérateurs :

L'un est destiné à intercepter plus ou moins le passage de la vapeur qui se rend du dessus au-dessous du piston moteur, dont il règle ainsi la vitesse ascensionnelle. Il se compose (fig. 9) d'un plateau i installé dans le canal de communication du haut et du bas du cylindre; c' est une glissière en cuivre jaune surmontée d'une douille taraudée k, dans laquelle tourne une vis l, traversant, en outre, une boîte à étoupes m. D'après le sens du mouvement de rotation imprimé par le machiniste à la roue n, placée à l'extérieur de la boîte, la vis, qui ne peut ni avancer ni reculer, chasse la douille et force la glissière à obstruer plus ou moins la section du tuyau. Cet appareil, placé à une hauteur assez grande au-dessus du sol, est manœuvré à l'aide d'une tige, dont l'extrémité supérieure est recourbée en un crochet avec lequel le machiniste saisit les rayons de la roue.

L'autre modérateur est placé dans le tuyau adducteur de la vapeur un peu avant le point où celui-ci débouche dans la boîte de la soupape d'admission. Il est formé d'un plateau en laiton, mobile sur un axe, et dont les deux tranches extrêmes, convenablement dressées, viennent s'appliquer contre les surfaces intérieures du tuyau. Sur le prolongement extérieur de l'axe se trouve un petit levier lié à une tringle verticale u (fig. 6); celle-ci se rattache par son extrémité inférieure à un levier b, installé sur le plancher du bâtiment; le machiniste s'en sert pour ouvrir ou fermer la valve modératrice et pour régler la quantité de vapeur qui doit être introduite dans le cylindre. Dès qu'il a trouvé l'ouverture convenable au jeu de l'appareil, il la rend invariable en introduisant une broche traversant simultanément le trou que porte le bras de levier et l'un de ceux qui ont été forés sur le quart de cercle *a* attaché au support. L'emploi de ce modérateur se combine d'ailleurs avec la position des taquets appelés à régler l'instant de l'ouverture de la soupape d'admission.

Le choc du piston contre le fond du cylindre ou contre son couvercle est un accident destructeur, que l'on prévient en établissant, à chaque extrémité du balancier, des *cornes de bœuf L, L'* ; les traverses horizontales, dont ces pièces en fonte sont munies, viennent s'appuyer sur les jumelles au moment où le piston est sur le point de venir en contact avec le fond ou le couvercle du cylindre. Si le machiniste s'aperçoit que la corne de bœuf située au-dessus du piston heurte les jumelles, il modère l'entrée de la vapeur en resserrant l'ouverture du modérateur d'admission, et quelquefois en modifiant la position des taquets. Si le choc se fait sentir au-dessus du point de suspension de la maîtresse-tige, il ferme la glissière intermédiaire, obstrue le passage entre le dessus et le dessous du piston, et l'écoulement de la vapeur ne s'effectue qu'avec lenteur. Les autres pièces que le machiniste est appelé à manœuvrer sont un petit levier régulateur de l'ouverture de la soupape d'injection et une soupape propre à l'évacuation des eaux provenant de la condensation de la vapeur dans le cylindre.

735. *Données numériques.*

Les données numériques relatives à la machine d'épuisement de l'Espérance, à Seraing, ont été recueillies par M. Bougnet, aspirant-ingénieur des mines, à Liége.

Hauteur du cylindre à vapeur . . 5.28 mètres.

Diamètre du piston. . . . . . 2.10 »

Course du piston . . . . . . 2.55 »

Nombre de coups doubles par minute, 12.

Pression effective de la vapeur observée au manomètre, 1.75 atmosphère.

Levée des soupapes d'admission d'équilibre et d'exhaustion, 0.034 ; 0.026 ; 0.050.

L'appareil d'exhaure est composé de six jeux de pompes foulantes ; la soulevante a une hauteur d'environ 10 mètres. Le diamètre des tuyaux ascensionnels des premières est de 0.26, celui des pompes élévatoires est de 0.55.

Diamètre des pistons plongeurs . . . 0.248 mètre.

Course des mêmes pistons. . . . . 1.745 »

Volume engendré par coup de piston . 84.2 litres.

La perte évaluée par la jauge . . . 2.0 »

Le volume d'eau réellement extrait s'élève,

par coup de piston, à . . . . . . 82.2 »

Et par seconde, à . . . . 16.4 »

L'épuisement ayant lieu à une profondeur de 266 mètres, l'effet utile des pompes est de

$266 \times 16.4 = 4362.4$ kilogrammètres $= 58$ chev. vapeur.

La consommation en houille, étant de 400 kilog. par heure, s'élève, pour le même espace de temps et par force de cheval utile, à 6.9 kilog. environ.

La maîtresse-tige, en chêne, est divisée en trois parties quant à l'équarrissage ; celui-ci, qui décroît en descendant, est représenté par les nombres

0.29 ; 0.26 ; 0.23 mètre.

Le poids des pistons plongeurs varie de 555 à 548 kilog.

Enfin, le balancier, destiné à communiquer le mouvement du moteur à la maîtresse-tige, est divisé en deux parties inégales ; savoir :

4.89 mètres du côté du cylindre
et 3.67   »   du côté des pompes.

736. *Reproches adressés à la machine de l'Espérance et modifications à y introduire.*

Dans cette machine, la soupape d'équilibre est placée au bas du canal de communication entre le dessus et le dessous du cylindre. Aussi, à chaque coup de piston, la vapeur doit remplir ce tuyau pour être condensée sans avoir produit le moindre effet mécanique, perte d'autant plus considérable que le canal est d'une plus grande capacité. Les machines du Cornwall ne sont pas exposées à ce grave inconvénient, la soupape d'équilibre étant placée dans la même boîte que la soupape d'admission.

La cataracte à air est d'un assez mauvais usage; le constructeur n'a pas été bien inspiré lorsqu'il a emprunté cet organe aux machines d'épuisement de Newcastle, pour le substituer aux cataractes hydrauliques du Cornwall. Mais, excepté dans les puits en creusement, cet objet est de peu d'importance.

L'attirail de la maîtresse-tige, des pistons, etc., quoique formant une masse beaucoup plus pesante que celle des colonnes d'eau à refouler, n'est équilibrée par aucun contre-poids; d'où résultent, ainsi que cela sera développé ultérieurement, de grandes pertes d'effet utile et l'impossibilité d'utiliser l'expansion de la vapeur, quoique l'appareil ait été construit pour donner à cette force une action égale à la moitié de la course du piston.

En conséquence de ce qui précède, on blâmera peut-être celui qui écrit ces lignes d'avoir choisi pour exemple un appareil défectueux, lorsqu'il aurait pu décrire l'une des machines du Cornwall, où de semblables défauts ne se rencontrent pas. Mais, d'une part, ces imperfections de détail, quoique fort importantes, sont faciles à corriger; d'autre part, le nombre de ces appareils sortis des ateliers de Seraing, et répartis dans la province de Liége, dans les districts des environs d'Aix-la-Chapelle, etc., est assez considérable pour que les personnes appelées à s'occuper des mines de houille aient quelque intérêt à en connaître les divers détails. Elles diffèrent, du reste, assez peu de celles du Cornwall, objet de nombreuses descriptions si souvent répétées et dont le lecteur peut prendre connaissance dans un grand nombre d'ouvrages.

Les exploitants qui se décideraient à modifier les machines analogues à celle de l'Espérance pourraient aussi substituer au piston creux de la pompe à air, dont les garnitures s'usent si promptement et réclament de si fréquentes réparations, un piston plongeur (1) semblable à celui qui a été construit pour le moteur de l'épuisement des mines du rocher Bleu. (Bouches-du-Rhône). La différence entre ce piston et ceux des pompes foulantes consiste en ce que, devant offrir une assez grande section, il est creux à son intérieur. Il traverse une boîte à cuir serrée à l'aide de boulons. Deux soupapes sont placées dans la même caisse : l'une s'ouvre lorsque le piston s'élève, et l'eau du condenseur passe dans le corps de pompe ; l'excursion descendante donne lieu à la levée de la soupape inférieure pendant laquelle l'eau aspirée est rejetée au dehors. La boîte contenant ces organes et la pompe à air plongent dans une bâche, où elles sont constamment recouvertes d'eau, en sorte que tous les joints sont imperméables à l'air. Les réparations du piston et des soupapes

(1) *Annales des Mines*, 4ᵉ. série, tome II, page 14.

sont moins fréquentes et plus faciles que dans l'emploi des pompes à air ordinaires.

737. *Machines d'épuisement à traction directe.*

Les machines à traction directe, dans lesquelles les axes du piston moteur et de sa tige, du maître-tirant et des corps de pompe coïncident suivant une même ligne verticale, étaient connues depuis longtemps, mais n'étaient pas en usage (1). Elles avaient été, il est vrai, l'objet de quelques essais; mais soit que les constructeurs chargés de ce travail fussent peu familiarisés avec les principes qui doivent présider à l'établissement des appareils d'épuisement, soit que ces derniers se fussent trouvés dans des conditions défavorables, les résultats ne répondirent pas à l'attente des exploitants, qui, dès lors, s'en tinrent aux machines à balanciers. En 1837, M. Letoret, de Mons, choisissant, parmi les organes connus, ceux qui lui semblaient les plus convenables à employer, forma un ensemble dont chaque détail était fondé sur les véritables principes de l'épuisement des eaux, et construisit une petite machine d'essai sur le puits dit *Grand-Trait* de la mine de houille de l'Agrappe (à Frameries, Couchant de Mons). Cette expérience , quoique exécutée avec des pièces de rebut

---

(1) En 1822, M. FRIMOT a pris en France un brevet d'invention pour une machine à vapeur appliquée à une pompe dont *les pistons sont liés l'un à l'autre* par une tige rigide.

En 1827 (le 31 août), MM. BLANC et COUVILLE, de Paris, se sont assuré, par un brevet, la priorité d'invention d'une machine à deux tiges liées par une chaîne qui s'infléchit sur une poulie. L'axe du piston moteur et ceux de la moitié des corps de pompes sont situés sur la même verticale. Cet appareil est en tout semblable à celui de M. FAFCHAMPS, dont le brevet belge remonte à 1830.

et sans proportions entre elles, démontra qu'une machine de ce genre, régulièrement construite, serait de la plus grande simplicité, très-appropriée aux besoins des mines de houille et moins coûteuse qu'aucun des appareils actuellement existants.

Cependant, malgré les résultats constatés à l'Agrappe, de nombreuses critiques accueillirent cette conception; la mieux fondée donne la mesure de toutes les autres; elle était relative à la prétendue impossibilité d'assécher les puits en creusement, dont l'orifice serait obstrué par le cylindre; mais on ne réfléchissait pas qu'en installant celui-ci à quelques mètres au-dessus de la margelle, les nouveaux appareils étaient aussi convenables pour cet objet que les machines à balanciers. Aussi seraient-ils restés longtemps encore à l'état de projets, si le directeur de la mine de Houssu (Centre du Hainaut), convaincu du grand effet utile qu'ils étaient susceptibles de développer et de la grande économie qu'ils devaient entraîner quant au capital de premier établissement, ne fût parvenu à vaincre les préventions généralement conçues contre ce genre d'appareil et à obtenir de ses commettants l'autorisation d'en établir un pour le service de la mine placée sous sa direction. Depuis cette époque (1844), ces machines se sont propagées avec la plus grande rapidité. Les constructeurs n'ont pas craint de leur donner des dimensions considérables, puisque la mine de Mariemont (Centre du Hainaut) en possède une dont l'effet utile, évalué à 500 chevaux, permet d'épuiser les eaux à une profondeur de 500 mètres; enfin, elles tendent tous les jours à se substituer, dans les bassins belges, aux anciennes machines à balanciers.

Le paragraphe suivant contient la description de la machine de Houssu, construite dans les ateliers des Forges et usines de Haine-Saint-Pierre (Hainaut) en partie d'après les indications générales fournies par M. Letoret (1).

738. *Machine d'épuisement de la mine de Houssu.*

Le terrain houiller de cette localité étant recouvert de sables tertiaires sans consistance, le puits fut enveloppé d'un parallélipipède en maçonnerie dont la base repose sur le roc solide ; la hauteur de cette fondation est de 14 mètres, et sa section, par un plan horizontal, est un carré de 7.50 mètres de côté. La surface supérieure en est revêtue de pierres de taille sur lesquelles reposent deux sommiers en fonte, liés avec la maçonnerie par de grands boulons ; ces sommiers reçoivent le cylindre solidement établi au-dessus de l'orifice du puits.

Cette machine, à simple effet, à moyenne pression, à détente et sans condensation, est représentée dans la planche LXXIII. La figure 1 est une élévation latérale de l'ensemble de l'appareil dans lequel les axes du cylindre moteur, du tirant et des corps de pompe coïncident suivant une même ligne verticale.

Le piston moteur est un piston métallique dont les secteurs sont repoussés contre la paroi intérieure du cylindre par des ressorts analogues aux ressorts appliqués à la suspension des voitures. La tige traverse une boîte à bourrage établie sur le fond du cylindre ; elle est fixée, par son extrémité inférieure, à une crossette *A* ou parallélipipède en fonte muni de deux tourillons, sur lesquels viennent s'articuler les deux armures *b, b* qui embrassent la tête de la maîtresse-tige.

---

(1) Toutes les dispositions de cet appareil, et surtout l'ingénieux mécanisme propre à déterminer l'ouverture et la fermeture des soupapes, sont dues à M. COLSON.

Une tringle verticale a, fixée sur le piston, s'élève et s'abaisse avec lui ; une potence c, fixée à sa partie supérieure, tient suspendue, en dehors du cylindre, une autre tringle d à laquelle est attaché un cône en bois ; celui-ci, ajusté sur le même niveau que le piston, le suit dans toutes ses excursions et indique à chaque instant le point précis où il se trouve. C'est *l'indicateur de la course du piston*.

La poutrelle régulatrice BB emprunte son mouvement alternatif vertical d'un levier C articulé, d'un côté, sur un sommier horizontal fixe e ; de l'autre, sur le balancier de contre-poids par l'intermédiaire d'une branche mobile f.

La chapelle (fig. 2, 3 et 4) renferme deux modérateurs et deux soupapes. Le premier v est un modérateur à coquille dont l'ouverture se règle au moyen d'une roue v' que porte la partie supérieure de sa tige. Le second w se compose d'une glissière destinée à régulariser la sortie de la vapeur qui a fonctionné ; elle modère la vitesse du piston dans sa course descendante, en lui opposant un matelas de vapeur comprimée qui, en outre, ne lui permet aucun choc lorsqu'il vient reposer sur le fond du cylindre. Cette glissière fonctionne au moyen d'une vis et d'une roue w'.

Les deux soupapes, l'une d'admission x, l'autre d'exhaustion y, sont construites comme à Seraing. Les boites à bourrage, que traversent les tiges de chaque soupape, sont contenues dans des vases métalliques x', y' destinés à retenir l'huile ou les substances grasses employées pour la lubréfaction des organes, et à les empêcher de se répandre sur les plateaux de la chapelle qu'ils souilleraient.

Le réservoir à eau chaude H (fig. 1) est formé de deux grands cylindres en tôle, concentriques et fermés à leurs deux extrémités. L'espace annulaire $m\,m'$ reçoit l'eau d'alimentation que réchauffe la vapeur traversant le tube intérieur MLL, pour s'échapper dans l'atmosphère,

La vapeur venant des chaudières débouche dans la chapelle par le tuyau adducteur N; suit la trace indiquée par les flèches t,t; traverse la soupape régulatrice, puis celle d'admission; se répand dans la partie inférieure du cylindre, et soulève le piston. Lorsque ce dernier a achevé son excursion ascendante, la soupape x se ferme, y s'ouvre, et, à mesure que le piston redescend, la vapeur contenue dans le cylindre s'échappe par la soupape d'exhaustion et par l'espace que la glissière modératrice w laisse libre; traverse le cylindre intérieur du réservoir à eau chaude H; puis s'engage dans un tuyau ascendant LL qui la conduit en partie au-dessus du piston et en partie dans l'atmosphère.

Le balancier du contre-poids EE porte, à l'une de ses extrémités, deux fortes tringles de fer D qui se rattachent à des tourillons g fixés sur la maîtresse-tige; à l'autre extrémité, il reçoit, sur un boulon horizontal, des disques en fonte F, dont le nombre varie suivant l'intensité de la force nécessaire à l'ascension de l'attirail.

L'eau élevée par les pompes se déverse sur une galerie d'écoulement percée à environ 40 mètres au-dessous du sol de la machine : cette circonstance, diminuant l'effort mécanique du moteur, aurait suffi seule pour s'interdire la condensation, si d'autres motifs, exposés plus loin, n'étaient venus militer en faveur de cette suppression. L'eau nécessaire à l'alimentation des chaudières se trouvait alors à une profondeur de 40 mètres; il était possible de l'élever par l'intermédiaire de la maîtresse-tige; mais, pour remettre l'appareil en mouvement après une période d'inactivité et lorsque les chaudières ne contenaient plus assez d'eau pour fonctionner, il aurait fallu en transporter à bras d'hommes et l'y projeter. Cet inconvénient a été évité par l'addition d'un petit cylindre moteur G destiné à manœuvrer une tige spéciale, composée de deux tringles parallèles en fer $u\,u$, $u'\,u'$, dont la partie supérieure a été rendue seule visible sur le dessin, afin de ne pas y apporter trop de complication. Cette tige fait fonctionner deux pompes foulantes. L'une prend l'eau dans une grande bâche en tôle placée au niveau de la galerie d'écoulement, la conduit, à travers un tuyau ascendant iii et son prolongement horizontal $i'\,i'$, dans le réservoir annulaire d'alimentation H, où elle se réchauffe ; de là, cette eau, descendant par un tuyau kk, est reprise par une autre pompe J et refoulée dans les chaudières. La bâche en tôle sert aussi, par la mesure de l'eau débitée dans un temps donné, à constater l'effet utile des pompes.

La vapeur, affluant seulement à la partie inférieure du cylindre, y entretient une haute température, dont l'intensité va en diminuant à mesure que l'on se rapproche de son extrémité supérieure. Les effets de la dilatation du métal sont alors tellement inégaux qu'un piston bien calibré marche facilement pendant les deux premiers tiers de son excursion ascendante, mais est soumis, dans le reste de son parcours, à des frottements dont l'énergie s'accroit jusqu'à l'extrémité de la course. Pour rendre au piston la liberté complète de ses mouvements, il suffit de provoquer une égale dilatation sur toute la hauteur du cylindre. C'est dans ce but qu'un robinet H' est disposé pour établir une communication entre la cavité supérieure du cylindre et la partie de la chapelle où afflue la vapeur venant des chaudières avant qu'elle ne traverse les soupapes ; c'est aussi pour cela que le tuyau KK met en relation la partie supérieure du cylindre et le canal de décharge de la vapeur LL. Cette seconde communication est d'ailleurs interceptée à volonté par un obturateur à papillon n formé d'un disque métallique mobile suivant l'un de ses diamètres ; il est manœuvré en tirant ou en soulevant une tringle en fer.

Voici la manière dont ces divers organes sont mis en
jeu. Lorsque l'appareil doit fonctionner après un chômage
plus ou moins prolongé, le machiniste ferme le papillon
et ouvre le robinet H', à travers lequel pénètre dans le
cylindre un volume de vapeur suffisant pour dilater le
métal de la partie supérieure ; puis, afin de maintenir cet
état de dilatation pendant que la machine est en activité,
il ouvre le papillon, et alors, chaque fois que le piston
descend, il appelle à travers le tuyau KK une partie de
la vapeur, qui, avant de s'échapper dans l'atmosphère, revient dans le cylindre et l'entretient à la température voulue.

739. *Du mécanisme propre à provoquer l'ouverture*
et la fermeture des soupapes (fig. 3 et 4).

La poutrelle BB, destinée à imprimer les mouvements
aux différents leviers, se compose de deux tiges parallèles
sur lesquelles sont fixés, par des vis de pression, quatre
taquets t, t', s, s', dont la position peut être modifiée à
volonté.

La soupape d'admission x est constamment sollicitée à
se fermer par suite de la pression d'un poids z ajusté sur
la tête de sa tige. Les organes relatifs à cette soupape sont
un arbre a mobile sur ses tourillons ; il porte un bras
de levier e à l'extrémité duquel agissent une bielle et un
contre-poids e', un grand levier moteur g, deux virgules d'accroche f, h et une fourchette i destinée à lever
la soupape.

b est un arbre fixe sur lequel articulent, entre deux
bagues, deux leviers d'encliquetage $k, l,$ qui accrochent respectivement les deux virgules f et h. Ces leviers, munis
chacun d'un contre-poids p et p', tendent toujours à se

porter à la rencontre des virgules d'accroche; l'un d'eux, k, n'est mis en jeu que pour faire fonctionner la cataracte.

L'état normal de la soupape d'exhaustion y est d'être constamment soulevée par l'action d'un contre-poids ; les organes qui s'y rapportent sont les suivants : o , levier moteur qui fait tourner l'arbre c ; celui-ci entraîne dans son mouvement la fourchette n , la virgule m et les contre-poids p ; q est le point d'articulation de l'encliquetage m' destiné à accrocher la virgule m.

Ceci posé, voici comment les soupapes s'ouvrent et se ferment alternativement :

La cataracte ne devant pas fonctionner, le contre-poids du levier d'encliquetage k est enlevé ; ce dernier retombe en avant, ainsi que l'indiquent les figures.

La machine est au repos, par conséquent le piston est au bas de sa course ; la virgule h étant engagée dans l'encliquetage l, les mouvements sont suspendus. Dans cette situation des choses, le machiniste qui veut faire fonctionner l'appareil presse sur le levier o pour fermer la soupape d'exhaustion , saisit la poignée du levier g et la soulève, pendant que de l'autre main il abaisse l'encliquetage l. La virgule h se décroche; le contre-poids e' retombe sur son siége et fait tourner l'arbre a, qui, à son tour et par l'intermédiaire de la fourchette i , soulève la soupape d'admission ; alors le piston monte en entraînant dans son excursion le balancier de contre-poids et la poutrelle. Lorsqu'il est sur le point d'atteindre la limite de sa course, le taquet t' soulève le levier g et le contre-poids e ; la fourchette i s'abaisse ; la soupape se ferme sous la pression du poids z, et le levier d'encliquetage accroche la virgule correspondante. Pendant ce temps, le taquet s a décroché le levier m' de la virgule m ; l'arbre c , libre de céder à l'action des contre-poids p, tourne et soulève la soupape d'exhaustion par l'intermédiaire de la fourchette *n* , et le piston descend. Avant qu'il ait achevé son excursion descendante, la taquet *s'* heurte le levier moteur *o* ; le poids *p* est soulevé, la soupape d'exhaustion se ferme , et ces organes restent immobiles par l'accrochage de *m'* sur *m*. En même temps , le tasseau *t* heurte l'encliquetage *l*, décroche la virgule et détermine , comme ci-devant, la levée de la soupape d'admission.

S'agit-il d'arrêter le jeu de la machine , le machiniste soulève l'encliquetage *l* avant que le piston ait achevé sa course descendante ; alors la virgule *f* empêche le contre-poids *e'* de tomber et, par conséquent, la soupape d'admission de s'ouvrir.

Jusqu'ici la vapeur agit en plein pendant toute la durée de l'excursion ascendante. S'agit-il d'appliquer la détente de la vapeur pendant une partie de la course du piston , le machiniste n'a autre chose à faire que de relever le taquet *t'* d'une quantité en rapport avec la fraction de la course pendant laquelle il veut utiliser les effets de l'expansion ; alors celui-ci rencontre plus promptement le levier moteur *g*, destiné à fermer la soupape d'admission avant que le piston ait fourni sa course.

La cataracte hydraulique *Q* (fig. 3) est un vase à deux branches disposé en syphon renversé ; dans l'une des branches se meut un piston plongeur, tandis que l'autre forme un réservoir d'eau ; les canaux qui réunissent les deux cavités sont obstrués par une soupape à coquille et un robinet dont l'ouverture varie suivant la durée de l'intervalle qui doit séparer deux oscillations consécutives du maître-tirant. Enfin la tige du piston est surmontée d'un poids suffisant pour la faire descendre spontanément ; elle porte en outre , à une hauteur variable , un petit levier horizontal *j* et une douille formant tasseau *r*. Ces deux objets (1), lorsque la cataracte doit fonctionner, glissent le long de la tige et viennent se fixer à son extrémité supérieure. L'encliquetage k, également muni de son contre-poids, peut accrocher la virgule f. Le jeu de la cataracte est alors le suivant :

Pendant l'excursion ascendante de la poutrelle BB, le taquet t soulève le tasseau r de la tige, et l'eau aspirée passe du réservoir dans le cylindre, en soulevant la soupape. Le piston plongeur et sa tige arrivent au haut de leur course; livrés à eux-mêmes, ils chassent dans le réservoir l'eau contenue dans le corps de pompe, descendent avec une vitesse proportionnée à l'ouverture du robinet, et, avant qu'ils aient achevé leur excursion, le levier horizontal j appuie sur l'encliquetage k, la virgule se décroche et un nouveau coup de piston de la machine succède au précédent.

Le mécanisme ci-dessus décrit est remarquable par sa simplicité, par le rapprochement des leviers et leur action directe sur les soupapes ; en sorte que le machiniste ne peut jamais commettre d'erreurs, lorsqu'il doit les ouvrir ou les fermer à la main. Enfin, toutes les pièces étant indépendantes les unes des autres, il est toujours facile d'avancer ou de retarder l'action de l'une d'elles, sans changer les relations des autres.

740. Données numériques relatives à la machine d'épuisement de la mine de Houssu.

Hauteur totale du cylindre, 3.50 mètres ; diamètre, 1.10 ; section, 9,503 centimètres carrés.

Course variable du piston moteur et des pistons plongeurs des pompes : 2.80 à 3 mètres.

_____

(1) Ces organes sont représentés dans la position qu'ils prennent lorsqu'ils ne doivent pas fonctionner.

La vitesse du piston, dans ses excursions ascendantes, est double de celle dont il est doué pendant le refoulement de l'eau dans les colonnes ascensionnelles. Dans l'état normal de l'appareil, le nombre de coups de piston étant par minute de 6 2/3 pour une course de 3 mètres, la vitesse de l'eau dans les tuyaux est de 20 mètres dans le même espace de temps, tandis que la maîtresse-tige est relevée avec une vitesse de 40 mètres par minute. Cette différence est fondée sur ce qu'il n'y a aucun inconvénient à ce que la levée des attirails se fasse avec quelque rapidité et qu'une trop grande vitesse imprimée à l'eau produirait des frottements nuisibles à l'effet utile. Le piston reste quelques instants stationnaire aux deux extrémités de sa course, afin de laisser aux soupapes des pompes le temps de se fermer sous l'influence exclusive de la pression des colonnes d'eau.

Le diamètre et la levée des soupapes sont respectivement :
Pour l'admission, de 0.20 mètre et 0.032 mètre.
Pour l'exhaustion, de 0.30 » et 0.035 »

La valve modératrice d'entrée se lève, dans les circonstances ordinaires, de 0.03 mètre.

La vapeur est admise pendant les deux premiers cinquièmes de la course du piston ; le reste du mouvement s'achève sous la pression décroissante de la vapeur.

Le tuyau adducteur de la vapeur a un diamètre de 0.28 mètre ; en sorte que son aire est d'environ 1/15⁰ de celle du piston de la machine.

La maîtresse-tige, dont l'équarrissage est de 0.28 mètre, les pistons plongeurs et tout le reste de l'attirail offrent un poids de . . . . 32,090 kil.

Poids de la colonne d'eau de la pompe élévatoire . . . . 1,848 »
                               —————
                           33,938 kil.

La colonne d'eau refoulée a une hauteur de 240 mètres, plus 2 mètres pour le déversement dans les quatre bâches, ce qui, pour des tuyaux de 0.27 mètre de diamètre, donne un poids de . . . . 14,185 kil.

Charge placée à l'extrémité de l'un des bras du balancier de contre-poids, consistant en six rondelles de fonte pesant de 2,800 à 3,000 kil. . . . . 17,550 kil.

Excédant de poids destiné à vaincre les frottements . . . . 2,205 kil.

Les eaux sont extraites d'une profondeur de 268 mètres au-dessous du niveau de la galerie de démergement au moyen de quatre jeux foulants, formant une hauteur de 240 mètres, et d'une pompe élévatoire de 29 mètres.

Première expérience ayant pour but de constater l'effet utile de la machine (1).

Un réservoir d'une contenance de 4,125 mètres cubes a été rempli en 3 minutes 28 secondes par 26 coups de pistons, dont la course moyenne était de 2.90 mètres.

La machine élève donc, de 268 mètres sur la galerie d'écoulement, 0.15865 mètre cube d'eau par coup de piston et 0.0198 mètre cube par seconde.

Cylindre théorique engendré par les pistons plongeurs 0.16588

Cube réel d'eau élevée 0.15865

Différence . . 0.00723

soit environ 4.3 pour cent.

Effet utile de la machine, 19.8 kilog. × 268 mètres = 5306.4 kilog. × mètres, ou 70.7 chevaux-vapeur.

Deuxième expérience faite pour constater la quantité de charbon consommée par force de cheval utile, le travail

(1) Ces données sont extraites du procès-verbal de réception de l'appareil.

d'un cheval-vapeur étant estimé à 4,500 kilogrammes élevés à un mètre de hauteur en une minute.

Tension de la vapeur dans les chaudières 3 1/4 atmosphères.

Durée de l'épreuve, deux heures.

Nombre des excursions complètes du piston, 838.

Quantité de houille consommée, 640 kilogrammes.

Volume d'eau élevée $0.15865 \times 838 = 132.9487$ M³.

Poids total élevé à un mètre :

$132948.7 \times 268 = 35630251.6$ kil. $\times$ mètres, ou 65.98 chevaux-vapeur.

Houille brûlée par heure et par force de cheval utile :

$$\frac{640}{2 \times 65.98} = 4.84 \text{ kilogrammes.}$$

Lorsque le puits sera porté à une plus grande profondeur, la machine fonctionnera dans des conditions normales, par conséquent, encore plus avantageuses.

741. *Soupapes américaines.*

Une machine d'épuisement ayant été construite ultérieurement par les ateliers de Haine-St.-Pierre, pour la mine du Bois-des-Vallées (Hainaut), M. Colson a eu l'occasion de modifier la distribution de la vapeur d'une manière avantageuse par l'introduction des soupapes dites Américaines, très-applicables aux chapelles de petites dimensions.

La boîte des soupapes (fig. 11, pl. LXIX) est divisée en deux compartiments a et b; d est l'orifice du tuyau adducteur de la vapeur; c est le tuyau de décharge; k, le canal de communication entre la chapelle et le fond du cylindre; f, la soupape d'admission et e, celle d'exhaustion.

Lorsque l'appareil doit fonctionner, la soupape f se lève

et la vapeur, venant des chaudières par le tuyau *d*, se répand immédiatement au-dessous du piston, qu'elle soulève. Pour que celui-ci fournisse son excursion descendante, *f* se ferme, *e* s'ouvre et le fluide élastique, fuyant de dessous le piston, s'échappe à travers la soupape dans le tuyau de décharge *c*. Ces soupapes ont leurs deux faces opposées soumises à la pression de la vapeur, soit que celle-ci entre dans la chapelle, soit qu'elle en sorte. Si ces deux surfaces étaient égales, la moindre force extérieure suffirait à les soulever ; mais alors la fermeture, ne dépendant que de leur poids, serait fort imparfaite ; c'est pourquoi les aires des deux faces sont inégales. Dans la soupape d'admission, *o* étant plus grand que *p*, la fermeture a lieu par la pression de la vapeur contenue dans le compartiment *b ;* le contraire se présente dans la soupape d'exhaustion, où la partie inférieure *m* est plus grande que la face supérieure *n*. Il est facile de calculer l'excès de l'une de ces surfaces sur la surface opposée, de manière à réduire au minimum la valeur des contre-poids tendant à soulever les soupapes.

Des modérateurs appliqués aux tuyaux *c* et *d* règlent l'admission et la sortie de la vapeur ; rien n'est changé d'ailleurs dans la disposition du mécanisme.

742. *Dispositions propres à prévenir les pertes de calorique.*

Les exploitants des mines du Cornwall prennent les précautions les plus minutieuses pour diminuer autant que possible les pertes de calorique. Ainsi le cylindre est enveloppé d'une chemise formant un espace annulaire dont les deux extrémités sont munies de doubles fonds. C'est vers le haut de cette cavité que, pendant la marche de la machine, afflue la vapeur des chaudières, tandis qu'un tuyau placé à sa partie inférieure permet aux eaux de condensation de retourner dans ces dernières. Ainsi la température des parois extérieures du cylindre est la même que celle des parois intérieures. En outre, à une distance d'environ 0.30 mètre de la chemise, est construite une enveloppe en bois; l'intervalle compris entre ces deux objets est rempli de sciures de bois ou de tout autre corps mauvais conducteur. Une couche de la même substance recouvre le couvercle; et enfin les tuyaux adducteurs de la vapeur sont contenus dans des caisses également remplies de sciures de bois.

A la mine du Rocher-Bleu (1) la vapeur débouche par un tuyau placé à la partie inférieure de l'enveloppe; c'est aussi par là, que l'eau de condensation retourne dans la chaudière, située en contre-bas du cylindre. La chemise est enveloppée de cordes en chanvre enroulées en hélice; puis une couche de plâtre de 0.05 mètre est appliquée au-dessus, et enfin un revêtement en planches laisse entre lui et le plâtre un espace de 0.07 à 0.08 mètre, dans lequel est tassé du charbon de bois pilé.

Ces enveloppes sont d'une extrême importance dans les localités où le combustible est rare, et par conséquent d'un prix élevé; car la vapeur perd de son calorique, aux dépens de sa tension et des effets qu'elle doit produire, toutes les fois qu'elle afflue dans une cavité dont les parois sont à une température inférieure à la sienne; en outre, ces alternatives de réchauffement et de refroidissement du cylindre se réitèrent à chaque coup de piston. Mais, dans les mines de houille où le combustible n'a qu'une faible valeur, où l'on emploie pour les grilles des

_____

(1) *Annales des Mines*, 4°. série, tome 11, page 15.

chaudières des qualités qui ne peuvent être livrées au commerce, et souvent des menus charbons qui ne font qu'encombrer le carreau des puits, l'exploitant trouve en général plus convenable de se soustraire à la dépense, et surtout aux complications qu'entraînent les enveloppes. Aussi n'en voit-on jamais, dans les mines de houille, de semblables à celles du Cornwall ou du Rocher-Bleu, et si accidentellement une chemise existe, elle consiste simplement en douves, qui, appliquées immédiatement sur la paroi extérieure du cylindre, sont maintenues par quelques cercles en fer. Cependant la houille, quelle que soit sa qualité, a toujours une valeur relative; il convient donc de calculer si le capital engagé pour mettre les cylindres à l'abri de la déperdition du calorique ne sera pas promptement amorti par la vente à prix réduit du charbon consommé en sus de la quantité rigoureusement nécessaire. Car, enfin, l'augmentation de travail utile créé par les enveloppes du Cornwall est considérable, puisque les ingénieurs de cette localité l'évaluent à un dixième du travail total obtenu par le même poids de combustible employé sans cette mesure de précaution.

C'est ici le lieu de parler d'un appareil propre à désaturer la vapeur, c'est-à-dire, à lui restituer le calorique perdu dans son passage du générateur au cylindre. Le *réchauffeur*, tel est son nom, est un vase en fonte d'une capacité égale à deux et demi ou trois cylindrées; ce vase, constamment enveloppé des gaz brûlés qui s'échappent des carneaux, est porté à une haute température; la vapeur y afflue en soulevant une soupape à boulets; elle s'y rechauffe, et, en se déchargeant de son humidité, elle acquiert une plus grande tension, au moment de fonctionner dans le cylindre. Cet appareil, appliqué à l'un des moteurs d'extraction de la Compagnie d'Anzin, a donné les résultats suivants :

Avant ces dispositions, la machine fonctionnait 23 à 24 heures en consommant 21 à 22 hectolitres de houille; actuellement la consommation est réduite à 15 ou 16 hectolitres pour le même travail effectué en 16 ou 17 heures. La force s'accroît donc pendant que la quantité de combustible diminue.

743. *Influence des maîtresses-tiges des machines à simple effet offrant une grande masse équilibrée par des contre-poids* (1).

Plusieurs constructeurs reprochent, aux balanciers de contre-poids, d'accroître la somme des résistances passives par le frottement de leurs tourillons sur les crapaudines. Ils attribuent aussi à ces organes la production de chocs et de vibrations dans les attirails, et les accusent de causer ainsi la détérioration de l'appareil et des pertes dans les effets mécaniques. Mais le dernier de ces reproches porte à faux, puisqu'au contraire les contre-poids, s'opposant à l'accélération de la vitesse des attirails, anéantissent, ou tout au moins atténuent l'énergie des mouvements trop brusques et diminuent ainsi les résistances passives et les causes de destruction inhérentes aux maîtresses-tiges et à leurs accessoires, large compensation de la perte d'effet utile engendré par le frottement des tourillons des balanciers.

L'emploi de tiges plus pesantes que ne le réclame leur

(1) Dans tout ce qui va suivre le lecteur admet nécessairement l'évidence du principe suivant : Les moteurs de l'épuisement sont placés dans les conditions les plus avantageuses, si leur action se borne à soulever l'attirail de communication de mouvement, qui, retombant ensuite en vertu de son propre poids, foule la colonne d'eau et provoque son ascension.

solidité procure, principalement dans les machines à simple effet, des avantages dont il est raisonnable de ne pas se priver volontairement. Ainsi, en général, la pression de la vapeur sur le piston est moindre qu'elle ne l'est dans la chaudière, même en tenant compte de la déperdition du calorique. Cette différence est une cause évidente de diminution de l'action mécanique; car, si la vapeur se détend dans son trajet de la chaudière au cylindre, une partie de sa force d'expansion lui est soustraite, et elle perd de sa force vive. Or, une des principales causes de cette différence de pression se trouve dans la disposition et le poids des attirails. Si la masse de ces derniers est relativement trop faible, le piston cède sous la première impulsion de la vapeur; l'expansion s'effectue avant que la soupape d'admission ne soit fermée, et la diminution de pression est en rapport direct avec l'espace que le fluide occupe dans le cylindre, c'est-à-dire, d'autant plus grande que le piston marche plus rapidement. Si, au contraire, celui-ci, pour vaincre l'inertie des attirails, résiste aux premières impulsions du fluide élastique et n'acquiert qu'une vitesse modérée, les valeurs des pressions dans la chaudière et sur le piston sont assez assemblables, et le calcul démontre qu'elles seront d'autant plus rapprochées de l'équilibre que la somme des poids de la maîtresse-tige, des balanciers et de tous les accessoires auxquels le piston communique un mouvement alternatif est plus considérable. D'autre part, si les tuyaux qui mettent en communication les chaudières et le cylindre sont à grande section, si les soupapes et les valves modératrices ont de larges ouvertures, les deux pressions tendent à se rapprocher de l'équilibre; mais un orifice à grande section, étant ouvert sur une chaudière en activité, produit l'ébullition tumultueuse et un dégagement de vapeur accompagnée

d'eau réduite à un grand état de division. Si les pressions
dans le cylindre et dans les chaudières sont inégales
d'origine, c'est-à-dire si la masse de l'attirail trop faible
permet au piston moteur de se mouvoir avec grande vitesse, cette eau, entraînée par la vapeur, accroît encore la
différence de tension dans les deux espaces. Le constructeur
est alors forcé, pour empêcher l'introduction du liquide
dans le cylindre, d'étrangler les tuyaux et de réduire les
orifices des soupapes régulatrices d'admission, opération
dont le résultat est encore de diminuer la tension de la
vapeur dans le cylindre, tandis qu'elle reste la même dans
la chaudière. Comme cette différence devient quelquefois
considérable, il faut, pour obtenir l'effet voulu, admettre
le fluide pendant une grande partie de la course du piston,
quelquefois même pendant toute la course, et se priver
ainsi des bénéfices de la détente. Si, au contraire, le poids
des attirails est suffisant, les tensions, dès l'origine, seront
assez rapprochées, et il sera possible, sans crainte de perdre
cet avantage, d'employer des tuyaux de prise de vapeur
d'un assez grand diamètre, et de donner de grandes
ouvertures aux valves modératrices et aux soupapes d'admission, circonstances qui, toutes, concourent à établir autant
que possible l'équilibre des pressions dans le cylindre et
dans les chaudières.

Les ingénieurs du comté de Cornwall ont si bien reconnu par expérience la nécessité de ce principe qu'ils
donnent aux maîtresses-tiges un équarrissage excédant de
beaucoup celui que réclame la solidité de l'appareil. C'est
ainsi que l'un des attirails de communication du mouvement établi aux *Consolidated mines* pèse à peu près 84,000
kilog. et les contre-poids 55,000 kilog., ce qui forme
une masse totale de 139,000 kilog. à mouvoir, quoique
le refoulement de l'eau dans les colonnes ascendantes et

les autres résistances passives n'exigent, pour être vaincues, qu'un poids de 29,000 kilog.

Une machine des *United mines* fournit encore un exemple remarquable de cette exagération du poids des attirails.

La maîtresse-tige pèse, avec ses accessoires et les colonnes d'eau aspirées, . 139 tonnes,
les contre-poids, ... 96.50 »

Total, 235.50 tonnes,

masse énorme que doit soulever le piston moteur, tandis qu'il suffisait de donner à l'attirail un poids de 42.50 tonnes pour refouler l'eau dans les pompes et vaincre les frottements (1).

Les avantages d'une maîtresse-tige offrant une masse suffisante sont encore de favoriser la détente de la vapeur. Celle-ci, en effet, projetée sur l'une ou l'autre face du piston, agit avec une grande énergie pendant une fraction de son excursion; et lorsque l'inertie des attirails est vaincue, que les colonnes d'eau sont ébranlées et déjà soulevées, lorsque les contre-poids du balancier ont reçu la première impulsion, cette action peut diminuer progressivement jusqu'à ce que le piston ait fourni sa course en vertu du mouvement acquis par tout le système. Mais si le poids de la maîtresse-tige est seulement égal à celui des colonnes d'eau, plus les résistances passives, la force vive imprimée aux attirails, étant en raison de leur masse, devient insuffisante et, nul contre-poids ne leur venant en aide, la détente de la vapeur ne peut avoir lieu que pendant une faible fraction de la course du piston, si l'émission n'a pas lieu pendant toute sa durée.

Une maîtresse-tige plus pesante que les colonnes d'eau,

(1) COMBES, *Traité d'Exploitation des Mines*, tome III, page 513.

mais non équilibrée par des contre-poids, fait perdre tous les bénéfices de l'expansion. C'est ainsi que, lors des essais dont fut l'objet une machine d'épuisement à balancier en tout conforme à celle qui a été décrite ci-dessus, le constructeur fut obligé, pour prouver qu'elle était construite à détente, d'imprimer au piston une vitesse fort grande au commencement de la course, et de prolonger la pression pendant une fraction très-considérable de cette dernière, afin de lui faire achever son excursion descendante. La réalisation de l'effet voulu ne dépendait cependant que d'un balancier de contre-poids regardé très-probablement comme inutile (1).

744. *De la condensation dans les machines d'exhaure.*

Les appareils de condensation sont assez coûteux, puisqu'ils constituent quelquefois un tiers de la valeur d'une machine à vapeur. Si cette dernière marche irrégulièrement, le machiniste s'empresse d'en visiter le condenseur, la pompe à air et les divers accessoires, car ce sont ces organes qui, fréquemment dérangés, réclament les plus nombreuses réparations et font perdre un temps quelquefois très-précieux.

Le lecteur pourrait croire, au premier abord, que les eaux extraites par les appareils d'exhaure sont toujours assez abondantes pour subvenir aux besoins de la condensation; mais s'il considère que la section des pompes étant donnée, et fixée invariablement, l'action mécanique du moteur doit

---

(1) Le lecteur trouvera, dans le *Bulletin du Musée de l'Industrie*, (4e. livraison de l'année 1843, page 217), une note très-remarquable de M. DEVILLEZ, sur les machines d'épuisement, contenant le calcul des contre-poids pour une détente donnée.

augmenter proportionnellement aux profondeurs d'où les
eaux doivent être épuisées, et que la force de la machine
réclame alors, pour la condensation, un volume d'eau plus
considérable, sans que la quantité extraite puisse s'accroître, il verra qu'il doit nécessairement exister une profondeur, variable suivant la nature de l'appareil, la tension
de la vapeur employée et les autres circonstances locales;
profondeur au-delà de laquelle la condensation sera imparfaite et qui, en s'accroissant, rendra cette dernière de
plus en plus inefficace. L'expérience prouve que cette limite
est atteinte, avec les machines à basse pression, à une profondeur de 150 à 180 mètres; mais elle est plus écartée
dans les appareils à moyenne pression, dont il convient
de faire un usage exclusif pour l'assèchement des mines.

Dans ces circonstances, pour subvenir aux besoins de
l'injection dans le condenseur, tantôt les cours d'eau de
la surface sont utilisés, et l'eau en est amenée de loin
dans des canaux ou des aqueducs construits dans ce but;
tantôt un réservoir de grande surface est creusé pour recevoir les eaux provenant de l'épuisement, les réunir à
celles qui ont servi à la condensation et à toutes celles
qu'il est possible de recueillir; quelquefois, enfin, l'exploitant construit deux et même trois citernes, afin que l'une
d'elles se refroidisse pendant que la seconde reçoit les eaux
provenant de la condensation et que la troisième fournit
à cette dernière. C'est aussi le procédé usité pour les
machines d'extraction, les mêmes réservoirs étant appliqués au service des deux espèces d'appareils. Mais de
semblables dispositions, souvent inefficaces, ne font
qu'augmenter le coût de la condensation, sans atténuer en
rien les inconvénients résultant des nombreuses réparations
que nécessite cette partie de la machine.

M. Letoret, de Mons, a trouvé le moyen de se soustraire à ces difficultés en simplifiant les organes de la condensation par la suppression de la pompe à air, et en rendant invariable la quantité d'eau froide consommée; quelle que soit la profondeur à laquelle l'épuisement doit s'effectuer.

L'appareil qu'il emploie, en l'adjoignant au tuyau de décharge de la vapeur, est représenté dans la figure 9 de la planche LXIX.

a, condenseur en communication avec la soupape d'exhaustion; b, orifice d'injection; cc, bàche ou réservoir contenant les eaux de condensation qui ne peuvent dépasser le niveau marqué par la ligne mn; d, tuyau par lequel s'écoulent, au-dehors de l'appareil, l'eau, l'air et la vapeur; e, orifice destiné à la prise d'eau des pompes alimentaires; f, glissière servant à élever ou abaisser le niveau de l'eau dans la bàche; g, soupape métallique dont le levier porte à l'une de ses extrémités un poids p calculé de telle sorte qu'elle doit se fermer lorsque sa surface est soumise à une pression immédiatement inférieure à celle de l'atmosphère, mais dont l'ouverture s'effectue dès que cette pression subit quelque accroissement.

Si l'on suppose actuellement la machine en activité, la vapeur, après avoir fonctionné, se dégage par le tuyau de décharge, arrive dans le condenseur, et, comme elle est à moyenne ou à haute pression, elle abaisse la soupape, par l'ouverture de laquelle elle s'échappe jusqu'à ce que sa tension soit égale à celle d'une atmosphère; la soupape se ferme alors, l'injection a lieu dans le condenseur, et le piston moteur est délivré de la contre-pression de la vapeur. L'eau s'accumule dans la bàche et son excédant se déverse, par-dessus la glissière, dans le tuyau de décharge.

Il n'est pas nécessaire d'enlever les anciens organes de

condensation pour leur substituer ceux du nouveau système ;
car ceux-ci peuvent se placer latéralement sans rien changer aux premiers, et l'un ou l'autre appareil peut fonctionner suivant la volonté du machiniste. Ainsi, la machine
d'épuisement de l'Agrappe, la première où ce système ait
été appliqué, a possédé d'origine les deux modes de condensation, afin que si le nouveau n'eût pas réussi, il eût
été possible de recourir à l'ancien. La figure 10 représente
les dispositions employées dans ces circonstances :

a, condenseur ; bb, bâche des eaux de condensation ;
c, orifice de trop-plein par lequel s'écoulent les eaux de
condensation ; d, soupape du condenseur ; elle reste ouverte lorsqu'on ne se sert pas de la pompe à air ; e, soupape placée dans les mêmes conditions que la soupape g
du condenseur décrit ci-dessus ; p, p', contre-poids.

Le prix de cet appareil n'excède pas 1,000 à 1,200 fr. ;
il est peu susceptible de dérangement et, par conséquent,
n'exige presque pas de réparations. Enfin, la quantité
d'eau voulue étant constamment la même, à quelque
profondeur que doive atteindre l'épuisement, l'efficacité de
la condensation est toujours la même, et l'exploitant est
assuré que si, dès l'origine, les eaux dont il peut disposer
sont suffisantes, elles le seront toujours pour l'avenir.

Si, cependant, la mine est pourvue d'une galerie d'assé-
chement percée à une profondeur telle que l'action mécanique réclamée du moteur, pour élever une colonne d'eau
d'une hauteur égale à la distance verticale comprise entre
la galerie et la surface du sol, soit plus grande ou seulement égale au travail utile développé par la condensation,
celle-ci sera nécessairement supprimée et les eaux seront
rejetées sur la galerie. Il conviendra d'agir encore de même
dans le cas où le dernier de ces effets n'excédera pas de
beaucoup le premier, afin de jouir des avantages de sim-

plifier la construction de l'appareil, de lui assurer une
marche plus régulière et de le soustraire aux inconvénients
provenant des réparations exigées par les organes de la
condensation.

Si, à défaut de galeries d'écoulement, les eaux épuisées
doivent être amenées à la surface du sol, il est évident
que la vapeur devra être condensée, et alors l'application
du nouvel appareil offrira des avantages.

745. *Comparaison entre les divers systèmes de machines à vapeur destinées à l'épuisement.*

L'épuisement des eaux se réduisant à soulever un fardeau pour le laisser ensuite retomber en vertu de son
propre poids, il est évident que les machines à simple
effet seules peuvent s'appliquer avantageusement à une manœuvre de ce genre. Dans les mines où les exploitants
se sont écartés de ce principe par l'emploi de moteurs à
double effet, ils n'ont pas tardé de se convaincre que les
avantages sur lesquels ils comptaient étaient nuls, et les
désavantages, au contraire, fort grands. En effet, la maîtresse-tige, alternativement soulevée et comprimée par le
moteur, est soumise à des efforts opposés qui tendent à
en disloquer les différentes parties. L'action de compression
exercée sur sa tête pendant les excursions descendantes
la force à s'infléchir, lui fait perdre de sa rigidité, engendre
des chocs et des vibrations qui en altèrent considérablement la solidité, désunit les assemblages et dissipe en pure
perte une partie notable du travail mécanique. Bien plus,
cette pression si pernicieuse du moteur sur les attirails
est complètement inutile; car si la maîtresse-tige est en
bois, sa pesanteur doit être plus grande que celle des
colonnes d'eau qu'elle refoule pour pouvoir se soutenir

d'elle-même ; si elle est en fer, son poids peut être
diminué, mais alors la nature flexible de tringles métalliques d'une aussi grande longueur s'oppose à ce que
la pression soit communiquée du moteur aux pistons
des pompes.

On peut, il est vrai, utiliser les machines à double
effet en les appliquant à deux attirails de pompes distincts
l'un de l'autre ; ceux-ci, liés par une chaîne de Vaucanson
passant sur une poulie, se font mutuellement équilibre,
et les efforts du moteur n'ont d'autre objet que de soulever
alternativement chaque colonne d'eau. Si la suspension des
tiges au moyen d'une chaîne fait concevoir des craintes,
elles peuvent s'attacher aux deux extrémités d'un balancier,
après avoir installé les pompes dans deux puits spéciaux ;
mais les frais de creusement sont doublés inutilement,
et cette division des appareils en deux parties n'engendre
pas toujours l'équilibre, chacune d'elles pouvant subir des
résistances variables. Les pompes des mines métalliques
d'Allemagne, ordinairement ainsi dédoublées, ne doivent
leur disposition qu'à l'emploi des roues hydrauliques ; or,
ces moteurs à double effet, dont la force est donnée par
la nature, ne coûtent rien à l'exploitant ; et comme il
ne dépend pas de lui de les modifier en rien, il doit les
accepter tels qu'ils sont.

Les machines à vapeur étant généralement appliquées
à l'épuisement des mines de houille, et laissant toute
liberté d'action, quant à leur disposition relativement aux
pompes et aux attirails, le choix du mineur ne saurait
être douteux ; il se portera nécessairement sur les machines
à simple effet, si remarquables, d'ailleurs, par la simplicité des organes, par leur stabilité et la facilité de leur
installation. D'autre part, les machines de Newcomen,
anciennement établies et conservées malgré leur grande

consommation de combustible (1), ne pouvant être l'objet
du choix de l'exploitant, en présence des machines à balancier du Cornwall ou de celles à traction directe, il suffira
d'établir une comparaison entre ces deux derniers systèmes.

Les mines du Cornwall sont le point de départ de tous
les perfectionnements apportés jusqu'à ce jour aux machines
d'exhaure. Construites d'une manière qui ne laisse rien à
désirer, on leur a prodigué les soins les plus minutieux
dans le but de les soustraire, autant que possible, aux
déperditions de calorique. Les détails mécaniques, destinés à régler le jeu de l'appareil, sont d'une grande
simplicité. La condensation se fait dans un vase isolé.
Jamais la partie supérieure du cylindre où afflue la vapeur
n'est en communication avec le condenseur. Le fluide est
porté à une haute pression ; sa force élastique peut être
considérée comme entièrement utilisée, puisque son volume
après la détente est ordinairement huit fois plus grand
qu'il ne l'était d'origine, circonstance qui, outre ses avantages directs, tend encore à diminuer la contre-pression à
laquelle est soumis le piston dans ses excursions descendantes, par suite de la dilatation de la vapeur avant le
moment où elle doit s'échapper. Les soupapes de Hornblower, malgré leurs grandes dimensions, n'exigent qu'un
effort minime pour être soulevées de leur siége. La soupape
d'exhaustion, ouverte un instant avant celle d'admission,
facilite la sortie de la vapeur qui a fonctionné. L'influence
de l'espace nuisible est diminuée par la fermeture de la
soupape d'équilibre avant que le piston ait atteint le haut

_____

(1) Les exploitants des mines de houille anglaises ont généralement
conservé leurs anciennes machines d'exhaure, soit qu'ils considèrent
la houille de rebut consommée comme de nulle valeur, soit qu'ils
regardent les économies résultant de l'emploi d'autres appareils
comme n'étant pas en rapport avec l'intérêt du capital à dépenser.

de sa course. La dépense de vapeur est proportionnelle au nombre d'excursions, malgré les arrêts déterminés par la cataracte, circonstance attribuée à l'emploi des enveloppes opposées aux pertes de chaleur. Enfin, le grand poids des attirails permet de donner aux tuyaux de prise de vapeur et aux soupapes de larges ouvertures, au moyen desquelles la pression se communique instantanément des chaudières au piston moteur.

Les machines à traction directe peuvent être construites dans les mêmes conditions avantageuses. Toutes les circonstances relatives à la condensation et à l'expansion de la vapeur y sont également reproduites. Les organes mécaniques y sont réduits à la plus simple expression, quant au nombre et aux dispositions. Les soupapes américaines valent au moins celles de Hornblower, qui, du reste, sont fréquemment appliquées aux machines à traction directe. Lorsque ces appareils sont installés sur un terrain solide, naturel ou factice, l'effort agissant verticalement, le cylindre se trouve dans les meilleures conditions de stabilité. Si le constructeur croit devoir supprimer la condensation, le piston, constamment accessible à sa surface supérieure, peut être visité à chaque instant, afin de constater les fuites de vapeur et d'y porter remède. La transmission sans intermédiaire et en ligne droite des efforts du moteur aux attirails, tout en diminuant la somme des résistances passives, préserve le système des chocs et des vibrations si préjudiciables sous le rapport de l'absorption du travail mécanique, d'où résulte nécessairement un accroissement d'effet utile. Ces machines, de la plus extrême simplicité, s'établissent facilement. Le grand nombre de pièces supprimées les rend peu coûteuses. L'espace qu'elles occupent est si minime, comparé à celui qu'exigent les moteurs à balancier, que, par suite de l'exiguïté des bâtiments qui les abritent et des fondations sur lesquelles elles reposent, l'exploitant réalise une économie notable sur le capital de premier établissement. Enfin, la course des pistons, élément essentiel de la force des machines à vapeur, peut être fort grande dans ces machines où elle n'est limitée que par la longueur à donner aux cylindres; tandis que dans les autres appareils, le balancier ne permet que des hauteurs d'excursions en rapport avec la longueur de ses bras de levier, longueur renfermée elle-même dans des limites fort restreintes. Les deux autres éléments, la pression de la vapeur et le diamètre des cylindres étant supposé le même pour les deux systèmes de moteurs, on peut dire que les machines à traction directe n'offrent pas, dans les développements de force considérables, les inconvénients des machines à balanciers construites pour produire de grands effets mécaniques.

Un constructeur liégeois (1), dans le but d'arriver à la suppression complète des balanciers de contre-poids, cherche à donner aux maîtresses-tiges des machines à traction directe un poids rigoureusement égal à celui des colonnes d'eau, plus les résistances passives des attirails et un léger excédant pour vaincre l'inertie du système. Mais, si le diamètre des tuyaux des pompes n'est pas très-considérable, il est impossible qu'une tige en bois, dont le poids n'excède pas celui de la colonne d'eau, soit assez solide pour se soutenir d'elle-même, et le recours au fer forgé devient une nécessité. Supposant l'emploi de cette dernière substance, combien de difficultés à vaincre avant d'atteindre cet équilibre parfait? Qu'espérer, en définitive,

_____

(1) M. MARCHAND, l'un de ces nombreux et habiles ingénieurs-mécaniciens que la ville et la banlieue de Liége sont en possession de fournir à la Belgique et à l'étranger.

de cette disposition ? Rien, si ce n'est la presque impossibilité d'appliquer la détente de la vapeur à des appareils ainsi construits ; une différence considérable de pression de la vapeur dans les chaudières et sur le piston ; et enfin le mouvement accéléré des attirails qu'aucune masse ne vient modérer en vertu de son inertie ; or cette accélération, créant des mouvements vibratoires susceptibles d'augmenter la somme des résistances passives, est une cause de destruction rapide. Le constructeur, il est vrai, empêche la maitresse-tige de retomber avec trop de violence, par l'étranglement de la vapeur à sa sortie du cylindre, à l'aide d'une glissière ou d'un organe analogue qu'il appelle *comprimeur ;* assurément ce mode de modérer la vitesse du piston dans ses excursions descendantes est fort avantageux, mais il ne peut être seul chargé de cette fonction et suppléer ainsi à l'emploi d'un balancier de contre-poids.

Il résulte des considérations précédentes que les machines à traction directe du système Letoret, c'est-à-dire à simple effet, à moyenne pression, à détente et avec ou sans condensation, suivant les circonstances locales, sont éminemment applicables à l'épuisement des mines. Si, en outre, elles mettent en mouvement une maitresse-tige dont l'axe coïncide avec ceux des pistons plongeurs, possédant un excès de poids équilibré par un balancier, cet ensemble forme un appareil d'épuisement aussi efficace qu'économique, et certainement l'un des plus parfaits que les mécaniciens aient employé jusqu'à ce jour.

746. *Bases sur lesquelles repose le calcul des pompes et des machines d'épuisement.*

Les éléments du calcul sont les quantités d'eau à épuiser et la profondeur d'où elles doivent être élevées. Le volume

des eaux affluentes doit être pris à son maximum, c'est-à-
dire au moment des *forts niveaux*, lorsque les eaux pluviales ont eu le temps de s'infiltrer dans la mine. Mais les
chiffres fournis par les jaugeages ne peuvent servir directement à la détermination du diamètre des pompes : il
faut pourvoir à l'épuisement des venues d'eau résultant du
futur développement des travaux souterrains, et à l'augmentation d'effet utile qu'elles réclameront pour être élevées
au jour, si leur rencontre a lieu à des profondeurs plus
considérables que celles où sont portés dès l'origine les
appareils d'exhaure. Le mineur doit avoir égard à l'assèchement des puits dont il peut prévoir le fonçage ultérieur.
Comme la machine ne peut fonctionner incessamment,
il doit calculer sa puissance relativement aux chômages
que réclameront les réparations, les changements de clapets et de pistons, etc. Enfin, il s'efforcera de se prémunir
contre les éventualités de l'avenir, en tenant compte des
chances d'accroissement dans les volumes d'eau et dans
leur hauteur d'élévation.

Il déduira de ces données le diamètre des tuyaux des
colonnes, la vitesse des pistons pendant leurs excursions
ascensionnelles et descendantes, l'amplitude de leur course
et le nombre de pulsations en un temps donné. Il analy-
sera la valeur des résistances passives, savoir : l'inertie
de la maîtresse-tige, des pistons du moteur et des pompes,
des contre-poids et de la colonne ascendante ; les frottements des pistons et des tourillons des balanciers sur leurs
crapaudines ; les frottements de l'eau dans les tuyaux de
conduite ; et, enfin, les chocs provenant de la contraction
du liquide dont la vitesse augmente en traversant les
soupapes, et ceux que produisent les changements de
direction du courant dans les tuyaux coudés.

Lorsque le mineur a établi la valeur de l'effet utile du

moteur et de toutes les résistances passives à vaincre, il détermine les dimensions du cylindre ; la tension de la vapeur, eu égard aux différences qui existent entre le cylindre et les générateurs; la fraction de la course pendant laquelle le fluide agira par expansion, etc.

La machine construite dans de semblables conditions sera évidemment capable d'efforts plus énergiques que ne le réclame l'épuisement des eaux affluentes dès l'origine; alors l'exploitant établira des périodes pendant lesquelles l'appareil devra fonctionner et il les séparera par d'autres périodes de chômage pendant lesquelles l'eau s'emmagasinera dans les réservoirs. Lorsque les travaux souterrains se développeront ou seront mis en communication avec d'autres que la machine doit exhaurer, il subviendra à cet accroissement de travail mécanique par la réduction de la durée des périodes de repos et par l'accroissement des périodes d'activité. Lorsque les puits devront s'approfondir, de nouveaux jeux seront établis pour l'assèchement des travaux portés à une plus grande profondeur ; alors il accroîtra la puissance du moteur par l'augmentation successive de la fraction de la course, pendant laquelle la vapeur est admise en plein, et il subviendra à cette nouvelle consommation par l'adjonction de nouveaux générateurs à ceux qu'il possède déjà. Si l'affluence des eaux devient plus considérable encore, il n'aura plus d'autre ressource que d'imprimer une plus grande vitesse aux pistons ; il devra, en conséquence, décharger les balanciers de contre-poids ou charger les attirails, afin de déterminer leur descente plus rapide. Mais, comme une trop grande vitesse placerait l'appareil en dehors de toute condition avantageuse, il s'arrêtera nécessairement à une limite dangereuse à outre-passer, et les efforts du moteur resteront désormais constants.

747. *Appareils générateurs de la vapeur employés dans le comté de Cornwall.*

Les chaudières cylindriques sont terminées à leurs extrémités par des surfaces planes ; elles contiennent à l'intérieur un large tube placé excentriquement ; à la partie antérieure de ce tube est établie la grille ; au-delà de la grille se trouve l'autel en briques réfractaires, qui, formant un étranglement, contraint la flamme et l'air chaud à lécher les parois de la chaudière. Le tube intérieur est fermé par une porte à bascule dont l'ouverture n'a lieu que pour alimenter le foyer, afin que tout l'air nécessaire à la combustion traverse ce dernier. Un bouilleur cylindrique, ayant son origine au-delà de l'autel, est mis en communication avec le dessus et le dessous de la chaudière par une tubulure ajustée en avant et un tuyau placé à la partie postérieure.

Ces dispositions sont loin d'être aussi avantageuses, quant à la consommation du combustible, qu'elles le semblent au premier abord ; car, d'après les expériences faites en Belgique et en Angleterre, les simples chaudières cylindriques, terminées par des calottes hémisphériques, ne dépensent guère plus de houille que les générateurs à tubes intérieurs. Mais quand il n'en serait pas ainsi, elles n'en devraient pas moins être rebutées pour les moyennes pressions, à cause des nombreuses chances d'explosion inhérentes à ces appareils. En effet, si le niveau des eaux, baissant dans la chaudière, laisse à découvert une partie du tube intérieur, dont les dimensions sont fort grandes, les tôles, brûlées dans un instant très-court, cessent d'offrir une force de résistance suffisante ; si, d'ailleurs, le tube résiste, quoique pressé sur toute sa surface du dehors au dedans par une force unique et partout la même, c'est à la manière des voûtes, mais pas assez efficacement en raison du peu d'épaisseur de la tôle et de son défaut de cylindricité parfaite ; alors les différentes parties de la surface offrant des résistances inégales, les tubes se déforment et se déchirent.

Telles sont les causes qui, en 1844, ont déterminé l'explosion de l'un des générateurs d'une machine d'exhaure appartenant à la Société des Pompes du Flénu, à Jemmapes. Dans cet accident, le tube inférieur, refoulé sur lui-même et déprimé en différentes parties de sa surface de 0.05 à 0.06 mètre, fut déchiré sur trois points à travers lesquels l'eau bouillante et la vapeur, précipitées violemment au dehors, culbutèrent l'autel et le projetèrent au loin avec l'une des rangées de barreaux de la grille. Quatre ouvriers furent atteints par l'eau bouillante : l'un d'eux fut immédiatement tué par le choc et la brûlure ; un autre succomba après quinze jours de souffrances ; mais les deux derniers purent heureusement se guérir de leurs cruelles blessures. Depuis cette époque, les chaudières de ce genre, dont le prix de premier établissement est considérable, qui d'ailleurs se prêtent difficilement aux réparations et aux nettoyages, ont été à juste raison proscrites par les exploitants de mines de houille. Il paraît qu'on y a renoncé même dans le Cornwall.

748. *Jaugeage des eaux de mines.*

Cette opération est indispensable pour déterminer le diamètre des pompes et les dimensions des machines d'épuisement, dont elle fournit l'un des éléments du calcul. Elle s'exécute également lorsqu'il s'agit de déterminer l'effet utile d'un appareil en activité et de s'assurer si le con-

structeur a rempli les conditions du contrat. Dans ce dernier cas, les eaux sont recueillies à leur sortie des pompes,
tandis que, dans le premier, elles doivent être réunies
sur un point unique ou jaugées séparément en divers
lieux de la mine. Il existe différentes méthodes pour reconnaître le volume des eaux affluentes en un temps donné.

A la mine du Rocher-Bleu, le constructeur a employé
des vases de capacité connue, qui, placés sur de petits
chariots, étaient amenés sous le déversoir supérieur des
pompes; là ils recevaient l'eau élevée à chaque coup de
piston, puis étaient retirés avant le commencement de
l'excursion suivante.

A la mine de Houssu, un réservoir en tôle d'assez grande
capacité jaugé avec soin est logé dans une cavité latérale
de la galerie d'écoulement; ce réservoir reçoit les eaux
élevées par l'appareil après qu'elles ont traversé un déversoir à tête mobile, destiné à les projeter à volonté sur le
sol de la galerie ou dans la citerne de jaugeage. Pour
opérer, cette dernière est complètement vidée en faisant
écouler les eaux qu'elle contient par un robinet de décharge fixé à sa partie inférieure. Au moment précis où
la machine commence l'une de ses excursions, la tête
du déversoir est tournée dans la citerne, puis l'opérateur
compte le nombre de coups de piston nécessaire pour la
remplir et observe simultanément le temps écoulé entre
le commencement et la fin de l'expérience.

Quelquefois le mineur, faisant passer l'eau à travers
des orifices en mince paroi sous une pression donnée,
applique à cette opération les principes donnés par l'expérience et le calcul.

Souvent il mesure la vitesse de l'eau dans un canal
à section rectangulaire et à pente uniforme, en observant
l'espace parcouru dans un temps donné par des corps

légers tels que des morceaux de bois ou de liége ; puis il apporte aux résultats trouvés les corrections indiquées par M. de Prony.

Enfin, M. Reichenbach fait passer l'eau dans un réservoir en bois d'assez grande capacité, dont l'une des parois verticales est percée d'une rangée de trous circulaires disposés horizontalement ; quelques-uns de ces trous ont une section uniforme ; d'autres n'ont pour section que la moitié, le tiers, le quart ou une partie aliquote des premiers. Connaissant par expérience la quantité d'eau qui s'écoule par chacun d'eux en un temps donné et sous une pression déterminée, il fait affluer dans le réservoir l'eau des sources dispersées dans la mine ou celles que les pompes ont élevées ; il bouche successivement un certain nombre de trous jusqu'au moment où les eaux se tiennent constamment au même niveau ; comptant alors ceux qu'il a dû laisser ouverts, il obtient le volume d'eau affluente dans un temps donné.

749. De la concentration des moteurs d'épuisement.

Une opération fréquemment projetée, mais bien rarement exécutée d'une manière large et complète, est la concentration sur un point unique des eaux provenant d'une vaste étendue de terrains, afin de les épuiser simultanément. Les localités où les concessions n'ont qu'une surface peu considérable et où les couches superposées appartiennent à divers propriétaires, sont évidemment celles où l'exhaure en commun offre les plus grands avantages. Dans ce cas, une machine d'exhaure n'est plus affectée à l'assèchement de chaque mine en exploitation, ainsi que cela doit avoir lieu lorsque les concessionnaires agissent isolément ; mais un certain nombre de mines se réunissent pour creuser en commun un puits d'exhaure, dans lequel viennent se réunir les eaux de tous les travaux, objet de l'association.

Les avantages dérivant de ce mode d'exhaure sont d'une grande importance. Les machines employées pouvant être mises, par leur force ou leur nombre, en rapport avec le volume des eaux affluentes, le mineur est toujours en mesure de satisfaire aux exigences de l'épuisement. Elles ne sont jamais inactives, à moins que leur chômage ne soit provoqué par des travaux de réparations. Leur puissance mécanique et surtout leur valeur sont moindres que ne le seraient celles d'un certain nombre de moteurs plus faibles, agissant isolément pour une petite étendue de terrain. Si l'une des pompes réunies dans un même puits réclame quelques réparations, il est possible d'y procéder à loisir pendant que les autres sont en activité. Une faible augmentation du personnel réclamé pour une machine isolée suffit aux besoins de plusieurs de ces appareils concentrés, et cette économie se reproduit chaque jour. Les massifs réservés entre les diverses concessions (*Espontes*), dans le but exclusif d'empêcher les eaux de l'une d'elles de passer dans la concession voisine (massifs qui, ménagés à chaque couche, causent des pertes si considérables de richesse minérale), peuvent être supprimés impunément et fournir à la consommation pendant de longues années. Enfin, l'exhaure en commun semble être le seul moyen d'éviter les nombreux procès causés par le régime des eaux souterraines, surtout dans les mines concédées par couches.

Vers 1814, cinq Sociétés du Flénu, s'étant réunies pour racheter les appareils d'exhaure situés dans le périmètre de leur champ d'exploitation, prirent le nom de *Société des pompes*; non-seulement elles asséchèrent leurs propres travaux, mais encore elles utilisèrent leurs moyens

d'épuisement en faveur de plusieurs autres Sociétés li-
mitrophes.

Quoique cette organisation n'offrît pas une concentration
complète et suffisamment efficace, elle n'en rendit pas
moins d'éminents services aux mines associées, pendant de
longues années, c'est-à-dire jusqu'à la fusion complète des
intérêts généraux de quatre de ces concessions. Toutefois,
la Société des pompes et sa direction spéciale existent
toujours, de même que ses anciens règlements. Ainsi,
l'approfondissement dé ses puits d'exhaure doit précéder
la réavaleresse des puits d'extraction qu'elle est tenue d'assécher; elle est chargée de l'exécution des galeries à travers
bancs destinées à se rendre au-devant des eaux souterraines ; mais elle laisse les percements dans le gîte au
compte des Sociétés particulières d'exploitation. Chacune
de ces dernières lui fournit, d'ailleurs, sa côte-part de la
houille nécessaire à l'alimentation des machines, et un sub-
side pécuniaire pour subvenir aux dépenses de main-
d'œuvre, aux achats de matériaux, etc.

750. *Application de la pression atmosphérique à l'assèchement des mines.*

Les figures 8 et 9 de la planche LXVIII sont les projections rectangulaires, sur deux plans verticaux, d'un
appareil pneumatique, construit par M. Hagues, pour
l'épuisement des eaux de la mine de Lowside, près de
Oldham (comté de Lancastre).

Le puits d'exhaure est divisé en étages séparés entre
eux par des intervalles dont la hauteur ne peut naturellement excéder celle à laquelle l'eau s'élève sous l'influence
de la pression atmosphérique, c'est-à-dire environ 10.30

mètres. A chaque étage est installé un réservoir A, A',
ou citerne hermétiquement fermée; elle communique, d'une
part, avec les colonnes ascensionnelles BB par deux orifices; de l'autre, avec une série de tuyaux DD qui,
débouchant dans un récipient (*air vessel*) établi à la
surface du sol, est sans cesse purgé d'air par l'action
d'une machine à vapeur de la force de 12 chevaux. Ces
tuyaux règnent sur toute la hauteur du puits; leur capacité est en raison du volume d'air sortant des citernes;
ils sont divisés en tronçons, de même hauteur que les
divers étages, et leurs sections décroissent en progression arithmétique, à mesure qu'ils s'éloignent de la margelle et se rapprochent du puisard. Les réservoirs étant
tous les mêmes, la description de l'un d'eux suffira pour
faire comprendre le jeu de l'appareil. Les divers organes
qu'ils renferment sont exprimés en détail dans les figures 10,
11, 12 et 13.

q, soupape sphérique creuse, en métal, jouant sur un
siége établi au fond de la citerne, dans laquelle elle
permet à l'eau ascendante de pénétrer, mais qu'elle empêche de redescendre.

b, tuyau coudé destiné à faire communiquer le réservoir et la colonne privée d'air.

c, flotteur dont la tige traverse une boite à bourrage d
et se termine par une crémaillère e.

f, secteur commandé par la crémaillère e; une rou-
lette g, appliquée contre la tranche postérieure de cette
dernière, force les dents de ces deux organes à engrener
mutuellement.

h, robinet dont l'échancrure i établit une communication, tantôt entre l'atmosphère et le réservoir, tantôt entre
ce dernier et la colonne des tuyaux privés d'air; son axe
coïncide avec celui du secteur denté.

m, levier extérieur du robinet *h*, au moyen duquel sont déterminées l'ouverture et la fermeture de ce dernier.

t et *k*, contre-poids tournant autour du prolongement de l'axe du robinet.

r, arrêt destiné à recevoir la tige du contre-poids et à limiter son excursion.

Supposant actuellement l'appareil en pleine activité, la citerne *A* est rempli d'eau ; le contre-poids *t*, qui vient de retomber en *k*, a tourné le robinet dans le sens voulu pour que la citerne et l'atmosphère soient en relation ; celle-ci presse sur la surface de l'eau ; le liquide s'élève dans le tuyau ascendant ; son niveau baisse dans le réservoir ; le flotteur le suit entraînant avec lui la crémaillère et le secteur circulaire ; puis, lorsque l'eau est épuisée, le contre-poids soulevé, est rappelé au-delà de la ligne verticale passant par son axe de rotation ; il retombe en *t;* heurte de sa tige le levier du robinet qu'il fait tourner et vient reposer sur l'échancrure *r*, où il termine son excursion. Pendant ce temps, la citerne *A'*, située immédiatement au-dessous et dont le liquide vient de s'échapper, est purgée de l'air qu'elle contient par le mouvement inverse d'un semblable mécanisme. Au moment où le flotteur arrive au bas de sa course, le levier, qui vient d'être rejeté de *k* en *t*, a disposé l'échancrure *i* de manière à mettre en communication le réservoir et les tuyaux *D;* l'air est expulsé, le vide se forme et l'eau du tuyau inférieur, délivrée de la pression atmosphérique, y afflue après avoir soulevé la soupape *q*. Puis, lorsque le réservoir est plein, la crémaillère, soulevée par le flotteur, force le contre-poids à effectuer un mouvement en sens inverse du précédent, et à mettre le robinet dans une position telle que la communication entre les tuyaux aspirateurs et la citerne soit complètement obstruée. Les eaux alternativement soustraites et soumises à la pression atmosphérique marchent ainsi de réservoir en réservoir jusqu'à la surface du sol.

A la mine de Lowside, elles remontent suivant un plan incliné et pendant une longueur de 218.40 mètres; puis, après avoir parcouru une distance horizontale de 91 mètres, elles atteignent le jour en s'élevant dans un puits vertical de 109.20 mètres de profondeur. Le moteur qui, en épuisant l'air, agit concurremment avec l'atmosphère, a une force évaluée à 12 chevaux; il suffit pour enlever de la mine un volume d'eau de plus de 9 hectolitres par minute et à la mise en activité d'une machine pneumatique appliquée à la remorque des produits le long du plan incliné. Cette dernière machine consiste en un cylindre dans lequel se meut un piston, sur les deux faces duquel est admis alternativement l'air atmosphérique fonctionnant comme le fait la vapeur dans les appareils mus par ce fluide élastique. Enfin, l'épuisement détermine l'expulsion de la mine d'un volume d'air égal au produit du nombre d'hectolitres d'eau élevée par le nombre de citernes étagées dans le puits; il en résulte qu'en y faisant affluer l'air impur des travaux, celui-ci sera amené au jour et dispersé dans l'atmosphère.

Les avantages que le possesseur de la mine de Lowside a trouvés dans cet appareil (1) sont : Une grande économie dans le capital de premier établissement, puisqu'il est possible de produire un effet donné à l'aide d'une machine beaucoup moins puissante que les moteurs réclamés par les procédés ordinaires d'épuisement. La possibilité d'employer leur excédant de force pour l'extraction ou pour toute autre opération mécanique; de transporter la force à de grandes distances et sur tous les points des travaux, en changeant

(1) *The mining review; a monthly record of geology, mineralogy and metallurgy.* Nᵒ. XXVI, vol. VII. 31 March. 1840.

sa direction suivant tous les angles et les inflexions si fréquentes dans les mines. La diminution des résistances passives
résultant des frottements des pistons et des étranglements
auxquels l'eau est exposée dans les pompes ordinaires. Enfin,
la suppression totale de la main-d'œuvre et des matériaux
exigés par les clapets, les pistons et les autres organes
mobiles. Les craintes que les constructeurs pourraient
éprouver relativement à l'imperméabilité des joints doivent
céder à cette considération : que l'emploi du cuivre pour
certains d'entre eux et du gutta-percha pour d'autres fournissent les moyens de les rendre assez étanches pour qu'un
appareil de ce genre se trouve, sous ce rapport, dans
des conditions satisfaisantes.

751. *Machines à colonne d'eau.*

Celui qui écrit ces lignes ignore si, jusqu'à présent, les
machines à colonne d'eau ont été appliquées à l'épuisement des mines de houille. Dans le cas où elles auraient
été exclusivement employées dans les mines métalliques,
il sortirait, en les décrivant, du cadre qu'il s'est tracé ;
cependant, comme certaines localités, dont le sol est
accidenté et où l'épuisement ne doit pas être porté à de
grandes profondeurs, pourraient se prêter à l'installation
de semblables appareils, comme alors ils seraient substitués
très-avantageusement, sous le rapport économique, aux
machines à vapeur, cet objet ne peut être passé sous
silence.

Les machines à colonne d'eau ont la plus grande analogie
avec les machines à vapeur, considérées dans leur ensemble
et dans leur mode d'action. Toutes deux, en effet, se
composent essentiellement d'un cylindre, dans lequel fonc-

tionne un piston mis en mouvement par la force expansive
de la vapeur ou par la pression d'une colonne d'eau.

Ces appareils, établis pour l'assèchement des mines,
sont ordinairement à simple effet, ce mode étant le plus
convenable, ainsi qu'on l'a déjà démontré; d'ailleurs la
nature incompressible de l'eau exige des mouvements fort
lents, incompatibles avec le jeu d'une machine à double effet.

Le mineur, avant de songer à une construction de
cette nature, doit examiner les moyens mis à sa disposition pour réunir les eaux, en un point assez élevé au-
dessus du lieu où leur écoulement naturel peut s'effectuer.
Il les rassemble ordinairement dans des réservoirs situés
sur les flancs d'une colline, d'où, après avoir fonctionné,
elles s'échappent par une galerie d'exhaure. Quelquefois elles ont leur origine dans une excavation supérieure
et s'écoulent sur une autre galerie située plus bas. Dans
tous les cas, leur volume et leur hauteur de chute doivent
être en rapport avec l'effet utile à produire.

L'exemple suivant se rapporte à un appareil de cette
espèce construit par M. Jordan, inspecteur des machines,
pour l'assèchement d'une mine du district de Clausthal (1).

752. *Appareil d'épuisement à colonne d'eau établi pour le service du puits de Silberseegener (Hartz).*

Le réservoir des eaux motrices est situé à une profondeur de 15.30 mètres au-dessous du sol et à 214.90 mètres
au-dessus de la galerie d'écoulement. Comme le cylindre

---

(1) Die wasser sæulen maschinen in Silberseegener Richtschacht
bei Clausthal. *Archiv von Karsten*, band X, seite 235.

moteur est installé à 21.90 au-dessous de cette dernière, la colonne d'eau agit avec une hauteur de

$$214.90 + 21.90 = 236.80 \text{ mètres.}$$

La communication entre le réservoir et la surface du piston est établie par des tuyaux B (fig. 6 et 7, pl. LXXIV) appelés *colonne de chute. A* est la colonne d'ascension, et une autre série de tuyaux C constitue *la colonne de décharge*; celle-ci reçoit l'eau qui a produit son effet, et la porte sur le sol de la galerie d'écoulement, c'est-à-dire à une hauteur de 21.90 mètres. Cette disposition a pour but, ainsi qu'on l'a vu (711), de servir de contre-poids à la maîtresse tige.

Les fondations de cet appareil consistent en une voûte formée de pièces de granit J, J recouvertes de plaques en fonte attachées sur la maçonnerie à l'aide de forts boulons; au-dessus de ces plaques sont superposées les pièces d'assise en fonte F, F'. Les supports D, D et les poutrelles K, K de même métal, sur lesquelles est installé le cylindre moteur, sont en bronze.

Le cylindre, ouvert à sa partie supérieure, est enveloppé d'un bassin en cuivre f destiné à recueillir les eaux qui passent à travers les joints du piston P. Celui-ci également en bronze, de même que sa tige venue à la fonte avec lui, porte à son pourtour deux échancrures ou canaux circulaires dans lesquels se placent les disques en cuir qui en constituent la garniture; la tige traverse une boîte à cuirs placée sur le fond du cylindre et se rattache directement avec la tête de la maîtresse-tige.

Une tubulure M établit la communication entre le cylindre et *l'appareil distributeur* placé latéralement. Ce *régulateur* se compose de trois cylindres Q, R, Q' dont les diamètres inégaux coïncident par leurs axes. La colonne de chute B et celle de décharge C viennent déboucher dans le distri-

buteur au-dessus et au-dessous de la tubulure et à égale
distance de celle-ci ; l'orifice le plus élevé est celui *d'admission* ; l'orifice *de décharge*, ou *d'émission*, est situé au-
dessous du premier. Actuellement, si l'on ajoute un piston
régulateur *p*, se mouvant dans le cylindre moyen et venant
se placer alternativement au-dessus et au-dessous de la
tubulure, il sera facile de se faire une idée des causes
qui mettent l'appareil en mouvement.

Si, par exemple, le piston moteur et le piston régulateur sont à la limite inférieure de leur course, la communication entre le cylindre et la colonne de décharge est
interceptée, mais elle est établie entre le premier et l'orifice
d'admission. Le piston moteur, sur le fond duquel presse
la colonne de chute, obéit à cette pression et s'élève, en
entraînant avec lui la maîtresse tige et la colonne d'eau
provenant du fond du puits. Lorsque le piston distributeur
se place au-dessus de la tubulure, toute relation entre la
colonne de chute et le cylindre viennent à cesser ; la
communication se trouve établie entre celui-ci et les tuyaux
de décharge. Le piston moteur *P* descendant en vertu de
son poids et de l'excès de celui de l'attirail sur le contre-
poids (la colonne de décharge), refoule à travers l'orifice
d'émission l'eau qui vient de déterminer sa course ascensionnelle et qui, par l'effet du contre-poids, ralentit son
mouvement de descente.

Un piston régulateur isolé, subissant la pression de toute
la colonne de chute, exigerait une force considérable pour
se mouvoir de bas en haut ; en outre, en fournissant son
excursion descendante, il retomberait avec violence si le
constructeur n'avait ajusté sur le prolongement de son axe,
deux autres pistons accessoires *o* et *u* ; ceux-ci pouvant cheminer (l'un au-dessus, l'autre au-dessous du premier) dans
des cylindres dont les diamètres offrent quelques différences,

sont l'origine de forces opposées tendant à se neutraliser en partie les unes les autres. En effet, la surface du piston régulateur étant de . . . . 0.0162 mètre,
la surface de celui de dessus de. . . 0.0077 »
et celle du piston de dessous . . . . 0.0149 »
la somme des deux derniers étant . . 0.0226 »
la légère différence . . . . 0.0064 »
est suffisante pour vaincre les frottements et pour déterminer une résultante dans le sens où le mouvement doit s'effectuer. Deux tubes verticaux L et L', et deux tubes horizontaux L'' mettent en relation la colonne de chute et le dessous du piston accessoire u, ou celui-ci et la colonne de décharge. Enfin, un robinet à trois ouvertures h, placé au point d'intersection des deux tubes horizontaux, est disposé de manière que, suivant le sens où il est tourné, la cavité située au-dessous du piston u se trouve en communication, soit avec la colonne de chute, soit avec celle de décharge.

Avant d'examiner l'effet produit par cet assemblage de trois pistons, il convient de se rendre compte du mécanisme au moyen duquel la machine se règle elle-même.

W est un axe vertical sur lequel sont ajustés trois bras de levier : les deux premiers, a et a', sont pourvus d'appendices triangulaires en acier placés en sens inverse l'un de l'autre ; le bras intermédiaire g est établi à la hauteur de la manivelle du robinet h, avec laquelle il est réuni par une tringle horizontale z.

b est un disque circulaire attaché à la tige du piston, dont il suit les excursions ascendantes et descendantes ; comme il vient heurter alternativement les deux appendices triangulaires, il fait décrire à la tige W une série d'arcs de cercle ; ces mouvements, alternatifs en sens opposés, sont communiqués au robinet par l'intermédiaire du levier g et de la tige z.

Supposant actuellement le piston distributeur atteignant le haut de sa course, le piston moteur P descend en refoulant devant lui l'eau renfermée dans le cylindre et en la forçant à s'élever dans le tuyau de décharge. Un peu avant d'atteindre les limites de son excursion descendante, le disque b heurte l'appendice triangulaire a', mouvement qui se communique au robinet et le fait tourner sur son axe ; la cavité située au-dessous du distributeur est alors mise en rapport avec la colonne de décharge ; le piston u, pressé par cette dernière, tend à s'élever ; il en est de même du piston o, sollicité par la colonne de chute ; mais la résultante est en faveur de p, qui, soumis à une plus forte pression, force le système entier de distribution à descendre au-dessous de la tubulure. Les eaux de chute affluent dans le cylindre, et le piston moteur fournit son excursion ascendante. Lorsqu'il est sur le point d'atteindre l'extrémité de sa course, le disque heurte l'appendice a ; le robinet se détourne et la pression de la colonne de chute au-dessous du piston u est substituée à celle des eaux de décharge ; celle-ci agit simultanément sur les trois pistons ; celui du milieu tend à descendre et les deux autres à monter ; mais la somme des surfaces de o et de u, étant un peu plus grande que la surface de p, la résultante est un mouvement ascensionnel, à la suite duquel l'eau qui a fonctionné traverse la tubulure comme ci-dessus.

Les organes accessoires sont les suivants :

k, k', k'' valves modératrices placées, les deux premières en avant des orifices d'admission et d'émission, la troisième dans la tubulure. Ce sont de simples disques pouvant prendre un mouvement de rotation suivant un axe vertical ; celui-ci traverse une boîte à cuir et se prolonge au dehors pour recevoir un secteur denté, commandé par une vis sans fin, manœuvrée à l'aide d'une manivelle.

Ces valves modératrices , rétrécissant plus ou moins le passage de la veine fluide des colonnes de chute et de décharge, permettent de faire varier la vitesse du piston, et, par conséquent, de régulariser le nombre de ses excursions. En ouvrant ou fermant la valve k, on accélère ou l'on retarde le mouvement d'ascension ; la valve k' joue un rôle analogue lors de l'excursion descendante. L'obturateur k'' arrête le jeu de l'appareil.

Pour faire varier à volonté l'amplitude des oscillations du piston moteur, il suffit d'écarter ou de rapprocher à volonté l'un de l'autre, les leviers a et a' qui déterminent les mouvements circulaires du robinet h. Cette manœuvre a pour but de retarder ou d'avancer le moment où la cavité située au-dessous de l'appareil distributeur est en communication avec les colonnes de chute ou de décharge, et, par conséquent, d'alonger ou de raccourcir la longueur des excursions.

Les robinets x, x' servent à modérer la vitesse de l'appareil régulateur ; le premier pendant l'excursion ascendante ; le second lors de la descente ; circonstance dont l'influence se fait nécessairement sentir sur la vitesse du piston principal. Ces robinets fournissent un moyen d'arrêter la marche de la machine ; ainsi lorsque, pendant l'ascension, le piston régulateur obstrue l'orifice de la tubulure, la fermeture du robinet x fait cesser tout mouvement ; le même résultat s'obtient en agissant sur x' pendant la descente.

y et y' sont des robinets disposés de manière à permettre l'évacuation des eaux contenues dans les tubes L, L'.

Les couronnes annulaires $i\,i, q\,q$ limitent, l'une l'excursion descendante du piston , l'autre l'excursion ascendante ; la section perpendiculaire à leur axe est une ellipse fort aplatie. Ces couronnes en plomb ont pour objet d'amortir la violence des chocs du piston sur la base du cylindre.

d, e sont des disques en laiton destinés à limiter les excursions des pistons distributeurs.

Toutes les pièces doivent être ajustées avec précision ; celles qui, en raison de leur faible volume, sont facilement attaquables par l'oxidation, sont en bronze, alliage composé de 89 de cuivre, 5 1/2 d'étain et autant de zinc ; les axes et les écrous sont en acier ; les tubes de distribution et les boites des robinets, en métal de cloches.

Cet appareil met en mouvement la double colonne de pompes décrites dans le paragraphe 687.

Données numériques.

Eau disponible par minute, . .   1.52 mèt. cub.
Hauteur de chute, ... 236.80 mètres.
Diamètre des tuyaux, ...   0.144   »

Eau dépensée par coup de piston :

Dans le cylindre, ...   0.184 mèt. cub.
Pour la distribution , ...   0.006   »
                                 _____
                                  0.19 mèt. cub.
Course du piston moteur, . .   1.73 mètres.
Nombre d'oscillations par minute, 4 1/2 à 5.
Eau à extraire, 1.61 mètres cubes.
Hauteur de la colonne extraite, 102.85 mètres.
Diamètre des tuyaux d'ascension, 0.168 mètres.

Poids total de la maitresse tige en fer, y compris le piston du moteur et celui de la pompe, 4,862 kilog., correspondant à une colonne d'eau de 44.90 mètres de hauteur.

Il a été constaté par un grand nombre d'expériences que l'effet utile de cette machine était compris entre 0.63 et 0.58,

753. *Application des turbines verticales à l'épuisement des mines.*

L'exemple compris dans les figures 1, 2, 3, 4 et 5 de la planche LXXIV se rapporte à la mine dite Churprinz-Friedrich-August-Erbstollen, du district de Freyberg.

A A est la chambre de la machine creusée à une profondeur de 46 mètres au-dessous du sol.

B B est le puits d'exhaure incliné d'environ 80 degrés.

C une galerie contenant la partie horizontale du tuyau de chute.

D, D galeries supérieures destinées à mettre en relation la chambre et le puits; c'est là que se meuvent les bielles horizontales de la communication de mouvement.

a a turbine verticale installée à environ 0.90 mètre au-dessus du sol du canal *E*, afin d'éviter les engorgements que ne manquerait pas de provoquer une trop grande affluence d'eau.

b, arbre reposant, d'un côté, sur une charpente en chêne *c c*, de l'autre, sur une crapaudine *e* fixée entre deux piliers; sur cet arbre est calé un pignon *f* muni à sa circonférence de 28 dents.

h est un arbre intermédiaire portant une grande roue *g* de 123 dents et un pignon *i* de 21.

k, arbre des manivelles recevant une roue *l* de 88 dents et à chacune de ses extrémités des manivelles *m, m'*, dont les bras de levier ont une longueur de 0.60 mètres.

Des bielles horizontales *p, p'*, d'une longueur de 6.90 mètres, s'articulent, par une de leurs extrémités, sur les boutons des manivelles et se rattachent par les autres aux bras des varlets *r, r'*, destinés à imprimer le mouvement aux maîtresses tiges *t, t'*. La bielle et les varlets en bois de

chêne sont armés de ferrures partout où la force de
résistance l'exige.

Le tuyau de chute $G\,G$ a 0.43 mètre de diamètre intérieur ; il conduit le long du puits et à travers la galerie C
l'eau motrice qui vient affluer dans l'appareil après avoir
traversé une boîte v suspendue librement au-dessus de la
circonférence intérieure de la turbine. Cette boîte contient
les clapets destinés à régulariser la marche du moteur ;
une tringle w, munie d'une manivelle fixée à sa partie
supérieure, sert à les ouvrir et à les fermer plus ou
moins. Enfin, l'arrêt subit de l'appareil dérive d'une impulsion donnée au levier y, qui, agissant sur l'obturateur x,
placé en avant de la turbine, détermine la fermeture
complète de la colonne de chute. Pendant la marche,
l'obturateur, disposé parallèlement à l'axe du tuyau, livre
passage au courant.

Les crapaudines des deux arbres inférieurs sont munies
de coussinets en bronze, tandis que ceux des manivelles
ont été coulés en fonte blanche.

La section du puits n'ayant pu permettre l'introduction
de la turbine entièrement montée, la jante en a été
formée de quatre pièces ultérieurement rivées dans la
chambre ; les rayons en fer battu ont servi à l'assembler
avec le moyeu, calé sur l'arbre à l'aide de coins en fonte
de fer. Il en a été de même des deux grandes roues g
et l, formées de deux pièces demi-circulaires assemblées
à boulons et à la circonférence desquelles ont été ajustées
les huit pièces constitutives de la jante.

Les figures 3, 4 et 5 indiquent, sous diverses faces,
les dispositions de détail de la turbine et de la boîte de
distribution de l'eau. Les mêmes lettres représentent les
mêmes objets.

La turbine est composée de deux couronnes en tôle

forte, de 0.065 mètre d'épaisseur ; sur ces couronnes, dont le pourtour est divisé en quarante-quatre parties égales, sont rivés des diaphragmes à triple courbure, également en tôle, formant les aubes destinées à recevoir la pression de la colonne liquide. Le premier élément de la courbe que l'eau rencontre à son entrée forme, avec le rayon, un angle de 31.75 degrés, et le dernier, qui concorde avec sa sortie, détermine, avec la tangente, un angle de 21.5 degrés. L'eau afflue dans la turbine par la circonférence intérieure, et s'échappe par sa circonférence extérieure ; elle traverse la boîte de distribution v attachée à l'extrémité inférieure de la colonne de chûte, et se dirige sur les aubes en traversant deux canaux courbes i, k, dont l'axe est normal au premier élément de courbure. Le débit est réglé par deux clapets n, n rendus étanches au moyen d'une garniture en cuir. Ils se meuvent autour de deux axes qui, traversant un presse-étoupes et faisant saillie au-dehors de la boîte, se rattachent à des manivelles q, q' ; celles-ci, liées par une tringle o, sont mises en mouvement par un levier w, ce qui permet de déterminer l'ouverture ou la fermeture simultanée des deux soupapes et de projeter sur les aubes une quantité d'eau plus ou moins considérable, suivant les circonstances.

Le volume d'eau disponible est de 9 à 12 mètres cubes par minute. Elle est renfermée dans un réservoir situé à une hauteur verticale de 42 mètres au-dessus de l'excavation où fonctionne la turbine. Le nombre de tours effectués par cette dernière en une minute est, en moyenne, de 120 ; par conséquent, le nombre d'excursions doubles des maîtresses tiges est de $120 \times \dfrac{28}{123} \times \dfrac{21}{88} = 6 \ 1/2$ environ.

La longueur des manivelles étant de 0.60 mètre, la course des pistons est de 1.20 mètre.

La hauteur totale des colonnes d'ascension est de 134 mètres ; elle est divisée en fractions correspondantes aux quatre étages où s'effectue l'épuisement des eaux ; en sorte que la section des pompes s'accroit en s'élevant au jour. Les diamètres extrêmes sont de 0.36 et 0.29 mètre. Enfin, il a été constaté par expérience que l'effet utile de cet appareil est de 0.453.

Les turbines sont fréquemment en usage dans les mines métalliques d'Allemagne ; elles tendent à se substituer, en beaucoup de circonstances, aux machines à colonne d'eau, auxquelles elles sont préférées en raison de leur simplicité.

Un appareil de ce genre a été récemment appliqué à la mine de houille d'Eschweiler, en remplacement des anciennes roues hydrauliques qui fonctionnaient au niveau de la galerie de démergement.

FIN DU TOME TROISIÈME.

TABLE DES MATIÈRES

CONTENUES DANS LE TROISIÈME VOLUME.

CHAPITRE V.

DU TRANSPORT DANS LES MINES DE HOUILLE.

Iʳᵉ. SECTION.

VOIES EMPLOYÉES POUR LE TRANSPORT INTÉRIEUR.

IIᵉ. SECTION.

VASES DE TRANSPORT INTÉRIEUR.

IIIᵉ. SECTION.

MOTEURS DU TRANSPORT INTÉRIEUR.

IVe. SECTION.

NAVIGATION SOUTERRAINE.

Vᵉ. SECTION.

EXTRACTION , VASES , VOIES VERTICALES.

VIᵉ. SECTION.

INTERMÉDIAIRES ENTRE LE MOTEUR ET LE POIDS A SOULEVER.

VIIᵉ. SECTION.

MOTEURS D'EXTRACTION.

VIIIe. SECTION.

CALCULS RELATIFS A L'ENROULEMENT DES CABLES ET A LA CONSTRUCTION DES MOTEURS D'EXTRACTION.

IXᵉ. SECTION.

OPÉRATIONS ET APPAREILS ACCESSOIRES RELATIFS A L'EXTRACTION.

Xe. SECTION.

CRIBLAGE DE LA HOUILLE ; TRANSPORT EXTÉRIEUR ; CHARGEMENT DES BATEAUX.

CHAPITRE VI.

ASSÈCHEMENT DES MINES.

Iʳᵉ. SECTION.

RÉPULSION OU ENDIQUEMENT DES EAUX.

IIᵉ. SECTION.

DE L'ÉCOULEMENT DES EAUX ET DE LEUR ÉPUISEMENT A L'AIDE DE TONNES.

IIIᵉ. SECTION.

POMPES APPLIQUÉES A L'ÉPUISEMENT DES EAUX DE MINES.

VIᵉ. SECTION.

MOTEURS D'ÉPUISEMENT.

FIN DE LA TABLE.

ERRATA.

—

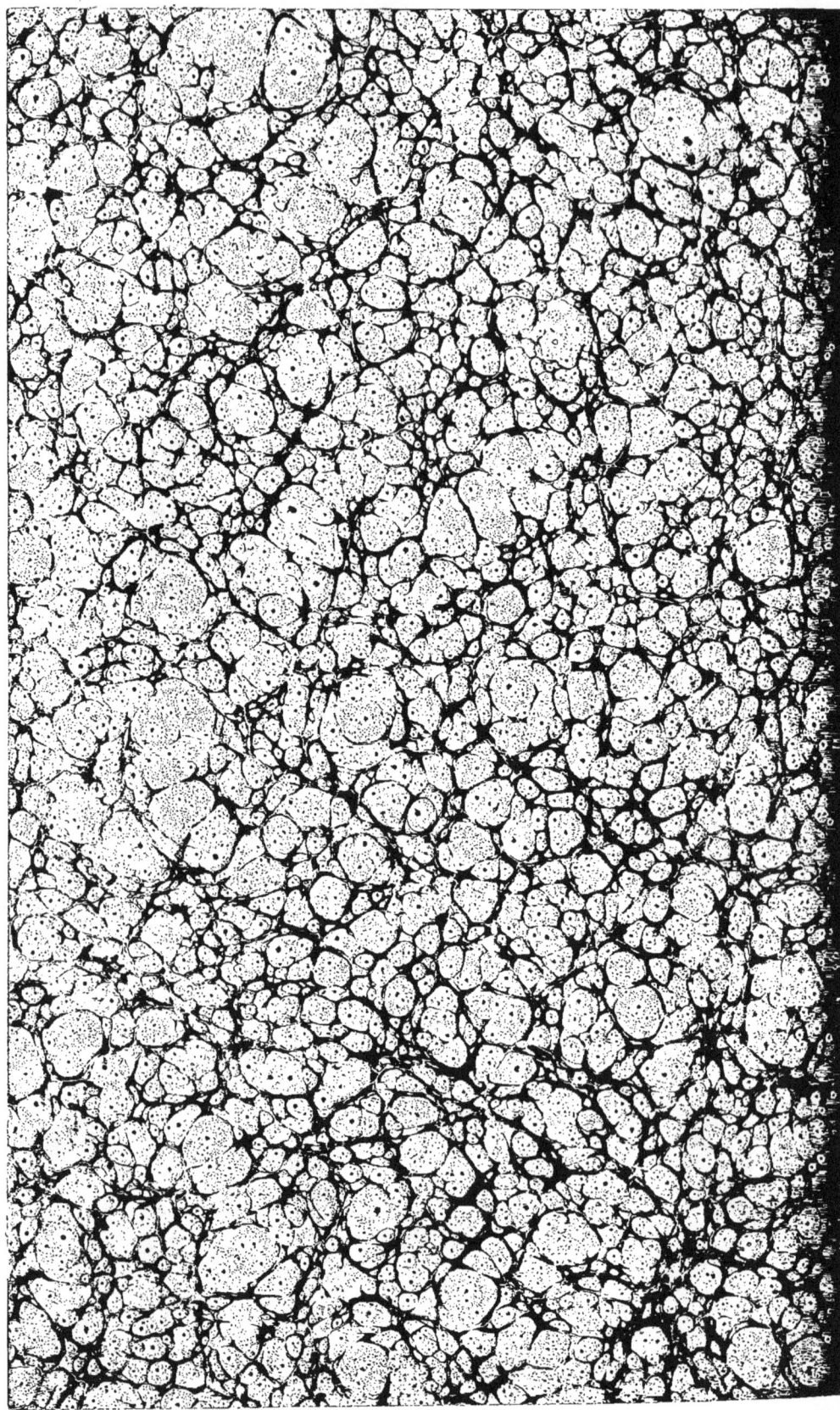

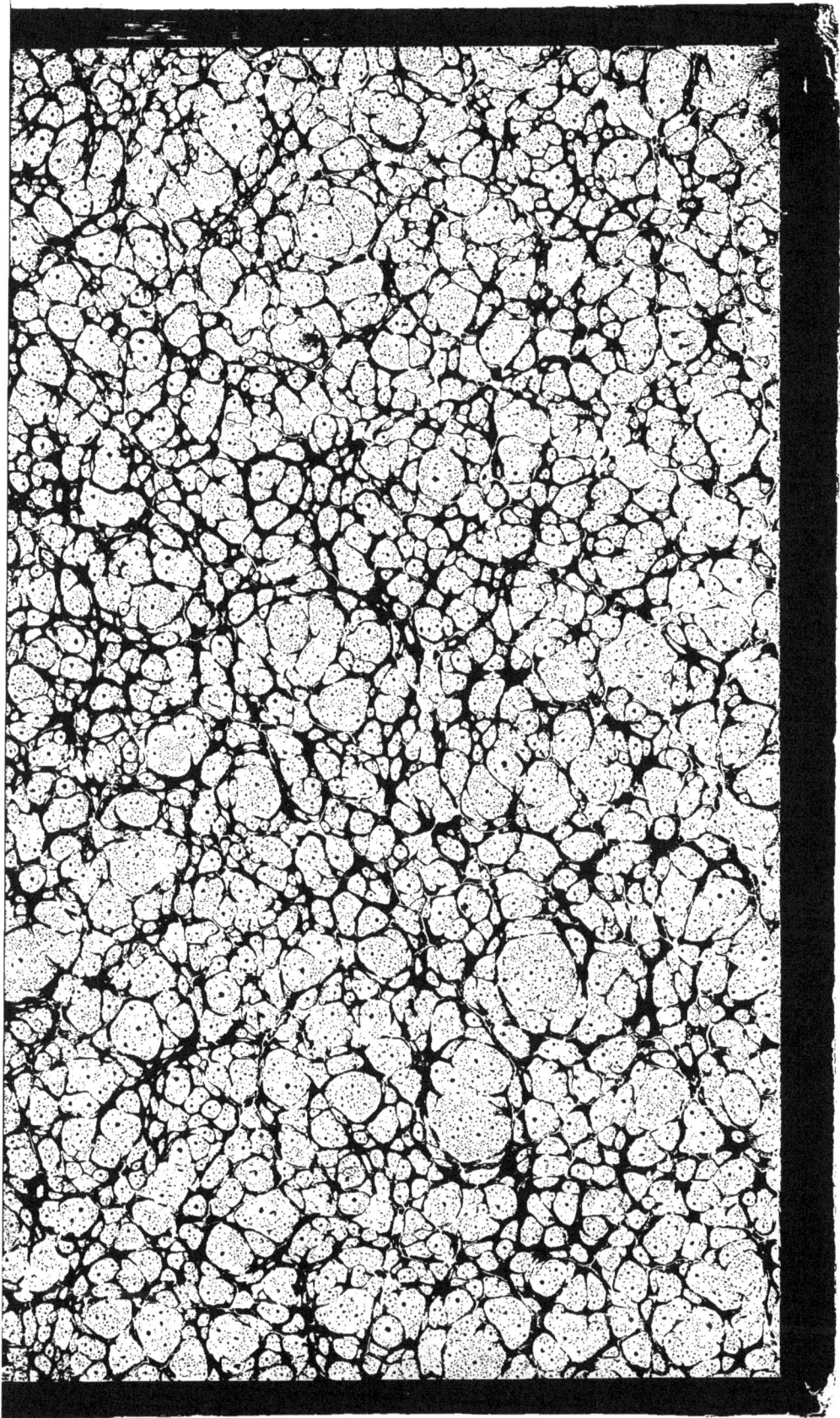